民国黄河史

《民国黄河史》写作组 著
侯全亮 主编

黄河水利出版社
·郑州·

图书在版编目(CIP)数据

民国黄河史/《民国黄河史》写作组著. —郑州:
黄河水利出版社,2009.12
ISBN 978-7-80734-778-1

Ⅰ.①民… Ⅱ.①民… Ⅲ.①黄河-历史-民国
Ⅳ.①K928.42

中国版本图书馆 CIP 数据核字(2010)第 001834 号

组稿编辑:胡志扬 王梅枝 王继和 于自力 电话:0371-66022145
E-mail:hanmq93@163.com

出 版 社:黄河水利出版社

地址:河南省郑州市顺河路黄委会综合楼 14 层 邮政编码:450003

发行单位:黄河水利出版社

发行部电话:0371-66026940 传真:0371-66022620

E-mail:hhslcbs@126.com

承印单位:河南省瑞光印务股份有限公司

开本:787 mm×1 092 mm 1/16

印张:21

字数:360 千字 印数:1—2 000

版次:2009 年 12 月第 1 版 印次:2009 年 12 月第 1 次印刷

定价:100.00 元

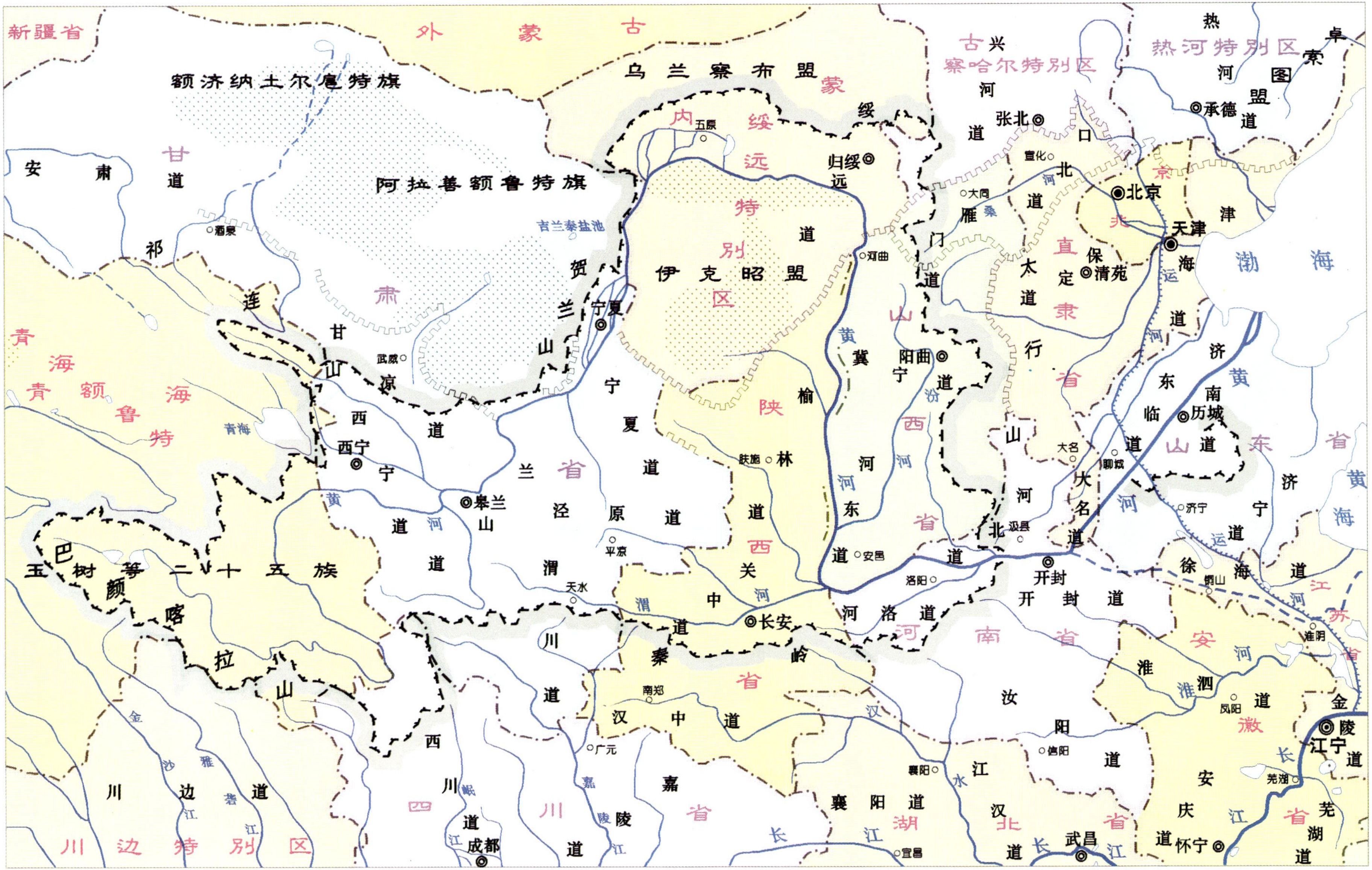

1926年黄河流域政区图

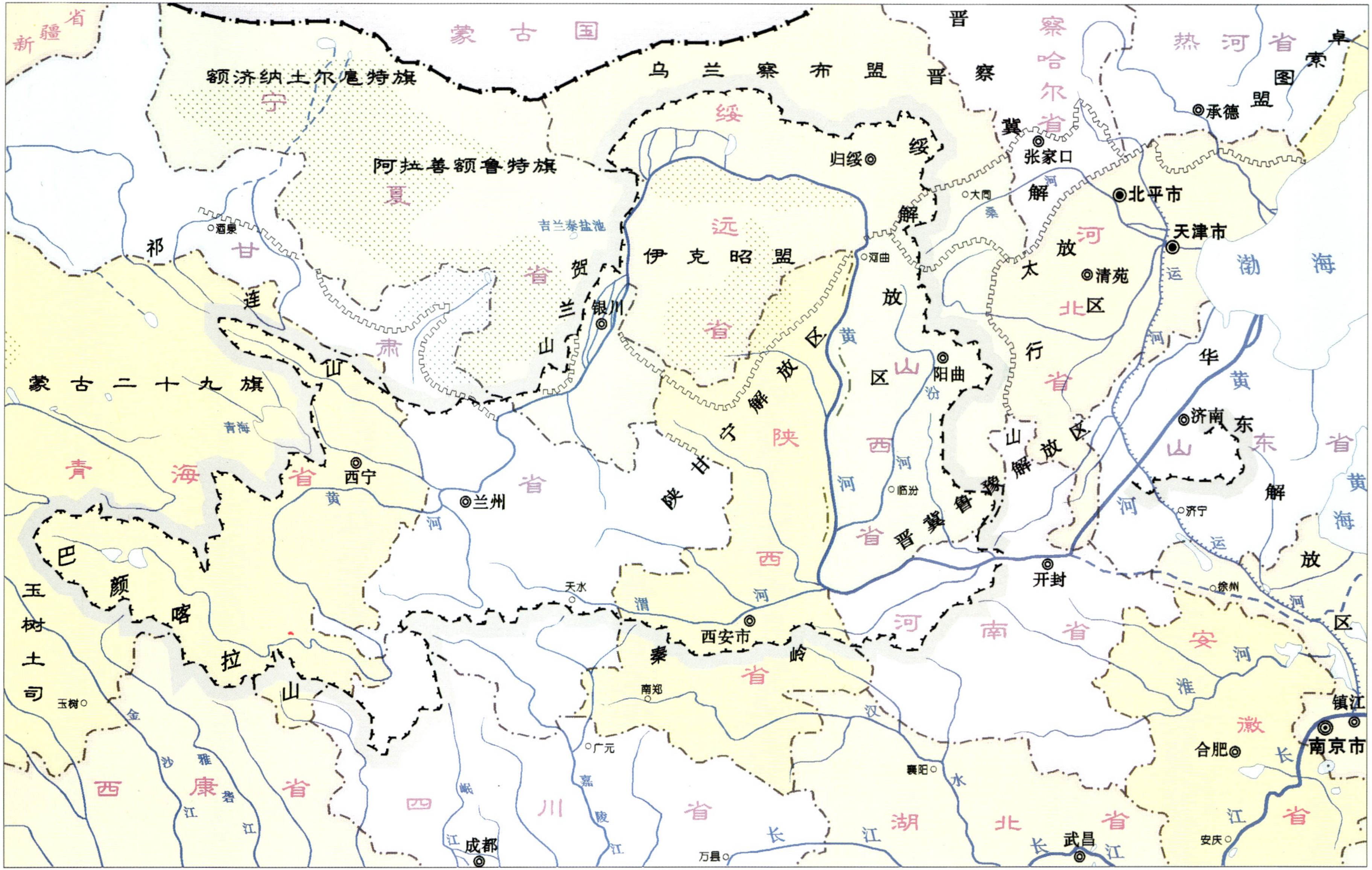

1946年黄河流域政区图

前　言

黄河,中国第二大河,世界闻名的万里巨川。它发源于青藏高原巴颜喀拉山北麓,由西向东,跨越青海、四川、甘肃、宁夏、内蒙古、山西、陕西、河南、山东9个省(区),一路携川纳流,奔腾跌宕,在山东垦利县注入渤海,全长5464公里,流域面积79.5万平方公里。

黄河流域幅员辽阔,自然资源富集。其中,上游的水能资源、中游地区的煤炭资源、下游的石油、天然气资源都十分丰富,在全国占有重要地位。流域内气候宜人,大部分地区光热资源充足,发展农业生产潜力很大,其中宁蒙河套平原、关中平原、下游沿黄河地区,均为全国主要的粮食产地。黄河流域中下游区域气候温和,水土条件适宜,经济开发历史悠久。

黄河流域是中华民族的摇篮。早在远古时期,原始人类的足迹就遍布大河上下。进入文明社会,在很长的历史时期内,黄河流域一直是中国政治、经济、文化的中心。作为一条传承中华文明的伟大河流,她哺育了中华民族的成长,孕育了光辉灿烂的华夏文明。源远流长的历史文化,光芒四射的古国声威,血脉维系的民族灵性,印记着龙的传人增殖裂变、交融汇流的沧桑年轮,凝聚着中华民族百折不挠、自强不息的卓然风骨。因此,黄河被称为中华民族的母亲河,在中国占有举足轻重的战略地位。

黄河也是一条河性特殊、极其复杂难治的河流。黄河多年平均径流量580亿立方米,多年平均输沙量高达16亿吨。其中,60%的水量来自兰州以上河段,而90%以上的泥沙则主要来自中游黄土高原的严重水土流失区。水少沙多,水沙时空分布不均,造成下游河道严重淤积,久而久之形成“地上悬河”,导致历史上经常决口泛滥。据史料记载,自周定王五年(公元前602年)至1938年的2540年间,黄河下游共决溢1590次,大的改道26次,平均三年两决口,百年一改道。洪水泛滥的范围,北抵天津,南达江淮,波及25万平方公里。每次决口改道,水沙俱下,一泻千里,河道淤塞,良田沙化,生灵惨遭涂炭,生态环境也长久难以恢复。因此,历史上黄河也被称为“中华民族之忧患”。

黄河安危,事关大局。远在原始社会末期,人们就开始了治理黄河水患的活动，大禹治水的故事，至今仍在广泛流传。自那时以来，治理黄河就成为历朝历代安邦定国的大事。为了治理黄河水患，无数仁人志士进行了不懈的斗争，在一些时期内也取得了一定的成效，因受社会制度和生产力发展水平的制约，却未能从根本上改变黄河洪水危害的历史。

中华民国是中国历史上一个重要时期，在这一历史时期内，中国人民推翻了延续两千多年的封建帝制，建立了第一个共和国，近代化因素逐步向各个领域渗透，为中国大地上政治、经济、科技、文化等都带来了明显的变化，从而推动了中国社会的发展。但同时，由于政局动荡、军阀割据、战争连绵，加上各种灾荒频仍、帝国主义的侵略与掠夺以及日本全面侵华，中国人民长期处于兵荒马乱、生活贫困的苦难之中。特别是民国后期，国民党政权政治腐败，又公然发动内战，导致国内经济凋敝，民不聊生，最终被赶下了历史舞台。而与此同时，中国共产党领导的新民主主义革命，在血与火的斗争中不断壮大力量，直至推翻国民党的统治，最后夺取全国政权。

纵观整个民国时期，可谓时局跌宕起伏，风云变幻，革命运动风起云涌，波澜壮阔，同时也伴生着各种自然与人为造成的重大灾难。这些历史特点，对于当时黄河治理事业的发展进程，都造成直接而深刻的影响。它主要表现在以下几个方面：

（1）时局动荡，战争频繁，国民经济凋敝，导致河防工程长期失修，黄河水患频仍，人民灾难深重。民国初年，先是由于袁世凯的专制统治与恢复帝制活动，激起了革命党人的强烈反抗，导致了二次革命与护国战争的发生。此后，进入军阀割据与混战时期，时局长期动荡不安。北洋政府时期，袁世凯、黎元洪、冯国璋、徐世昌、曹锟等先后出任总统，政权分别由袁世凯、皖系军阀、直系军阀、奉系军阀把持。孙中山在南方建立广州政府，举起“护法”大旗，形成南北对峙。1925 年 3 月孙中山去世后，国民党中央议决改组大元帅府，设置国民政府。1927 年 3 月成立武汉国民政府，汪精卫任主席，同年 4 月蒋介石发动清党屠杀共产党，另行成立南京国民政府，8 月“宁汉合流”。1928 年 12 月蒋介石在形式上统一了全国。但一段时间内又开始了国民党军事实力派的明争暗斗，1929 年蒋介石打败桂系和冯玉祥的西北军，1930 年 4 月阎锡山等反蒋派与蒋介石展开中原大战，9 月阎锡山成立“北平国民政府”，再次形成南北对峙。随后张学良拥蒋入关，“北平国民政府”瓦解。1931 ~ 1934 年国民党以重兵对中共苏区连续实施 5 次“围剿”，红军被迫长征。1937 年全面抗战爆发，中国军民经过 8 年艰苦奋战，取得抗日战争的胜利。不久，国共从谈判到分裂，国内战争再次爆发，直到蒋介石政权撤离大陆，结束中华民国统治。几十年间，战争此起彼伏，连绵不断。

由于社会动荡，战争连绵，加上灾荒频发以及帝国主义的野蛮掠夺，使中国社会经济遭到严重破坏，人民生活困苦，政府财政艰难。因此，在相当长时期内，民国政府无暇也无力致力于水利发展与黄河治理。民国期间，从中央到沿河各地政府对治河的投入很少，核拨的治河经费，也时有滞缓与克扣；加上官僚的贪污渎职，导致河防工程年久失修，抗洪能力低下，治理黄河事业举步维艰，黄河决口泛滥频繁。

（2）随着西方先进的治水理念与科学技术传入中国，黄河治理在利用近代科学技术提高治河科技水平上，有了明显的进步。民国时期是西方近代科学技术传入中国的重要时期。20世纪早期，随着一批到国外学习先进水利技术的留学生归国和外国水利界人士的来华，近代治河技术开始应用于黄河治理，治河技术领域出现不少划时代的创举。如黄河上设立了第一个水文站，建立了测量队，首次测绘完成下游河道地形图，开始用近代科研方法进行河床质、悬移质泥沙颗粒分析，创建了水工模型试验室，开辟了水土保持试验区，开展黄河治本工作研究等。这些，对于推动当时黄河治理事业由单纯依靠传统经验向利用近代科学技术转变，发挥了重要作用。

（3）为了稳定局势，增强国力，巩固统治，民国政府对于黄河治理也采取了一些积极的措施，取得了一定成效。譬如，南京政府时期，曾在1927～1937年间开展了具有相当规模的经济建设，在黄河治理领域，增加了治河投入，制订了治理黄河长期计划，任用了大批水利专家和技术人才，兴办了一批急需开展的治理黄河工程。特别是在河政建设上，国民政府设立了具有近代意义的治河机构——黄河水利委员会，初步改变了黄河下游分省而治的体制，颁布了《黄河水利委员会组织法》、《黄河修防暂行规程》等一批有关黄河治理及流域水利开发的专门法规，为黄河治理工作的有效开展提供了一定的组织保证与法律支撑。

（4）黄河治理方略发生了深刻变化，初步形成了具有新时代特征的治河思想。民国时期是新旧思想激烈碰撞、反复斗争的转折期与活跃期。对于黄河治理，上至民国领袖孙中山，下到平民百姓，以及外国水利界人士，都极为关注，从治河思想到治河方略，提出了许多有价值的见解和主张。尤其是李仪祉等水利专家，在对传统治河经验进行总结的基础上，针对黄河治理中的突出问题，提出了一系列卓有建树的治河意见，初步形成了“上中下游综合治理、除害兴利并举”的新的治河思想，开辟了黄河治理的新道路。

（5）抗日战争期间，黄河再次彰显了特有的军事屏障作用与重要战略地位，在体现全民族核心精神的层面上，其无与伦比的民族凝聚力，对于鼓舞中国军民万众一心，奋起抗击敌寇，产生了巨大的精神力量。由于中国军民的奋勇抵抗与黄河天堑的屏蔽，日军侵占中国西北抗战后方的图谋落空。在民族危亡的紧要关头，一曲《黄河大合唱》，大大激发了人们不畏强敌，浴血奋战，誓死保家卫国的决心与斗志。花园口掘堤使黄河改道，迟滞了日军的侵略步伐，但也酿成了一场惨绝人寰的巨大灾难。在占领中国沦陷区时期，日本方面出于长期掠夺中国经济资源的战略考虑，也组织了大量人力对黄河进行深入地研究，从另一方面反证了黄河在中国政治、经济、社会全局中的重要位置。

（6）中国共产党领导的解放区人民治理黄河事业，在极其复杂恶劣的条件下，中共发动群众，依靠群众，艰苦创业，进行了一系列艰苦卓绝的治河斗争，为黄河治理开发进入历史新纪元奠定了坚实的基础。从1946年2月至1949年9月，是人民治理黄河事业的初创时期。这一时期，在中国共产党领导下，从黄河回归故道的谈判斗争，到人民治理黄河机构的创建，从组织解放区人民开展大规模的堤防修复运动，倾力指挥防洪抢险确保黄河安澜，到黄河治本研究与各项业务的逐步扩展，解放区人民治理黄河事业始终以代表广大人民群众的利益为最高原则，在斗争中不断发展壮大，最终在中国人民解放战争的胜利进军中，将黄河治理开发推向了一个历史新纪元。

历史的发展前进，离不开自然条件与物质基础的传承，更需要经验教训层面的总结与借鉴，对于取代更替、启承相接的新旧两个时代而言，尤其是这样。正因如此，中华人民共和国成立后，特别是改革开放以来，人们对于中华民国历史的研究有了重要突破和进展，各个相关领域都取得了一批重要成果。在这样的形势下，开展民国黄河史的研究，也被提上了议事日程。

黄河水利委员会十分重视开展民国黄河史的研究。世纪之交，黄委领导在专家论证的基础上，对《关于开展“民国黄河史”研究的请示》作了重要批示，同意作为一个科研专项进行立项，启动了这项工作。为了积极稳妥，保证质量，研究组确定了编写《民国黄河大事记》和《民国黄河史》分“两步走”的工作思路。经过几年努力，《民国黄河大事记》编写完成，2004年由黄河水利出版社出版。随后，又经过一段时间的准备，2006年，在大型历史文献《人民治理黄河六十年》编著完成后，黄河水利委员会党组决定利用其写作班子，启动《民国黄河史》的研究与编著，此项工作随之迅即开展。编写过程中，黄河水利委员会主任李国英、副主任徐乘、党组成员郭国顺等领导同志，给予了热情支持与具体指导，有力地推动了这项工作的开展。

民国黄河史的研究，既是一项重要任务，同时由于资料相对缺乏，因此也是一件颇有难度的事情。对此,我们在研究编写过程中,以辩证唯物主义和历史唯物主义为指导,遵循实事求是的写作原则,力求站在历史的高度,还原历史的本来面目,审视事物的发展规律,分析成败得失的原因,以使前人历经艰难乃至流血牺牲换来的经验与教训,能真正为新时期黄河治理开发与管理的现实服务。譬如,长期以来人们对民国时期黄河治理的认识,大都囿于一种河政腐败、工程残破、决口频繁等不无偏颇的认识,而对这一时期治理黄河工作的推动与水利科技的发展,则缺乏全面的总结,以至于产生出整个民国时期在黄河治理方面一无是处、无所作为的片面认识。事实上, 这一时期,黄河治理工作还是有不小起色的。正如原水利部副部长、著名水利专家张含英所说:民国时期是我国由利用传统科学技术到利用近代科学技术治河的过渡时期,如果没有这个过渡阶段,没有近代水利人才的培育和有关资料的收集,是难以在新中国成立后立即大兴水利,并取得突飞猛进的成绩的。因此,我们在民国黄河史的研究过程中,特别注意了这一点,力图运用历史唯物主义的观点,实事求是,还历史本来面目,做到既不刻意贬损,也不任意拔高,注重研究历史为现实服务。

本书的编写,采用编年体与纪事本末体相结合的体例,叙事与论述结合,根据民国时期各个阶段历史背景与治理黄河特点的不同,将民国黄河史分为 6 个章节。编写时,在尊重历史事实的前提下,注重历史资料的灵活运用,取舍有度,避免资料堆砌。同时,为了直观再现当时黄河治理的面貌,书中还收集选用了大量的历史照片,力求图文并茂、生动形象地反映这一时期治理黄河的各个侧面。

本书由侯全亮担任主编,负责编写大纲的编制与全书统稿工作。初稿的编写分工为,前言由王庆伟、张帆负责,第一章由王继和、李亚力负责,第二章由田依林、王继和、于迎涛负责,第三章由蔡铁山负责,第四章由赵炜、王庆伟、张帆负责,第五章由李肖强、张焯文负责,第六章由王梅枝、梁海燕负责,结语由柴建国负责,民国时期黄河治理大事年表由蔡铁山负责。本书图片工作由殷鹤仙、刘春萱、蔡铁山负责,编务工作由卢旭、易成伟、吴强等负责。为加强对编写本书的咨询与指导,编写组聘请袁仲翔、任德存、邓修身、殷鹤仙、刘春萱、张汝翼、林观海 7 位专家担任本书顾问,并聘请著名黄河水利史专家徐福龄先生,著名民国史研究专家、南京大学民国史研究中心主任张宪文教授与中国第二历史档案馆副馆长马振犊研究馆员担任本书特邀顾问。

在编写过程中,编写组全体人员以高度的事业心与责任感,认真研阅原始档案资料,注重吸收既有的研究成果,做了大量艰苦的工作。初稿完成后,在侯全亮主编主持下,蔡铁山、王继和两位同志集中对初稿逐章进行了修改,并对章节结构作了较大调整，补充整合了相关资料。各位顾问对书稿进行了认真阅改，提出了许多富有价值的意见和建议。尤其是97岁高龄的徐福龄先生，不顾年事高迈，坚持审阅完几十万字的书稿，并详细地书写了审稿意见。其认真负责的精神令人感动。

2008年8月本书修改稿完成后，侯全亮主编带领编写组人员，专程赴南京向张宪文、马振犊两位特邀顾问征求意见。在悉心审阅全部书稿后，两位专家分别提交了书面审稿意见，对民国黄河史的研究给予了高度评价，并提出了一些修改建议。张宪文教授认为："《民国黄河史》就1912～1949年间黄河本身的变迁及治黄历史，作了全面深入地研究。书稿史料丰富，史实详尽，叙事明确，条理清晰，结构层次安排合理，文笔亦流畅、简明，是一部优秀的科学技术史著作。"马振犊研究馆员指出："《民国黄河史》是一部有关民国时期黄河及治黄历史的专门著作，填补了民国历史研究领域内的一项空白，具有重要的学术价值及意义。全书资料翔实，记述全面生动，数据准确，对历史大背景及有关治黄活动史实的评论基本得当，其写作指导思想正确，撰述态度严谨公正，是一部成功的作品。"

在《民国黄河史》编写工作中，图片收集、甄别与处理是一项十分重要的任务。担负此项任务的殷鹤仙、刘春萱、蔡铁山3位同志，不顾严寒酷暑，一丝不苟，在浩如烟海、零乱无序的图书期刊和档案中，认真查找、选取、甄别、制作，挖掘了一大批珍贵的黄河历史图片资源，为此付出了艰苦的劳动。

值得提出的是，民国黄河史研究以来，也得到了各界人士的热情支持。如山东黄河河务局原副局长张学信先生，多年来一直十分关注民国时期黄河治理的研究工作，对于本书的编写提出了不少建设性意见。著名老河工李建荣的嫡孙、河南黄河河务局的李富中同志，反复审读民国黄河史书稿，提供了许多史料线索和佐证。台湾基隆海洋大学的黄丽生教授，偶然得知黄河水利委员会正在进行民国黄河史的研究，主动寄来了台湾现存民国时期治理黄河的档案索引，并积极联系赴台查阅资料事宜。在此，对他们的热情支持和贡献一并表示深深的感谢。

由于民国黄河史是一项新的研究领域，加之我们的水平有限，因此本书难免有诸多不足之处。恳望广大读者和有关专家学者批评指正，以促进这项研究工作向纵深发展。

《民国黄河史》写作组

2009年9月

目　录

第三章　南京国民政府前期的河患及治理

(1927～1937)

第四章　抗日战争时期的黄河

(1937～1945)

第五章　黄河回归故道

(1945 ~ 1947)

第六章　社会巨变中的黄河

(1947 ~ 1949)

第一章 民国初期的黄河

（1912～1916）

1912年1月1日，中华民国临时政府在南京成立，颁布了具有宪法性质的《中华民国临时约法》，改纪元为民国元年。从此，在中国历史上，共和政体取代了封建君主制度，古老的黄河也随之进入了一个新纪元。

但不久，中华民国政权被以袁世凯为首的北洋军阀控制。袁世凯表面上实行共和民主，暗地里却积蓄力量，镇压革命党人，直至倒行逆施复辟帝制，这一行径招致国内各阶层人民和各方势力的广泛反对，导致社会局势剧烈动荡。

民国初期，黄河基本承袭清末河道形态，由于国力衰微，治河投入锐减，导致河防工程严重失修，堤防决口时有发生。开县双合岭决口即一典型案例，由于北洋政府忙于内战未及时堵塞，从而酿成民国首次河患。

这一时期，通过各方努力，黄河上中游地区水利事业也有所发展。黄河干流上建成了济南泺口黄河铁桥，为改善两岸交通条件、促进经济发展发挥了积极作用。

第一节 河道形态与下游河防体制

一、民国初年黄河上中游河道状况

历史上，关于黄河上中下游的分界没有明确记载。一般而言，将河源至河南孟津河段视为上中游，孟津以下至入海口称为下游。上中游河道由于受高山峡谷的约束作用，加之人为治理活动较少，所以河道相对稳定，呈现出明显的峡谷相间、一束一放的特点。民国初年，黄河上中游河道基本承袭了这一形态与特点。

当时，黄河上源叫马楚河，“马楚”为藏语，即黄河之意，源头在青海巴颜喀拉山东麓的葛达素齐老峰下，而对于东麓到北麓之间的河源区域，那时还没有认识。黄河自马楚河东流注入星宿海，又东流贯穿扎陵、鄂陵二湖后向东南行，岷山山脉诸水自右汇入，积石山脉诸水自左汇入，又急转折向西北流，会合一些支脉后，折向东北至贵德境，出龙羊峡后始名黄河。

龙羊峡位于贵德之西，峡谷长30公里，河面最狭处约60米。龙羊峡上游峡谷长约40公里,平均宽约2.5公里。黄河出龙羊峡后东流,经松巴峡、李家峡、公伯峡、孟打峡、炳灵寺峡、刘家峡、盐锅峡等峡谷至兰州。

贵德至兰州之间的黄河,流经昆仑山系,长约310公里,最宽1公里,最窄仅45米,流经的7个山峡共长81公里,河底均系沙砾或岩石,土质极少,故其水流呈现青灰色并略带黄色,至兰州附近开始变为黄色。

黄河自兰州铁桥东流,河中有一沙洲名雁滩,长约9公里,宽约2公里,沙洲上田亩纵横,房舍栉比,河宽200~300米。从雁滩下行10公里到上桑园峡,又名小峡。

小峡长30公里,河面宽60~150米,初入峡时水向东流,渐折向西北,两岸系花岗岩或沙石,峡中有桑园子、骆驼石、响水子等处急流,为行舟险要处。出峡口,水面宽增至200~400米,又流7公里至大峡上口,从小峡至大峡,水流方向渐由西北转向东北。

大峡又名下桑园峡,长约35公里,中水时,水面宽为50~150米,流向曲折不定,大致为北微偏东。峡中有骆驼石、白马浪、黄崖、月亮石等处激流旋涡,给航运带来很大危险。

大峡出口两岸,左岸为西峡口,右岸为條城,这一带为著名烟草产区。河出大峡后水面展宽至200~800米,流缓浪平,沙滩参差,流向转东,行15公里后,到达乌金峡。乌金峡长15公里,宽约150米,河从此处流向东北。乌金峡内有一个沙滩,沙滩附近有大浪,中水时水浪高达2米,非常惊险,但是因河水流向较直,航行很少出事。

河出乌金峡后进入靖远盆地,流向仍为东北,至靖远县城西5公里处转向东流。乌金峡口至靖远县城,河道长35公里,其间河道紊乱,河宽自300米至数公里不等,祖厉河自右汇入。在靖远县城东1公里左右处,黄河转向北流,又行5公里左右至东湾子镇,水流方向转为北偏西。该段河道平缓,水面宽200~700米,经虎头崖等河段,至黄沙湾入红山峡。自乌金峡下口至红山峡上口,河道长75公里。

红山峡两岸山体由红色岩石所构成,内含铁质,峡长约110公里,宽100~200米,峡内水向西北流,至距峡谷入口50公里处之老龙湾,流向逐渐转向北。老龙湾以下,河道蜿蜒曲折,流至五佛寺上游处出峡,峡中有一窝石、观音崖、红毛牛等处险滩。

河出红山峡,水流有一个急转弯,由向北流转为向东微偏北流,水面宽500米至4公里,下行15公里入黑山峡。黑山峡两岸山体呈黑色,含镁、锰等矿物质,峡谷长110公里,水面宽100米左右。

黄河出黑山峡，左岸为沙坡头，沙坡高约 60 米，北连阿拉善沙漠，河水折向东流。黑山峡至青铜峡之间，河道长约 120 公里，其间河势展开，沙洲密布，水面宽 2 ~6 公里。此河段穿越中卫盆地，地面渠道纵横，河内流向不定，时左时右，水流之紊乱，与下游黄河颇为相似。发源于六盘山脉的清水河，在中卫附近从右岸汇入黄河。中宁以下，黄河渐转向北流，至青铜峡折向东北流。青铜峡长约 10 公里，宽 300 米，两岸山势陡峻，河床以下 3 ~5 米即为坚石。峡谷之下口，右岸有秦渠、汉渠渠首，左岸有唐渠渠首，分别引黄河水灌溉河东、河西的农田。

青铜峡以下是宁夏冲积平原，平均宽约 30 公里，河水荡漾于贺兰山与鄂尔多斯高原之间，仍向东北流，该河段水面大放，最宽处达 8 公里左右，平均宽 2 ~3 公里，流缓沙停，沙洲如练。最大的沙洲是马家滩，长 12 公里，宽 1 ~2 公里。

黄河上游宁绥河段景观

至石嘴山，黄河转向北流，西岸为贺兰山山麓，东岸有伊克昭盟之棹子山耸峙，黄河流至此处进入山峡，河势为之一束。中水时，河面宽 300 米，洪水时，达 700 米。河道断面不甚规则，河底系石质，河岸下为石砾，上覆黄土或沙，高 4 ~5 米。由石嘴山至河拐子 45 公里，过河拐子大河即展开，入半沙漠地区，两岸山脉逐渐消失。黄河又行 35 公里至磴口，转向东北流，河身又骤然展开至 1 ~3 公里，水流渐缓，两岸皆为沙丘。

自磴口下行 120 公里至渡口堂，以下黄河渐转向东流，河身宽放，水势更缓，大溜游荡无定，沙洲棋布，滩嘴突出，漩流甚多。洪水时期水可漫滩而过，有刷深河床之功，低水时期，流缓沙停，又将河床淤积，故此段河道处在冲淤平衡状态，并无刷深或淤高现象。自乌拉山口至西山嘴止，河道长 188. 6 公里，水面落差

29.84 米。该段河道伏汛在小暑后,为期达 2 个月,其他如春汛、秋汛、凌汛,为期由六七日至月余不等。后套各渠灌溉引水,皆取自此河段。

后套位于伊克昭盟之北,乌兰察布盟之南,西接宁夏,东界乌拉山,乌加河及狼山绕其北,面积 1600 万~1700 万亩,有可耕地 1000 万亩。这里地势平坦,坡度均一,呈西高东低、南高北低之势。黄河绕其南流,此段河势游荡不定,各渠引水困难,又因地势平坦,各渠排水也不顺畅。

自西山嘴至南海子,受两岸地势影响,河水又归于一槽,不仅无泛滥情形,舟行亦通畅。南海子河面宽约 700 米,码头在黄河北岸,其北数里即是西北重镇包头。包头历来商贾云集,经济较为繁荣。南海子以下 10 余公里,河至镫口转向东南流,经 475 公里至托克托之河口镇,此段黄河系沙底,水流平稳。河口镇附近有大黑河注入。

黄河至河口镇经一大转弯折向南流,渐入山峡,至喇嘛湾以上,均在岩层间行河,峡谷巉深,水流激湍。浑河自左岸注入,每当洪水时期,浊流奔腾,携带巨量泥沙进入黄河,导致航运中断。此外两旁山谷间又多小支流,亦为泥沙之来源。由此下行进入偏关县境,水流急骤,河宽 200 米左右,河势迂回曲折之处甚多。河底乱石嶙峋,巨浪翻滚,以老牛湾为最险。低水时期,河底巨石毕露,舟行急流中,稍有不慎,即易罹祸。龙口一段河势亦甚惊险,惟河道较直,较易行舟。出龙口后,山势一下子展开,而且显得低平,河身也变得宽阔,水流逐渐平稳,又流经下榆树湾,行数里后即至河曲。

陕西府谷南关黄河河道景观

禹门口左岸至山西禹王庙的栈道

河曲县在河之左岸，地势高出河面30米以上，是长城要塞之一。自河口镇至此，河道长150公里，此地水流湍急，旋涡甚多。河曲之南，左岸依次有六洞河、朱家川等河汇入，右岸依次有窟野河、无定河等河注入。再下行就是壶口瀑布，黄河流经山峡之中，经65公里到禹门口。壶口瀑布随水位变化而变化，中水位时高约12米。黄河流至禹门口时两岸山脉逐渐消失，岩石伸入河中作环抱状，使河流受到扼制，水势因而甚急。禹门口以下，河势骤展，汾河自山西省西南流经河津入黄河。至华阴县东北境，黄河折向东流，成90°之大弯曲，黄河最大支流渭河自右岸汇入。

20世纪30年代禹门口全景，当时山西、陕西两岸各建有禹王庙一座，抗日战争中毁于战火

山西、陕西之间，黄河因受山岳之束缚，加上水流湍急，对发展航运极为不利，仅龙门潼关间能局部通航。由潼关至陕州，河身逐渐变狭，大致为300米，宏

农河自灵宝西关由黄河南岸汇入。陕州下游河宽300~500米，两岸山体对峙，形成峡谷。此段筑坝地点以陕州之三门峡、位于垣曲下游30公里之八里胡同以及位于孟津以上28公里之小浪底三处为最佳。其中三门峡交通最为便利，在此筑坝最利于治水事业之发展。

三门峡河段河床极坚硬，岩盘突出形成岛屿。自南至北，三门依次为鬼门、神门、人门。黄河过砥柱向东北流，至垣曲县城后，转向东南流，又经过孟津之北，向下流经巩县之北时，洛河合伊、瀍、涧诸水由此汇入。黄河再向东流，左岸合沁河。沁河自太行山脉之西侧南流，经晋城、沁阳至武陟之北，急转向南注入黄河。

二、下游河防体制与河防工程

黄河自孟津以下，奔流于华北大平原，自此进入下游河道。历史上黄河下游决口泛滥频繁，迁徙无常。北决则侵卫河，南决则夺淮河。以孟津为顶点，北至天津，南达江淮，泛滥区域达25万平方公里，给两岸人民带来了深重的灾难。

咸丰五年(1855年)黄河在铜瓦厢决口改道，下游河道长期南流夺淮河入海的局面归于终结。铜瓦厢以下，黄河由原东南流向改为东北流向，夺大清河由山东利津注入渤海。改道初期，黄河在河南、直隶、山东三省的广大区域内处于漫流状态，多年水无正槽，四处泛滥，泛水至张秋穿运河后，在大清河河谷和南岸山地处受到限制，河面大为缩窄。当地民众为了保护家园田庐，自发修筑了许多民埝。至1873年前后，东明以上河势基本稳定，新的河槽已经冲刷成型。1875年，清政府在菏泽贾庄与开州兰口之间堵复黄河漫口，并修筑东明谢寨至东平十里堡大堤125公里，挡住了黄河南泛的道路。1876年，南北两岸续修堤防，南岸自谢寨起，向上经长垣境至河南考城县圈堤止，修筑了35公里长的堤防。据山东按察史潘骏文当年禀报：近年在黄河"南岸堵筑决口，建立上下游长堤，本年复于北岸修筑小堤，河流渐已归一，不致泛滥"。与修筑黄河南岸堤防大体同时，北岸的堤防也陆续开始兴修。濮阳、濮县、范县、寿张、阳谷各县段，修补北金堤作为北大堤。光绪八年(1882年)，东阿以下也新修了大堤。这样，到1884年新河堤防大体完整地建立起来，逐渐形成了新的河道。

黄河下游新河堤防的布局，呈现出明显的上宽下窄的特点。以山东黄河堤防为例，当时划分为三段，自曹州府至寿张张秋镇为上游，张秋镇至济阳罗庄为中游，章丘至利津韩家垣为下游。上游两岸大堤相距10~20公里，而中下游两岸大堤，相距仅2~4公里。究其原因，主要是由于民埝的修筑为随当时的水势而定。民众因水立埝，官府就埝筑堤，于是便有了堤距上宽下窄的区别。在堤距宽广的河段，河道内又有官办、民办的民埝纵横交错，一部分民埝起到了保护民众生产的作用，一部分民埝则逼水而筑，阻碍行洪和防汛，加剧了黄河的危害。

清朝末年至民国初年，黄河下游河道仍然延续了铜瓦厢改道后的这一基本形态。由于堤身低而单薄，加之河道上宽下窄、抗洪能力上大下小，决口泛滥十分频繁。据有关资料统计，从咸丰五年（1855 年）铜瓦厢决口改道到 1911 年清王朝终结的 57 年间，黄河有 30 年发生漫溢和冲决，决口 260 多处，山东省平均每年有 18 个县（次）受灾。

1912 年 1 月中华民国临时政府成立后，国人亟望能在中国出现一个尽快改变中国长期积弱积贫状况、加快建设改善民生的新局面，黄河两岸的民众也渴望能为长期荒废失治的黄河河防带来整饬的契机。但是，国家内忧外患的持续使社会局势并未按人们的良好愿望向前发展。

中华民国临时政府成立不久，由于当时政治斗争的复杂多变，南北之争很快转为南北议和，袁世凯胁迫清帝退位，承认共和，孙中山则履行诺言让临时大总统位于袁世凯。

1912 年 2 月 15 日，临时参议院选举袁世凯为临时大总统，3 月 10 日，袁世凯在北京就职。于是，刚刚成立的南京民国临时政府，旋即就被袁世凯统治的北洋政府所取代。

袁世凯掌握国家政权后，北洋政府在政治上一方面笼络资产阶级，将内阁中某些职位分配给资产阶级上层代表人物或与资产阶级有联系的各界人士，而实际上则是以资产阶级民主、共和制度为其表，以军事实力为其里，实施共和政体下的军阀专制。出于稳定统治的需要，北洋政府在经济上先后采取了一些整顿和激励发展的措施，如为规范金融秩序，出台了《国币条例》及《国币条例施行细则》，明令实行银元本位制。为刺激人们投资和开办实业的热情，1912 年 11 月工商部在北京召开了由各省实业家 100 多人参加的全国临时工商会议。次年 12 月，农林、工商两部合并后的农商部，曾电令各省都督调查实业发展情况，要求各省设立实业司，专管实业调查和制定发展实业计划。1911 ~ 1913 年间全国成立实业团体 72 个，并于 1914 年成立了中华全国商会联合会。这些措施，在一定程度上推动了中国民族经济的发展。

在此期间，由于政治势力对峙，政党林立，舆论活跃，一度表现出较为浓厚的民主共和气氛。以同盟会为主体改组的国民党，希望通过和平方法建立资产阶级议会民主制度，发展实业。但他们在理论上脱离现实，行动上组织松散，对袁世凯的野心也认识不足。相反，袁世凯则暗中聚集力量，寻求列强财政支持，实力逐渐雄厚。为了谋求外债以维持国家财政支出,北洋政府于1913年4月与五国银行团签署《善后借款合同》,并由此推行了"整顿盐务、改革盐政、集权中央"的征税体制改革。1913~1914年,以北洋政府大总统名义颁布了《关于中央盐政》、《关于盐的衡量单位和税率等级的标准》等9套法规,在洋会办的具体操控下,初步建立起了盐税稽征管理制度,强化了中央对地方财税的控制。

不久,袁世凯指使暴徒暗杀了国民党领导人宋教仁,并血腥镇压革命党人,企图逼迫其他政治反对派就范,因而导致与革命党人政治决裂,引发革命党人"二次革命"。

"二次革命"失败后,南北对峙局面宣告结束,袁世凯用武力统一全国,北洋集团由此独占了国家政权。1913年10月,袁世凯通过胁迫手段当选中华民国大总统,次年5月1日废除《中华民国临时约法》,颁布《中华民国约法》,实行总统制,总统独揽一切大权,至此,辛亥革命的成果——资产阶级民主制度被破坏殆尽。袁世凯随即建立起个人独裁统治,从集权、专制直至最后称帝,全面复辟封建政治体制。

1915年1月,日本为全面控制中国的政治、军事及经济权益,以支持恢复帝制为条件,向袁世凯提交了包括21项条款的要求,欲全面独占中国。袁世凯为了谋取日本对自己登基称帝的支持,竟悍然表示接受这一严重损害中国主权的"二十一条"。这年12月,袁世凯发表申令宣布接受帝位,建立中华帝国,并改元洪宪。

袁世凯的倒行逆施引起了国内各阶层、舆论界的激烈反对,国内政局再度发生重大变化。在此期间,蔡锷在云南首先举行武装起义,宣布独立,并组织讨袁护国军,向四川、贵州等省进军。接着,贵州、广东、广西、浙江、陕西、四川、湖南等省也相继宣告独立。袁世凯被迫于1916年3月取消帝制。"洪宪帝制"的丑剧只上演了83天便匆匆收场。

不久,众叛亲离的袁世凯病故,其北洋军阀集团也很快分裂为直、皖、奉等派系。各派军阀在帝国主义列强的支持下,为争夺地盘,扩大势力,连年混战,中国政局很快处于风雨飘摇、动荡不安的局面中。正如后来曾任国民政府第一任教育部长、行政院秘书长的蒋梦麟所言:辛亥革命"胜利的狂欢不久就成为过去,庆祝的烛光终于化为黑烟而熄灭。"

这一期间,随着中央政府在官制与政制等方面实行的一些变革,黄河治理体制也发生了一些更迭。

从中央系统来看,清末由中央政府主导的水利建设机构为光绪三十二年

(1906年)成立的农工商部。北京政府正式成立后,内阁中设农林、工商两部,前者管理农务、水利、山林、畜牧、蚕业、水产、垦殖等事务,后者职掌工务、商务、矿务。1914年两部合并为农商部。水利业务最早分属于内务部之土木司及农商部之农林司,1913年张謇督办导淮事宜,成立导淮总局,次年,导淮总局扩大为全国水利局。由此,主持全国水利行政的机构包括内务部土木司、农商部农林司和全国水利局3个部门。

黄河自铜瓦厢决口之后,随着南河河道总督和东河河道总督的相继裁撤,黄河下游治理改由下游各省总督、巡抚兼管,形成了分省而治、各自为政的治河体制。1912年2月,南京临时政府实行官制改革,各省总督、巡抚一律改称都督。黄河下游河务乃改由河南、山东、直隶三省都督兼管,从而开始了民国时期治河管理体制的变革。

当时豫直鲁三省的治河机构设置是:河南设开归陈许郑道和彰卫怀道,并维持清末的厅、汛以及河营机构;直隶南岸河务仍由大名府管河同知负责办理,北岸则为民修民守的民埝;山东裁撤清末河防总局,在省境沿河设立上游、中游、下游河防局,官员称谓也由总办改为河防局长,会办、提调改为河防分局长。

1913年2月,河南省改开归陈许郑道为豫东观察使,改彰卫怀道为豫北观察使,黄河河务由两观察使分别监理。3月,又设立河南河防局,以马振濂为局长,总领河南黄河、沁河河务。5月,将南北两岸所属的河厅改为南岸、北岸两个分局及上南、中牟、中北、郑中、上北、下北6个支局和8个河防营;将管河的同知、通判改为分、支局长;都司、守备、协备改为河防营长。

当年夏,直隶省裁撤大名府管河同知,设立东明河务局,仍住东明县高村,河务局所属事务由冀南观察使兼理,下辖直隶省黄河南岸上中下三汛,黄河北岸民埝仍属民修民守。

1914年1月,河南河防局局长马振濂改组支局和营的编制,组成10个支局、10个河防营。不久奉内务部令:"河工以工程为重,不应与营制牵混。"遂将10个河防营和10个河防分局、支局改为9个分局,下设2个工程队、7个支队。4月,河南河防局局长马振濂离职,吕耀卿继任,除遵内务部令将各支局改作分局外,并增设阳封分局和阳封支队。

但是,治河体制的这些变化并未给黄河治理带来新气象,由于政局不稳,社会动乱,治河经费投入甚微,河防工程残破至极。

以河南河段的堤防为例。北岸堤防由平汉路东之何营起,经广武、原武、阳武等县,至封丘县之荆隆镇一段,长约70余公里,残缺失修已久。自西坝头至双王，长约8公里，堤防系沙质，外包淤土过薄，而且无人修守，历经长期的风雨剥蚀，日渐残破。

南岸工程，自京汉铁路桥向西，首段为荥泽县民埝，长约5公里，堤宽仅5米，高于滩地一二米不等。民埝以下，至广武县东界之核桃园，大堤亦长约5公里，堤身多为沙质，遇风飞扬。堤内老滩，日渐塌陷，大溜渐逼堤根。所有坝垛，均无根基，每遇河水冲淘，就会下蛰塌陷。中牟县上汛杨桥以下一段，临河险工被溜淘刷，亟需抢修，此处大堤低矮，御洪能力严重不足。自柳园口至兰封县之三义寨，堤防长45公里，高1米多，土质疏松，长期失修，在雨水侵蚀下，水沟土坎，触目皆是。堤上沙岗起伏不平，有的堤段甚至被村民开垦成耕地。由兰封小新堤东端至东坝头，长约4公里，大堤破败，在主溜冲刷下，老滩塌陷日趋严重，东坝头亦被剥蚀，以致险象环生。东坝头以下至与河北省交界之范庄，该段黄河堤防早已荒废。"堤防处处失修，河身节节淤垫，征之载籍，验之现状，以为河之败坏，殆未有如今日之甚者。"❶

大规模地整修河防工程，需要安定的环境、巨额的经费与强有力的组织，这对于处于内外交困之中的北洋政府来说，显然是无法实现的。单就筹措治河经费一项，已足以令当政者束手无策。民国初年河南额定河防经费为44万元，以后历年递减，且年年欠发。"实发者曾不及五分之三。河务人员厄于财力，覆首则足露，扶东则西倒，咄嗟补苴，苟求无事。岁岁贪天之功，侥幸于不可知之数。"❷

在治河经费难以保证的情况下，河务部门贪渎之风却毫无收敛。仅有的工程费，常被贪官巧立名目，竞相侵吞。部分河官从事治河为虚，贪污盘剥为实，把河务当作剥削压榨民众的肥缺。河官更迭频繁，有时一年之中数易其人。正如《豫河续志序》中所说："入民国以来，群流竞进，意今日河工之丰腴犹之昔也，无不艳羡而争趋之"，其结果是"人与事不相习，名与实不相副，品益杂职益废矣。"

贪污河产收入，成为某些官员的又一生财之道，豫省河段，"遥堤、格堤、月堤及其间沙荒滩地官产处无不售卖净尽，利归奸猾，国家收入无几。河工仅存一线缕堤，及留为取土之少数柳阴地，而言利者犹觊觎未已"。又据《豫河三志》记载："民国成立以来，军阀盘踞，竭泽而渔，所有沿岸堤工，除大堤以外，几全数变卖于民人之手，河工之藩篱尽撤，洪水之危机四伏。"

直隶、山东两省的河防状况也大体与河南相仿。

在此情况下，黄河下游河防工程抵御洪水的能力极为有限，一遇洪水就难免

---

❶黄河档案馆藏. 陈汝珍主编.《豫河三志·附录》. 开明印刷局. 1932

❷黄河档案馆藏. 王荣搢主编.《豫河续志序》. 1926年刻本

民国初年黄河下游堤防状况

决溢。因而,民国初期黄河下游水灾特别严重,大堤、民埝决口不断,河患呈愈演愈烈之势。因历史上灾害频繁而被称为“小黄河”的重要支流沁河,由于受黄河水顶托也多次决口,形成“黄沁并溢”的严重灾害。

三、刁城双合岭堵口大工

在民国初年频繁的河患中,发生于 1913 年 7 月的开县刁城双合岭决口,是一次较为严重的黄河水灾。

开县位于黄河北岸直隶与山东两省的交界地带,因历史变迁,数易其名,古时称濮阳,清朝时称开州,1913 年改称开县,1914 年 1 月复改称濮阳县,隶属直隶省大名府管辖,也是黄河水患的多发河段。当年 7 月,土匪刘春明被官兵追赶,逃至刁城集以西之双合岭,适逢该处大河坐弯,顶冲民埝,将近一半的埝身被河水冲塌。刘春明为解围逃跑,遂在该处扒掘民埝,造成黄河决口。河水流向东北,沿北金堤漫淹开县、范县、寿张等县,至陶城铺归入正河。决口处虽然在直隶境内,但山东境内范县等,因首当其冲,灾区极广。其下的寿张、阳谷等县,受灾亦较严重。

双合岭决口之初,口门还未刷宽,水势尚缓,如果及时抢堵,有望迅速成功。然而此时的北洋政府正忙于内战,袁世凯举兵南下,镇压南方资产阶级革命势力,对于堵口无暇顾及,以致于在翌年大汛时,因水情较大,泛滥口门被刷宽至 2000 多米。1914 年冬季奇寒,凌汛期间冰积水涨,凌水从决口涌出,附近村庄在黑夜里被漫淹,民众呼号震骇之声不绝于耳,灾民因衣食无着,被迫流亡他乡。

1914 年秋天,在双合岭决口 1 年多后,北洋政府才过问堵口之事。大总统袁世凯令国务卿徐世昌之弟徐世光负责堵复双合岭决口事宜,又命直隶、山东、河南三省巡按使会同办理。但这时已延误时机,本来不宽而比较容易堵塞的口门,经过 1914 年的大汛冲刷,口门大大增宽,河水分流八成,灾情进一步加重,给堵复带来极大的困难。

徐世光知此事不易，推托了数次都未被批准，只得前往履职。12月17日，徐世光一行到达开县沙固堆，紧接着徒步查勘了口门情况。当时大溜已紧靠西坝，大有夺全河之势，在迅急的河水冲击下，旧坝基屡屡下陷，情形十分危急。徐世光当即饬令汛兵对下陷堤段随时加高。

为便于指挥堵口，12月24日，徐世光将办公地点移至工地附近的船上，与所率官员加紧商议堵口方案。之后，他一面选调山东熟悉河务的人员赴工地勘估堵口费用，并调集力量成立堵口机构，一面申请拨款、采办物料。

徐世光首先选调姚联奎等80余人，组成双合岭堵口公所，又在西坝头设立了督办公所及文案、稽查、电报、银钱总所；接着从山东抽调了11个富有堵口经验的河防营赶到工地，每营120人，共1320人；又采取以工代赈方式组织民夫4万人，从事土工、硪工、运料等工作；还组织工匠380人，负责打麻绳、砍木桩尖、安铁轨、修铁车及照明等事宜。由于当时兵荒马乱，土匪活动猖獗，为维护工地治安，徐世光从冀南商调了两个巡防营约700余名官兵常驻工地，直隶冀南巡防营驻西坝，直隶左翼巡防营驻东坝，此外还组织了一支40人的马队驻守堵口工地。为了方便施工，还在东、西两坝各设置了正料场和杂料场，专门配备了料场管理人员。这样，一个完备的堵口机关与施工、后勤保障机构就建立起来了。

经过勘查，徐世光决定用秸料埽进占方式堵复口门，预估堵口经费需大洋537.65万元，工期初步估算为8个月。

当时正值寒冬季节，但徐世光为了抢在次年大汛之前完成堵口工程，决定在冬季提前开始堵口施工。

1915年1月，双合岭堵口工程开工，整个工程从上游帮宽西坝开始，将西坝帮至顶宽35米作为进占的基地。对于单薄的临黄埝则采取了加高培厚措施，对堤埝缺口一律进行了堵筑。至2月下旬，西坝大小堤工先后完工。这几项工程土工任务繁重，据事后统计，所修临黄埝长5.48万米，用土方224.64万立方米；修堤埝后戗4段，长7163.3米，用土方15.73万立方米；帮宽西坝和修筑临河顺水坝用土方4.31万立方米。加上其他有关工程，当时共修做土方266.85万立方米。

3月，开始修做西坝头裹头工程。为防止回溜淘刷，先在西坝大坝上游厢做了月牙埽、鱼鳞埽。接着，西段正坝、边坝进占开始，东坝不偎水堤段的土工也同时紧张施工，并根据需要适时修做浅水占工。到3月末，东坝正坝进占已至深水，东坝边坝也开始进占，至此形成东西两坝双管齐下、紧逼口门的形势。

工程施工到4月中旬，西坝上游出现了一道长滩和两处“鸡心滩”，前者足以逼河溜注入原河道，后者足以掩护西坝。这两处河滩的形成，胜过修十数道挑水坝，这样就省去了做挑水坝和开挖引河的工程。

5 月下旬，随着东、西两坝施工的进展，口门越来越狭窄，却正值麦黄汛发，河水陡涨，口门水流集中，溜势迅急。5 月 24、25 两日，大溜横冲上游口门，将西正坝占埽卷走一部分，西边坝失去屏障，也被牵动折裂，连塌两占，导致整个工程失利。这时又加上西坝旁边料场失火，将所有碎料付之一炬，而重新购置料物又需要许多时间。

双合岭堵口工程东坝进埽踩占情形

接连发生的事故令徐世光的堵口信心受到很大打击，加上大汛将至，施工难度又会增加许多，徐世光于是请示北洋政府，打算等伏秋大汛过后再进行堵合。但北洋政府不允许，命令仍继续施工。徐世光无奈，只得一边召集文武官员商议办法，一边派员分头采办堵口料物，做再次施工的准备。

5 月 29 日，徐世光召集负责东、西两坝施工的文武官员开会，决定在两坝上口修筑围堤进堵，并进行了相应施工。为慎重起见，6 月 1 日徐世光再次召开各位官员开会，研究讨论进占办法。

6 月 2 ~4 日，东坝、西坝的堵筑又相继开工。到月末，东、西两坝均已进入最后一占金门占阶段。金门占为两坝的咽喉之处，合龙的根基之地，是最为吃紧之处。6 月 23 日，正、边坝同时实施合龙工程，用于合龙的门帘埽长 30 米。在合龙过程中，先后克服了边坝龙门占倾覆，正坝合龙埽5天不能闭气、门帘埽蛰陷等险情，于6月29日实现两坝“龙门闭气，大功告成”。7月8日，在大坝合龙处临河一侧建立合龙碑一座，由徐世光手书“濮工合龙处”以示纪念。

双合岭堵口工程金门占挂龙衣情形

这次双合岭堵口，工程浩繁，开支巨大。堵口过程中，正坝、边坝进占，合龙施工，以及实施各类相关工程，共修做秸料埽体40.49万立方米，用秸料3040万公斤、木桩18.24万根、麻绳料91.22万公斤。堵口用工3万余人。由于原施工计划中的挑水坝和引河工程没有实施，节省了人力物力，整个工程拨款438万元，实际支款321.1万余元，节余116.9万余元。

由于堵口工程系冬季开工，部分工程用冬季冻土修筑，春夏气温上升后，冻土融化，工程难免蛰陷，给防汛带来了严重隐患。这年汛期河水暴涨，所做工程遇溜下挫，8月5日，黄河又在该处决堤，口门宽达2000米，由大名道尹姚联奎负责堵筑，当年10月实现合龙，用款81.3万元。合龙后，参加堵口的工人就在当地居住下来，后来此地逐渐发展成濮阳县坝头镇。

由于双合岭决口在事发两年后才得以堵复，这一堵口工程因人为的迁延成为民国初年黄河上的一个较大工程，不仅加重了民众的疾苦与损失，也给国家增加了经济负担。对此，曾有河务官员痛心地批评道：如果北洋政府能及早布置堵口，则人民所受之苦痛，即不至如此之深重，国家所费之帑金，将不只节省其半。

第二节　流域水利与桥梁建设

一、西北水利的开发

民国初期，北京政府对西部开发也给予了一定的重视。当时的西部开发，其核心就是包括水利和林业在内的农业资源开发。如1912年颁布的《农政纲要》中提出，要“使北部无旷土，南部无饥民”，“将仿古代井田制度及美洲田舍授与规则……凡民人领垦荒地，即以此项田方授与之”[1]等。1914年，以北京政府颁布《国有荒地承垦条例》及《国有荒地承垦条例施行细则》为契机，在西北一些地方掀起了开垦、出售土地的热潮。由于西北地区属干旱与半干旱地区，无水利则无农业，更谈不上其他。因此，西北水利成为民国政府与有识之士共同关注的重要问题，在有关方面的推动下，这一时期，西北地区水利开发有了一定的进展。

青海省黄河、湟水沿岸的农民饱受水旱灾害困扰，对兴修水利工程的要求十分迫切，但是由于经济水平低下以及地方政府的不作为，水利灌溉工程多由民众自发兴办。而民众的力量十分有限，只能举办一些规模较小的工程，稍大一些的水利工程便无力筹办。

兰州附近黄河岸边水车

甘肃省沿河两岸分布着许多高于黄河水面的黄土塬台地，不便引黄浇灌，但是自古以来，沿河劳动人民在长期与干旱斗争的过程中，有许多发明创造，采用水车等简单的提水工具进行提水灌溉，就是其中之一。当时一具水车提水高度可达10～20米，可浇灌土地200～300亩。1908年春，陕甘总督升允听说平番县境内的大通河水量充足，距离干旱缺水的秦王川较近，便打算修建一条渠道引水至秦王川灌溉。为此，他委托一位以治水尚农著称的原安徽省太和县知县、皋兰籍绅士王树中，率员前往大通河一带进行实地查

[1]《中国年鉴》.第一回，第1103页.1924

勘。王树中等经过认真考察,初步拟订了一个引大通河入秦王川的修渠灌田方案,呈报升允裁定。但由于工程浩大,需资甚巨,而又逢时局动荡,国库虚空,这一宏大的水利工程计划最后不了了之。

宁夏地区的气候条件在西北地区得天独厚,西北面的贺兰山成为一道天然屏障,拦住了西来的寒流,而黄河行经此地,冲淤出广袤的中卫、中宁平原与银川平原,并提供了便利的引黄灌溉条件。自秦汉时期,这里就开始引用黄河水灌溉,因此宁夏自古就有“塞上江南”的美誉。

宁夏秦渠

宁夏的引黄灌溉事业经长期发展,到清代前期达到高潮,灌溉面积达到210万亩。清末民初,由于军阀混战、社会动乱,宁夏水利失修严重,灌溉面积开始大幅度缩减。

绥远河套地区引黄灌溉也发展较早,清代后期是这一地区经济和民族关系史上一个极为重要的时期,在不到半个世纪的时间里,过去满目荒凉、狐兔出没的大漠荒野,变成了数万顷旱涝保收的良田。这一时期河套地区农业生产获得迅速发展的主要因素,在于新建的大批引黄灌溉工程,当时有“后套八大渠”之称,灌溉面积达到100多万亩。导致这一局面出现的关键因素,在于地商的兴起。

地商作为一种正式称谓,首见于光绪二十八年(1902年)八月钦差督办西蒙垦务大臣兼绥远城将军贻谷呈请设立垦务公司的奏折,其中说到河套渠地向来私放私开,从未施行官垦,以致当地官员接受贿赂,授权地商经办,地商包揽一切,生财自利。

其实远在此之前,地商的活动就已开始,不过原来从事这一行当的人都称旅蒙商、商人、包地商人等。自道光中期以后，中国逐渐沦为半封建半殖民地社会，资本主义性质的经济有一些发展，在河套地区，商业和地产逐渐结合起来，通过开荒垦种和开发水利，形成一种区域性的强大商业经济力量，这就是地商主导的地商经济。

当时河套地区政府施政力量较弱，这一区域名义上归萨拉齐厅辖治，实际上萨拉齐厅对此鞭长莫及，很少问事。在这样一个管理近乎空白的地区，地商们自发地垦荒开渠，兴修水利，发展农牧业，源源不断地向西北及外蒙古提供粮食，吸引了内地大批贫苦群众前往谋生，堪称一桩善举。闻名遐迩的“后套八大渠”，就是由地商们依靠自己的经济力量完成的。

当然地商开渠的贡献远不止这些，至民国成立的前夕，河套地区由地商开出的大小干渠近40道，大者灌溉千顷*以上，小者灌溉几十顷至上百顷，总计达到1万多顷。当时河套共有8个乡25个村，居民27000多人，人均耕地36亩，为社会创造了大量的物质财富。

河套地区地商中的领军人物，是有“开渠大王”之称的王同春。

王同春是直隶顺德府人，生于清咸丰元年(1851年)，幼年家境贫寒，少年时代随家人到河套谋生，曾到磴口、宁夏黄渠桥等地参加修渠，由于潜心钻研，掌握了许多修渠技术。他回到河套后，致力于兴修当地引黄灌溉工程，做出了较大贡献。

当时，河套地区大片土地因缺水灌溉而坚硬如石，无法耕种，能耕种的都是能够得到天然河流溢出的水浸灌的土地。但对近在咫尺丰沛的黄河水，却由于惧怕青苗被淹，不敢引用来灌溉。虽然也有少数利用天然河道改建的渠道，但它们的作用只是接纳、输送地里的存水，不是引水灌溉的灌渠。王同春经过调查，发现了这些问题，便开始思考如何才能使大片的土地得到灌溉。他走遍后套，察看地形，摸清了河套地区地势南高北低的特点。这种地势对当地发展灌溉非常有利，因为从黄河北岸开渠引水，可使河水向北自流灌溉，无须用水车提灌；灌溉余水则可从河套的北面退入黄河故道，无积涝之忧。

同治八年(1869年)，18岁的王同春到河套东部万德源商号当渠工。因身强力壮，又聪明好学，且挖渠技术精熟，被短辫子壕“四大股”经理郭大义所看中，正式当了渠头。他说服郭大义对短辫子壕进行了改造，主要是新开挖短辫子河渠一道，长约5公里，宽8.67米，深2米，可灌溉短辫子河渠周围1700顷土

---

* 非标准地积单位，1顷=100亩。

地。改建后短辫子壕灌渠长60公里，新称为“老郭渠”。

该渠建成后，王同春受到人们的尊重，众多地商争相向他请教。王同春遂得以施展才能，经他提议改建的长胜渠、塔布河渠等渠道，均水流畅旺，灌溉面积均在千顷以上。更多的地商纷纷仿照老郭渠对渠道进行改建，由此掀起了河套农业经济发展的热潮，河套地区的农田灌溉自此以后迅速发展。

光绪七年（1881年）夏，王同春学会蒙语，租得三合庙喇嘛的土地一块，自行垦殖，但在浇水问题上与郭大义之子郭敏修发生争执，于是愤而辞去渠头职务，在老郭渠以北选择了一片荒凉的土地独自创业，设立了“隆兴长”商号。他全额出资，经过隆兴长又开凿一条大干渠，前后历经10年才告竣工。建成后的渠道取名义和渠，愈25公里，可灌溉土地2000余顷。义和渠的兴建使河套的政治、经济中心转移到隆兴长，官府派员也长驻该地，处理全套事务。王同春遂以隆兴长为总号，推行他全面开发河套的计划。

“开渠大王”王同春

义和渠修建之后，王同春又独自修建了沙河渠、丰济渠，这3条渠的筹资开挖、设计、施工均由他个人独自负责进行。他还与人合作集资开挖了刚目河、灶王河2条灌渠，刚目河渠是以王同春为主，集股续开，主要是选开一新口，在刚目河上游开挖12公里长的输水线路。灶王河渠是以王同春为主和地商樊三喜等集资开挖，由王同春负责选定渠线和勘测设计等工作。这5条干渠的支渠多达270余条，为管理渠道，专门设立“公中”（一种专门管理渠道的组织）28处。因修建渠道而得以垦殖的土地达2.7万顷，清末民初设立的五原、临河、安北等县，就是在王同春开垦的土地上建起来的。“开渠大王”的美名从此不胫而走。我国早期的地学大师张相文在《王同春小传》[1]一文中对此描述道：“晋、秦、燕、豫贫民争趋之。日操畚钗者常数万人，岁获粱谷至巨万，馈运口内不可胜计。茫茫荒野，至是乃村庄云屯，富庶过于府县。”

除了主持开挖的5条干渠，王同春还参与指导开挖了干渠5条：一是永济渠，王同春曾奉命参加该渠整修改建工作，他反复勘测了一个多月，选定了一条新引水渠，并创立“吸水法”，调整坡度，劈宽断面，寻找退水出路；二是通济渠，技术上以王同春为主，协助郭大义开挖施工，以后又多次参与技术改建工作；三

[1] 张相文撰.《南园丛稿》.北平中国地学会.1929

是长济渠,在3次改建中,王同春均参与制订改建方案,主要是改挖新口和选定退水线路;四是塔布渠,王同春曾帮助勘查,他建议废弃旧天然壕,改挖成人工渠道;五是杨家河渠,王同春受杨氏兄弟的邀请,从渠口至渠梢反复查勘一个多月,帮助他们选定了杨家河渠线。上述渠道,经过历年的修挖和改建,最后成为河套灌区十大干渠的基本骨架。王同春还筹备在后套再开凿4条干渠,建成后可增加水地2万多顷。

但是,正当河套水利加速发展的时候,1902年,清政府命贻谷到察哈尔、绥远督办垦务,推行官办水利,其实质是要将全部渠道收归官有。此举对地商可谓是致命一击,地商经济的发展势头很快跌落下来,河套开渠一事也陷入停顿状态。最大地商王同春于1907年遭人陷害锒铛入狱,一直关到民国元年才被释放。出狱后的第二年,王同春越过黄河,到伊克昭盟达拉特旗包租同兴东土地,在哈什拉川筑"活水坝",引水开渠,取名东大渠,长10公里,可浇灌土地1.83万亩。但王同春兴办水利的热情已明显降低,所开灌渠规模也远不如昔。盛极一时的河套水利开发,至此告一段落。

进入民国以后,北洋军阀出于利益驱动,对河套垦务非常重视,力谋整顿。1914~1915年间,民国政府第一任水利局总裁张謇曾聘请河套开渠大王王同春为高级水利顾问,与他共同组设西通垦牧公司,计划继续开发河套。1915年1月,新任绥远都统潘矩楹秉承大总统"绥远垦务至关重要"的旨意,请示北洋政府财政部、农商部、内务部和蒙藏部,提出了"旧有之垦务,力求整顿,新辟之垦地,力求扩充"的垦务整理计划。该计划主要包括以下两个方面的内容:

(1)修订租赁制度,改组机构。河套垦地以渠为命,无渠不啻无地,但已修灌渠虽大者有八,而每年押荒垦地仅7000顷,每顷只交公家水利经费银一两二钱,而每年公家修渠费银却达数十万之巨,收少支多,毫无渠利可言。因而应"改定租章,酌加租额",并改组机构,加强监督。

(2)通盘筹划,勘修新渠。后套幅员宽广,土性肥饶,以数千万方里之地,却未能像中国东南部一样富庶,其原因就在于没有便利的水利设施。比如三湖湾之地及乌加河沿岸之地,不先勘修渠道,便不会有人认领。因而主张通盘筹划,并拟以今后垦务收入,移用来修建渠道。

当年5月,大总统批准了潘矩楹的计划,设立绥远垦务总局,着手对蒙旗的开垦事务进行整顿。要求蒙旗此前已报垦的土地,如果没有人认领就动员农户积极认领耕种;若有未报垦的土地,要派出垦务委员进行劝说,继续报垦。

当时,垦务机构还推行了一种"民户包租"的管理办法,将灌渠的管理权交由农户承包，政府坐收租金。河套东部的义和渠、沙河渠开始由王同春的长子王璟承包，包租期 5 年。但由于王璟当年病故，渠道虽由其家人继续包租，收入却每况愈下。包租期满后，因义和渠为灌溉乌加河下游西公旗土地的专用渠，便由乌加河下游的大地户组织义和社继续承包 5 年，结果渠道大部淤塞。此后，沙河渠又委托渠头杨满仓当经理，杨续包 5 年，却已无利可图。

丰济渠由地商张林泉伙同垦务局委员田全贵、商人王在林组成五大股，先后包租 8 年，获利稍丰。

通济渠由地商郭子常包租 5 年，但不到 4 年时，渠道便淤积不堪，该渠遂改由地户伙包，因渠道继续淤积，至 1919 年已不能浇地。为此，沿渠农民不得不多次吁请垦务当局筹款修理。

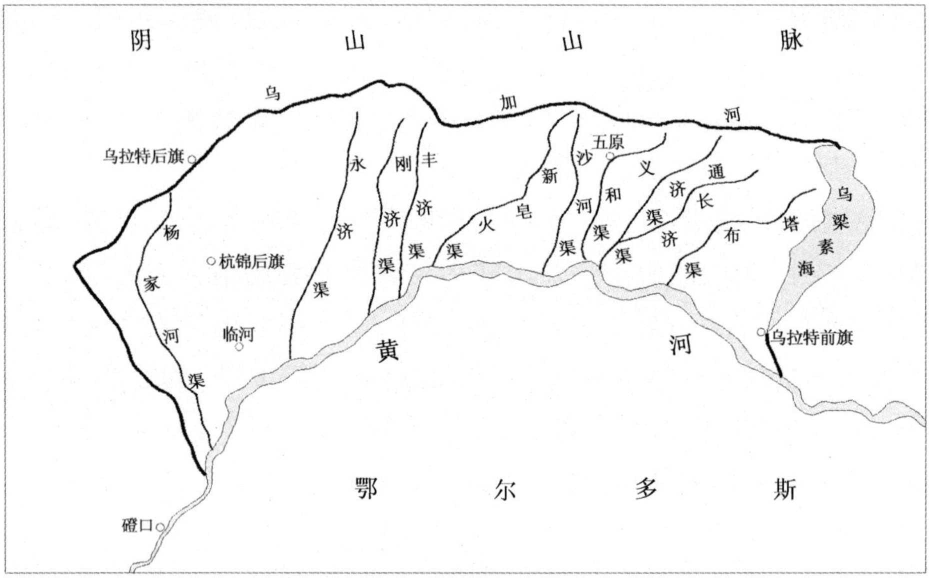

绥远河套地区黄河灌区图

长济、塔布两渠，由垦务局原委员于自信假借商人名义承包，由于他不懂水利，承包 4 年后，渠道基本淤废，结果负债累累，染病而亡。垦务局只得将渠道委托村社代管，情况也没有好转。

永济渠自 1913 年开始招商承包。当时该渠过水尚畅，灌溉面积较大，规定每年交包租银 1.3 万两，并且只能先包租 3 年，然后才能继续承包。包租者为地商杨满仓之子杨茂林，在其包租的 3 年中成绩不小，然而却未能继续获得包租权。

在推行民户包租过程中，垦务局及地方势力互相倾轧，以势压人，稍有利者，即争相包租，一旦无利可图，则不管不问，以致民户包租之法施行数年之后，导致渠湮地芜，毫无成绩。

有过辉煌历史的陕西关中地区的水利灌溉，从清代后期也迅速衰退，民国初年重新开始辟建灌溉工程，但多是一些灌溉几百亩的小型灌区。山西、河南西部等黄河中游地区的水利开发这一时期也甚少建树。

总的来说，这一时期北京政府为西北水利做了一些前期工作。但由于军阀混战，社会动荡，经济落后，黄河上中游地区水利发展十分缓慢而且很不平衡，这一状况直到南京国民政府成立数年后才有所改观。

二、黄河近代桥梁的建设

1912 年 11 月 29 日，位于济南北郊泺口镇的泺口黄河铁路大桥建成通车，成为民国初期一件很有影响的大事。

关于这座大桥修建的背景，还要上溯至清朝末年。甲午战争之后，清政府从国家自强及调整列强在华利益的需要出发，在众多政治家、实业家的建议下开始大规模修筑铁路。1896 年到 1904 年间，共兴建铁路 6500 余公里。由于经费拮据，主要靠举借外债建设，而外国的借款条件则异常苛刻，不仅是铁路人事行政权，甚至沿路采矿、征税等主权都要尽归债主。1905 年前后，朝野上下急思振兴之策，在铁路政策上，收回路权以及筹款筑路蔚然成风。在清末政坛担任要职的袁世凯，也意识到铁路对于国防及经济发展的重要意义，通过与英、俄谈判，在行政用人、物料采买等方面争取了部分路权，同时多方筹集资金，用心挑选人才，筹建了京张铁路，开创了中国独立发展铁路事业的先河。1908 年 1 月，清政府与英国华中铁路公司和德国德华银行正式签定了《津浦铁路借款合同》，有别于卢汉铁路“以路作抵”的借款模式，规定“铁路建造工程以及管理一切之权，全归中国国家办理”。津浦铁路全长 1009 公里，北段自京奉铁路天津总站以南两路接轨处起，至山东韩庄，长 626 公里。南段自韩庄至江苏浦口，长 383 公里。两段分别于 1908 年 7 月和 1909 年 1 月开工。

泺口黄河铁路大桥就是津浦铁路上的一座特大桥梁，大桥全长 1256.91 米，宽 9.4 米，为 12 孔双线钢梁桥，其中 9 个孔径均为 91.5 米，2 个孔径为 128.1 米，另有 1 个孔径为 164.7 米，这一跨度为当时亚洲之最。全桥共有 11 个桥墩，其基础因地制宜，分为三种类型。两岸桥台及滩地的 7 个桥墩，采用钢筋混凝土桩浅基础，水中的 4 个桥墩有 3 个采用气压沉箱底加钢筋混凝土桩深基础，1 个为加深的气压沉箱深基础。泺口黄河铁路大桥造型独特，气势恢宏，为当时亚洲跨度最大的悬臂式结构桥，被誉为“亚洲第一大桥”。

抗战前泺口黄河铁桥

1908 年 10 月 15 日，泺口黄河铁路大桥举行开工典礼。但此时，中方对德国人设计的桥式仍存有异议，担心建成后桥墩会阻水，影响济南市的防洪安全。德国人虽然坚持己见，但在中方疑虑未消之前也没有贸然开工。1909 年，中国著名铁路工程师詹天佑受命来济南参与建桥论证，他经过精心计算和分析，肯定了原设计方案。于是，泺口黄河铁路大桥于当年 7 月正式开工修建，整个工程由德国孟阿斯桥梁公司钢桥制造厂承担勘测设计并施工，初建时桥梁钢件全为德国制造，历时 3 年，于 1912 年 12 月告竣，整个工程建设耗银454.56万两。随着这座黄河大桥的建成，津浦铁路亦于当年全线通车。

泺口黄河铁路大桥虽然由德国人承建，但它的每一寸混凝土、每一节钢梁里面，既有德国技术人员的汗水，更有中国人的心血。在选址时，中德双方技术人员就曾奔波于黄河济南段上下游 180 公里的地域内，经过反复考察论证，最终将桥址确定在泺口。泺口的优势在于肆虐的黄河奔流至此突然变得平缓，而南面的大坝与北岸的鹊山又像两把巨钳，锁住了这段河道，使之一直比较稳定，将大桥建在这里，是中德双方的共识。泺口铁路桥无论是桥址的选择、跨度的布置和桥基的建筑都是成功的。上部悬臂大跨度钢桁梁采用了摆柱传力装置，设计构思颇具特色。大桥在设计时曾考虑了远期双线行车，以后虽未实现，在当时也算具有远见了。该桥建成后，为防止冲刷，在各桥墩基础周围均加打了护桩。泺口大桥基础埋深合理，经受住了多次洪水的考验。这座大桥建成后，成为民国初年济南市的一大景观。该桥于 1937 年抗战时期被炸毁，后又得以重建。

1936年前的津浦铁路泺口黄河铁桥

在泺口黄河铁桥竣工之前，黄河上已有两座修建于清末的铁桥，它们分别是郑州黄河铁路大桥和兰州黄河铁桥。

郑州黄河铁路大桥动工于光绪年间的1903年9月。大桥位于郑州西北约30公里的邙山脚下，该处原为一个古渡口，南来北往全靠小船摆渡，速度慢而且不安全。光绪十五年(1889年)初，清政府经与比利时政府谈判，决定向比方商团借贷，着手建造贯穿南北交通的卢沟桥至汉口铁路，按照当时举债建设的条件，该铁路的勘测、设计、施工交由比利时公司负责。比利时方面聘请了德国、美国、法国、意大利等国家的工程师参与查勘研究，历时4年，直到1901年才确定了建设方案。设计时将卢汉铁路展建为京汉铁路。关于火车通过黄河天堑的方案，当时在朝廷内部有两种意见：一是建造铁路大桥，一是用轮渡运火车过河。清朝政府经过广泛征求意见，并进行了多方考察以及实地勘探，最终决定在郑州修建横跨黄河的铁路大桥。

当时该段黄河水流分为南北两槽，河道中间有一草滩，河床上覆盖着较厚的沙质土壤，承载力很低，为了大桥稳固，桥墩施工采用了铸钢管柱组成基础。工程历经两年，克服种种困难之后建成通车，全部工程共耗费白银265万两。

郑州黄河铁路大桥是万里黄河上修建的第一座近代铁路桥梁，大桥为钢体结构，设计气势恢宏，桥长3015米，共102孔，深槽部分有跨长31.5米的半穿式钢梁50孔，中间浅滩部分有跨长21.5米的上承钢板梁52孔。大桥除设50个大桥墩和51个小桥墩外，在桁梁和板梁之间还有2个过渡桥墩，共103个桥墩。铁路桥单线通行，桥面全用钢板合成，作斜方网格式，桥上广设避车之所，以利行人。桥的上游，每个桥孔两旁修有松木拦水坝一座，冬春则防凌，伏秋则杀水势。桥西沁河下游筑石砧12.5公里，以保障大桥防洪安全。

1905年11月，郑州黄河铁路大桥竣工，清政府举行了隆重的庆祝活动，特命督办铁路大臣盛宣怀、会办铁路大臣唐绍仪、外务部右侍郎联芳、湖广总督张之洞、河南巡抚陈夔龙以及邀请法国、比利时、意大利公使参加庆典。次年4月

1 日，大桥正式通车，从此担负起贯通南北交通的繁重运输任务。郑州黄河铁路大桥的桥址选择无疑是正确的，但是由于外国专家设计时对黄河洪水冲刷认识不足，施工时又限于当时的设备和技术能力，所以造成了桥梁基础埋藏浅、桥身距河面高度低等不足，后来河床抬高，给黄河行洪造成严重隐患，也给桥梁运营养护带来了很多困难。尽管如此，当时能在举世闻名的黄河下游悬河上建成跨度如此之长的铁路大桥，已经称得上是建桥史上的奇迹。

稍后，兰州黄河铁桥也开始建设。1906 年，时任陕甘总督的升允上奏慈禧太后和光绪皇帝，报告说已与天津德商泰来洋行签订了修建兰州黄河铁桥的合同，并且建桥所需要的材料也已在转运途中。这个奏折表明，兰州地方当局对建造黄河铁桥已有了十分的把握。

兰州历来是中原与西域往来的必经之途，穿城而过的黄河则是横亘在这一交通要道上的天堑，民间曾有“隔河如隔天，渡河如渡鬼门关”的歌谣。明洪武年间，曾因军事需要在兰州黄河段修建过浮桥，但很快拆毁了。1385 年，兰州卫指挥佥事杨廉才在兰州兴建了著名的镇远浮桥，该桥以其扼守要津的重要地位，曾被誉为“天下第一桥”。但是镇远浮桥并非坚如磐石，遇到大洪水和冰凌，时常发生桥毁人亡的惨剧。而且，冬季黄河封冻，浮桥必须拆除，车马均由冰上通行。冬春之交冰将消未消之时，经常有人畜因冰裂落水而亡。待冰完全融化之后，又需重建浮桥，所费甚巨。

为了改变这种状况，早在光绪元年（1875 年），左宗棠任陕甘总督时，就有过修建铁桥之议，但因洋人出价太高而作罢。进入 20 世纪，清政府为了加强对西北的管理，又萌生了修桥之意。1905 年，陕甘总督升允到任后不久，设立了甘肃洋务总局。他敏锐地察觉到“外人奇技巧思”正可“宜民利用”，决定借助外国的先进技术与设备实施建桥计划。次年 5 月，升允与泰来洋行经理喀佑斯就建设铁桥问题进行接触，达成了合作意向，当时商定建桥费用为白银 16.5 万两。双方并就兴建兰州黄河铁桥一事拟订了初步合作合同。

但反对意见随之而来。代理兰州府傅秉鉴给升允上了一道条陈，请求对包修合同中的一些条款进行研究。于是，升允与泰来洋行就有关问题继续进行磋商。为了解除傅秉鉴等诸多官员的疑虑，喀佑斯请工程师进行实地勘测，勘测结果出来后，德方认为：黄河水性虽然湍急，但如按所议章程架修铁桥，保证 80 年内稳固可用。于是甘肃洋务总局便与泰来洋行正式签订了黄河铁桥包修合同，黄河铁桥的各项建设筹备工作随之全面展开，并且得到了清政府的认可。

铁桥的建筑材料全部由德国海运至天津，再由天津经北京、郑州、西安转运至兰州。甘肃洋务总局事先在天津、郑州、西安设立了三个材料转运点，对材料运输次序做了周密的安排，使材料得以源源而至，保证了铁桥的施工。

因为当时郑州至兰州尚不通火车，从郑州向兰州运送建桥材料最为艰难，材料在郑州装车后，车上插着黄旗，由护勇押解向西安行进。一遇雨雪天气，道路泥泞，便难以前行，所以材料运送十分迟缓。直到1909年春天，全部建桥材料才运到兰州，历经两年，费银12.4万多两。

1908年初春，兰州黄河铁桥动工。由德商招雇工匠69人负责施工，其中包括美国人满宝本、德国人德罗和华工刘永起等铁桥建设的骨干力量。经过一年多的紧张施工，次年8月19日，长233.3米、宽7.5米的兰州黄河铁桥正式建成通行。为永久纪念这一重大工程，甘肃洋务总局在铁桥两端竖立了两块石碑，上刻升允撰写的记述兰州黄河铁桥修建始末的碑文。

为了切实保护和维护铁桥，甘肃洋务总局专门颁布了管理铁桥暨岁修铁桥法程以及巡兵站岗、车马行人来往条规。管理暨岁修法程共10条，详细规定了铁桥平时的养护、维修规则和具体方法。1928年，为纪念孙中山先生，甘肃省政府将兰州黄河铁桥改名为“中山桥”，并从此沿用至今。

1934年兰州黄河铁桥状况

从兰州黄河铁桥看北岸的白塔山

对于当时清政府借债修筑铁路，致使路权落入外人之手的弊端，国内各阶层甚为痛心，一度对此极力贬损。但是，郑州、兰州、济南3座黄河铁桥建成后，客观上大大改善了黄河两岸的交通条件，推动了民族经济的发展，而且对于促进近代中国江河铁路桥梁的建设，也发挥了积极的作用。

第二章　北洋军阀割据时期的黄河治理(1916～1927)

袁世凯去世后，全国形成军阀割据局面，先后爆发了直皖战争、两次直奉战争等，军阀混战，对社会经济造成了巨大破坏。同时，帝国主义列强加紧了对中国的经济掠夺，加剧了中国人民的贫困。由于政局动荡不安，战争连绵不断，经济凋敝，河防工程薄弱，因此这一时期黄河决口较为频繁，先后发生濮阳李升屯、黄花寺决口和利津宫家决口等重大河患，给民众带来了深重灾难。

严重的黄河洪水灾害，引起人们对黄河问题的高度重视，各阶层人士提出了一些治理黄河的主张，如孙中山《实业计划》中的治理黄河设想，李仪祉的黄河治本意见等，都促进了治理黄河方略的研究。

这一时期，在中外水利专家的推动下，水文观测、测量技术、河工试验等一些西方先进水利技术初步应用于黄河治理。上游河套灌区、陕西引泾灌区及伊、洛、沁河水利，有了一定的改观，部分河段的黄河航运也呈现出较为繁荣的局面。

第一节　军阀混战中的黄河河务

一、军阀混战导致经济凋敝

1916 年 7 月 6 日，黎元洪继任中华民国大总统，北洋军阀皖系首领段祺瑞出任国务总理，中央政府的军政大权实际由段祺瑞掌控。不久，总统与总理之间因是否参加第一次世界大战发生了“府院之争”。

按照孙中山当初的建国理念与同盟会的革命方略，原拟实行美国政体的总统集权制，分三期完成宪政。1912 年南北议和，孙中山将临时大总统让位于袁世凯，临时参议院为限制总统权力，在袁就职前订立了《临时约法》，规定按三权分立原则，实行责任内阁制。实际上，这一约法并未对拥兵自重的袁世凯产生多少限制，却由此埋下了总统与议会、政府与议会等诸多冲突的根源。1917 年初，段祺瑞为了扩充自己的实力，力主参加第一次世界大战，并向日本借款。而与日本有矛盾的美国则唆使副总统冯国璋反对参战，黎元洪及部分国会议员也反对参战，与段祺瑞发生激烈冲突。4 月，段祺瑞在北京召开督军团会议，胁迫国会和黎元洪，要求立即宣布对德作战。为反制段祺瑞，5 月 19 日，众议院投票表决赞成改组内阁，5 月 23 日，黎元洪下令罢免段祺瑞的国务总理兼陆军总长职务，并重新任命中央及各省军政长官。这就是轰动一时的“府院之争”。

段祺瑞被免职后离京赴津，宣称黎元洪的命令不合法，因此不对该命令的后果负责。随后，他策动安徽、奉天等 8 省督军先后宣布独立。对此，黎元洪于惊慌之中被迫向拥兵徐州的张勋求援，邀请其进京调停。不料张勋带领“辫子军”入京后，却迫使黎元洪下野、解散了国会，并急电各地清朝遗老进京在清宫召开“御前会议”，把 12 岁的溥仪抬出来宣布复辟，张勋自任首席内阁议政大臣，兼直隶总督、北洋大臣。7 月 12 日，段祺瑞率“讨逆军”进攻北京，张勋战败，溥仪再告退位，短命复辟即行破产。

在此期间，针对段祺瑞拒绝恢复《临时约法》的行为，孙中山也在加紧进行护法斗争，当年 9 月在广州召开国会非常会议。会议决议成立中华民国军政府，选举孙中山为军政府海陆军大元帅，通过《中华民国军政府组织大纲》。10 月，由军政府统辖及响应的军队包括湘、桂、粤军等约 15 万人，在湖南与北洋军队接战，先后攻占长沙、岳阳，并扩展到湖北、四川、广东、福建等省。但不久，由于桂系军阀暗中倒戈，孙中山的领导权被剥夺，并被迫于 1918 年 5 月辞去大元帅职务，第一次护法战争宣告失败。

民国初年中国经济主要是地方性的农业经济，各个地方基本上可以自给自足，这为军阀割据提供了物质基础。此外，各帝国主义国家在中国采取了划分势力范围的政策，分别在中国各地扶植各派军阀作为自己的代理人，这种瓜分政策造成的矛盾也加剧了各派军阀的割据纷争。

各派军阀为了夺取更大的政治经济利益，野心勃勃，拥兵自重，内部权力之争逐渐激烈。袁世凯去世后，北洋军阀形成了皖、直、奉三大系，以段祺瑞为首的皖系把持着中央政权，从日本得到很多借款，编练军队，显示出比较雄厚的实力。以冯国璋为首的直系，主要控制范围是直隶及长江中下游地区（包括江苏、江西、湖北），1919 年冯国璋病故，曹锟和吴佩孚掌握了直系的兵力。奉系首领张作霖则割据奉天、吉林、黑龙江三省。而以唐继尧为首的滇系军阀和陆荣廷为首的桂系军阀控制西南地区。此外，还有不少割据一省或一地的小军阀。

这一时期，各派军阀为争夺政权或扩大地盘，先后爆发了直皖战争、两次直奉战争。一系列的军阀混战持续十余年之久，对社会经济造成巨大破坏。

辛亥革命后开始发展的一些民族工业，本来就资金短缺，设备简陋，技术落后，战乱一起，人心惶惶，结果不是停产倒闭就是被人吞并。当权者没有心思发展国家经济，却只顾自己巧取豪夺，大量投资房地产及金融市场。在北洋军阀统治的京津地区，军阀、官僚们投资的额度大得惊人。在1914～1925年间，天津新建的工厂有26家，其中北洋军阀投资的就占了11家。

趁中国内乱之际，日本、美国等国也加紧了对华经济侵略，对中国的贸易输出逐年增加。日本对华贸易激增尤巨，1914年日本对华输出货值为1.6亿元，1917年增加到3.18亿元，1918年更是增至3.59亿元。据统计，从1914～1917年间，日本对华贷款总额达到8100多万元，其中以交通、铁路、矿山、工厂等部门贷款最多。与此同时，日本垄断资本也打进了中国市场，向中国大肆进行资本输出，在华直接投资，开办工厂矿山，特别是注重投资于棉纺织业。日本三菱、三井财阀等所属的纺织会社，在中国开办了许多纺织厂，如受三菱财阀控制的内外棉会社，在他们的本土只有2家工厂，在中国却设有14家工厂。日本资本家不但直接投资于纺织等轻工业，同时还通过各种方法，经营和掠夺中国的煤铁资源。除了继续在东北掠夺抚顺、本溪、鞍山等地煤铁资源外，还在中国各地"以中日合办"或借款等名义进行投资，掠取中国的煤铁资源。

当时正是第一次世界大战期间，美国乘欧洲列强忙于战争之际，也瞄准了中国市场，加紧对中国的经济侵略，并与日本展开了激烈的竞争。美国输华货物中钢铁、各种机器、铁路货车及客车、汽车等数量不断增加，而中国出口美国的货物大都为油类、生丝、羊毛、蛋粉、生皮、草帽辫等原料及食品，形成了十分巨大的贸易逆差。

随着侵略者之间的竞争日趋激烈，为了协调彼此的利益，美、日两国于1917年订立了共同掠夺中国的《蓝辛—石井协定》，美国承认日本在中国的特殊利益，日本也认可美国对中国的权利，而最终受害的只有中国。加上兵匪抢掠，污吏侵蚀，仓政废弛等等，中国人民处于深重的苦难之中。

二、三省分治的下游河务

由于国家四分五裂，局势动荡不安，统治者根本没有精力也没有财力统筹考虑治理黄河事宜。这一时期，中央政府一直没有统一的治河管理机构，只在河南、直隶、山东三省设有河务局或河防局，分别管理各省的河防。

1919年，北洋政府对黄河下游修防机构逐步进行了改组，先后成立了河南、直隶、山东三省河务局，下设河务分局，下游修防系统稍趋稳定。当时这些河务机构的级别相当高，任命河务分局级别的官员须呈大总统批准。然而，由于军阀混战，治河各自为政，河南、直隶、山东三省河务局，各自独立管理本省河防，无法统筹全局，上下修治，互不协调。

黄河北岸清河镇的山东省河务局下游总段部

1919 年内务部全国河务研究会出版的河务季报

当时的治河经费十分有限。河南约为 40 万元，直隶约为 25 万元，山东约为 55 万元，总共为 120 万元左右。而就是这极有限的预算费用也常常不能兑现，往往只能欠领或垫支。正如当时的一份报告中所述："自民国以来，军事繁兴，库储竭蹶，宣防之费裁减无多，且未应时照发，以致险象纷呈，筹防愈困"[1]；又说山东省"河局欠领经费据闻已达三十余万，几及全年预算三分之二。此外，河南、京兆等处，河工经费欠领情况亦大抵相同"[1]。社会腐败，黄河河务也难逃侵染，有限的治河经费还要受到一些治河官员的层层盘剥侵吞，最后真正能用于河防工程上的经费数额就少之又少了。在这种动荡的局势和腐败的河政下，黄河堤防遭到严重破坏。"堤防处处失修，河身节节淤

[1] 黄河档案馆藏. 王荣搢主编.《豫河续志・公牍》. 1926 年刻本

垫。”[1]当时，河南境内黄河有些堤段在长达几十公里的范围内长期没有进行过修护。特别是两省交界地带，由于各自为政，大家都不重视，堤防最为薄弱。要做一些点滴的修修补补，尚且异常困难，全面的修治工程，更没有可能实施。

黄河是一个整体，上下游既相互关联，又相互制约。上段治理的好坏，常常是下段治理的前提和基础；下段治理不善，也往往使上段的治理工程不能发挥应有的作用。黄河河务分治的结果，直接导致了河务荒废、堤防残破，而黄河堤防防洪能力的低下，进一步加重了水患灾害。

1917 年汛期，位于黄河南岸的直隶辖区连连发生决口。当年 7 月 1 日，直隶东明县二分庄黄河民埝漫决，口门宽约 200 米；20 日，直隶长垣县（今河南长垣县）黄河南岸樊庄（今属山东东明县）漫决，口门宽约 160 米。以上两口 10 月堵合。8 月 7 日东明县小庞庄因漏洞溃决，东明县谢寨亦漫决。在黄河支流，8 月，沁河在河南武陟县方陵决口，冲塌闸门，武陟县西南 70 余村被淹，北樊闸门亦被冲决，口门宽 176 米；汾河也在秋季陡涨，漫溢成灾。山西太原、榆次、祁县、文水、孝义、汾阳、灵丘、夏县部分村落被淹，损失惨重。

1918 年 6 月，山东鲁西地区连降大雨，黄河下游支流汶河洪水陡涨，据新中国成立后治淮委员会 1957 年的历史洪水调查报告，估算该年汶河大汶口洪峰流量为 10300 立方米每秒，是汶河有洪水痕迹可查的最大历史洪水。当年汶河决口 70 余处，成灾面积 250 万亩。受此次暴雨影响，东平县大清河亦决口数处。

黄河下游花园口—陶城铺一段河道河面宽阔，主流摆动频繁，极难防守。1923 年这一河段发生了两次决口。一次是 7 月初，黄河在南岸直隶省长垣县郭庄（今山东省东明县）决口，320 余个村庄被淹。另一次是 8 月 13 日山东濮县廖桥民埝因洪水漫溢决口，口门宽 160 多米，淹没濮县、范县、寿张、阳谷 4 县 400 余村，平地水深 1 米左右，房屋倒塌一半，庄稼全部被淹。洪流“势如建瓴，漫淹村庄而下，男哭女啼，惨不忍闻。”[2]

1924 ~ 1926 年，是当时黄河干支流堤防决口甚为频繁的 3 年。1924 年 8 月，直隶省长垣县恼里一带发生漫溢，长度达数十公里。同年，在河南沁阳县范村、常乐沁河大堤接连发生两处决口，决口口门分别宽达 99 米、318 米。1925 年，山东利津县虎滩决口，泛水西北流，穿徒骇河旧道及钩盘河，下合大沙河，由套二河漫至无棣县境入海。1926 年汛期，八里店、崔家庄、卢家园又接连发生民

---

[1] 黄河档案馆藏. 陈汝珍主编.《豫河三志·附录》. 开明印刷局，1932

[2] 黄河档案馆藏. 林修竹纂，徐振声编.《历代治黄史》. 民国铅印本

埝溃决。其中的崔家庄民埝溃决,导致县城东门外至綦家嘴5公里黄河大堤受浸,出现漏洞4处,经该县知事李光宇督同营汛兵弁连夜抢堵,方保住了大堤。同年8月14日,直隶东明县刘庄(今属山东菏泽)河段因跑埽决口,口门宽130多米,泛水流入巨野县赵王河,宽7.5公里,淹菏泽、曹县、巨野、金乡、嘉祥等县。

利津大马家大堤坍塌推枕抢护情形

1923年直隶黄庄厢埽情形

当时,北洋军阀统治者把主要精力、财力都放在争权夺利、巩固自身统治上,无力顾及防治灾害。及至灾害发生后,大都是头痛医头、脚痛医脚。后来由于大批灾民给社会造成极度混乱,迫于巨大压力,北洋政府才设置机构,相继采取了一些减灾救灾措施。1920年9月,成立了筹议赈灾临时委员会,该委员会章程规定由内务、财政、农商、交通四部联合筹议临时救灾及善后各项事宜。关于救灾经费的筹集问题,北洋政府规定:赈款除由中央拨款外,还由各省、县筹集及有关方面募捐,募捐事宜由各省军政长官及现职官吏、省议会议员、各县地方绅商及各省地方同乡官商、慈善团体等分别负责,并将所募款项,汇交各该处银行、商号存放,同时规定,募集除现钱外,粮食、衣物亦分别收集。当年11月,北洋政府又颁布了《赈灾公债条例》,决定采用发行公债的办法来筹款,当年发行公债400

万元，年利率7厘，每年上半年5月31日和下半年11月30日各付息一次。为保证赈款的有效利用，内务部拟订《办赈惩奖暂行条例》，其中规定：经办人员如侵蚀赈款，经查证属实，侵吞500元以上者处死刑，情节最轻者亦须处一年有期徒刑，不得减轻。

次年，为统一赈务行政，北洋政府又设置了全国防灾委员会，制定了《全国防灾委员会章程》，规定该机构附设于内务部，并颁布了《赈务处暂行条例》，规定由内务部赈务处综理各灾区赈济及善后事宜。具体赈济方式主要有急赈、工赈、平粜、蠲缓、借贷等。其中，急赈即蒸作馒头、举办粥厂、提拨谷款，向灾民散发；工赈即以工代赈，招募灾民修复堤防、开工筑路等；蠲缓为减免地丁税负；借贷则是以贷借债款的方式给灾民，使其不误耕种，能尽快恢复生产。

但在实际执行过程中，由于中央政府无暇顾及，地方官吏漠视民命，乘灾舞弊，再加上财政困难、战争频起，很多政策措施难以实行。如1917年直隶水灾，仅天津本埠就有灾民约10余万人，而得到官厅收容救济的只有4万余人，至于广大农村地区的灾民，则无依无靠，饱受疾苦。1920年华北5省大旱，灾区之广、灾民之众、灾情之烈举世震惊。因得不到及时救助，许多灾民在饥寒交迫中冻饿而死。据资料统计，直隶顺德府10.93万居民中，有3.13万人死亡，占1/3还多。而与此同时，侵占挪用赈款及水利经费的情况却比比皆是。为了战争、还债，本来应用于水利的经费及治河工款一减再减，少得可怜，但就连这点关乎民生的款项也往往被当局挪作他用。另外，一些地方官吏利欲熏心，不顾灾民死活，以权谋私，侵掠赈款，致使原本有限的赈款，经过大小官吏层层剥皮，真正惠及百姓的寥寥无几。面对如此政治，难怪当时人们感叹道："彼苍苍者，制造灾祸之天然机械也，军阀官僚，制造灾祸之巧匠也。"

三、利津宫家堵口工程

利津位于山东省东北部，濒临渤海，自东汉以后在很长的历史时期内，这里是黄河的入海之地。随着黄河三角洲的形成与扩大，利津以下不断向渤海湾伸展。南宋时期，设置利津县。清末民初，由于堤坝低矮单薄、入海口泄水不畅等原因，黄河经常在这一带决口成灾，有些年份甚至一年决口多达3次，给当地人民带来沉重灾难。

宫家险工地处利津县黄河上段西岸，距利津县城10公里。这里位于山东窄河道南岸，同时也是河道转弯处，一有大水便呈大溜顶冲之势，常常险象环生，是黄河上一处著名的险工。

1921年山东黄河下游西冯家大汛时期柳护堤情景

1921年7月中旬，黄河中游普降大雨，河水陡涨，导致下游水位迅速上升，河势骤然紧张。当时，由于军阀连年混战，山东财力匮乏，河工经费时常拖欠，堤防已连续10年没有进行春修。特别是上年冬天连防汛料物都没能采购，宫家险工原有的50余道坝埽大多外残内朽，抗洪能力之孱弱已到极点。

连日涨水之后，宫家险工上首的河套、李家两村坝段首先出险，经抢做8段秸料埽暂时得以维护。7月18日夜，黄河利津站最大流量达到5292立方米每秒，受洪水猛涨的影响，大溜再度顶冲宫家险工，不到500米宽的宫家河段洪水壅滞，水位最高时水面距宫家坝上首堤顶不到1米。由于浪大溜急，加之正值深夜，风雨交加，料物不济，7月19日黎明，宫家村南大堤被冲决，口门宽20多米，河水以近4米高的水头倾泻而出，腾涌而下。第三天，决口口门刷宽至640多米，全河十分之七的流量从口门流出。泛水向北流至于家庄处东西分流，经大小郭家时又复合流北趋，然后越徒骇河及九山新河，向西北进入无棣县套儿河，最后平漫入海。泛滥区域长70多公里，最宽达30公里，一时间，平畴沃野尽成泽国，田园、房屋多被淹没。据当时灾赈公会统计报告，此次宫家决口，利津、沾化、滨县、无棣4县1002个村庄被淹，18.4万人受灾，无家可归露宿大堤者竟有6万多人，情状极为凄惨。

宫家决口初期，如果料物充裕，迅即对河套、李家两处新做埽坝进行抢修，决口或可立予堵复，而且能节省不少料物钱款。但由于抢护款项屡遭搁置，致使失去最好的堵复时机。直到10月上旬，才得到5万元拨款，及至购得料物动工堵复已是当月下旬，因口门不断向西冲刷，此时已越过李家村至南杨家村一带，口门已由决口之初的20多米扩宽至1700多米，分夺水流亦由当初的十分之七演变为全河夺流。由于旧河道阻塞，行将淤平，河势已经极其不利，此时进行堵复，需先安排好大河流路，减弱决口处水势，因而其堵口施工难度大为增加。

1921 年山东宫家黄河决口口门侧面情景

在这期间，山东省河务局局长劳之常曾派员对宫家口门附近的地势进行详细勘测，制订了一个施工方案，即从南岸盖家楼下首河道北折之处起，至圈董家上首旧河身处，按原大河水流方向挖一条引河，将决口水流引回故道，而后开始堵口。结果未能实施。

当年 9 月 16 日，北京政府特派山东省省长田中玉督办宫家堵口事宜，派劳之常兼任会办。田中玉奉命之后，一面设法筹款，一面亲赴宫家口门实地考察，并选派谙熟河工情况的工作人员进行勘察，准备从残堤头附近进行筑坝进占。经估算，工程经费约需 500 万元。此后又经过详细的勘察筹划，制定了一个较为完整的堵口计划。这一计划主要分为三个部分：

其一，由盖家楼下首河道北折之处起，至圈董家险工上首旧河身止，开挖一条 2700 多米长的引河，引河上口宽 150 余米，深近 5 米，底宽不一，挖出的土分别堆在两岸七八十米之外，为堵复后的河道留出 300 多米的宽度，河头一段则展宽开来，以便引水。

其二，因此处河面水小时宽度仅 210 余米，出于节省工料考虑，在引河头对岸的鸡心滩上筑 3 道挑水坝，每道长 30 余米，坝顶宽近 8 米，并修土堤与原有的民埝连接，作为外防线，兼顺挑水溜直趋引河。

其三，由西坝头起，与水溜成钝角方向，用料进占，长宽高等视水力而定，一旦口门缩窄时再用料石铺底，以免淘深；坝前修埽，坝后帮戗，以资稳固而阻断水流；为展宽河道，再筑一条 2500 米长的堤坝，到口门间新淤的滩地折向东北，偏北 20 度，与大堤内民埝相接。该坝除回溜宽 100 余米需用占工以外，其余均为堤工，顶宽十五六米；临河每隔十五六米修一道长 45 米顶宽 9 米的护滩坝，第一道用石镶砌并在坝根打下长桩，以防恶浪冲刷，其余坝可用秸料盘裹。这条堤坝在内滩取土，取土后可作为第二引河，与第一条引河在老河道相会。这一计划的好处，是迎溜工程短，施工较为容易，而且水流受迎溜占坝的拦挡，转向东流从而回归旧河道。

1921 年山东黄河下游三不赶处埽坝下沉抢险状况

以上工程连同下游御水工程，以及添置机械、船只等项目，约需经费 358 万元，这个数额，尽管比先前估算的节省了许多，但因当时财力衰微，仍然难以解决。

1922 年 2 月，美商亚洲建业公司总工程师塔德（O. J. Todd）因办理华洋义赈会工赈事宜来到山东，获知宫家堵口工程之事，对承包这一工程很感兴趣，对此前制定的堵口计划也表示赞同，并当即亲赴宫家口门进行了实地查勘。

随后，塔德与山东省河务局具体协商承包宫家坝堵口工程，提出 95 万元的承包价。因承包内容中不包括下游御水工程、机械和舟楫购置等，与中方原来估算的 358 万元相比省了不少。于是中方经与美商亚洲建业公司磋商，草拟了合同条文，主要内容为：堵口工程承包价为 95 万元，每月按工料价值付给 9 成，余款至完工 3 个月后付清。并规定合同签字后 10 日内必须开工，全部工程至当年 7 月 20 日竣工。

此时已是 3 月上旬，美方公司觉得在 4 个月内完成工期太紧，同时感到承包价偏低，很难从中获利，提出暂行中止。于是，宫家堵口再失良机。

当年大汛之后，众多灾民纷纷到省里请愿，要求尽快堵复宫家口门，以解民于倒悬。在灾情日甚与公众舆论的压力下，堵口之事被重新提上当局议事日程，塔德并再次应邀介入此项工程。

塔德赴宫家口门进行了详细勘测，了解到上次勘查的引河上首河岸已借水力刷去约1000余米，此时河势更为有利，施工也把握更大。于是中美双方于当年10月再次进行磋商，商定计划与此前基本一致，另外新增修截流坝及老河疏浚工程，并将原计划之挑水坝向上连至东宋家上首旧有大堤，将北岸的大堤往下接至宫家旧堤，作为第一防线，连接东西坝头筑一条大堤，堵塞口门为第二防线，并在宫家弧形旧堤之后，再修一道退堤，以符合展宽河道的计划要求。如此，承包合同额总计为150万元。

此时，由于灾民要求尽快堵复宫家口门的呼声日益高涨，新任山东省省长熊炳琦上任伊始，也深感该工程为当务之急，因而表示同意美方以150万元承包该项堵口工程。经双方高层批准，最后，美商亚洲建业公司与山东省河务局于11月20日晚正式签订承包合同，由塔德具体负责组织实施。

该工程于1922年12月正式动工，宫家堵口工程主要内容包括：

(1)开挖引河。由盖家楼下首河道北折之处起至圈董家上首旧河身止，按原大河水流方向于河滩上开挖引河，以引河水直趋旧道，长1920米，上口宽152米，底宽91米，深度以地势之高下与挖河底之倾斜而定，一般为2.89～1.11米，除河头一段长60.96米临时抢挖外，其余于12月1日起用人力分段开挖，然后用平车运送泥土分堆两岸。全河土工约计26.5万立方米。

(2)疏浚老河。宫家以下老河道淤积严重，有碍排洪，采用疏浚办法，由引河下首起，就原有河身开挖一条小河，长1.15万米，底宽30米，深度以地势与计划所挖河底纵坡而定，同时修复北岸老堤，河流经宁海下界老鸹嘴旧尾闾入海。

(3)修建截流坝。用打桩填石修截流坝堵口，代替传统埽工堵口。全部工程共分六段，即便桥、铺底、填石、席包、秸埽、填土等。便桥主要为平堵抛石用，由东坝开始打桩，逐渐西进，每距3米下松桩一排，自东岸至西岸共75排，因西岸系新淤嫩滩，恐易冲刷，增添10排，每排并立4桩，中间两桩相距3米，边桩距中桩2.1米，上架一根约9米长的横梁，并用两块木板斜叉夹持，用铁螺丝连接固定。桩的大小及埋的深浅不等，其中第22～24排及第76～83排，或因中泓溜急，或因桩木略小，每排多打一根桩。开始打桩时，使用由上海购置的功率11.25千瓦、锤重1000公斤的普通蒸汽打桩机施工，由于机械故障，加之气压不足，时常停顿，每日工作10小时仅打桩4根。其后，改用由美国运来的功率13.125千瓦、锤重1500公斤的新机器后，每日可打十三四根，进度大大加快。桩打好后，即于横梁上架纵梁4对，每对相距0.46米，中间铺木板，上置轻便铁轨。在便桥上用美国生产的铁丝网铺底，以防水流冲刷河底带走石料，具体方法是将长45.7米、宽1.37米或1.12米的铁丝网一卷，一端系于桥桩，一端由船顺流铺垫，并用石块镇压以免移动。

架桥铺底完成后，5月1日开始抛石，抛石之初每日用工300多人，铁车20多辆，日以继夜，工程进度很快。至5月24日各孔抛石均与桥架相平，此后坝后流速平缓，坝前十几米内渐见溜稳落淤。5月28日河水突涨，东西两坝先后冲毁，随即抛大石块，快速抢护，当晚水落暂告平稳。接着又在截流坝前修了15段埽坝，埽面出水与桥顶相平，并在坝后面距坝9米处打两行木桩，中间填以秸料，防止土料冲失。后又在后戗未合之处用石块抛筑一道小坝，宽1.5米，用土包、散土加快填筑，至7月8日始得堵合。针对填石后的空隙渗漏，又于小堤之后浇筑弧形后戗，终于在1923年7月21日将口门堵合闭气。至此，河水改走引河，回归故道。

10月20日，宫家堵口工程竣工纪念典礼在山东省城济南举行，中外人士欢聚一堂，共庆堵口成功。

宫家堵口工程是一次比较成功的河工案例，特别是此次堵口时引进西方国家的平堵法，与此前我国历代使用的修埽进占的立堵法相比，为一首创，这一堵口工程因此成为当时一项著名的河工工程。

对于此项堵口工程，时任山东省河务局工程科科长的潘镒芬作了这样的评价："所费虽巨，所得奚十倍。然获名利者，美商建业公司也。但以创此新法堵筑，引河制胜，用款省，而收效速，为河工开一新纪元"。

四、李升屯、黄花寺决口

1925年的中国，一场以扫除帝国主义在华势力和北洋军阀为目标的大革命运动，迅速席卷神州大地。

这场革命运动源于第一次国共合作。1917年护法运动失败后，孙中山在挫折和彷徨中，一面从事著述立说，寻求新的革命道路；一面积极筹划，继续同军阀斗争。1921年5月5日，孙中山就任广州革命政府非常大总统，积极准备北伐，但是次年却因陈炯明发动叛乱而被迫回到上海。从1922年8月起，孙中山通过与中国共产党人及与苏俄特使越飞的多次会谈，发布《中国国民党宣言》和《孙文越飞宣言》，着手改组中国国民党，开始了一生中伟大的转变。1923年中国共产党召开第三次全国代表大会，根据对当时国内斗争形势的分析，决定实现国共合作，建立统一战线。次年1月，孙中山在广州举行国民党第一次全国代表大会，大会通过宣言，对三民主义作出新的解释：民族主义突出反对帝国主义的内容；民权主义强调民主应为“一般平民所共有”；民生主义则以“平均地权”、“节制资本”为两大原则。这个新三民主义的政纲成为国共合作的政治基础。之后，以广州为中心，汇集全国的革命力量，很快开创出反帝反封建的革命新局面，同时国共合作的实现，也促进了工农运动的恢复和发展。国民革命的思想由南向北，在全国范围内广泛传播。1924 年 10 月，具有进步思想的北方将领冯玉祥发动政变，推翻直系军阀控制的北京政府，控制了北京、天津一带，并把所部改编为国民军。11 月，孙中山应冯玉祥之邀离广州北上，沿途宣传召开国民会议和废除不平等条约的主张，形成广泛的政治宣传运动。但不幸的是，1925 年 3 月 12 日孙中山因肝癌在北京逝世。为了履行孙中山的遗嘱，对外废除不平等条约，消灭帝国主义势力；对内开展国民革命运动，消灭军阀势力，统一全国，7 月 1 日中国国民党政治委员会决议在广州筹组国民政府，由汪精卫、胡汉民、廖仲恺、张静江等 16 人为委员，汪精卫任主席，下设财政、军事、外交等部。随后，广州国民政府积极整顿内部，推行军政、民政和财政的统一，统一了广东革命根据地，并取消各地方部队名称，统一称作国民革命军，北伐战争拉开序幕。

正是在这一年，黄河上发生了一场严重的水患，这就是李升屯、黄花寺决口。

濮阳李升屯黄河河势

李升屯村位于黄河南岸的直隶濮阳县(今属山东鄄城县)。1925年8月，河水暴涨，李升屯河段因坐弯顶冲，淤滩不断坍塌，很快塌到民埝跟前。8月13日，民埝溃决，巨大的水流夺门而出，向着东北奔腾而去，经濮县、范县、郓城直冲寿张，4县土地尽成泽国，秋庄稼全被淹没。当时李升屯口门以下120多公里官堤几乎漫溢，且沿堤背河屡出渗漏。为防止官堤溃决，遂将寿张县黄花寺(今属山东梁山县)民埝尾部掘开放水归入正河，而义和庄(今属山东郓城县)、寿张县高堂(今属梁山县)等处民埝亦同时冲决，泄水也流归正河。李升屯决口后，黄花寺堤前并无大溜，当时形势还不太紧张。到9月14日，正河水落，奔腾下注，形成大溜，堤根冲刷愈深，大堤发生坍塌险情。虽经昼夜奋战抢修了两段新埽，但此时吊蛰走失，大堤坦石也被冲尽，终于9月20日晚决口。黄花寺决口后，大溜继续顶冲大堤，堤身坍塌绵延5公里，27日又在黄花寺下游1.5公里处决口，淹及寿张、东平、郓城、阳谷、汶上5县400余村庄。为防止溃水南下，东平县知事率领群众将十里堡、八里湾、三里堡、常山口、王仲5处运河南堤扒开，导泛水流入东平湖，顺坡河由姜沟之清河门复归正河。灾区面积1500平方公里，受灾人口达到200万。

李升屯溃决后，口门屡经淘刷，展宽至2200余米，水深溜急，成夺溜之势，堵复十分困难。经山东河务局反复勘察估算，堵复经费至少需要200万元。李升屯口门不堵复，黄花寺口门也没办法堵，而这两处不堵复，遇汛期涨水，黄河水会经由运河直下东南，一路泛滥下去，一次新的黄河改道将无法避免。

这一严峻情势，使山东省河务局局长林修竹寝食难安。林修竹是山东掖县(今莱州市)人，少年好学，18岁被清政府选派至日本高等工业学校学习，曾因成绩优异3次获得该学校精勤奖。1911年，27岁的林修竹学成归国，以倡导实业、教育为己任，先后任山东高等学校教务长、省教育司科长、省长公署教育科主稿兼实业科主稿等职。1924年冬，林修竹任山东省河务局局长兼山东运河工程总办。是时，黄河河防年久失修，河防营兵饷积欠数月，所需物料常无着落。林修竹上任后，立即对全省黄河河段各处险要工程作了实地考察，积极筹款购料，率河防官兵尽力修筑。还亲自拟定黄河两岸民埝、官堤种树办法，严令河防18营营长及沿河21县县长认真领导种植，年定额20万株。因其管理严格，成绩显著，曾受到北京政府内务部嘉奖。

李升屯决口之时，林修竹急调寿张、东平、阳谷、东阿、郓城、汶上6县民工3万余人，并立即赶往决口处指挥抢修堵漏，但终因人力不敌，未能阻住泛水。黄花寺出现重大险情时，林修竹又紧急赶往抢险现场，身先士卒，连续奋战7天7

夜，因水势太猛，黄花寺大堤终被冲决。大堤接连决口，林修竹痛不欲生，他与寿张知县一起站在危堤上纹丝不动，后经众人苦苦劝说方才离开。接着，他紧急会商濮县、范县、寿张、郓城、阳谷、东平、东阿、汶上 8 县知事，就李升屯、黄花寺堵口事宜呈请直隶、山东、江苏、安徽四省省长并转呈内务部、财政部批款兴工。据当时的美国工程师勃士敦、塔德二人分别估算，堵复这两处决口约需 220 万元，至少也得 150 万元。因数额太大，筹款困难，堵口事宜陷于停顿。李升屯决口后，洪水四溢，一直殃及千里之外的苏北地区，在广大范围内造成严重灾情。

洪水过后，刚从美国留学回国的张含英，曾应山东省河务局之邀调查这场水灾，他认为导致黄河决口主要原因是由于堤防不固，而固堤之法，必须改埽工为石头护岸。但是他的这个建议却遭到守旧思想的反对。这使他悟出一个道理：治理黄河不单是工程技术问题，还有社会问题。

1926 年初，林修竹举荐王炳尊为山东省河务局上游分局局长，在十里堡召集 8 县灾民代表会商堵口办法。经共同商议，决定用受灾 8 县丁漕（按人口交纳的税赋）60 万元作为堵口基金，不足部分由 8 县人民出人工摊料物完成。为此，山东督办兼省长张宗昌任命林修竹为山东黄河上游堵口工程处总办，王炳尊为会办，潘镒芬为总工程师，负责李升屯、黄花寺两处堵口工程。

山东黄河南岸黄花寺新堵口工程

按原计划，为节省经费，先堵李升屯口门，造成旱堵条件之后，再堵黄花寺口门。结果开工后发现李升屯决口处水深增至 8 米，堵复难度很大。在这种情况下，为了尽量缩短工期，使官堤以外的灾民早日恢复生产，林修竹决定李升屯、黄花寺两处堵口工程同时开工。开工后,他坚守在现场进行指挥,两处工地昼夜抢堵不停,工程进展明显加快。3 月 26 日,黄花寺口门率先合龙,接着,李升屯口门也于 4 月 3 日合龙。不料李升屯合龙后河水猛涨,加之狂风大作,一夜之间冲走淤滩 90 余米,淤滩上所做的埽工亦被冲得七零八落。值此危急时刻,林修竹、王炳尊率文武职员、汛兵、民工等 5 万多人,昼夜挑土送料,继续进占,经过 20 多天的连续奋战,终于在 4 月 30 日将李升屯口门第二次合龙闭气。李升屯水工长 850 余米,旱工长 2340 米;黄花寺水工长 444 米,旱工长 8000 米,两处堵口工程共用款 68 万元。

1927 年,当地人民在李升屯、黄花寺等处修建了 10 余座纪念石碑,感念林修竹治河之功。因为这两个工程堵口任务之艰巨,实不亚于双合岭大工和宫家坝工程,但所费人工物料,李升屯、黄花寺两工节省很多,堪称工巨费省之典范。

李升屯黄河堵口工程合龙后,对决口心有余悸的江苏省出资 20 万元,并出动部分人力在该合龙处修筑了 10 道坝,以防止黄河再向南溃决,这些坝也因此被称为“江苏坝”,即现今的鄄城县苏泗庄险工。江苏坝建成后,部分江苏籍民工留在这里定居,久之形成了江苏坝村,在今天的鄄城县临濮镇境内。

第二节　灌溉与水运

一、军阀统治下的河套水利

进入民国,北洋政府承续清末的垦务政策,将黄河上游的河套灌区作为一条生财之道,继续举办官办水利。

河套灌区是中国著名的古老灌区,早在秦汉之时就进行了开发,但其间几经兴衰,直到清朝中期,才进入全面连续开发的阶段,并且出现了招商垦种、地商经济、归官放垦等开发形式。光绪年间任命了钦命督办蒙旗垦务大臣(简称钦差垦务大臣),其主要职能是督办开垦伊、乌两盟和察哈尔八旗蒙地。宣统二年(1910 年)钦差垦务大臣被取消,由绥远城将军兼任垦务督办。1915 年设立了绥远垦务总局,先后辖有丰宁垦务局、察哈尔左翼垦务局、包头垦务局、绥远城八旗牧厂垦务总局、杀虎口站地垦务总局、土默特地亩总局、张家口东路垦务公司、乌兰察布盟垦务总局、归化西路垦务公司、西盟垦务总局、乌审垦务分局、乌拉特垦务分局、乌盟垦务分局等机构。垦务总局的主要任务是以归官放垦后的现状为基础,对蒙旗的开垦事务进行整顿,催收垦租及押荒金,清理剩余荒地,换发垦照等事宜，动员蒙旗农户积极报垦土地或认领耕种。据当时对报垦土地的统计，1925 年杭锦旗继续放垦的西巴葛垦地 3200 顷，达拉特旗 5000 顷，1927 年收回河套西部教堂地放给原有农户 1400 顷，后来达拉特旗又继续报垦长济渠、塔布渠灌区土地 6000 顷。加上民国之前的报垦数，前后报垦、放垦已达 3 万顷左右，这个数字，已占到当时适宜垦种土地的绝大部分。

发展垦务离不开水利，这一时期，北洋政府又在五原县增设了包西各渠水利局，归垦务系统管理，增强了官方对水利的控制。

但是民国初期垦务机构这种只榨取不投资的做法，使得官办水利的弊端愈加凸显，危机进一步加深。1920 年，直系军阀蔡成勋（任绥远都统）部旅长杨以来在后套驻扎，看到在那里包租渠道有利可图，便乘机假借商人名义组织灌田公社，强行"统包八渠"。但灌田公社的负责人不懂水利，只顾征收水租，不投资修渠，结果包租 4 年之后，"渠道废坏无遗，竟拖欠租款 10 余万元，套民至今言之，犹有遗恨"。例如永济渠在灌田公社包租 5 年后，下游被淹成水湖，而且灌田公社依仗权势拒不交纳租金，地方受害过大，只得请求政府救济。义和、沙河、通济、塔布等渠亦均淤塞，灌溉面积锐减。丰济渠由灌田公社包租 4 年后，"水旱频仍，人民为生计所迫，群请都府救济。都署鉴民心激昂，恐酿事端，遂明令准由河套士绅出名承包"。还有长济渠由灌田公社承包后，军方竟连续种植了 3 年大烟，致使渠地荒废大半。此时新任绥远都统想收回渠地改由地方承包，但蔡成勋、杨以来军调驻江西后还多次长途联系，仍坚持让其部下继续包租发财。最后新任都统只得做了妥协处理。

1923 年，新任绥远都统根据地方上的强烈意愿，决定将八大干渠从灌田公社收回来，交给地方绅士承包。为照顾直系军蔡、杨的情面和利益，乃实行划分势力范围：一方面以王同春为主，联合五原、临河两县著名士绅组成汇源公司，以 15 年为期，统一包租永济、义和、沙河、刚目、丰济各渠；另一方面以原灌田公社为主，改头换面组成兴农社，统一承包通济、长济、塔布各渠。垦务局为稳定局势，统一规定各渠租地仍由原地户承租，同时制订章程，共同遵守，情况稍有缓和。但因时局变化，未及两年，两大势力集团分包八大干渠的局面就被中止了。

1924 年，冯玉祥领导的国民军进驻绥远，改由李鸣钟任绥远都统。李鸣钟看到河套水利包租的失败和反复折腾的混乱情况，想把八大干渠收回加以整顿，同时整顿垦务机构，使垦务重新发展起来。1925 年 5 月，李鸣钟下令取消官民包租的办法，把河套内各水渠收回实行官办。将绥远垦务总局直接领导的西盟水利总局撤销，在包头成立由国民军和新都统直接领导的包西水利总局，委任第八混成旅旅长石友三兼包西水利总局总办，聘任王同春为绥西水利总工程师，协助石友三督办河套水利。这就是河套地区第二次官办水利的缘起。

由于北洋军阀各地方实力派的互相倾轧，造成绥远地方社会秩序混乱，地方无人镇守，兵匪不分，无人敢在渠道里干活；同时由于经费困难，1 万多名经常挖渠的工人被精简，各渠工局相继撤销，对公管的八大干渠更是无力兴修，因此刚有起色的垦务又陷入困顿。当时西盟总局曾制订了一个“水利章程十条”，企图使八大干渠既归官有又能民修，可新办法还未来得及试行就又将部分渠道改为民户包租包修，第二年又进而改为全部招商承包了。这种民户包租与招商承包，一直实行到 1928 年，十几年间数易其主，包括垦务总局本身在内的各种势力，明争暗斗，都想在渠道岁修负担转嫁给民众后大捞一把。结果出现了这样一种局面，先是农户包租，后来是灌田公社强行包租，再后来是两大官商集团分别包租，最后又强行收回第二次实行官办。这次官办水利刚开始的时候确实是很想有所作为的，因而声势不小，除对机构进行整顿之外，还着手修挖渠道，并且为了安抚民心，还将水费标准降低了几元。但到了 1926 年国民军西进，新建的水利管理机构因失去支持陷入无所作为的境地。这样又拖了一年之久，绥远垦务总局重新出面宣布停止官办水利，并决定将各渠道归地方合组水利公社自行经理，继续推行渠道官有不官办的管理体制，实行不到两年的第二次官办水利至此又夭折了，使得这十几年成为河套水利史上最混乱、最黑暗的时期，史称“水利废弛时期”。

对于官办水利失败的原因，当时的文献多有评论。《调查归绥垦务报告书》（以下简称《报告书》）指出：“在民国元年以前原系官办，耗费资金无算，所开田亩未见加多，且所收荒价租资全数赔垫渠工，犹虞不给，谓官修为善策，未敢言也”[1]。“自民国元年改归民修以后，渠道渐塞，每年所灌之地，亦不过五千顷左右，因渠水不能浇灌而田之荒弃者日多，应纳租资蒂欠甚巨，则民修之未尽得法断然也”[1]。该《报告书》认为，自民国以来政权迭易，地方不宁，千里为墟，“原有各渠无人挑修，以致日益废弛，节节淤积，年淤一层，共约七八层，每层自四五寸至尺许不等，今八大干渠惟缠金渠较为通畅，义和次之，老郭、长胜、塔布等渠最甚。”[1]《绥远通志稿》则认为，民国以来渠道包租情况不好的原因是“民户承包，责无专属所致”。

但官民包租渠道失败的根本原因，还在于当时的政治动荡。那时国内军阀

---

[1] 甘鹏云辑. 调查归绥垦务报告书. 1916 年石印本

混战,民不聊生。各派封建官僚势力都在依靠兵权争权夺利,寻找发财的机会,与民争利。比如民户包租的章程规定拥有10顷以上耕地的地户才有资格参加承包,根本轮不上一般民户参加。在地商包租上,当时地商大部已蜕变为官僚、地主、士绅,通过包租对农民进行封建剥削。而垦务局的职员官官相卫,也通过包租渠道中饱私囊。在这种渠道官有的情况下,政府既不投资修水利,承包者也意在赚钱,承包期满向垦务局赖账交差,暗行贿赂,也就没有任何责任感。所以官民包租导致渠事荒废,实属必然。

尽管河套水利陷入严重荒废的最低潮时期,但某些地方也开挖了一些新的渠道,其中最典型的就是杨家河灌区。

杨家河的开挖历经从杨满仓、杨米仓两兄弟算起的杨氏三代。杨氏兄弟原为山西河曲人,光绪末年随父辈逃来后套谋生。杨满仓、杨米仓两兄弟生育有9个孩子。其中最能干的是杨米仓的次子杨春林。杨春林生有两个儿子,是为杨家的第三代。

杨氏的前三代在未开挖杨家河以前,都先后参加过水利劳动和修渠实践。杨家人早在1915年就开始着手准备开挖杨家河。为此他们先后跑遍乌拉河以东的广大区域进行调查,搜集必要的挖渠资料。由于这一带的土地均为杭锦旗的户口地和天主教堂的势力范围,负责对外联络的杨春林先同当地教会比利时籍神甫邓德超办理交涉,教会也愿意借机开荒,发展教徒。协议规定:渠开成后的教堂租地,准退不准夺;淌水后分30%的过水地给教堂作为堂口地。杨家又和杭锦旗官府约定租地条款:渠成之后,以每浇百亩丈青地算账,收缴银洋24元。杨满仓、杨米仓兄弟俩还特意邀请王同春前来帮助勘定渠线。他们往返巡视1个多月。有时借星辰辨别方向,每1公里竖一木杆,夜挂马灯,测地形高低。最后勘定的杨家河渠线是,不用乌拉河旧口,在其下面黄河上另开新口,西南东北方向尽量利用原乌拉河冲开的旧天然河道,大致经甲登巴庙和哈拉沟歧分为二,一自澄泥圪卡及三淖河入乌拉河,一自哈拉沟及白柜西入乌加河。

与此同时,负责后勤事务的杨茂林(杨满仓的长子)主持进行挖渠经费的筹备工作。当时杨家有1万石糜子可做工食之用,同时向陕坝、胜家营子、黄羊木头、乌兰淖、新堂、蛮会以及磴口等教堂借贷大批工款,又向王同春借了一部分,共得挖渠经费5万元。又雇用外地逃来灾民二三千人作为挖渠劳力,筹备事务至此基本停当。

1917年秋天工程正式动工,杨茂林任施工总指挥,杨家其他兄弟任分段监工。工程从黄河北岸开挖,到1927年冬挖通蛮会渠尾入乌加河,共挖成宽20多米、深3米的干渠70多公里，因干渠为杨家一家投资并主持开挖，所以名为杨家河。除干渠外，还有黄羊木头渠、准格尔渠、老谢渠、三淖渠、陕坝渠、蛮会渠等配套工程。杨家人只是辛勤的农民，并不是有钱的大户，举办如此浩大的工程，难免遇到很多困难，施工期间经常要向教堂与当地地主贷款、借钱，甚至连牲口、物资都得借。杨家第一代杨满仓、杨米仓均在施工进展到半途时劳累病故，杨家第二代杨茂林则在工程将要结束时积劳成疾忧郁而死。为尽快发挥工程效益，杨家决定分段开挖渠道，分段放水浇地，凡浇过水的地，年终每顷征收水费12元，用作工程经费，以维持正在继续的施工。1924年曾征收到水费10万元，但仍满足不了施工的需求。为了降低成本，他们还尽量少挖一些土方。

杨家河灌区是磴口农民杨氏三代人齐心协力、前仆后继，历时10余年开挖辟建的。灌区的主要工程于1927年完工后，灌溉面积逐渐扩大，第二年便发展到1300顷，3年后控制面积已达到3000顷。灌区的经济效益、生态效益非常明显，除增加了一个灌区外，还有效地阻挡了乌兰布和沙漠的东侵。原来沿渠上下百里皆是沙地，引黄灌溉之后，以水治沙，出现了一片绿洲，来此耕种土地的人越来越多，呈现出一派蓬勃发展的繁荣景象。正如《临河县志》所言："临河之能设四区，皆杨家河之成效使然。"❶

这一时期发生在河套地区另一件很有影响的事件，是1925年国民军从外国教堂手中收回黄土拉亥河灌区主权。

黄土拉亥河原是河套西部地区黄河新旧河道之间的一条重要天然支流。黄土拉亥是一句蒙语，它有两个意思，一为"黄沙头"，因为原来位于黄河南岸的河的河边分布着许多黄色的沙丘；另一为"黄土包"，因黄土拉亥河的河口处有一个大的黄土包而得名。相传清同治年间，有一个叫杨廷栋的陕西府谷商人，因其先人在蛮会、大发公一带经营蒙古生意，便在黄土拉亥河下游达拉特旗境内租了一部分土地，就近引用黄土拉亥河水浇灌。后因引水满足不了需要，就与管辖黄土拉亥河上游的杭锦旗商量，要对黄土拉亥河进行疏浚，争取能够加大引水量，当然每年要向该旗交纳水租银200两。后来还想进一步扩大租地面积，并计划开挖一些引水渠道，但却遭到了天主教堂的反对。

早在1875年，阿拉善旗封建王爷与外国传教士相互勾结，就在水草丰美的三道河一带占地建造了教堂。此后传教活动急速向河套中西部扩张，从1905～1929年的25年中，三道河教区在蛮会、乌兰淖尔、陕坝、临河等地建立教堂14

---

❶王文墀等纂修．临河县志．1931年铅印本

处，发展教徒万余人，圈占土地2000多顷。因此，当看到杨廷栋想扩大租地面积时，天主教堂插手干涉。结果杨廷栋不但没能将租地面积扩大，反而被天主教堂强行租去了大片土地，并且在大发公又建起了一座新教堂。

义和团运动期间，河套地区大发公一带的天主教徒被蒙古骑兵杀伤几十人，杨廷栋的儿媳杨三寡妇出于激愤，和蒙古骑兵一起参与了捣毁教堂和撵杀洋人的活动。但腐败无能的清政府签订了屈辱的《辛丑条约》，在全国各地向帝国主义国家实行"庚子赔款"，光达拉特旗就要赔款37万两，其中用黄土拉亥河1400顷渠地作价14万两白银，列入赔偿范围之内，从此黄土拉亥河的渠地主权全部丧失。其后，贪得无厌的天主教堂又瞄上了杭锦旗一带的土地，寻找种种借口，终于强行将杨家河、乌拉河灌区的大片土地也霸占了。

天主教堂占据黄土拉亥河的渠地时，该河的淤积已经十分严重。从1901年起，教会对黄土拉亥河又重新进行了开挖整治。到1918年，比利时籍神甫邓德超集资10万元，进一步疏浚拓宽河道，同时增挖支渠，到1922年，初步形成了人工渠道，成为河套天然河流成渠时间最长的一条。按照黄土拉亥河渠地抵赔期限，1925年就已届满，但教会倚仗北洋政府，一直拖延不交。临河设治局连续两任局长多次前往交涉，教会都置之不理。第三任局长吕咸上任后继续督办时，恰值冯玉祥领导的国民军在五原誓师后进驻后套西部，当即下令将黄土拉亥河渠地一律收归国有，由绥远垦务局将土地分给当地农民耕种。黄土拉亥河渠地主权的收回，有力打击了教会势力，振奋了当地群众的民族精神。

黄土拉亥河灌区主权收回一年后，由于土地兼并和重新分配的权益之争，国民军又将杨家河灌区收归官有。因为通过杨家河的引水灌溉，土地的价值陡然升高，形成了当地人和外来人争包土地以及大户和小户之间兼并土地的矛盾。这种社会矛盾的激发，阻碍了生产力的发展。

1927年9月，国民联军总司令冯玉祥下令，将绥远杨家河灌区两岸的土地，除渠西部分杭锦旗蒙地之外，一律收归官有放垦，并规定只准杨家购买600顷，其余皆由当地农户分别购买耕种。国民军将土地收归官有，可谓为社会办了一件大好事，却招致了杨家与教堂两方的愤恨。后来杨家发挥自己的经济优势，利用从别人手中转买、从渠西包租蒙地等方法，仍然占有土地1500顷左右。但为不惹人注目，杨家以分家的方式，给第二代每户分了180顷。从这时起，杨家已逐渐失去了地商的性质，完全变成了一个封建地主集团。在开挖杨家河上，杨家无疑是功勋卓著的，但建成后对杨家河的管理，却日益走下坡路，甚至光想着征收水费，对岁修已经不加考虑，导致渠道进水过多，每年被淹耕地面积很大，灌区用户多有怨言。杨家河收回官有后，成立杨家河水利公社，仍由杨家代表任经理。

除了杨家河灌区，河套其他地方还开挖了一些干渠。在河套中部，由私人从黄河上直接开挖引水的干渠有 5 条，一是三大股渠，主要经过临河干召庙滩，长 35 公里，可灌地 500 顷，此渠系于 1918 年 5 月由地商世成西、德和泉、海盛魁三家集资 10 万元合开。二是同兴德渠，在临河麻迷兔东，长 13 公里，可灌麻迷兔村 10 余顷地，此渠于 1918 年，由元姓地商筹款开挖，管理维护由地商同兴德负责。三是新皂火渠，长 13 公里，灌五原常兴堂、什拉塔拉一带土地 180 顷，系 1918 年 3 月由各地商集资开挖，经办人为王同春、樊三喜等。四是李仲保渠，长 10 公里，灌五原梅令庙圪卡土地 80 顷，于 1914 年由灌地户集资开挖。五是兴盛成渠，长 20 公里，灌安北兴盛成地百余顷，系于 1924 年开挖，该渠共用款 3.4 万元，由兴盛成商号负责办理，各灌地户按地亩多少摊分。

在河套东部三湖河地区，也开挖了 4 条小渠，一是西官渠，即从前之合少渠，清末已开，后淤废，于 1920 年又重开，系由西公旗出面开挖的官渠。二是东大渠，即从前之垦务大渠，由史家渠接入三湖河，于 1918 年开挖。三是西大渠，于 1926 年开挖。开挖东大、西大两渠的工款，皆系乌拉特三公旗报垦放垦荒地时每顷加收 30 元的押荒银。四是公济渠，由五大村地户呈请，于 1922 年开挖，共用工款 14 万元，大部分由灌水地户按丈青地亩摊分，不足 2 万元向银行贷款解决。这 4 条渠均上接三湖河引水。三湖河系一天然河道，由西山嘴黄河歧出，东行 115 公里复注于黄河。主支二流之间夹着一片低滩，土质肥沃，名曰三湖湾，面积约为 7000 多顷。清末几次议垦都遭蒙旗反对。至 1919 年，经垦务局多次做工作，东公旗始报垦一部分，共计土地 2430 顷。在报垦的土地上所开各渠都成了三湖河的支渠，从此三湖河作为一条干渠使用，垦务机构开始对三湖河也有些整修。

以上地区新开渠道，加上原有八大干渠的灌溉面积，1925 年为 5340 顷，1926 年为 3841 顷，1927 年为 5711 顷，1928 年为 5462 顷，统计数字表明，渠道增加了，灌溉面积并没有增加，其原因主要是原有渠道严重失修，减少了一部分灌溉面积。

在很长的历史时期内，河套地区都处于极为封闭和落后的状态，直到近代河套水利历经几十年的开发之后，才逐渐为外界知晓和关注。民国时期的前十几年间，先后有学者及专业人士对河套水利进行调查研究和著书立说，为河套水利打开了一扇走向外界的窗口。

地理学者张相文

最早到河套进行考察的学者是近代地理学家张相文。他于1914年到五原调查西北农田水利，写出《塞北纪行》、《王同春小传》等文章，记述河套水利开发和王同春的事迹，这些文章都收入作者的《南园丛稿》中。张相文在五原结识王同春时，多次与之交谈农田水利方面的事情。张相文记述当时的河套水利是“自黄河沿岸以达北河，南北四百余里，东西六七百里，凡凿干渠4道(实为8道——编者注)，宽深皆与大河相等，支渠旁达无数。晋、秦、燕、豫贫民争趋之，日操畚锸者常数万人，岁收粱谷至巨万，馈运口内，不可胜计”[1]。对王同春，他说：“余在归化已闻其名；然官场对之，率多诋毁之词。及逾萨拉齐而西，所遇农民莫不称其经营水利具有心得。因乞知事范君为书介绍见之，与谈河套地方利害，所言颇能中肯，亦可为农人之最好模范矣！”[1]

张相文从河套回到北京后，向当时北京政府农商部总长张謇汇报了河套水利开发的情况及王同春的事迹。张謇当即决定致书五原县，邀集王同春到京共商农垦水利之法，并请王同春担任农商部水利顾问。张相文对河套农垦水利极感兴趣，在京与张謇和王同春商定要积极参与河套农垦水利开发事业，组织西通垦牧公司，立案于农商部。由王同春拨出五原县乌兰脑包地方附近土地10.8万亩作公司用地，由张相文和张謇各出银2000两为活动经费，于第二年4月开始试办。张相文又到五原进行垦牧公司筹备工作，亲身体验到当时的水利管理和社会状况。在后人所编的张相文年谱中有如下记载：“五原河渠颇多……政府设水利局专管水，每亩征水租若干。规定以外，局中委员无不额外苛索，要求纳贿，不纳贿者不给水。地近渠边者，每届秋季，黄河水涨，自然泛滥，不需纳贿；次年春末下种，无不丰收。地距渠远者，为自然泛滥所不及，无渠水断不能下种。公司基地距渠稍远，其次为争执贿赂多少之故，怒极，欲率工人捣毁水利局。继思此事不可为，乃止。五原水利局隶属绥远将军，中央权力所不达。天高皇帝远，无可如何也。”

结果西通垦牧公司办了6年，到了1920年便完全失败，净赔活动经费4000元。失败的原因，据说一是由于水利局职员贪污索赔，无法应付，不得不罢垦务；二是由于军队的强取，所有牛羊尽被屠食，数年畜牧工作付之流水；三是由于土

---

[1]张相文撰.南园丛稿.北平中国地学会，1929

匪之乱，使人民生命财产全无保障。

张相文对河套的考察，引起更多的人关注河套。同时，张相文试办西通垦牧公司失败的事，也深刻揭露了当时北洋军阀统治下的河套水利失修和管理的混乱状况。

北京政府农商部总长张謇

1919年，北洋政府督办运河工程总局组织以冯际隆为首的河套调查团，以查勘河道、垦务、渠工方面的问题。查勘的范围包括宁夏、后套、三湖河灌域以及绥远的整个黄河沿岸情况。调查的宗旨是“勘测河套情形，绘制图表，规划纲要，用期发展垦殖，扩裕民生以兴水利，而免河患。”❶冯际隆为庐江人，吴淞测绘学堂毕业，当时任山东南运湖河疏浚兼管全省水利事宜筹备处测绘科股长。调查工作对于水利的记载较为详备，最后汇编成《调查河套报告书》（以下简称《报告书》），于1923年冬正式出版发行，对外影响较大。

《报告书》中有老郭渠的修挖及义和渠的有关照片多幅，还有王同春开渠的活动照片，这都是极为珍贵的水利史资料。书中所列各项水利数字，都系直接调查所得的第一手资料，较为可靠。特别是作者随调查团用科学测量仪器测定了义和渠、老郭渠的渠道纵横断面、坡度及流量，“以详审地势高下，能否引渠施行灌溉为第一要义”❶，并将测量情况记载于《报告书》，这是第一次使用现代技术手段测量河套部分渠道。这次调查强调“统筹全局，节节测量，确定准则，弄清农垦水利计划”❶，并通过全面调查和测量，弄清了河套地势“西高东下，随黄河水面以倾斜……旧有渠道略成南北之状，渠口各自承河，河流迁徙无常，通塞靡定”❶等情况，调查团因此提出整理计划，即“将各渠酌加去留，移改渠口于地势河流适宜之处，使河之倾斜较河略缓，则自渠口数十里以下之水面皆超过地平面以上”❶，以利灌溉。具体计划是建议挖三条大干渠：第一干渠自乌加河口，经陕坝，下接黄土拉亥河，以入乌加河；第二干渠利用缠金渠口，东折过刚目、协成、皂火、义和诸渠，经隆兴长至东坝头入乌加河；第三干渠自黄渠口开口与黄河并行入长胜渠至依肯补隆入乌加河。这一计划表明了整理河套灌区之计在于合并渠口，上接水源，而不能再多挖干渠口的思想，这比王同春的连环渠思想大大前进了一步，科学性也较高。同时也表明，治水方略之思想和认识，是在前人成就的

---

❶督办运河工程总局编. 调查河套报告书. 1923年版

基础上逐步发展而来的,不可能一蹴而就。

河套水利调查团团员合影

《报告书》是早期调查研究河套水利的一部专著,就河套水利来说,该书有着重要的史料价值,其不足之处是对干渠以下的支渠开挖情况以及灌区内部的情况调查记载的较少。1924年冬,周晋熙撰写的《绥远河套治要》,对河套灌区水利开发情况也有较多的记述。

此外,1926年7月,绥远实业厅遵照都统署赈务会议决定,以赈务余款兴办大黑河水利,经查勘拟定了详尽的计划书及图案规划,后虽因时局变化而中止,但这却是兴办大黑河水利的开始。

二、引泾灌区工程

在黄河中游陕西省,此时也在进行着一项宏伟的工程,这就是引泾灌区工程。

陕西的农田水利古已有之,尤其是渭河、泾河等多条河流经过的关中地区,为黄河流域水利事业开发最早的地区之一。泾河发源于六盘山东麓泾源县马尾巴梁,向东流经甘肃省平凉市及泾川县,至马莲河入口处转东南流,经陕西省彬县及泾阳县,于高陵县蒋王村汇入渭河左岸,干流全长455公里,流域面积4.54万平方公里,是渭河的最大支流。泾河干流深切黄土高原和丘陵100~150米,干流自甘肃平凉至陕西彬县早饭头,河谷宽1~3公里,跌水少,多沙滩;从早饭头到泾阳县张家山,为100公里的急流峡谷段,穿越砂岩和石灰岩的土石山塬区,谷深山陡,水流湍急,多有险滩、跌水、瀑布,水力资源丰富;从张家山至陈家滩,为八百里秦川冲积平原区,地势平坦,水流平稳,比降仅1.0‰,土壤肥沃,宜于灌溉。

泾河灌溉事业始于战国时期的郑国渠。但从清代前期开始,泾河水的引用越来越困难,到了清代后期,当年的郑国渠经过数次更名后已成了龙洞渠,灌溉面积也缩减到2万余亩,引泾已是名存实亡。内忧外患,军阀混战,加上旷日持久的大旱,关中已是经济凋敝,民不聊生。陕西省的有识之士,总结郑、白渠的经验,认识到要振兴关中农业,必须发展水利,因而早有恢复引泾、引洛、引渭的设想。1919年,时任陕西水利局局长的郭希仁计划整修引泾工程,曾派人勘测泾河河谷地形,并整理出了平面地形图。1921 年,陕西闹饥荒,三原组织陕西省赈总会,向中外慈善家募捐,捐款分发之后仍有剩余,陕西靖国军总司令于右任、总指挥胡笠僧等倡议利用救灾余款,筹办引泾灌溉工程,成立渭北水利委员会,李仲三为会长。1922 年春季,全国水利局陕西水利分局施测并绘制了 1∶2 万的引泾灌区地形图。1922 年,在三原县设立渭北水利工程局,李仲三、柏厚福为正副总办。同年,陕西省特邀请李仪祉先生回陕西任全国水利局陕西水利分局局长和渭北水利工程局总工程师,主持全省水政。

李仪祉,原名协,字宜之,后改为仪祉,1882 年 2 月出生于陕西省蒲城县马湖乡富塬村。其父李桐轩与伯父李仲特均是清末关中地区有名望的学者,也是同盟会会员。李仪祉自幼就受父辈刻苦、严谨学习态度的影响,尤其是从伯父那里接触了《九数通考》、《西学大成》等西方科技著作,对西方近代科学知识产生了浓厚的兴趣。1898 年,16 岁的李仪祉在同州府(今陕西省大荔县)考中秀才第一名,其算学、几何、代数三科均得满分,一时在关中传为美谈。后相继进入泾阳崇实书院、三原宏道书院求学读书。在这里,他与后来成为大诗人、大书法家的于右任结为学友,并受陕西省著名爱国教育家刘古愚、柏景伟等人的影响,对孙中山十分仰慕,渐渐奠定了他忧国忧民、科学救国的思想基础。

1904 年,李仪祉与胞兄李约祉一起被推荐入北京大学的前身京师大学堂学习。临行前,李桐轩作诗相送:"人生自古谁无死,死于愚弱最可耻,雀鼠临迫能返齿,况有气性奇男子。"[1]寄语兄弟俩要潜心学习,掌握知识,将来报效祖国。当时京汉铁路还没有修好,李氏兄弟俩是雇马车上路的。一路星夜兼程地赶了半个月,到了山东才登上了开往北京的火车。到了京师大学堂,兄弟俩参加了考试,李仪祉以全优的成绩被预科德文班录取。他发愤苦读,埋头学业,整整 5 年没有回过家。他在给父亲的一封信中写道:"儿之志欲以哲学为终身之成名,以工学为平日之生计。"[1]此间他们兄弟俩也同时加入了同盟会,由于他们的父亲和伯父同为同盟会会员,所以当时又有"一家人四口,革命人两双"[1]的赞誉。

1909 年,李仪祉从京师大学堂毕业,获举人衔。受陕西西潼铁路筹备处选派,李仪祉剪掉发辫,前往德国柏林皇家工程大学土木工程科学习,攻读铁路与水利工程。假期里,李仪祉与同学们到柏林附近的巨人山水电站参观,他们每天跋涉三四十公里,走遍库区,详细考察了水库建筑及水电站设施。巨人山水电站的现代化程度,让李仪祉惊异不已,想起家乡十年九旱的情景,想起父老乡亲们

---

[1]高力洪等著. 李义祉——培桃育李 治河惠民. 河海大学网站,2005 年 10 月 26 日

经常求神祈雨的愁容，李仪祉的心格外沉重，一种强烈的责任感油然而生，那就是努力学习，掌握本领，在不远的将来让自己的祖国“铁路四通八达，水利工程遍布全国”。1911年辛亥革命爆发，李仪祉随同大批留学生回国参加革命，回国后南北和议已成，李仪祉遂回到故乡陕西，参与倡办了西安三秦公学。1913年，李仪祉再赴欧洲，这一次，他与陕西知识界著名人士郭希仁一起，考察了德国、俄国、英国、法国、荷兰、比利时、瑞士等国家，“考察河流闸堰堤防”，目睹了西方诸国水利事业的发达景象，更感到中国水利科学技术的颓废，痛定思痛，他决心以改变中国水利落后面貌为己任，于是改入柏林但泽工科大学，主攻水利专业。在刻苦攻读的同时，李仪祉也经常阅读德国的《前进报》、《人民国家报》，深受马克思、恩格斯社会主义学说的影响。

1915年春，李仪祉学成归国。他本想回到家乡运用自己在国外学到的知识举办水利事业，但由于当时袁世凯正在复辟帝制，派陆建章督陕，大肆杀戮革命党人，回陕难以施展抱负。适逢著名实业家、全国水利局总裁张謇决定在南京创办河海工程专门学校，广招人才，这是中国第一所高等水利学府，李仪祉欣然应聘，出任了教授和教务长。

1918年5月，李仪祉受河海工程专门学校校主任许肇南的派遣，到直隶、山东两省考察黄河实况，这是李仪祉第一次实地考察黄河，也是他从事黄河研究的开始。

此时陕西省正在进行引泾计划制定与灌区地形测量，陕西水利分局局长郭希仁就向李仪祉求教，李仪祉于1920年2月5日复函，设想于泾河赵家沟凿洞引泾，拟定洞断面为“城门型”，圆半径2米，直墙高4.6米，水深3米，砌石厚0.5米，洞长4900米，估计勘测和工程费等42.24万元。若拟恢复郑国渠原200余万亩的灌溉面积，估计需工程费300万元，并提出原测图太粗，资料短缺，不能满足规划设计的需要，引泾不能草率行事。这一封技术性函件，应当视为陕西省以现代科学理念进行水利工作的开端。

1922年，郭希仁病重之际，仍力邀李仪祉回陕西工作。李仪祉应邀偕门生胡步川、刘钟瑞于当年下半年回到陕西，被任命为陕西水利分局局长和渭北水利工程局总工程师。他上任后，为了能够尽快筹划引泾灌溉工程的实施，埋头进行调查研究，不久写出《论引泾》、《再论引泾》两篇关于引泾灌区的论文，对引泾工程进行了初步的计划和展望，尤其是《再论引泾》一文，不但对引泾灌区的历史作了简要的回顾，而且对即将开办的引泾工程从多个方面进行了论证。

《再论引泾》开篇云：“引泾之事非创于今日，乃吾陕历史最古最有荣誉之事……泾渠之沿革由秦及今凡大变更者七：曰郑渠、曰白渠、曰丰利渠、曰王御史渠、曰广惠渠、曰通济渠、曰龙洞渠。其灌田之效有大者，有小者。今处科学昌明、工业竞进之时代，古人之所未及者，且须图创发之。矧古人已有过去之成绩，而不能恢复之，庸非可耻？故吾辈宁至少以郑渠之最大之效自期，不愿以广惠、通济等渠故步自封也。”其练达之言、虚怀效古之风令人肃然起敬。

文中论及历代各渠之变迁，指出“最有趣者，每更改一次，入口必须上移若干，郑渠由山口起，河出石谷而入其冲积层，形势骤宽，状若瓠口，故地以是名。郑渠既开于冲积层内，故大半尚属土渠。白渠之口，上移二千三百五十丈，则入石矣。然地名谷口，尚未为深入也。宋丰利渠更上移二百八十丈，元王御史渠更上移五十一丈，明广惠渠更上移一百八十丈，通济渠更上移四十二丈。每上移一次，亦必深入左岸若干，故广惠等渠皆完全凿石，功倍艰难。”所列渠口上移之数据，无一不留下李仪祉深入实际、查考事实的足迹。

李仪祉视泉察地，以确定用水之策，并在此文中作了详述：“清代渠口，未再上移。然因旧渠口颓坏，于是更傍左岸凿石，更深入数丈，而泉涌出甚旺，于是喜泉之清澈，恶泾之怒浊，而成拒泾引泉之局势矣。筛珠、琼珠等泉水之旺，实为特色。有疑其为泾河之水从上游灌入石内，从下游泻出者，其说非是。盖河水顺河床流下，其顺利非常，焉有舍宽坦趋下之路，转入逼狭之石缝哉？若疑其水量何以如是之盛，则试观仲山、嵯峨山之形势，状若屏槛，又若匣箱，其北则田野宽展之黄土高原，受雨之面积既广，其水积于其下，过山岩则流散不易。蕴蓄既富，故一遇得自由泻出之口，则滔滔不绝。泾河岸旁泉水大抵出于石灰岩之间，亦间有出自砂岩者。石灰岩中多粗隙，故水流出更易。若冶谷之水则大抵出自砂岩或页岩之中，皆为分泌之状。此种山泉既富，其灌溉之功自不可废。然其量不足以供广土之用，故拒泾主义仍须舍弃之。”由此可见，李仪祉观渠口、渠道变迁之细微，察泉水地貌、地质之详彻，泾泉兼用的至情至理分析令人折服。

《再论引泾》一文还闪耀着创新、敬业的光芒，文中写道：“顾今日之工程，则当与昔日异者厥有二端：一曰古未尝穿山洞，而今日则须穿洞。二古之法无蓄水之意，今之法则须兼达蓄水之目的。”他认为古昔之堰“易毁之故有三，一是无基址；二是堰身为松石所积，非凝固为一体；三是水得越顶，冲刷甚易。故今日欲筑高堰必须免此三弊。今再言吾之计划其大纲有四：一是凿山洞，二是筑高堰，三是开渠循郑渠故道，四是疏凿白渠故道。”并设想“低堰系洞凿成后，筑之以遏水入洞，则下游干涸，可兴高堰之工，其后存之，亦可作拦石之用，然石栏之于洞口之上为宜，故于上游另觅形势适当之处作拦石堰。”

李仪祉设想“新渠由赵家沟出东南闸至王桥，则与龙洞渠相距甚近，该处亦作一落水槽，带水门，与龙洞渠相通，以便分泾水入龙洞渠。龙洞渠在泾河岸侧，被水刷蚀，加以渗漏，其势甚险，万一有失，亦可由王桥落水槽供水，使三白不至废弃，更加疏凿，亦裕灌溉。新渠过王桥则复折向东北，自云阳以北渡冶河、玉口山南渡清河，循北原东行，复绕而北经富平之南、荆姚之南，直向面东，以入于洛口……渭北平原之面积灌溉可及者，计为五百九十七万六千亩，民居道路及高阜去其六之一，亦可得灌溉面积约五百万亩。若水量有余，亦可分一渠于洛西，以溉醴咸，则不止此数矣。”他还提出：“泾河高堰之下须附设一电厂，以为工业用。盖渭北农事最重要者为麦、豆、棉，而稻田甚少，若天雨充足，则农家用水灌溉甚少，以偌大工程，致水废弃无用，殊为可惜，且一年之中即天旱时，用水者亦不过三个月。其余时间水将归于何用？若有电厂以利用之，则涓滴亦皆生利矣。”这充分体现了李仪祉先生引泾水欲泽500万亩之壮心，筑高堰不忘涓滴发电之长利，益农亦思兴工的敬业精神。这篇论文虽是李仪祉对引泾工程的初步设想，但为其今后领导开展这项工作奠定了基础。

此时渭北水利工程局总办李仲三派工程师吴雪沧测量了钓儿嘴至赵家桥水准线路，有报告书主张开新渠不如修治原龙洞渠。李仪祉则坚持另开新渠直接引泾，立即着手进行基本资料的收集，深入开展调查研究，并迅速成立水文队和地形测量队，任命胡步川、刘钟瑞分别担任队长。

1922年8月，李仪祉率领水文队与地形测量队，对泾河河谷、水文及灌区地形进行正式勘测。在勘测期间，测量队伍栉风沐雨，风餐露宿，不畏劳累和艰险。李仪祉经常奋力攀登悬崖陡坡，甚至几次失足落水，但每逢重要河段，他总要亲自持测杆、仪器进行测量。

1923年，李仪祉结合考察的实践体会，在进行了深入的思考之后，写出《陕西渭北水利工程局引泾第一期报告书》。报告书对引泾工程的必要性、引泾的范围、引泾工程的方法、工程计划及工程费用进行了阐述，并指出陕西旱灾频繁，饥荒频发，因此水利工程的建设显得尤为急切。“惟其地气苦旱也，故陕西水利之急要较他省为更甚。”

在报告书中，李仪祉认为引泾工程必须进行凿洞。理由有四：一是历代渠口之制，皆凿渠于山麓岩石中，而筑石堰于渠口之旁，遏水入渠口，石堰之制，惟郑国用石囤，唐宋以下皆用桩键入石址，而垒石其间，平时小水可以抵御，惟猛涨一至，则堰毁岸崩，而不可收拾，于是继之者必另凿渠，深入崖里，上移渠口，复筑渠焉，及其毁也，则又如前。故由郑国至广惠渠口，上移凡一千九百零三丈，而其移改情形，则相类焉，今修治旧渠，则仍不出乎故剧重演，非长久之策也。二是现时龙洞渠，以及上游之广惠渠岸石质，大抵为砾岩及红色页岩，俱极松脆易毁，目下有数处渠岸为水所冲，已濒于危，故此种渠岸，决不可恃，而前人用坚巨石条所砌之石岸，工资极费，亦有时为猛水所冲毁。三是泾水猛涨时，非特水势湍悍，且挟有沙砾填塞渠中，辄深丈许，历来以淘浚为苦，故明时因凿广惠而得泉，清因凿得泉愈多，而遂拒泾，省堰之功，避泾之猛与其石砾之害也。四是现时石渠有过深狭者，有岸过低者，以盛泉水，已经满溢，加以引泾，何能容之，泾河最小水量，亦大于泉水十五倍，以现渠之降度，必须十余倍之容积，其工费不但甚大，且因地势及石质关系，有不可能之势。鉴于以上理由，李仪祉认为引泾凿洞有以下益处：一是洞线直，水易泄，故需断面积小；二是洞址高，故渠可引之较高处；三是洞口高于河底，沙砾弗能入；四是洞之方向，与泾河直交，猛涨至，闭洞闸，开堰闸，洪水弗能袭；五是洞身远离泾河，可期长久稳固。

第一期报告书中还就引泾工程应该做好哪些方面的准备工作做了详细的布置。

为了筹集款项，李仪祉特意把当时驻陕军阀刘镇华的照片登在第一期报告书的扉页，同时邀请刘的下属师长、旅长担任董事，期望刘镇华能够力主其事，但几次督促刘镇华协助都没有效果。李仪祉不得已又提倡民间自救疏修小渠，刘镇华这才勉强拨付 2 万元，对泾阳的龙洞渠进行了疏浚，为泾阳、三原、高陵、礼泉 4 县增加了部分可浇地。但引泾工程计划却无法落实。

1924 年，李仪祉再次组织测量队，挺进泾河上游峡谷地带进行勘查。这一次，因为峡谷没有道路，他们先是从峡谷下口逆河而上，因受地形阻挡未能成功，后改从峡谷上口顺水而下，也没有成功。但他仍然没有放弃。4 月 28 日，他们又携帐篷，带干粮，从泾河东岸翻过险峻的钻天岭，终于进入上游峡谷，接着又历时 7 天，走了 50 多公里，终于完成了此段河道地形、地质调查。泾河测量前后历时两年，完成了仲山 6.2 平方公里 l/2000 地形图的测绘，妙儿岭岳家坡至赵家桥水准测量，干渠线路水准导线 20 公里，旧渠水准导线 17.5 公里，泾河谷地形、灌区干渠线路 203.03 公里测量等任务。

全部测量任务完成之后，李仪祉又完成了《陕西渭北水利工程局引泾第二期报告书》，对各项测量工作进行了总结，提出了所要采用的工程计划、各项工程的设计、工程费用及工程的实施步骤等。

第二期报告书对引泾灌溉渠首工程提出了两种规划方案。

泾惠渠渠首滚水坝

第一种规划为高坝方案，分两步进行：第一步主要工程项目有主隧道（灌溉隧洞）、泄水隧洞、低坝和扩建、整修低线老渠道等；第二步主要工程项目有高坝、外库和坝、新干渠、灌区建设、水电站等。第一规划方案共需资金 700 万 ~800 万元。

第二种规划为低坝方案，关于订立低坝方案的理由，第二期报告书中说：“泾谷狭窄，高堰虽高，蓄水犹少，实不经济，故暂时放弃高堰计划，专事灌溉清河南区”。报告书中就低坝方案也提出两种计划：一是建拦河坝引水，在钓儿嘴山洞之下，坝顶宽 4 米，长 85 米，为欧基（ogee）式，坝顶高程 466.5 米，坝底处宽 18 米，坝顶处宽 15.5 米，引水洞长 2700 米，引水流量 40 立方米每秒，建木梳湾水库（库容 1540 万立方米）及汉堤洎水库（库容 565 万立方米），计划灌溉面积 142 万亩，共需资金 194 万元；二是引水工程在旧广惠渠口上游 300 米内，拦河坝在渠口之上 230 米，洞口在渠口之上 310 米，拦河坝顶高程 448.5 米，坝高 15 米，坝长 75 米，由广惠渠口至大王桥开挖引水隧洞长 1550 米，引水流量 40 立方米每秒，建汉堤洎水库，计划灌溉面积 85 万亩，共需资金 178 万元。

李仪祉为引泾灌溉工程的开工做了大量的准备，详细勘测，延揽人才，并奔波于京、津、沪、宁等地尽心竭力筹措引泾工款，虽经精心筹划，但因时局不宁和个别官员的不作为，一直无法兴工。

李仪祉看到开工无望，于 1927 年愤然辞职，先后到上海、南京、重庆等地任职，此间虽四处奔波，却始终不忘引泾工程。他在给别人的信中写道：“陕西父母之帮，弟何爱于涂山，遂忘泾渭。果当局有兴工之决心，聚集可靠之经费，弟亦不再为局长，但以工头之职，备锸径施，弟即奋然归矣。”也就是说，如果陕西果真能兴建引泾工程，李仪祉表示自己就是作为一个工头参加施工，也会立即回到陕西，可见他对实现引泾灌区工程的宏愿与决心。

20 世纪 30 年代中期，李仪祉重新回到陕西主持水利工作后，引泾灌溉事业再获生机，名为“泾惠渠”的引泾灌溉工程成为中国第一座应用近代水利技术建设的大型灌溉工程，同时也建立了一套比较完善的灌区管理办法。起源于汉唐时期的北洛河灌溉和引渭灌溉，随后也相继恢复兴建。根据《陕西省水利概况》

对1912～1929年关中灌溉工程的统计，民国初期关中地区的灌溉事业还很一般，18年间兴建的多是几百亩的小型灌区，全部7个灌区的灌溉面积总计不过2000余亩。民国中期以后，关中水利取得了长足的进步，重新开辟的泾惠、渭惠、洛惠等灌区，以其规模宏大、设计先进、管理科学、效益显著而引领全国水利，为全国所瞩目。

在引泾灌区快速发展的同时，河南西部等地的农田水利灌溉也逐渐恢复发展。

位于黄河中下游过渡河段的河南，渠系灌溉工程主要集中于沁河和洛河等支流上。沁河灌区和洛河灌区都是古老的灌区，渠系引水比较发达。抗战前沁河上的灌溉工程兴修较多，其中沁阳县仅在1928年内，就修建了胜利、自利、顺利等20座灌溉闸门，一般每座闸门的引水量可灌溉数千亩，总灌溉面积达7.6万亩。武陟县1911～1931年间，也建有13座灌溉闸门，总灌溉面积达9.15万亩。

伊洛河流域灌溉历史悠久，从洛阳成为帝都后更是历代都有发展。进入民国时期，因军阀混战，修渠不多，不过仍有开明官吏和有识之士组织民众修建了一些灌溉设施。洛宁县至1917年时，已在洛河两侧修渠87条，长205.8公里，可浇灌土地4.03万亩，其中引自干流的水渠17条，长99.5公里，其余在渡洋、连昌、马营、金昌等支流上。偃师县民国初年将原盘石、太和二渠合并入天义渠，原大清渠改名为同庆渠，后又改叫南大渠，1924年，该县人张治公在南大渠的基础上，修建北公兴渠，由龙门口引伊河水，至白塔北入伊河，渠长15公里，灌溉部庄、裴村、诸葛、司马、马村、韩村、刘井、道湛、梁村等村农田；至1948年，全县水浇地发展到11万亩，其中渠灌0.65万亩、井灌10.35万亩。伊川县到1949年，已修灌渠105条，打井476眼，灌溉面积5.92万亩。巩县这一时期灌溉设施主要是水井，最多时达到1421眼，灌渠有一条罗南渠，可浇灌300余亩土地。栾川县共有55条水渠，加上一些简陋的水井，灌溉面积总共只有0.5万亩。嵩县民国时期水利失修，上面拨的水利粮款被一些豪绅侵吞，全县灌溉面积为2.05万亩。渑池县民国期间共修水渠56条，可浇地0.23万亩。新安县修的水渠有龙山渠等，全县灌溉面积为1.41万亩。孟津县有灌溉面积1.17万亩，一部分分布在洛河阶地和二级支流金水河沿岸的沟台地上。伊洛河流域在民国期间的总灌溉面积达30多万亩，其中以从洛河青阳屯引洛河水的古洛渠规模最大，灌溉面积达3.1万亩。

三、黄河水运的发展

由于受自然条件限制，黄河水运发展受到严重制约。下游河道宽浅散乱，淤积严重，主流摆动不定，水运难有大的发展；中游河道大多处于峡谷之间，流急浪高，两岸荒凉，缺乏长距离的航道，更没有长期持续发展的条件；上游的下段因为大部分河道水流平缓，水深适中，并且两岸经济也相对繁荣，因此黄河水运曾出现过较长时期的兴盛。

黄河上游航运始于先秦时期，隋唐以后，随着商品经济的发展，中西方及地区间商品交流不断增加，航运得到进一步发展。古代黄河水运之中，用于军事的水运占有重要地位。远距离的水上货运，有文字记载的可以追溯至西汉早期。北魏年间薄骨津镇（今宁夏吴忠市北）守将刁雍造船，用半年多时间将 50 万斛军粮水运至沃野镇（今内蒙古五原县境），树起了黄河航运史上的第一个里程碑。清末至民国时期，外国商人进入中国，西北各省的廉价羊毛东运出口，其他土特产运往华北乃至全国，青海、甘肃、宁夏的皮筏运输业骤然兴盛起来，宁夏至绥远包头的木帆船运输业也进入黄金时期，京包铁路通车后，兰州成为青、甘筏运集中、分运、整装码头，包头成为西北出入境物资的集散地，使黄河上游航运的兴旺局面持续了 90 余年，一些官僚资本家开始探索组建轮船公司，制造机动轮船，但终因时局动荡或资本不足半途而废。

航行于黄河包头—河曲间的平底木船

当时的黄河上游自然河道通航条件较好，远距离行船可保顺畅。从兰州以下经宁夏可通航至绥远包头，并延伸到河口镇，最远可达山西河曲。兰州以上，黄河主水道可由共和通到兰州；湟水可由西宁东川开始，顺流250公里到达兰州；大通河从班固寺开始，顺流近100公里达享堂，再通到兰州；洮河可以由岷县殪虎桥开始通达兰州；大夏河则可从夏河开始，入黄河后通达兰州。兰州成为当时多条水运的汇聚地。

黄河上游河道除宁夏、绥远段的通航率为100%外，其余各段均有部分区间通航困难。如黄河从共和至兰州、兰州至宁夏的仁存渡，均属石河，所经河道以山峡为主，间有不长的川谷和小的盆地，水流落差大，只能顺水行驶木筏或牛羊皮筏，称顺水筏运石航道。宁夏横城堡至石嘴子一段为沙河，条件较横城堡以上好，不仅能顺水行驶木筏和皮筏，还能逆水行船。清水镇以下至河曲长153公里，全为山峡，礁多，水急，落差大，只能顺水通小木船。除以上3段河道以外，其余河道均为沙河，船绕行驶虽有搁浅之虑，但河道条件要比石河道好得多，可顺逆双向通行各种规格的船舶，尤以大吨位船舶为多。

正是由于黄河自然河道为近代黄河上游的航运提供了一定的航行条件，才保证了当时长途航运的畅通，促进了以长途运输为龙头的黄河上游航运事业的全面兴盛。发生在中国西北的这一现象，引起了孙中山的注意。为了进一步挖掘黄河航运的潜力，使之在振兴全国经济中发挥作用，1915年他从日本回国后，专门对黄河河道作了一次勘察，初步有了发展黄河航运的设想。1922年，有关方面再次对黄河上游河道作了勘察，其中重点为兰州至河口镇段，因为该段是航运事业最发达的一段黄河河道。1932年，有关方面对黄河上游河道进行了第三次勘察，这次主要是对兰州至包头区间黄河河道进行勘察与测量，这是一次规模较大的长距离勘测，获得了黄河上游航道的基本情况，以及流量、流速等实测数据与资料。这几次的勘察，为后人整治河道，制定黄河上游木船、机动船行驶方案提供了比较可靠的科学依据。

黄河上游长途运输的货物在品类、数量上都增长很快，其中以羊毛、木料、粮油为大宗，共有6大类近100种物资。1923年京绥铁路通车后，东、西两个方面的物资均大量汇集包头，长途航运又被推向新的高峰。除黄河主河道外，通航的河流还包括洮河、湟水、隆务河、大通河、大夏河等支流。它们同黄河联通，形成了干、支流全面行船、行筏的繁荣景象。

随着航运事业的繁荣，黄河上游的渡口、码头和港口不仅数量增加，而且出现了多样化的趋势。

渡口按发展程度划分，有传统型和为公路配套型。传统型渡口以渡船为主，浮桥居第二位，皮筏居第三位，少数渡口采用木筏、浑脱、扯船、溜索等。公路渡口主要是浮桥和船渡。从分布地域看，北线绥远、宁夏和甘肃境内的靖远、景泰段的渡口主要为长途航运物资服务，绝大多数分布在黄河主流沿岸；中线、南线以公路渡口为主，分布在泾河、渭河、洮河、大通河、湟水和黄河沿岸。当时黄河上游有各种类型渡口 227 处、码头 20 处、港口 3 处。

1923 年京绥铁路通达包头后，来自包头以西三区段的船筏数量猛增。为适应这种形势，绥远境内黄河沿岸的渡口发展很快，不仅官渡增加，私人渡口也在增加，形成以包头为中心，向东、西两段延伸的渡口群。

从运输形式上看，此时黄河上游的航运有船渡、筏渡、浑脱渡、浮桥等多种形式。所占比重以船渡为多，筏渡和浮桥不相上下。不过，由于黄河大型桥梁的不断增多，传统渡运开始为现代化的汽车运输所取代，这标志着渡口运输开始朝公路化方向发展。当时西北运输管理局的公路运输线，绝大部分要涉过黄河、渭河、泾河、大夏河、湟水、大通河、洮河等河流的渡口。这一时期通过兰州黄河铁桥渡口、兰州西固区河口黄河渡口、靖远红嘴子黄河渡口、永登至西宁的温水渡口、平凉八里桥及泾河桥渡口、宁夏石嘴子黄河渡口、绥远包头渡口、君子津黄河渡口、天水南河川渭河渡口的旅客、物资数量均很大。渡运的主要物资为东去的羊毛、皮革、枸杞、木料以及青、甘、宁、绥所产盐等土特产，西来的则以百货为主。通过渡口的运输工具为畜力车、骡、马、驼等。

20 世纪 30 年代活跃于西北地区的商旅驼队

黄河上游各码头装卸量增长迅猛，吞吐全面兴旺，当时的 20 个主要码头均十分繁盛，港口吞吐繁忙，其中包头南海子港是黄河上游最大的港口。1917 年，南海子河岸倒塌,港口西移至王大汗营子。当时的包头商业繁荣,航运兴旺,私有造船和港口继续得到开发。1923 年京绥铁路通达包头以后,港口的地位和作用得到进一步加强,并成了水旱运输枢纽、大商埠和黄河上游航运的总闸口。南海子水域辽阔,航道通畅,靠岸条件好,为数千只船筏提供了天然停泊处。

黄河上游机动船也随之发展,由试航到开始商业试运行。

1918 年,甘肃商人陈润生、蔡质夫等人发起组织"甘绥轮船公司",合股购买了由罗氏(即罗比尔洁)建造的"飞龙"号轮船进行试验性营运。7 月中旬,"飞龙"号由河口镇逆水上驶,抵达宁夏横城。7 月 29 日上午 8 时由横城返航,8 月 2 日早抵石嘴山,因增雇水手、购买木料,停泊两日。5 日早续航,13 日午后抵达包头南海子,16 日中午到河口镇。在包头至河口镇的航道上,下水航速每小时 25 公里。该船自河口镇至横城共行驶 2 次,据称往返各埠时"客货蜂拥"。但由于船舶客位太少,入不敷出,1919 年 3 月呈请北京政府予以补助。政府以"私人在内河营业请求补助格守条例"不予补助。陈、蔡只好将船拆毁变卖,以充抵股份。

与陈润生、蔡质夫创办"甘绥轮船公司"同时,甘肃省省长张广建和宁夏道护军使马福祥出于军事上的目的,决定合伙创办轮船公司。甘肃省榷运局蒯寿枢赴上海求新造船厂联系建造汽船 2 艘。造船厂即派工程技术人员至包头南海子就地建造,机器材料均由上海运来。当年造成轮船 1 艘,取名"探源"号。另 1 艘名"泛斗"号,建造一半而止。2 船造价预计 5 万余元。"探源"号系钢质船体,长 15 米,宽 3 米,吃水 0.7 米左右,以汽油机为动力,功率为 22.5 千瓦,单轴(也称单机)螺旋桨推进。全船设官舱 1 间(可容 4 人)、客舱 1 间(有座位 20 个),舱面可载客 20 人,但无货舱。1919 年夏,"探源"号从包头南海子逆水而上试航,用 5 天半的时间抵宁夏石嘴子,适遇甘肃省榷运局长蒯寿枢离兰赴京,故再未上驶,载蒯返航,2 天半抵达包头。这次试航成绩甚佳,途中未遇险阻,上水平均时速达 10 公里,下水时速达 25 公里。1920 年 11 月,张广建在直皖战争中败北,离开甘肃。"探源"号及未竣工的"泛斗"号 2 船因无主,弃于包头南海子。其实,因"探源"号日耗汽油 1 桶,费银百两,若作营运,很不合算,即便张广建不下台,也未必能投入航运。

黄河上游航运的发展加快了当地经济社会的快速发展,促进了皮毛、木料、粮油、百货及盐业运输的繁荣。

由于国外需求的猛增,再加黄河上游羊毛、皮革优良的品质赢得了商人和使用者的信赖,德、俄、美、法等国商人收购羊毛的规模不断扩大。1911 ~ 1920 年,他们在青海、甘肃、宁夏、内蒙古的产毛区和港口、重要码头设立收购行。1920年以后，各洋行撤出产区，在张家口、天津和北京等地派驻机构，并在有关省设立代办行，由当地人收购羊毛，并负责运输。民国初期，在青海收购羊毛的商户主要有外国商行，青海当地组成的联户或个户，由北京、天津、山西、陕西、四川到青海的商邦户等3种类型。这些商户根据资金多少确定经营方式，可既收既运，亦可只收不运或只运不收，不管是哪种方式都能获得很高的利润，当然既收既运的商户利润最高，一般在一倍以上。譬如湟源人朱绣集资白银1000余两，收购羊毛1万公斤，沿黄河运到包头，再转运到天津口岸，直销给外商，得利丰厚。受他的影响，直接为外商收购羊毛从事经销、运输的青海私商达几十家之多，这些私商一个商号就是一个运输单位，自购自运，结队而行。

青海、甘肃、宁夏、绥远所收皮毛主要运往包头。1921～1923年，每年运量达1425万公斤，1923年以后年运量达到1750万公斤以上。

青海的羊毛集散地主要有西宁、湟源两地，其中西宁集散地的收购、外运量占全部运量的50%。贵德、拉加寺、鲁沙尔、上五庄、循化、化隆、同仁、保安、俄博等地既是羊毛收购仓库，又是转运的码头。

被称为“西河筏子”的青海筏数量很多。每年3月开河以后，民和、化隆、循化等地筏户纷纷集中在西宁，承揽羊毛等水运物资，组编皮筏。在西宁市东关及湟水河滨一带，羊毛堆垛林立，人力车夫川流搬运，一派繁荣景象。沿碾伯（民和）的湟水村庄河滩，随时可见装运粮食、青油、生猪、禽蛋、果类的皮筏下水。据统计，当时青海年投入运输的皮筏数量达到1500只。此情此景，虽不能说百舸争流，但也可谓结筏成群。兰州市是黄河上游的水运中枢，“西河筏子”的中转站。贵德以下的黄河及大夏河、湟水中的皮筏，均需在兰州编并成中型筏，其中七里河、骚牛圈是皮筏装运羊毛的停靠、集聚地。

甘肃不仅每年向宁夏、包头方向运出羊毛近70万公斤，而且要接收、组织、分解青海每年运来的羊毛。每年由兰州发往宁夏、包头方向的毛筏约达1568只次。

青海、甘肃筏户在承揽水运业务时，需承担一定风险。在装载启航前，先向货商收费50%，作为中途货物损失和承担安全责任的赔偿费。其余50%的运费待到达目的地卸货后结清。中途若有倾覆大事故，筏户即有破产之虞。

小羊皮筏，一般每只仅有10～20元的成本，筏户都是自兼水手，从事短途航运。碾伯至兰州河段，小型筏户自购、自运、自销农副产品，沿线每日运输不断。

黄河冰期筏运自然受到制约，每年3月底至4月冰凌渐消，开始启航期，第一次航行的筏子称"开河筏子",筏子在洪水期日航行程100余公里,枯水期日行60～80公里。西宁至包头2600余公里,航期需月余。10月航道冰封,为封航期。封航前的最后一次航行,称"关河筏子"。航运时皮筏只能日航夜泊。

木料也是这一时期的主要运输品种,与古代相比,在数量上有突飞猛进的增长。湟水、大夏河、洮河等支流均有运输,年平均运量达4.04万株,这些木料除少量留兰州、宁夏使用外,绝大多数运往包头。根据有关统计资料,青海每年漂放到兰州的木筏为67只,兰州放往包头的木筏则达269只。由青海贵德县放至兰州的大木筏,每筏有木100～300根。木商多为青海循化人,也有部分河州人。水手多为喇嘛川一带的农民。从洮河放往兰州的多为大木料,从大夏河转黄河至兰州的木料则多是椽子。1928年以后,兰州椽子缺乏,兰州木商到临夏采购,最多的一年曾运出500筏,数量约1.5万根。

从支流运抵兰州的大、小木料,除在兰州销售一部分外,其余均通过黄河运往宁夏、包头,兰州也因而成了木材集散地。兰州骚泥圈、小西湖一带设有木材场,规模很大。利用自然河流,放筏运输木料,在陆路交通不便的情况下可谓经济、适用。木筏凭借水力,不耗能源,随波逐流。只要有熟习水性的放筏能手,就可将木料平安放运到目的地。

黄河上游大型皮筏运输情况

皮筏运输也促使了"旅客东运"这一定向黄河客运的出现，常有旅客乘筏在黄河上游水路作长途旅行。虽然这种客运以捎带为主，专门的筏运很少，但它展示了兰州至宁夏之间河道皮筏客运的特点及筏运自身的特色，甚至博得了"牛皮筏子赛军舰"的美誉。1919 年，甘肃省第一次实行大学开放女禁、实行男女同班后，邓春兰和其他 5 名甘肃籍女同学被北京女子师范录取。她们 6 人于 7 月 16 日乘皮筏顺黄河东下，行至中卫改乘木船，到包头后换乘火车，至 8 月底抵达北京，留下一段黄河皮筏客运的佳话。

百货西运也有较大增加。1923 年，京包铁路通车，西运百货开始改由火车运抵包头，由包头通过船筏转运宁夏码头，一部分则直接由包头通过人背、畜驮或船筏（逆水拉纤）运往甘肃兰州等黄河沿岸各码头，再由兰州等地转往青海、新疆。

盐运也有所增加，民国初期吉兰泰盐池由山西省投资改为官督商运，但成效甚微。1919 年初，官府将本金收回，仍由商人通销。1922 年，吉兰泰盐改由商人集资承办。商人们在吉兰泰设事务所，与蒙旗订约运销。所携之盐驮至黄河沿岸的磴口吉盐总栈，办妥税款后，用船水运至包头，再转销托城（今托县）、河曲、保德等地。当时，水运每船载盐 90 石（每石 180 公斤），每 50 公斤盐征税 1 元 5 角，计每船盐收税 486 元。税款的核收皆由晋北榷运局派员在磴口设局办理。水陆盐运距离长，载重量大，成本低，充分发挥了航运业的巨大优势。

黄河航运历史悠久，最早可追溯到春秋时期发生于黄河小北干流河段的"泛舟之役"，这是我国第一次有记载的远距离大规模水上运输。古代陆路交通不够发达，大规模的战争以及粮食、经济作物等都需要依靠水上运输。汉唐时期，以黄河为主干，多条运河的修建使黄河可以和淮河以及长江联通，长江、淮河流域的物资源源不断地通过黄河水道，运往京都。宋代以后，由于黄河泥沙淤积严重，灾难频发，黄河中下游航运基本上处于停滞阶段，被元代的大运河所取代。及至后来黄河泛滥加剧，黄河航运逐步淡出水运舞台。

根据黄河各个河段地形特点的不同，黄河航运的规模与形式也不相同。内蒙古托克托县河口镇以上的宁夏河段航运，除峡谷的转弯地带，地形变化比较大的峡谷地带不利于航运通行外，在水流比较平稳的地带，水上航运一直没有间断。人们在生产实践中发明的羊皮筏子，以其制作简单、成本低廉、使用方便的特点，在很长时期内成为黄河上的一种古老的摆渡和运输工具。这种水上运输工具，运输地域甚广，西起青海，东达甘肃、宁夏、绥远包头。运输的货物主要有毛皮、粮食、药材等。大皮筏子可载二三十吨货物，顺流而下日行 200 公里，从兰州至包头不用几日即可到达。民国30年(1941年)夏,国民政府出于抗战的需要,需要将一批汽油运往重庆,就是利用羊皮筏子完成这一任务的。当时在兰州购置了2000多个羊皮胎,聘用20多名筏工,制作了5个皮筏,每个皮筏载重60吨,组成皮筏航运队,仅用15天时间就将300吨的汽油运到了重庆。这一事件,当时曾轰动了整个陪都山城。国民党油矿局为此专门举行了盛大的"欢迎皮筏航运队大会",新闻单位摄制了电影纪录片,甚至有外国记者要求带走羊皮胎到本国展览。1936年4月,著名记者范长江赴西北考察后在其所著的《中国的西北角》一书中曾对皮筏船有较为详细的记述。"天下黄河十八湾,一湾更比一湾险;小小皮筏载我来,载我载到黄河边。"一首《筏子歌》唱出了西北人对羊皮筏子深厚的情感。

此外,黄河浮桥也是古时沟通两岸的重要设施。民国17年(1928年),西北军冯玉祥部在甘肃刘家峡架设浮桥,宽18丈,高4丈5尺,建于峡口黄河两岸红砂岩上。两岸置码头,横铁索两道,设木船11只为梁,上铺木板,两旁设横木为栏。不过因黄河常有洪水暴涨,河上浮桥往往难以久长。

从托克托的河口镇至郑州桃花峪间的黄河中游河段,基本上都是在二级阶梯上,历史上利用黄河水道的航运交通,曾经一直是重要的运粮通道。该河段最大的水运障碍是壶口瀑布,通过壶口瀑布的方法是"旱地行船",也就是拉纤。黄河三门峡的漕运始于秦,历汉、魏、晋、隋、唐、宋约千余年。汉唐时黄河年漕运高达400万~600万石。由于三门峡河势凶险,水流湍急,航运经过这里时,险象环生,船只翻覆,时有发生。但是由于水路交通在当时既便利又廉价,因此尽管险象环生,这里的航运却从未停止,直至后来三门峡工程修建后这一带的航运方告中断。

在河南郑州以下的下游河段,由于黄河泥沙量大,河道长期淤积形成"地上河",除大汶河由东平湖汇入外,无较大支流汇入。史料表明,从河南到山东,下游河段的航运一直比较发达,设置修建了许多渡口、码头,供船只停靠下水,如河南境内黄河北岸的孙口渡口、山东境内黄河南岸济南的泺口码头等,都曾为黄河防汛抢险、堵口料物的运输,南北两岸的过往摆渡,发挥了极为重要的作用。济南的泺口码头自1855年黄河改道经利津入海后,成为济南通往鲁北和京津地区商品流转的重要水陆码头,曾经繁华一时。1947年6月,刘伯承、邓小平率领晋冀鲁豫野战军主力12万人,在东起山东东阿、西至河南濮阳150公里河段几十个渡口处,强渡黄河,挥师南下,揭开了人民解放战争战略进攻的序幕。

民国时期黄河下游帆船运输

皮筏、渡口、浮桥,饱阅了人间的风雨沧桑,见证了黄河航运不平凡的发展历程。

第三节　近代治河思想与治河技术

一、孙中山的《建国方略》及其治理黄河计划

民国初期,中国民主革命的先行者孙中山先生,从振兴中华的伟大理想出发,在积极从事政治、军事斗争的同时,也在总体设想中国的实业建设和水利事业,并对严重的黄河水患给予了极大的关注,提出了自己的治理黄河构想。这在他1918年撰写出版的《建国方略》中有详细论述。《建国方略》由"孙文学说"、"实业计划"和"民权初步"3篇文章组成,其中的"实业计划"绘制了实现中国近代化的宏伟蓝图,集中体现了孙中山全面发展中国经济,赶超世界先进水平的理想。

1906~1917年是中国水灾的频发期,连绵的水患给人民造成了深重的灾难,给社会造成了严重的危机。孙中山在《建国方略》中对水灾频仍的原因进行了分析,认为中国的水患主要是由于一些人为的社会因素所致,这些社会因素主要是:

第一,森林植被的破坏,导致生态平衡失调。孙中山指出:"近来水灾一年

多过一年,原因就在于人民采伐木料过多,采伐之后又不行补种,所以森林便很少。许多山岭都是童山,一遇大雨,山上没有森林来吸收和阻止雨水,山上的水便马上流到河里去,河水便马上泛涨起来,即成水灾。”这里,他深刻认识到滥砍乱伐森林造成生态平衡失调,是引起水灾的重要原因。

第二,清政府和封建军阀的腐败统治,致使国家贫弱。孙中山在其维新改良思想还占主要地位的时候,就已经认识到水患灾害频仍与封建官吏“悍然民上”的苛政有很大关系。随着孙中山走上革命道路,他对腐败政治是国家贫弱、水灾频繁的重要原因有了更深刻的认识,并把治灾与推翻清朝统治、实现国家统一直接联系起来。他说:“其实,中国所有一切的灾难,只有一个原因,那就是普遍的又是系统的贪污。这种贪污是产生饥荒、水灾、疾病的主要原因。”要改变这种局面,“除非在行政体系中造成一个根本的改变,局部的和逐步的改变都是无望的”。辛亥革命推翻了清王朝的统治,但紧接着却是封建军阀的混战,灾害有增无减。孙中山进一步指出:“武昌起义而后,所谓民国者,仅有其名,而无其实,一切政权,仍在腐败官僚、专横武人之手,盖以兵灾、水、旱,迄无宁岁,人民痛苦,且加甚焉！此即革命竟未成功,因而难收良果也。”他还深刻指出:“因为国家没有方法可以统一,所以全国便大乱不已,灾害频至,祸患没有止境。”

第三,帝国主义的侵略和掠夺加剧了民众的灾难。随着革命实践的深入发展,孙中山还探讨了帝国主义的侵略和掠夺与中国水患连年不断、灾难深重的关系。他在自己的文章中提到帝国主义的掠夺使中国每年损失达12亿元巨款时说:“每年受到这样大的损失,故中国的社会事业都不能发达,普通人民的生机也没有了。专就这一种压迫讲,比用几百万兵来杀我们还厉害。况且外国背后更拿帝国主义来实行他们的经济压迫,中国人民的生机自然日蹙,游民自然日多,国家自然日衰了。”正是帝国主义的侵略和掠夺,进一步促使了水灾的频频发生,加剧了民众的损失和苦难。

灾害发生的原因既有自然因素,又有社会因素,孙中山在分析水患成因的时候,把更多的目光投向了更为复杂的社会因素,既认识到森林的滥砍乱伐减弱了土壤的渗水性,是雨季洪水泛滥的重要原因,又认识到政府的腐败、列强的侵略和掠夺致使中国国力日衰,严重限制和削弱了人们对水灾的抗御能力。这些认识无疑是深刻有力的,它直接触及到中国贫穷落后和灾害频仍的根本所在。

鉴于黄河在国家建设中的重要地位以及频繁的洪水灾害,孙中山专门对黄河问题进行了研究,在“实业计划”中提出了治理黄河的战略设想,主张利用近代科学技术来治河,借鉴世界其他大河的治理经验,根治黄河水患,发展流域经济,确立黄河长治久安之策。计划着眼于黄河上下游、全流域治理及防洪、航运、河口治理、水土保持等许多方面,是一个融黄河治理与发展流域经济于一体的综合计划。

孙中山的治理黄河计划集中见于《建国方略》"实业计划"篇首及第一计划中,第三计划、第四计划中也有关于黄河港建设、黄河流域铁路网建设的设想。关于治理黄河的重要性,孙中山认为,防治黄河水害,历来是中国古今的大事业,为国计民生及社会发展计,不能不下大力气投入于治黄,近代中国不能不在治黄上有所作为。"顾防止水灾,斯为全国至重大之一事。黄河之水,实中国数千年愁苦之所寄。水决堤溃,数百万生灵,数十万万财货为之破弃净尽。旷古以来,中国政治家靡不引为深患者。"但修治黄河投资巨大,令人望而生畏。对此,孙中山以政治家的远见卓识认为,惟其如此,更应谋求根本治理之策。"修治黄河费用或极浩大,以获利计,亦难动人。""以故一劳永逸之策,不可不立,用费虽巨,亦何所惜,此全国人民应有之担负也。"

孙中山先生

对于治理黄河计划,孙中山主要论述了以下内容:

一是干支流并治。治理对象不仅包括黄河干流,支流治理亦涵括其中,对于汾、渭等大支流尤有所论及。"渭河、汾河亦可以同一方法(指治理干流的方法)处理之,使于山、陕两省中,为可航之河道。诚能如是,则甘肃与山、陕两省,当能循水道与所计划直隶湾中之商港联络,而前此偏僻三省之矿材物产,均得廉价之运输矣。"

二是修筑堤防,防御洪水。孙中山主张:"黄河筑堤,浚水路,以免洪水。"至于堤防设计,他的设想是修成直线性新堤,既能防治黄河淤积,又能有益于航运。在黄河干流适当地区,借助近代化的闸坝工程,还可以引水发电,为沿线工农业发展提供廉价的能源。"堤之两岸,须成平行线,以保河辐之划一,而均河流之速度,而防积淤于河底。加以堰闸之功用,此河可供航运,以达甘肃之兰州。同时水力工业亦可发展。"

三是河口治理。孙中山主张要搞好黄河治理,筑输沙长堤把泥沙输入深海,以使黄河尾闾通畅,使黄河免遭决溢之害。"黄河出口,应事浚渫,以畅其流,俾能驱淤积以出洋海。以此目的故,当筑长堤,远出深海,如美国密西西比河口然。"

四是黄河水土保持。孙中山认为，加强下游防洪，使黄河不致决溢为害，只是治黄事业的一部分，而不是治黄的全部。要彻底根治黄河，还要进行水土保持。"浚渫河口，整理堤防，建筑石坝，仅防灾工事之半而已，他半工事，则植林于全河流域倾斜之地，以防河流之漂卸土壤是也。"

五是发展黄河交通航运。孙中山把沟通黄河航运放在优先地位，强调航运是治理黄河的重要目的之一。干支流治理均应如此。另外，孙中山还计划在黄河口设一黄河港，为重要三等海港，位于黄河河口北直隶湾南边，离计划中的北方大港 128 公里。借助内河航运，沟通山东、河南、直隶之广大区域。

孙中山还设计了涵盖黄河全流域的铁路网。在中央铁路系统中，东方大港塔城线、东方大港库仑线、东方大港乌里雅苏台线、西安大同线、西安汉口线、北方大港西安线、北方大港汉口线、黄河港汉口线均渡过黄河，有的数次越过黄河，以沟通黄河流域与华东、西北、华北、中南等地区的联系，发展流域经济。比如西安汉口线，"此线联络黄河流域最富饶一部与中部长江流域最富饶一部之重要线路。"

在西北铁路系统中，有靖边乌梁海线、五原洮南线、五原多仑线 3 条线路穿过黄河。在高原铁路系统中，拉萨兰州线、成都宗扎萨克线把黄河流域与长江流域连接在一起。比如拉萨兰州线，"又东向通过扬子江谷地，进入黄河谷地。于是由此经过数小村落与帐幕地，进至扎陵湖与鄂陵湖间的星宿海，然后东北向，过柴达木之东南各地，再转入黄河谷地"。

孙中山的治理黄河计划，主张建立在近代科学技术基础上，引进西方国家的科学技术和资金，从事黄河的治理。这是整个实业计划与治黄计划的基本出发点。其中具体的措施如建立石坝、开发水力，都属于运用近代科技治黄的内容。

孙中山的治黄计划，是一个全流域的治黄与发展经济同时并举的计划。一方面，黄河治理要干支流兼顾，上中下游要发展航运；为减少泥沙，要广植森林，同时注意水电事业开发。另一方面，治理黄河是为了防灾，为了兴利，不能只治理不开发。他把治黄与发展流域经济紧密结合起来，是一个除害兴利并举的计划。他设计了涵盖黄河全流域的沟通全国的铁路网，打算密切黄河流域与全国的经济联系，摆脱黄河流域的贫困面貌，步入近代化的行列。

该计划又是一个标本兼治的计划。"黄河筑堤，浚水路"是治标，孙中山指出："筑堤来防水灾是一种治标的方法。此外，还要把河道和海口一带浚深，把沿途淤积的沙泥都要除去。海口没有淤积来阻碍河水，河道又很深，河水便容易流通，有了大水的时候，便不至于泛滥到各地，水灾便可以减少。所以浚深河道和筑高堤岸两种工程要同时办理，才是完全治标办法。”“植林于全河流域倾斜之地”，其实就是水土保持，无疑是治本。孙中山曾经论述：“要防水灾种植森林是很有关系的，多种森林便是防水灾的治本方法。”“要能够防水灾便先要造森林，有了森林便可以免去全国的水祸”。他还规划在“中国北部和中部速造森林”，并进一步指出种植森林要靠国家来经营才能成功。

黄河治理与开发是孙中山“实业计划”预备优先发展的经济工作之一。但如同他的“实业计划”一样，也有着很大的局限性。如，关于现代化建设所需巨额资金及技术力量主要来源的设想。按孙中山的计划，如此庞大规模的经济发展所需资金、人力，在相当程度上有赖于国际援助。他的理由是：第一次世界大战刚刚结束，西方各国经济破败，大批军工企业面临转产，“盖欲利用战时宏大规模之机器，及完全组织之人工，以助长中国实业之发达，而成我国民族突飞之进步；且以助各国战后工人问题之解决。”“各国欲恢复其战前经济之原状，尤非发展中国之富源，以补救各国之穷困不可也。”正是循着这一思路，孙中山的“实业计划”提出“此类国家经营之事业，必待外资之吸集、外人之熟练而有组织才具者之雇佣、宏大计划之建设，然后能举”。他甚至一厢情愿地设想了实行这一计划的 3 个步骤：第一步，准备投资于中国的各国政府，共同行动，统一政策，组成一国际团，以便开展工作；第二步，设法取得中国人民的信任，使其热心配合；第三步，与中国政府正式谈判，签定协议，实施计划。孙中山也考虑到要逐渐由中国人民自己来掌管这些新建的事业。他说：“关于事业之建设运用，其在母财、子利尚未完付期前，应由中华民国国家所雇专门练达之外人任经营监督之责，而其条件，必须以教授训练中国之佐役，俾能将来继承其乏，为受雇于中国之外人必尽义务之一。及乎本利偿清之后，中华民族政府对于所雇外人当可随意用舍矣。”但此时的孙中山，尚未认清帝国主义时代的西方列强是不会真心实意来帮助中国实现现代化的，像中国这样一个数万万人口的大国，不立足于自力更生的基点，单纯地依靠外国的资金和技术，想实现全国经济腾飞是不可能的。

孙中山从保证和提高中国人民的生活水平、为人民谋福利的高度出发，将防洪减灾规划纳入社会经济发展规划当中，阐述了一系列治理黄河的设想，同时其计划中也渗透了运用近代科学技术研究治河的因素，这些设想和主张既是其民生主义思想的有机组成部分，也为黄河治理事业留下了一笔极为宝贵的精神财富。

二、重要的黄河论著与治河技术的进步

从清末到民国初期，黄河频繁发生水灾，给人民带来了巨大的苦痛。这一情况，引起了社会各界人士的极大关注。北洋政府时期，中国近代水利科学的先驱者，引进西方先进的理论和技术，结合中国的传统经验，从治理黄河理念到工程措施进行了积极的探讨，提出了一些新的治河主张，并组织开展了勘测、设计、实验等大量实践，写出了一批很有影响的黄河论著。

1922年，李仪祉发表了著名的论文《黄河之根本治法商榷》。文中分析了黄河为害的原因，阐述了科学从事河工的必要性，提出了较为全面的治河主张。

在《黄河之根本治法商榷》第一节，李仪祉开宗明义，积极提倡科学治河，他指出："昔者欧洲治河，与吾国同，未尝有科学之研究，与有条理之治导，故未能尽得河之益，而祛其害……近世科学愈阐明，而治河之术亦精进。"对此，他认为应从几个方面着手：一是通过精确的测验，来了解河流流域中丘壑形势、气候变迁、流量增减、沙淤堆徙等状况，及床址长消的原因；二是详细审核计划，即利用自然条件，减少人力物力的投资达到治河目的，造福人民。因此，他主张要有严密的水文测验暨水工试验，用以研究泥沙沿河沉淀的情况及洪水冲刷后不能较长时间维持河身深广的原因。提倡测量全河，研究土壤泥沙，建议在黄河流域设立一等测量所等。

在这篇论文中，李仪祉评述了历代治理黄河的方针策略，对王景、潘季驯、靳辅等历史治河人物治理黄河的思想和实践给予了很高评价，他指出："景之治河，修渠筑堤，自荥阳东至千乘海口千余里，凿山阜，截沟涧，防遏冲要，疏决壅滞，十里立一水门，功成历晋、唐、五代千年无恙。其功之伟，神禹后所再见者。""黄淮既合，则治河之功，惟以培堤堰闸是务，其功大收于潘公季驯。潘氏之治堤，不但以之防决，兼以之束水刷沙，是深明乎治导原理者也。固高堰以遏淮，借清敌黄；通淮南诸闸以泻涨，疏清口以画一入海之道，治河之术，潘氏得其要领。盖自王景以后，贾鲁虽智术胜人，而遭逢乱世，未能扩展，乃至潘氏，而再收治河之功者也。""清初河道复渐敝，顺治十六年至康熙六七年，归仁堤、古沟、霍家坝、王家营、二铺口、邢家口等处，屡决不塞，河流散漫，下流淤塞，黄、淮交病，于是靳辅治之而大效，是犹明之有潘氏也。靳氏之功，在修复潘氏之黄、淮故道，通漕运，又开中河以避黄河百八十里之险。其治导原理，亦一本诸潘氏。其曰'黄河之水，从来裹沙而行，水合则流急，而沙随水去；水分则流缓，而水漫沙停。沙随水去则河身日深，而百川皆有所归；沙停水漫，则河底日高而旁溢无所底止。'

故其治绩，挑浚清口，培固高堰，慎防堵决，无非以潘氏为师。盖清初海运未开，运道关系至重，故以因有明治法为利也。”

在对一些历代有代表性的治河观点的分析中，李仪祉认为：“历代治河名臣，虽于测验之事不精，建筑之术未善，然其名言锐论，深合乎治理，可取者甚多也。”“历代治河者，虽不乏成功，然未能永绝河道迁徙之患者，历代河道沿徙，自孟津以下，北薄天津，南犯淮阴，数千里之面积，适如河口之三角洲，河道奔突荡驶，如汊港更番，而治河者亦从随河南北奔走，以有限之人力，应无常之河变，守故辙而不改，欲其长治久安也难矣！”因此他认为，以往这些观点其根本缺陷在于目光局限于下游，今日治河不仅如此，还应当移其目光于上游。

关于黄河为害的原因与治理思想，李仪祉认为，“黄河下游平原地带，河床比降减小，水流押转力弱，导致大量泥沙淤积河床，致河床日高，河口日仰，沙愈无可推泄之途，水益失归海之势，因而先决后徙，周而复始。”其治理“不仅法其患害已也，亦其欲因其利。”意即治理黄河不仅要除害，更重要的是要兴利。为此，他着重从以下几个方面进行了论述。

一是固定河床。李仪祉指出，要使河床固定，必须给河流适宜的横断面，“范常流，泻洪涨，挟所有之沙，直注海洋，无随处淤塞、侵削岸址之弊；是横断面也”，黄河应采取复式河槽使河床固定，“复式之槽，岸坡顿折。盖洪水之来骤而不常遇，其流量顿增甚多，利骤宽其槽而放之，黄河两面筑堤，即为此式”。关于合适的河宽，“总之两堤距离，关乎河之成败，甚为切要，过宽与过狭，皆足以使河防失效。欲使堤工得治导之效，当以科学方法观测之，计画之，维护之。”“将欲为之计画横断面，除诸水位、降度、流速外，尤须审察河沙流动之情形，及水位高低不同时其自上流所擎之沙之多寡。尤须就上下流各处细加测验，非仅一二处可以为功也。”

二是使河槽保证应有深度，以利航运。李仪祉认为，要使黄河河槽保持应有的深度，必须治导以维持，上游减沙与下游疏浚结合，特别要重视河口治理。“若能减其沙量，固其床址，治导得宜，维护不弛，则化敌为友，亦何不可遂之有？”“盖尾闾不畅，全河后逆，徒固堤防，毫无所益。疏口之法，当一其流，畅其波，筑海坝伸出口外，达之深处，使河所携下之沙，得为海水之力攫之而去，则海口不致淤塞矣。”如此，“大功告竣，河中常备有力之浚船数只，上下游弋，除其偶然之淤。堤坝等工俱用专门人才维持防护。如是行之，其费固不赀，而转祸为福，其利尤不可思议也。”

三是减淤。李仪祉认为要减少黄河泥沙量，要做好3个方面的工作，即植畔柳、开沟洫、修道路。畔柳可以起到拦挡泥沙入河的作用，“黄壤区域，其田大抵皆为阶田。每次暴雨，上田泻水，下田承之，逐段而下，以至于河。而所刷田间之沙，亦随水而去。若于每田之三畔，植所谓矮柳一行，则水自柳间流出，速率因碍物而顿滞，则沙停其后，不啻滤器。”并指出畔柳还可促进农业发展，“矮柳之为物，直隶省多种之，出土便为细枝，无碍于农，而以作筐篮之物，利亦甚溥，以之劝农，当可乐从。”李仪祉对于在黄土高原地区恢复沟洫之制，即人工修筑淤地坝尤其推崇，认为沟洫可以容水，可以留淤，既有利于黄河减淤，又可服务于当地农业生产；既有利于减少黄河径流，免致堤防溃决，又可以灌溉农田。因此文中极力倡导在沟中筑坝淤地，防止沟壑扩展，减少入黄泥沙的治河方案，“皆谓沟洫可以容水，可以留淤，淤经渫取可以粪田，利农兼以利水，予深赞斯说。”又说：“治水之法，有以水库节水者，各国水事用之甚多。然用于黄河，则未见其当，以其挟沙太多，水库之容量减缩太速也。然若分散之为沟洫，则不啻亿千小水库，有其用而无其弊。且有粪田之利，何乐而不为也。”李仪祉还主张修治道路，以减其患。“路身坚固，车辆改良，道旁有水沟，亦可以减入河之沙量。而为交通计，岂非甚得耶？今全国道路，颇有人倡之者矣。予深冀黄河流域尤急起而直追，以减河患也。”

四是防泛滥。鉴于黄河洪水异常暴涨，文章认为应以坚固的堤防来防范，作者还对当时堤防提出了修建的意见，“然今日之堤防，惴惴然惟恐其不能保者。设有沟洫以减其径流，复有治导之功，以保持其深槽，则所恃乎堤防者甚微，而溃决可易免也。”

五是利于农。李仪祉对黄河利于农业发展方面特别重视，指出“黄河之为农民患，尽人皆知，果能根本图治，怯农患即所以利农也。”对中游的沟洫又进一步阐述，“惟沟洫一开，则本应入河之水，可以转留而为农田所用。或谓黄壤疏而易渗，沟浍既盈，其涸也可立而待，何能藉以灌溉？是诚有之，然使潴于沟浍之中，即使渗漉，亦渗漉入田间，不较之径流入河者为得乎，颇见乡人治田，卑下之处，积水兼旬，其旁即孳殖倍多。可见沟洫之于农，不为虚设。农民众多，每岁只须挑淤一二次，亦不为劳，而两利可收。”

为了更好地治理黄河，李仪祉建议设立一个能够行使黄河行政全权的机构，督导黄河两岸各省与河务有关的地方官员，大力兴办。“然若特设一总机关，予之以黄河行政之全权，可以指挥各省于河务有关系各地之县知事；畀各省水利局以分权，以督促其进行”；并建议在陕州、大庆关、兰州等地设立河务学校，传授沟洫、畔柳及道路等技术，“一年毕业，每县各派学生四人至十人，视其辖境之大小,及与河务关系之广狭,毕业归里,授以田峻之职,优其俸饩,使之指导农民,其奉行惟谨者,言于县令,劳之酬之,其有不率从者,惩之罚之。夫如是,则政令休明,一二年即可以收其功也。”

总之,《黄河之根本治法商榷》充满了辩证法的思想,是一篇理论性和实践性都较强的治河论著,它不但是李仪祉本人的第一篇治黄专著,也是民国时期最早研究黄河问题的专著之一,对日后黄河治理产生了深远影响。

此外,作为中国近代水利的奠基者,这期间,李仪祉还写出了《论引泾》、《考察龙洞渠报告》、《测勘黄渭航道报告》、《陕西渭北水利工程局引泾第一期报告书》、《勘测泾谷报告书》、《重农救国策》、《兴修陕北水利初步计划》、《无定河织女泉水渠说略》等大量的水利著作,为陕西水利事业的发展打下了坚实的基础。

1923 年 12 月,《豫河志》出版,这是河南黄河、沁河第一部水利专业志书,包括图、源流、工程、经费、祀典、职官、附著等共 28 卷 29 万字。除源流部分广泛征引《禹贡》、《水经注》等史籍外,其余各卷只收录清代的治河文献。该志书由河南省河务局局长吴筼孙主持、豫河成案编纂处黎士安等 21 人参加编写,历时 4 年完成。关于编写本书的意图,吴筼孙在序言中说道:“筼孙既领河堤之役,连年行河之暇,每欲考历来变迁之由,与夫前人之良法美意,足以为则效之资者,而不得其书。”[1]继《豫河志》面世之后,1926 年 10 月,由继任河南省河务局局长陈善同主持、王荣搢主编的《豫河续志》又出版,共 20 卷 69 万字,内容包括自夏代至明朝和民国元年至民国 13 年豫河成案,分图说、沿革、职员、公牍、工料、财政、治绩、附录等 8 部分。另附《豫河变迁史》,体例是补前书的漏略,增收民国时期资料,并删削迷信荒诞的记载。《豫河续志》的编写用了 2 年 7 个月的时间。陈善同在序中希望河南人要永志不忘先人治河恩泽,并揭露河工弊端,告诫后人要时刻警惕黄河潜在的危险,同时强调修志的目的是让后人能深究古今因革、损益得失,如果不能达到这一目的,则这一续志“虽不作可也”。1932 年,由陈汝珍主编的《豫河三志》出版,《豫河三志》共 12 卷,所收资料从 1925 年至 1931 年,内容有图(包括黄河与沁河图、河流水位和流量曲线图、工程布置图等),职官(包括编制、考核制度、兵夫定员等),工程(包括修防、杂木、料石、堤防、造林、交通、水利等),财政(包括行政费、工款、杂项收入、水产、财产等),附录(包括公牍、选著等),表(包括职官表、工程表、财政表等)。需要指出的是,《豫河三志》比较注意近代水利科技资料的收集,且该志书的编写只用了不到一年的时间。

---

[1] 黄河档案馆藏. 吴筼孙等编. 豫河志. 1923 年铅印本

1924年冬，周晋熙撰写出版的《绥远河套治要》，也是一部较有影响的专著。周晋熙是四川人，1904年到后套帮办垦务，后来到绥远建设厅当秘书，该书辑录了他在帮办垦务工作中的心得，对河套地区水利的重要性、基本情况、存在问题及解决意见等均有阐述。该书的最大特色，在于不但叙述了河套地区八大干渠的沿革过程，而且记载了开挖的时间及开挖者的姓名，同时还统计了八大干渠各支渠的数量与渠系布局。“凡渠有干渠，有支渠，有子渠，是以干统支，以支统子，方可势成一局”[1]。由此可知，当时的灌溉网是干、支、子三级渠系，这显然比清末的两级渠系要更进一步，表明河套地区水利开发的发展趋势已自发地转向灌区内部渠系的改善配套。在书中，作者还对民初渠道淤废的情况发出“不胜今昔之感”的慨叹。这些，对于研究河套地区灌溉的发展轨迹都具有重要的参考价值。

1925年，王竹泉在当时的《科学》杂志上发表了论文《黄河河道成因考》，对晋陕峡谷段的黄河发育历史进行了阐述。王竹泉是河北交河人，1913年考入中国培养地质人才最早的机构——农商部地质研究所学习地质科学。毕业后，他留在农商部地质调查所工作，在华北、华东、东北等地做了大量的野外调查与研究，主编了中国第一批1∶100万地质图——《太原—榆林幅》，编写了《山西煤矿志》，并发表过几十篇煤田地质方面的调查报告与论文，被誉为中国煤田地质学的奠基人。《黄河河道成因考》是最早从地质构造的角度研究黄河河道成因的学术论著。

此外，1927年秋山东省河务局局长林修竹主持编著的《历代治黄史》，主要辑录了上起夏禹、下至1926年之间的治黄大事概要，该书虽偏重于记述山东黄河，对治黄全局记述相对简略，但翔实的治河活动记载，仍不失其有益的史料价值。

在治河论著相继问世的同时，治河技术也开始发生了质的变化。

近代著名实业家张謇对兴办水利事业十分积极，他于1910年首先在中国水利业务调查观测中引进现代气象、水文和测量技术，所著《张季子水利录》，对导淮、治江问题的阐述颇有见地。他还于1915年主持创办了中国最早的高等水利学府——河海工程专门学校。该学校在教学中注重引入西方先进的水利科学思想与技术，并与中国传统的治水方法相结合，为当时的中国水利建设培养了大批人才，促进了中国治河技术的发展。

---

[1] 周晋熙著. 绥远河套治要. 绥远省民众教育馆，1924

当时，帝国主义入侵中国主要是通过水路，列强出于修建港口、整治航道的需要也带进来一些河道测量与水文观测方面的新技术，这些新技术后来逐渐在防洪治河、农田水利及水电工程中得到应用，应用范围由最初各江河干流的中下游扩展到上游乃至全流域，对当时的水利建设也产生了重要的影响。

1919 年，河海工程专门学校教师戈福海应顺直水利委员会的聘请，到河南陕县筹建了黄河干流第一个水文站。

戈福海是河北景县人，1915 年 3 月考入南京河海工程专门学校特科班，1917 年 5 月毕业留校任教。戈福海到陕县后，带着几个技术员和测工，住在河岸上的一座破庙里，每天一大早就出发，察看河势地形，走访当地群众，搜集水情资料，调查水灾情况，晚上回来后整理研究资料。尤其是对清代设立水志桩的地方——万锦滩的有关资料备加关注。万锦滩是陕县城北门外的一个小村，看上去和黄河中游岸边其他村庄似乎没什么两样，然而对于黄河水文来说，它却有着非同寻常的意义，这里河床稳定，河槽较深，能够比较客观准确地测出黄河中游河段的水情，又便于观测，所以清代就把黄河的水文标志桩设在了这里。经过反复勘察和研究，戈福海等人决定把陕县水文站建立在万锦滩。此前这一带根本没有地形图，他们带着仪器、工具自己测量，很快绘制出了万锦滩河段的地形图、河道图，设立了测验断面，安装了两岸测验标志，设置了水尺。1919 年 4 月 4 日，黄河历史上第一页用现代技术观测的水位记录——《量水标记载》问世，从这页《量水标记载》可以看出，当时戈福海等人每天观测记录达 13 次之多。随后又陆续开始了流量、含沙量测验及气象观测。当时的水准基点，经引测井定位在他们居住庙前的一个石墩上，高程为 304.487 米，此后几十年，陕县水文站一直使用。

不久，黄河下游山东河段设立的泺口水文站也开始投入运用。从开始观测水位，到测验流量，并引进美国进口的旋杯式流速仪测定水流速度，从而首开黄河干流使用流速仪测流之先河。

干流水文站是防止水患的综合性、控制性“堡垒”。其实，将近代科学方法应用于黄河水文单项测验在支流还要更早一些。清光绪年间，荷兰工程师单百克（Von Schermbeck）和维善（Visser），就曾在下游铜瓦厢和泺口运用近代技术测量过黄河泥沙含量；1912 年 1 月，督办运河工程总局在山东泰安设立了泰安雨量站，并于当月开始观测降雨量，成为黄河流域采用近代科学技术方法最早设立的雨量站；1915 年 8 月，督办运河工程总局在山东东平县大汶河南城子设立了黄河支流上最早采用近代科学技术方法进行水文观测的水文站；1921 年，黄河下游的泺口和十里铺开始进行系统的冰凌观测;1923 年由李仪祉亲自设计制作的悬移质采样器“直立瓶式泥沙采样器”,在民国时期得到了广泛的应用。

这一时期,西方的测量技术也在黄河上“落户”。1919 年,为了研究黄河对运河的危害,督办运河工程总局聘请费礼门(John Ripley Freeman)为指导,测量黄河堤岸及河道大断面。该次测量自河南京汉铁路大桥至山东寿张县十里堡,共测得比例为 1∶2.5 万的图纸 46 幅。图上标示了黄河形势、历年决口及各段险工等,并附有实测河道横断面图、测标水位与堤外地面高差,以及洪水与低水时河道的不同比降等,图纸说明采用中英两种文字,蓝黑套印,绘制精细。同年 11 月,河南省河务局成立测量处,开始进行河道地形测量,到 1923 年 10 月,共完成沁河河道长 55 公里,黄河从孟县、济源县交界至直隶长垣县长 190.5 公里的地形图测绘,测绘 1∶6000 比例尺图 69 幅,并编绘成 1∶4 万比例尺图。高程引自顺直水利委员会 1919 年在京汉黄河铁桥北岸联测设立的 PM249 永久测站点,这是治黄部门首次采用大沽零点高程。黄河流域最早的一等水准线路是徐州至郑州一线,是从 1916 年 10 月开始埋石,1935 年由陆地测量总局观测。

黄河流域最先布设水准网的是顺直水利委员会和华北水利委员会,从 1918～1935 年,他们在北起北京,南至河南新乡与山东临清、德州,西至太行山麓,东至海边的范围内,布设了大面积的水准网,其中曾 4 次进测到黄河下游河道,并留下了一些永久测站点。1923 年 4～7 月,顺直水利委员会用导线测量山东周家桥至泺口以下黄河河道,测量面积约 1030 平方公里,水准线 237 公里,绘制 1∶1万简略地形图 40 余幅。从 1919 年 10 月到 1926 年 7 月,山东省河务局先后测绘出山东黄河下段惠民县刘旺庄至利津县西盐窝河道图、山东黄河上段寿张县黄庄至阳谷县陶城铺河道图、山东黄河中段范县张秋至惠民县刘旺庄河道图,至此,精测《山东黄河三游河道图》完成,这是治黄机构首次施测带有等高线的现代地形图。

这一时期,黄河河工试验与修作技术也有了长足的进步。

1926 年德国明兴水工及水力研究院成立,该院在巴燕邦建立了以奥贝那赫河为水源的大比例尺河工模型试验场,数年后德累斯顿工业大学教授恩格斯(H · Engels,1854～1945)在这里进行了 3 次大型黄河模型试验,试验结果结束了长期以来黄河下游河道宽窄堤距的观点之争,同时也带动了中国水工模型试验研究的起步。

1927 年春天,柳箔工程在李升屯险工试验成功,是黄河埽工的一大创举。发明者潘镒芬,时任山东省河务局工程科科长,早年毕业于江苏省铁路学堂,从事河工30余年,长期致力于埽工的改进。1926年,李升屯堵口工程合龙后,江苏省筹资在合龙处修建江苏坝,由潘镒芬主持进行首次柳箔工程试验,由于河水猛涨,险情突发,加之编制的柳箔长度、宽度与抗冲防护强度不足,试验未能成功。次年春,在修做李升屯10道挑水坝的工程中,他经过总结分析,再次进行柳箔工程试验。事先准备了充足的柳料,先在第四号坝下挑挖了一片宽坦场所,将铅丝密铺,再将柳料编制成30米长、21米宽的柳箔,之后架长桩做成格子,中间压上砖块,再盖上一层石料。为使编制的柳箔能沉入宽阔的水面并铺至河底,潘镒芬借鉴欧美沉排工程技术,借水的淘刷力实现了目的。当年大汛期间,该柳箔虽然完全被大溜浸没,但当两个月后洪水退去,柳箔上的石缝均被淤泥填满,它所保护的第四号坝安然无恙,而该坝上下首没有修做柳箔的第三号坝、第五号坝都出现了严重淘刷。

经过多年的河工研究与实践,潘镒芬总结出了修作优质埽工的6大要素,即:一要工料省方可经济,二要材料重不易漂没,三要坦坡大不易激溜,四要重心低不易出险,五要料坚实方可耐久,六要能漫水方可捍溜。此后又经过几年汛期的考验,由他修作柳箔工程防护的第四号坝依旧岿然不动,潘镒芬因此而名声大震。不久,潘镒芬迁任黄河水利委员会技正兼河防组主任,1946年后曾担任黄河堵口复堤工程局副局长、黄河水利工程总局副局长等职。

三、早期的水利"海归派"

继清朝末年向英、法、德等国派出几批留学生之后,20世纪初期,北洋政府为鼓励学习国外先进技术与技能,规定官费留学必须学理工科,庚款留美生也限定十分之八学理、工、农、商各科。这一政策导向,使中国再度出现了一股出国留学热潮,并造就了李仪祉、曹瑞芝、郑肇经、沈怡、许心武、汪胡祯、张含英等一批水利学者,他们后来对于中国水利建设与黄河治理产生了十分重要的影响。

曹瑞芝是山西人,1916年毕业于山西大学土木工程系,1919年考取山西公费出国留学生,到美国威斯康星大学学习水利机械、水利建筑及盐碱地防治与土壤改良等学科。1923年获得硕士学位后回到故乡山西,先后担任山西督军府采运处长、水利技正,还应聘在山西大学任教。他在担任水利技正期间,率领技术人员首次对汾河干流全程进行徒步勘察,掌握了大量宝贵的第一手资料。随后于1925年写出山西有史以来第一份《治汾计划》和论著《山西水利状况及今后之进行方针》。在这篇论著中,他运用现代水利科技思想,阐述了开发汾河和发展山西水利水电事业的设想和方针。曹瑞芝对发展山西水利,提出了一个具体的计划，计划中包括制定水法、调查水源、水文测验、灌溉与盐碱地改造等内容，目的是节省水源，扩大灌溉面积，增加农业产量。同时，他还最早提出在汾河下游至罗家曲河段兴筑蓄水库的设想，积极倡导在汾河新绛县至河津县河段兴建机械抽水高灌工程。曹瑞芝还大力呼吁当局和社会，要"努力罗致人才，努力培植人才，努力贡献才能，互相提携，互相合作，则山西水利此后之成功，定有更足令人敬佩者矣。"❶这些理念、观点及构想，至今仍有很大的现实意义。

1928年冬天，曹瑞芝来到河南，担任河南省水利局工程师，他对黄河进行了查勘，编写了《河南黄河水利初步计划书》。针对黄河下游两岸河高地低的特点，他开始研究设计用虹吸管把黄河水吸过大堤放淤灌溉，经过反复试验，终于在郑州花园口、开封柳园口等地安装4寸虹吸管获得成功，使堤外的农田得到了黄河水灌溉。后来他调到山东省建设厅水利组担任技正，又把虹吸技术在历城王家梨行、齐河红庙、青城马扎子、滨县尉家口、蒲台王旺庄等地推广，既可灌溉农田，又可为北运河航运补水，深得当地官员、百姓好评。此后，曹瑞芝被推举为冀鲁豫三省虹吸工程联合勘查团团长，他不辞劳苦，率勘查团徒步沿黄河勘测几个月，获得了大量资料，为黄河下游制定了详细的虹吸引水工程计划。曹瑞芝还结合自己的实践，撰写了大量虹吸工程方面的论著，其中《虹吸管之水力情形及流量之计算》一文荣获中国水利工程师学会第4届年会论文第一名及金质奖章。虹吸工程在黄河下游的应用实践，是曹瑞芝为发展黄河水利事业以及在水利应用科学上的重大创举和贡献。

郑肇经，1894年生于江苏泰兴，从小受到良好的启蒙教育。1912～1921年，先后在南京民国法政大学预科、上海同济大学医工学堂工科、同济大学土木工程科学习，获工学学士学位。继而被选送到德国萨克森工业大学（现为德累斯顿大学）研究院深造，师从该校著名教授、现代水工模型试验技术的创始人恩格斯，这也是恩格斯的第一位中国弟子。在此期间，郑肇经参加了恩格斯主持的黄河模型试验和治黄原理的研究工作，同时也把导师的论著《制驭黄河论》携回国内，译成中文发表，引起业内极大关注。1924年，郑肇经研究生毕业获得德国"国试工程师"学位，婉言谢绝导师恩格斯教授的盛情挽留，回到了祖国。

回国后，郑肇经受聘担任河海工科大学教授。在教授水工试验技术中，他引入当时世界最先进的水利技术，在校内建成了中国第一座水力试验河槽。同时，他注重国外先进科学技术与中国古代丰富治水实践经验的结合，先后编写了

---

❶曹瑞芝著. 山西水利状况及今后之进行方针. 工程第1卷第3号

《河工学》、《渠工学》、《海港工程学》、《水文学》、《农田水利学》等教材。其中1933年由商务印书馆出版的《河工学》,是中国治河工程学方面第一部权威性的大学教科书。在《河工学》中,郑肇经写道:“世界河流,各有特性,治河方策,亦将随之而异,宜于甲者,未必宜于乙,合于乙者,又未必合于丙。是以欧美治导河流之方法,莫不因地制宜,而有所差异。况吾国黄河之难治,举世咸知,西方学者,方孜孜研讨之不遑,而吾国数千年修治黄河之方法与经验,岂容漠然视之。”这一观点充分体现了辩证唯物主义和历史唯物主义的基本原理,倡导了“具体问题具体分析”的认识论,在20世纪20年代以如此观点教书育人,实属难能可贵。1939年,郑肇经的另一部专著《中国水利史》由商务印书馆出版,从而开创了中国水利史的研究。对此,英国著名学者李约瑟博士在其巨著《中国科学技术史》中曾说:“如果没有郑肇经的《河工学》、《中国水利史》作指导,要想写就《中国科学技术史》中的水利史那一部分内容是不可能的。”

郑肇经十分关注黄河的治理,从20世纪30年代主持全国水利工程和全国水利科学研究事业起,为研究黄河做了大量工作。如委托恩格斯进行第二次黄河模型试验;筹办洮惠渠、云亭渠工程;把黄河下游巩固堤防、调整河槽,完成关中八惠,整理绥远、宁夏、甘肃水渠等列入全国“五年水利建设计划”;在西安组建一等测候所,以研究气象与黄河流量之关系,为预报洪水做准备;设置航空测量队,航测黄河水道地形图;派员查勘1938年花园口决口情形,在盘溪水工试验室进行花园口堵口初步试验;设置中央水利实验处河工实验区作为治理黄河试验研究机构;组建中央实验处武功水工实验室,研究西北黄土区的农田水利建设;设置中央实验处黄土防冲试验场;组织黄土查勘队查勘黄河中上游地区;设立河南水文总站,统筹陕、甘、鲁、皖4省水文总站等,是民国时期一位享有盛誉的水利学者和治河专家。

沈怡是中国水利界第一位“洋博士”,他1901年出生于浙江嘉兴,1912年秋考入青岛特别专门学堂中学部读书,1914年到上海同济大学学习土木工程,1921年赴德国德累斯顿工业大学师从恩格斯教授学习水利工程,并对研究黄河治理发生兴趣,留德期间写出《中国之河工》德文稿,文中对中国古代黄河的决溢、治理与河工技术多有论及,毕业后获博士学位。

1925年,沈怡学成回国,先后担任汉口市工务局工程师兼设计科长,上海市工务局局长、上海市中心区域建设委员会主席、国民政府导淮委员会委员、国防设计委员会委员、黄河水利委员会委员等职。次年,他撰写了《黄河问题》一文,在这篇文章中,首先通过对黄河与西方国家河流的比较,说明了用科学方法治河的重要性。接着又对古今中外一些治河方法，诸如治沙、植树、立水门、辟人工湖泊、裁弯取直、筑堤等逐一分析了其利弊得失，而后又提出了自己的见解。在沈怡的观点中，有一些是有积极意义的，比如“治下游当先治河口”、“使河槽固定”等。还有一些宝贵的建议，比如为黄河测量“一份靠得住的地形图”；“组织一个考察团……将全河险要，河流形势，一一调查明白”；“创办一所河工试验室，凡有疑难问题，俱在此先行试验一番”，都是必要甚至紧迫的。

1934 年，沈怡再度赴德，参与恩格斯教授进行的黄河模型试验。回国后，相继担任全国资源委员会主任秘书兼工业处长、甘肃水利林牧公司总经理。1941 年，在甘肃任职期间，他先后转战湟水、洮河、汭河、大通河、大夏河等流域，组织修建了湟惠渠、洮惠渠、溥惠渠、汭丰渠、靖丰渠、登丰渠、永丰渠、永乐渠等水利工程，并在河西走廊地区建成了当时国内第一座大型土坝蓄水工程——金塔鸳鸯池水库。1945 年起，历任国民政府交通部政务次长、南京特别市市长，兼任全国经济委员会公共工程委员会主任。

沈怡在对历代治理黄河方略研究中，认为“黄河之患，患在多沙，因此治河不外治沙，治沙即以治河”。对于下游河道裁弯取直的方法，他指出：“只应裁过于不齐之弯，不可斤斤于逢弯即裁的见解。根据中外治河的经验，有‘之’形的河道，最能持久不变。”对于治理黄河的原则，沈怡认为：治河当先治下游，治下游当先治河口。治河口仍不外乎集中水势，冲刷泥沙，以水之力，治水之患。河口既治，便当裁弯塞支（支流），谋一固定的中水位河槽，河流年年由此经过，可以愈冲愈深，渐渐连所有的水都可以“地中行”了。1949 年沈怡随国民党撤离大陆去了台湾。20 世纪 70 年代初期，他在台湾编撰出版了《黄河问题讨论集》，书中收录了自己收集、保存的许多中外专家的治河论著。

许心武，字介尘、介忱，江苏仪征人，1894 年出生。自幼家境贫寒，随母亲寄居在镇江舅父家读书，少小时期即立志献身于祖国的水利事业，1915 年，考入河海工程专门学校特科班，师从著名水利专家李仪祉。1919 年毕业，就职于天津顺直水利委员会，曾参与筹建卢沟桥水文站，在永定河上进行水库勘察。1923 年，许心武留学美国加州柏克莱大学分校，后转入依阿华大学研究院学习水利工程，1926 年获工科硕士学位。留美期间因家庭困难，他勉强度日，并将自己勤工俭学所得寄作家用，一时传为美谈。1927 年，许心武回到祖国，先后应聘在河海工科大学担任实验教授、导淮委员会设计主任工程师，1930 年受聘于中央大学，主教水文学及防洪学。1931 年 4 月，许心武奉调开封担任河南大学校长，在教育界享有声誉。此后又担任黄河水利委员会委员兼筹备处主任，导渭工程处主任，黄河水利委员会工务处处长、副总工程师、总工程师等职务，在当时黄河水利委员会的技术管理工作中发挥了重要作用。

四、西方水利专家考察研究黄河

随着国门逐步打开，西风东渐日盛，黄河这条举世闻名的大河也以其独有的特点，引起了越来越多的西方水利界学者的密切关注，不少人远涉重洋来到中国对黄河进行考察研究。

从清末开始，荷兰的单百克、维善，比利时的卢法尔（Rouffart，Armand）等人就对黄河下游进行过考察，提出了一些有针对性的治理意见。1889 年，单百克与维善在考察黄河的过程中，于河南铜瓦厢、山东泺口等处测验了黄河的含沙量，针对黄河泥沙淤积的危害，单百克提出应采用双重堤防，即在河流两侧各修筑相距 1.5～4 公里的两道大堤，并在滨河的第一道堤（缕堤）上修建减水坝。洪水期间高含沙水流漫坝进入两堤之间，“年复一年，淤地日高，而达于洪水位。由是我人将获得一新堤，其堤顶宽为 1.5～4 千米”[1]。卢法尔在对黄河下游作了全面的考察后，认为要重视黄河水沙的观测研究工作，因为只有“知盛涨水高若干，其性若何，停沙于河底者几多，停沙于滩面者几多”[2]，然后才有可能作出正确的河床设计。

1917 年，北洋政府聘请美国工程师费礼门来华研究运河、黄河问题，是民国时期西方学者考察研究黄河的重要开端。

费礼门是美国著名的工程师，他曾于 1917 年和 1919 年两度来华，进行运河工程改善与黄河下游治理的研究。第一次考察黄河下游之后，费礼门有两个发现：一是黄河下游堤距过宽，一是黄河在洪水期有着显著的自行刷深河床的功能。根据这些发现，费礼门认为，治河的主要目的在于防洪，黄河下游堤距普遍宽达 4～8 英里*，而实际上堤距只需要三分之一英里宽，即可供最大洪水顺利通过，因此应善于利用河水本身的自然力量冲刷泥沙。费礼门治河方策的主旨，就是使“黄河流行于狭河槽中”。他主张在下游宽河道内修筑直线型新堤，把黄河约束在狭窄顺直的新河槽中，不再曲折迂回，河槽便可逐渐刷深。时间一长，内堤与新堤之间的空隙地带将逐渐被泥沙填满，形成宽阔的堤防。若遇特大洪

[1] 沈怡著. 黄河问题讨论集. 台湾商务印书馆，1971

[2] 卢法尔撰. 勘河报告. 载梁启超著《李鸿章传》. 百花文艺出版社，2001

* 英制单位，1 英里≈1.61 公里。

水，可在内堤与新堤之间的空隙地带上另筑固滩丁坝，以防新堤被冲。按照费礼门的建议，两岸新堤的间距应为800米左右，在丁坝控制下的河槽应不超过550米。费礼门还进一步提出，应在黄河下游选择长2～3英里的河段上先进行试验，以便研究改进他在建议中提出的细节问题，同时也便于同其他的河工专家们互相交换意见，待获得最妥善的方案之后，再兴建较长的新河槽。

1919年12月，费礼门第二次考察黄河时，从黄河晋豫峡谷出口处开始，驾一只小船顺河而下，沿程对下游堤防、水流、河道、沙滩等进行实地考察研究，对黄河上修建的形式各异、大小不一的月堤及挑水坝等情况，有了进一步的认识。这次考察后，费礼门将所采集的黄河水样及河滩土样带回美国进行物理化学性质分析，这是有记载的首次对黄河泥沙特性进行的科学研究。

20世纪20年代，黄河中游地区水土保持研究在美籍科学家罗德民（Dr Walter Clay Lowdermilk，1888～1974）主持下也有了一些突破。罗德民生于美国北卡罗莱纳州，毕业于英国牛津大学，是美国著名的土壤学专家，1922年9月应邀来到中国，在金陵大学担任森林系教授期间，对世界上含沙量最大的黄河产生了浓厚的兴趣。

1923～1926年，罗德民会同金陵大学任承统、李德毅、沈学礼等学者，先后两次来到陕北黄土高原和晋北汾河源头，对以上区域内植被和水土流失情况进行调查。在山西，他们在省政府的配合下，分别在沁河上游的沁源、汾河上游的宁武、三川河上游的方山等地，设置了泥沙对比观测试验小区，观测在不同降雨条件下，不同森林植被的水土流失情况。这种创新式的试验，在当时的全国范围内还是首次。

为了获取更全面、更客观的数据，罗德民又于1925年奔赴山东青岛，在青岛林场设置了观测小区，继续进行观测试验。在大量考察研究的基础上，罗德民写出了一批很有价值的论文。在《山西森林滥伐和斜坡侵蚀》、《山西土地利用的变迁》等文章中列举了大量的事实，指出汾河流域的宁武等地区，由于人口的增多，导致人们不断地向山地推进，用乱砍滥伐的方式破坏山坡森林植被，以增加耕地来生产所需的粮食，这种盲目的开垦，导致大量的山坡尤其是陡坡地失去自然植被保护而造成严重的环境退化。在雨季，由于缺少植被的涵养，雨水冲刷裸露的坡地，地表径流造成土壤严重侵蚀，坡地上沟壑纵横，一条条小泥沟逐渐汇聚成大沟渠，大量的耕种表土冲入河道，导致河流淤塞，河床抬高，洪流泛滥，平原地区土地、房屋被淹。另外，当地因经常发生旱情，非常短缺的河水也迅速流失，作为黄河的第二大支流，汾河水系的含沙量已经不堪重负。旱季来临时，到处缺水，人们同样面临严重的灾荒，由于地表土的流失，新开垦的土地也很快在几年之内丧失了生产能力。尤其值得一提的是，罗德民通过对当地寺庙周围等森林植被保持良好的斜坡与植被被破坏而改造成耕地的斜坡土壤侵蚀进行比较后，得出了耕作地段的土壤侵蚀是自然植被地段数倍的数据，指出正是这种严重的水土流失使黄河变成“中国的悲哀”。他在《中国北部森林之摧残与气候变为沙漠状况之关系》一文中认为：中国北部昔日广袤之原始森林，如今残存无几，致地面径流增加，雨量减少，气候逐渐干燥，灾患频仍，影响国计民生甚巨。

通过观测不同暴雨量级、不同森林植被和无植被条件下山坡水土流失量的变化，取得大量试验资料，罗德民完成的重要论文《影响地表径流和面蚀的因素》中提出：测定不同条件下水土流失量的试验办法，是中国采用径流小区观测研究水土流失方法的开始。罗德民的这一文章是近代最早的有关黄土高原水土流失的研究成果，对中国水土保持工作起了重要的指导作用。1926 年，罗德民在日本东京第三届泛太平洋会议上宣读了此文，给与会者留下了深刻的印象。此后这一测定方法被各国普遍采用。

黄河的复杂难治也引起德国一个河工大师的浓厚兴趣，他就是德累斯顿工业大学教授恩格斯。早在 1893 年，恩格斯就建立了世界上第一座河工试验室，开创了河工模型试验，是公认的“试验场之鼻祖”，也是世界近代河工界的权威之一，他最著名的治河方策就是“固定中水位河槽”。1922 年，恩格斯看到费礼门考察黄河回国之后所写《中国洪水问题》中提出的必须让黄河流淌在一条狭窄的河槽中，以及改直的河槽位置，改变洪水河槽宽度的意见后，认为费礼门的计划需要审慎考虑。因为按照整治河道的实践经验，中水位的河槽不可不固定，而河槽应固定为“之”字形。费礼门主张采用的较直的洪水河槽，并不适用于中水位河槽。费礼门提议的河床宽度，仅有当时河床宽度的八分之一甚至更窄，在新河床没有刷深的时候，洪水面必然壅高，必须考虑如何设置屏障，阻挡泛滥。比如可以筑堤束水，修筑新堤是分段施工，进展很快，而河槽的刷深，却不是一朝一夕的事。如果为了避免泛滥，使新堤和丁坝的高度超过最高的壅积洪水面，那么洪水的壅高有多少米，新堤势必得加高多少米。可是到将来河槽刷深以后，堤高超过一般洪水位太多，将造成较大的经济损失。而且筑堤的时候，洪水面势必壅高，其下游未筑堤之处，水势将更加凶猛，如此恐怕旧堤溃决的险情将更加频繁。简而言之，就是缩窄河槽非但无益，反而会由于水位壅高而引起决口之祸，惟有“之”字形河道才能达到刷深河床、畅排泥沙、保证防洪安全的目的。

民国前期，西方水利学者纷纷来华考察黄河

为证明观点孰是孰非，费礼门请恩格斯在德国利用先进的试验设施进行黄河丁坝试验，恩格斯欣然同意。1923 年 8 月，恩格斯在德国德累斯顿工业大学水工试验室开始了黄河丁坝的试验，主要研究修筑黄河丁坝最大的安全距离和丁坝与堤岸所形成的角度，以及坝端的形状等问题。当时中国的郑肇经正在德累斯顿水工试验所进修，也参加了这次试验所需要的搜集和翻译黄河资料、提供试验基本数据等工作。这是恩格斯做的第一次黄河模型试验。这次试验为期两个多月，结束之后写出了《黄河丁坝试验简要报告》，报告表明，这种丁坝并不能解决黄河治理问题。

接着，恩格斯又在他的水工试验所进行了治导黄河下游的初步试验，深入研究治黄的原理，在著名的《制驭黄河论》一文中，恩格斯强调了其固定中水位河槽理论："黄河之病不在堤距之过大，而在缺乏固定之中水位河槽。于是河流乃得于两堤之间，左右移动，毫无阻碍，凡任何荒溪之病象及其弱点，无不由此毕备，一旦中泓逼近堤身，因河水掏底而益危。故治理之法，宜于现有内堤之间，就此过于弯曲之河槽，缓和其弯度，堵塞其支叉，并施以适宜之护岸工程，以谋中水位之河槽之固定。依此方法治理，其利有二：其一，中水位河槽将保持一'之'字形之中泓，而往日河水向左右两旁啮岸之现象，将一变而为向深处冲刷，于是河床之垫高亦可阻止。其二，深水河槽将不复迫近堤身，由是可保有辽阔之滩地。当洪水时，水溢出槽，水去沙停，而滩日高。凡此种种，与前虽无稍异，但由是河槽日深而且固定，其冲刷力亦将因之增加。"恩格斯治河方策的基本思想就是，缔造一个比较稳定的中水位河槽，在两岸大堤之内构成复式河床，中常洪水时把河流限制在河槽之内，洪水大时两岸滩地漫水落淤。这样使滩地慢慢淤高，河槽便随之变深，整个河床也就会渐渐稳定下来。

郑肇经回国后，向张謇以及江苏省省长韩紫石等转达了恩格斯教授希望来华考察黄河的意愿，得到了有关方面的重视，遂由江苏省发起，与陕西、河南、河北、山东、安徽等省商定共同出资邀请恩格斯来中国考察，后因政局动荡，此事被搁置下来。尽管恩格斯教授一直没能到中国来，但他却在德国先后进行过 4 次黄河模型试验，为研究黄河治理付出了无数心血。

总体而言，北洋政府时期，由于时局动荡不定，经济实力薄弱，治河机构亦处于变革时期，黄河治理的实践活动开展得不多。但同时，由于西方先进水利科学技术的传入，特别是李仪祉等中国现代水利学者，把西方水利科学技术知识与中国传统治河经验相结合，提出了一些治理黄河的新思想，所以这一期间又是治河思想比较活跃、近代科学技术相继开始在黄河上得到运用的过渡时期。这一时期开展的工作，为此后开展黄河地理、地质、水文等基本资料的观测研究，黄河自然规律的探讨，下游洪水防治等，奠定了重要的基础。

第三章　南京国民政府前期的河患及治理(1927~1937)

1927年,南京国民政府成立后,通过对地方实力派的征伐,加强了中央集权,并采取了一系列措施,致力于巩固政权、安定社会、发展经济。对于黄河治理,也给予了积极的推动,如成立统一的流域管理机构——黄河水利委员会,开展黄河查勘、加强堤防建设、实行下游三省河防合作等,在利用近代科学技术治河、发展治河方略、探索黄河治本等方面也做了大量开创性的工作。

但黄河河防长期积弱的状况未能得到根本改变,加之有些年份黄河来水偏丰,这一时期,洪水灾害极为频繁,接连发生了1933年大水、1934年长垣决口、1935年董庄决口等严重河患,给下游两岸人民群众的生命财产造成了惨重损失。

在抗御特大旱灾及建设西北抗战大后方的动因促使下,这一时期黄河流域水利开发有了较快的发展,出现了关中八惠、汾河铁坝、下游虹吸引黄等水利工程,产生了明显的灌溉效益。

第一节　南京国民政府前期的内外政策

一、内政与外交

1927年4月,在北伐战争节节胜利的形势下,南京国民政府成立,蒋介石、胡汉民、张静江、吴稚晖等12人为政府委员,蒋介石为国民革命军总司令。次年2月,国民党二届四中全会在南京召开,会议通过了改组国民政府等议案,规定国民政府受国民党中央执行委员会指导、监督,掌理全国政务。会议推举谭延闿为国民政府主席,蒋介石为军事委员会主席兼国民革命军总司令。9月,国民党二届五中全会宣布全国进入训政时期,由国民政府执行训政职责,南京国民政府公布了《中华民国国民政府组织法》,规定国民政府总揽中华民国之治权,政府由行政院、立法院、司法院、考试院、监察院组成,任命蒋介石为国民政府主席兼陆海空军总司令。12月,东三省保安总司令张学良宣布"东北易帜",接受南京国民政府领导。至此,中国结束了北洋军阀割据局面,国民政府实现了形式上的统一,并逐渐成为得到国际承认的中国中央政府。

不过,当时南京国民政府面临的形势仍很严峻。中央政府有效控制的区域,不过苏、浙、皖、赣等省,众多地方实力派凭借其军力,与中央政府分庭抗礼。由于连年的战争以及帝国主义的野蛮掠夺,国内经济萧条,民生凋敝,完成国家的真正统一,尽快开展经济建设,任务十分艰巨。

为了加强中央集权,南京政府采取了一系列"削藩"政策,引起了地方实力派的强烈不满。1930 年 4 月,山西军阀阎锡山联合各派地方势力,形成了反蒋大同盟,通电讨蒋,中原大战爆发。在张学良的帮助下,蒋介石扭转了战局,取得了对地方实力派的决定性胜利。从此,南京政府作为中央政府的地位才得以确立起来。

"剿共"是南京政府的又一重要"安内"政策。为了彻底消灭中国共产党领导的红军和农村根据地,1931 年至 1933 年 3 月,蒋介石对中共苏区先后组织了 4 次大规模的"围剿",均以失败告终。1933 年 9 月,蒋介石发动了第五次"围剿",经过一年苦战,红军未能打破蒋介石的"围剿",被迫踏上了战略转移的征程。

在南京政府倾力内战之时,日本帝国主义加紧了侵略中国的步伐。1931 年,久怀觊觎中国之心的日本发动了"九一八"事变,大举侵略中国东三省,蒋介石及东北地方当局执行不抵抗政策,以致短短数月之间,东北全部沦陷。在借助国际联盟的干预无效后,面对全国震动、群情激愤的强大社会压力,蒋介石在坚持"攘外必先安内,统一方能御侮"国策的同时,也调整了对日政策,由不抵抗转向了"一面抵抗,一面交涉"的双面策略。1932 年淞沪之战、1933 年长城抗战,都显示了南京政府从不抵抗到局部抵抗的重要变化。1935 年,日本将侵华的魔爪伸向了华北,开始紧锣密鼓地制造"华北事变",策动华北 5 省脱离中央实行"自治"。南京政府被迫将中央军和国民党省、市党部撤离了平津地区,并批准成立了半自治性质的冀察政务委员会。在中国共产党的领导下,激愤的北平青年学生发起了"一二·九"运动,抗日救亡的浪潮迅速波及全国各大中城市,各种救亡组织如雨后春笋般地涌现出来,"停止内战,一致抗日",逐渐成为国人共同的呼声。这时,中国工农红军已经完成战略转移,抵达陕北革命根据地,并适时提出了建立抗日民族统一战线的策略。在追剿红军的过程中,南京政府的势力进入了以前不曾染指的西南和西北地区,南京政府的中央政权地位进一步确立,蒋介石对日本的态度也开始逐渐强硬起来,在"华北事变"的刺激下,国民党内的抗日要求日渐高涨。

为了巩固政权、富国强兵，这一时期，南京政府先后采取了一系列政治、军事、经济措施。

政治上，1927 年北伐胜利不久，国民党中央通过训政纲领，建立了由国民党绝对控制和领导的国民政府。所谓训政，实际上就是以党代军，担负起指导政府和训练民众的责任。通过 10 年时间的努力，到 1937 年南京政府重建了中央权威。中国自晚清以来，在政治上第一次重新形成了凝聚力，这对于加强国家建设，团结御侮，争取国际支持，起到了重要作用。

军事上，为了满足内战和抗日的需要，南京政府改善军队装备，整编了军队。到全面抗战爆发前，中央军在武器装备以及作战手段方面，近代化程度有了较大的提高。

经济方面，为了解决财政危机，南京政府采取了关税自主、裁撤厘金、发行公债、改组银行、币制改革等措施。这些政策，增加了关税收入，改善了国内商品流通条件，化解了当时中国面临的金融危机，国民经济有了较快的发展。

实现国家富强，最根本的还在于大力发展经济，为此，南京政府根据经济发展的需要，设置相关的政府部门加强指导，并切实督促管理。

为有计划、有目标地发展建设事业，南京政府先后制定过多部经济发展计划，如 1928 年 11 月国民党中央政治会议通过的《建设大纲草案》等。为推进中国工业技术的进步和应用，南京政府还相继成立了一批科研机构。

面对“九一八”事变后日本的步步入侵，南京政府在对日妥协的同时，也在一定程度上加快了建设与备战步伐，一批社会精英和专门人才被吸收到南京政府发展经济和提升国力的事业之中。与此同时，国内开发西北、建设西北战略后方的呼声日渐高涨，南京政府也将关注的目光投向比较闭塞的西北地区，并在 1931 ~ 1937 年着手实施了西北的开发工作，发展交通，兴修水利，创办近代工业等。通过上述努力，南京政府在经济建设上取得了明显的成就，不但初步建立了工业体系，而且工业布局有了较大变化，中国的国力逐渐增强。

在对外政策方面，南京政府采取了一些维护国家主权的措施。与美、英、日等国政府经过谈判，签订了新的关税条约，初步实现了关税自主。与有关国家进行了收回其在华租界和租借地的谈判，先后收回了九江等多处租界与租借地。此外，还与有关各国政府开展了废除其在华领事裁判权的谈判，在一定程度上推进了中国废除不平等条约的历史进程。

亲西疏日，是这一时期南京政府外交上的一个重要倾向。日本为了维护在华既得利益，不愿意看到中国出现统一局面，而这一时期以美国为代表的西方国家，为了扩大在东方的势力范围，则对南京政府表现出了十分友善的态度。因此，南京政府建立之初，在外交上就有亲近英美的倾向。这种外交政策的契合，成为中国着力发展与西方国家合作关系的动力。而对日本，南京政府在奉行妥协政策的同时，也充满了戒心，并采取了一些利用英美等西方国家对日本进行牵制的政策。

二、时政对黄河治理的影响

黄河治理历来是兴国安邦的大事，同时，国家政治形势与经济环境对于黄河治理又产生着直接的影响。如果没有相对安定的局面，缺乏雄厚的财力支持以及国家机构有序的组织，这项涉及广泛、耗资巨大、艰巨复杂的宏伟事业是无法举办的。

全面抗战爆发之前，国家政治、社会局势对黄河治理的影响主要表现在：

(1)经济建设的恢复和发展，为黄河治理提供了一定的物质基础。历史总的趋势是前进，社会的物质生产也处在不断发展之中。1927～1931年，是南京国民政府的创建阶段，从1928年起，国民政府接连召开全国经济会议和全国财政会议，成立了建设委员会和全国经济委员会筹备处，国民党二届五中全会还通过了《统一财政、确定预算、整顿税收，并实行经济政策、财政政策，以植财政基础而利民生决议案》。与此同时，国民政府也确定了开发西北、建设西北为其要务之一，并相继派出西北科学考察团、西北实业考察团等进行实地考察。1930年，国民政府建设委员会制定了《西北建设计划》。1931年5月，国民会议第七次大会通过了《开发西北办理工赈，以谋建设而救灾黎案》等。这一时期，尽管南京国民政府对经济建设的投资不多，但在全国人民的艰苦努力下，克服了自然灾害及世界经济危机的严重干扰，工农业生产仍旧得到了恢复和发展。

工业方面，全国范围内工业生产得到了较快的发展。以煤、铁为例，1926～1936年，原煤产量10年内增长了约73%，生铁产量平均每年增长9%。根据当时的统计，其间的1931年、1936年工业产品总值较1926年分别增长了34.4%和86.1%。农业方面，以中国最主要的农作物稻谷和棉花为例，1931～1936年总产量都呈上升趋势。交通运输方面，国民政府前期的10年中，建设铁路2000余公里，航运轮船、吨位都有大幅度增长，公路里程从1927年的28967公里增长到1936年的111042公里，航空事业开辟国内航线12条，电信业也有很大发展。据当时统计，1928～1936年中国经济每年的平均增长率为8.3%。在当时的情况下，这一增长速度还是比较高的。金融方面，1928年，南京国民政府召开全国财政会议，决定统一全国财政、建立国家银行、裁撤厘金、实行关税自主、废两改元、整理公债、实行国地税等，从而奠定了国民政府财政管理的基本格局。同时，国民政府通过《中央银行章程》，规定中央银行为国家银行，具有发行兑换券、铸造及发行国币、经理国库及内外公债的特权。1935 年 10 月开始“国民经济建设运动”，同年 11 月，实行币制改革，以法币取代银元，加速了金融控制，增加了统治力量。国力的增强，对于全国水利建设与黄河治理发挥了一定的支持作用。

（2）在恢复和发展经济的形势下，南京政府采取了一些积极的治理黄河和救灾措施。1933 年 9 月，正式成立了国民政府黄河水利委员会，初步实现了河政统一，黄河统筹治理有了基本条件，统筹举办了一些亟需进行的治黄工程。这一时期，全国经济委员会每年拨给黄河河防工程经费 100 万元，河防工程建设有了较为稳定的经费支持，相继举办了下游长垣冯楼、封丘贯台、鄄城董庄等堵口工程，以及培修黄河下游大堤、金堤工程等，对于治理黄河水患、减轻洪水灾害发挥了一定的作用。

同时，为了适应水利建设的需要，南京政府在不同层次任用了一批水利人才，这些人曾留学欧美国家，系统地学习了近代水利科学技术知识，具有先进的治水理念和水利技术，他们或任职于中央及地方水利行政部门，或服务于黄河治理等重要水利建设领域，对推动中国由利用传统经验治水向利用近代科学技术治水的转变发挥了重要作用。

（3）国民政府对西北开发的重视促进了黄河流域的水利建设。从“九一八”事变到“一·二八”事变上海沦陷、“华北事变”平津门户洞开，民族危难日甚一日。朝野上下严厉谴责蒋介石的误国政策，纷纷要求国民政府积极备战，加强国防建设，以抵御日本的侵略。当时，位居内陆的中国大西北的战略地位凸显，建设西北、开发西北成为国内有志之士的普遍要求，甘肃省政界人士朱铭心的观点就颇有代表性，他认为：“西北是中华民族的出路，要恢复中国版图，必须以我民族发祥地的西北做大本营，要集中全力来开发西北”❶。受各界舆论影响，国民政府的一批党政要员也纷纷发表言论，倡言开发西北的重要性。如国民党元老邵元冲就指出：“以今日之国势而论，东北则藩篱尽撤，东南则警耗频传，一有非常，动侵堂奥，故持长期奋斗之说，力主建设西北之，以保持民族之生命线。”❷

---

❶朱铭心著. 九一八与西北. 西北问题. 1934 年第 2 卷第 1 期

❷邵元冲著. 西北建设之前提. 建国月刊. 1936 年 2 月第 14 卷第 2 期

1934年《开发西北》杂志创刊，蒋介石亲笔题写了“开发西北”的刊名，并在西安发表演讲说：“我们大家都是黄帝以来圣祖神宗的后裔，祖先既有那样伟大的聪明智力，那样伟大的精神气魄，那样伟大的事业，难道我们就没有吗?”他号召国人要继承祖先的光荣传统，为开发西北做出贡献，“盖各种建设，固贵因地制宜，因时制宜，而一贯之政策与通盘之筹划，财力要必不可少，此应由中央负责筹划”❶。全国经济委员会常委宋子文在考察兰州时也明确指出：“西北建设不是一个地方问题，是整个国家问题。现在沿海沿江各省在侵略者的炮火之下，我们应当在中华民族发源地的西北，赶快注重建设。”❷时任国民政府军政部长的何应钦也发表《开发西北为我国当前要政》的文章，认为“西北为中华民族摇篮，又是中国大陆之屏蔽。从国防考虑，从经济考虑，从文化考虑，都需开发”。1932年4月21日，戴季陶赴西北考察时，在西安各界欢迎会上发表的《中央关于开发西北之计划》中说：“若就历史上、政治上、经济上之地位而言，则建设西北国防，当先借西安为起点，现在中国整个之国防计划，主力即全集中西北，则建设国防，自当西安始。关中之建设完毕，乃经营兰州，而以甘肃为起点，完成整个中国国防建设。”国民政府中央大员的一系列言论，把西北建设的重要性提到了空前的战略高度。

面对民族危机的日益加深，国民政府一方面继续坚持“安内攘外”的国策，另一方面也腾出一部分精力，开始着手国防建设，强调要以西北为中华民族的复兴地和生命线，进行重点建设。这期间，国民党历次中央全会通过有关西北开发的决议达20余件，国民政府建设委员会、全国经济委员会先后制定了《开发西北计划》、《西北建设实施计划及进行程序》等，使西北近代工矿业开发得到了初步进展。1934年底陇海铁路通至西安，以西安为中心通往西北各地的公路干线也先后通车，为工业原料和产品的运输、销售创造了便利条件。

随着中东部地区近代资本企业的发展，东部实业家开始对西北投资，掀起了一个以关中经济带为中心，建立西北近代机器工业体系的热潮。轻工业开发方面，1930年中央银行投资50万银元在咸阳建成西北最早最大的中国机器打包公司，月产3万余包。1934年组成大华纺织股份有限公司，使之成为西北棉纺织机器工业的大型骨干厂家，其产品成本低廉，纱布质地优良，驰誉整个西北及西南。重工业开发方面，1930年杨虎城对原陕西机器局进行了整顿改造，月生产步枪200余枝、子弹20万发、纺织机械35台以及配套机械零件等。化学工业

❶蒋介石. 开发西北. 1934年11月第2卷第5期

❷宋子文著. 建设西北. 中央周报. 1934年4月第309期

方面,1933 年集资创建了西安集成三酸股份有限公司,年产量 400 吨左右,产品远销晋、豫、鄂、皖等省,并由此带动了西北制革、印染、矿冶、火柴、造纸等工业生产。1935 年集资筹建的西北化学制药厂,生产药品 500 余种。电力工业方面,由陕西省政府与中央建设委员会合资筹建的西京电厂,于 1936 年 1 月正式发电。在甘肃,由国民党骑兵五军开办的武威电厂于 1934 年发电,这时期西北新开发的电力工业发展到 6 家。建设西北抗战后方的热潮,在一定程度上促进了黄河流域水利事业的发展。在中央政府的财政投入及多方支持下,流域内修建了一批重要水利灌溉工程,如泾惠渠、渭惠渠、洛惠渠等。

(4)连绵不断的战争,严重影响了治理黄河的进程。南京国民政府前期,由于中央政府与地方实力派之间的尖锐矛盾,动辄兵戎相见,发动战争,因此耗去国家和地方财政收入的大部分经费,每年军费和债务费占去其财政支出的 70% 以上,地方政府的军费支出亦占半数以上。1927 ~ 1930 年,国民政府每年财政赤字累计达 47110 万元。在这种财政状况下,加之其他各种因素的制约,致使水利基础设施、黄河治理经费严重不足,大大削弱了国家的防洪减灾能力。同时,一场战争就是一场浩劫,大片良田变为焦土,大片森林焚毁,人民群众财产被洗劫一空,原有水利设施被摧毁,治理举措中断,农村生产力遭到严重破坏,自然条件更加恶劣,加大了黄河治理的难度,进一步加剧了水患。

1935 年国联水利专家考察黄河

(5)特殊时期的国家对外政策使水利及治黄事业带有一定的外交色彩。为了加快经济建设,南京政府采取了亲西方的外交政策,明确要求欧美国家及国际联盟积极开展对华合作,帮助中国实现复兴建设宏图。这一外交特点对中国水利和治黄事业产生了一定影响。如20世纪30年代,黄河下游豫、冀、鲁三省政府和全国经济委员会工务处测绘组委托德国水工专家恩格斯进行黄河水工模型试验;中国政府邀请国际联盟水利专家柯德(A. T. Goode)等人来华研究水利,考察黄河上中下游河防及灌溉工程;聘任法国水利专家蒲得利为全国经济委员会水利顾问,聘任挪威水利专家安立森(Sig Eliassen)为黄河水利委员会工务处测绘组主任工程师等。这一时期,南京政府因对日本充满了戒心,所以与日本的水利合作比较少。

国联水利专家勘察黄河下游

第二节　严重的黄河水患

一、1933年黄河大水

黄河大洪水的发生具有周期性。1927～1937年这段时期,黄河来水明显偏丰。由于峰高量大,涨势迅猛,加之堤防薄弱,防守不力,黄河决溢灾害极为严重。

1933年,黄河发生了民国以来罕见的一次洪水。这年汛期,黄河中游普降大雨,泾、渭、洛、汾各支流并涨。8月8日午夜,陕县水文站水位陡涨,水尺没顶。9日午夜,又出现大洪峰,虽然当时的水位、流量均未能测到,但根据其洪痕最高洪水位为298.23米(大沽高程),推算流量为23000立方米每秒*。

洪水过洛阳以后,黄河北岸温县段水位陡涨,加上对岸洛河顶冲及堤南蟒河同时大涨,导致温县堤防漫溢决口18处。洪水到武陟县境,由于平汉铁路路基

* 中华人民共和国成立后,通过水文资料整编核算,确认该场黄河大洪水陕县洪峰流量为22000立方米每秒,花园口站流量为20400立方米每秒。

阻水，水位急剧上涨，詹店附近大堤被冲决。到达河南郑州附近，河水迅速上涨近3米，水面与平汉路铁桥平，铁桥被洪水冲垮数孔，南北交通中断。洪水继续向下游演进，华洋堤全线漫溢，漫水将堤身冲出11个过水口门，洪水倒溢封丘并冲击太行堤，导致太行堤漫溢决口6处。此前的8月3日，占据长垣的土匪受到濮阳、长垣两县民团围攻，为解围逃窜，把黄河北岸石头庄以下河堤民埝扒开两口。8月10日洪水到达后，两口被迅速冲成一口，宽达200多米，流势凶猛，附近村庄一片汪洋，同时黄河南岸也发生100多米宽的决口。当天午夜，水头到达东明县城，水势浩大。12日，石头庄口门以上又决4处，最宽的口门达2~3公里，水势浩荡，奔腾漫溢，长垣、濮阳等县灾情十分惨重。14日，长垣石头庄决口口门再次扩大，洪水到处漫流，一片汪洋，受灾区域波及濮县、范县、寿张、阳谷。

1933年黄河决口，东明县一片汪洋

8月15日，长垣石头庄决口洪水流至范县境内，水深2米多，宽约250米，洪水淹至堤根，汹涌下注，且水位持续上涨。18日，石头庄决口之水抵东阿陶城铺，范县金堤以南水宽已达20余公里，平地水深2米，乡村房屋倒塌，哀鸿遍野。黄河南岸决口也很严重。8月11日，河南省兰封之小新堤先溃，决口宽约50米，附近村庄尽被淹没；南北堤继又决开3处，水入考城，城内水深近1米，北关外水深超过3米。新筑堤埝全溃，漫溢之水，使曹县、巨野、定陶、单县相继被淹。同日，河南省考城以下许燕庙南岸大堤决口，宽百余米，流势极猛，山东菏泽南、曹县北均成灾区，房舍漂没。14 日，南岸二分庄、庞庄等地因漫溢决口愈决愈大，水头高达三四米，决口之水流向东南，经北岸濮阳至山东菏泽、郓城、巨野、嘉祥、鱼台、济宁等县汇入南阳湖，受灾区域为菏泽、郓城、东平、东阿、曹县、单县、城武等县。15 日，黄河水由菏泽决口东下，经定陶、曹县入砀山，水势迅急。16 日，曹县决口，宽 30 多米，溃水冲及安徽砀山。此时，河南省兰封四明堂决口之水，经考城已抵虞城、曹县、单县三县交界之老君寨，深约 5 米。17 日，洪水向南一路侵入安徽之亳县、涡阳，进入江苏之丰县，东趋徐州。徐州环城黄河故堤，5 公里区间决开 7 处，其后水势折向北流，山东水灾复又加重。21 日，南岸决口之洪水，已由菏泽、曹县抵济宁、金乡、嘉祥、鱼台，灾区迅速扩大，诸河漫溢，平地水深 1 米。24 日，东阿县茂王庄河水倒灌大清河，将姜家沟东南民埝冲开，水入县城，势极汹涌，堵防无效，数百村庄尽成泽国。大洪水的涨势，直到 9 月上旬才逐渐消落。

1933 年黄河大水是一场流域性的洪水灾害。洪水主要来自上中游，暴雨面积广、强度大，雨区呈西南东北方向分布，范围西至渭河上游，东至汾河上游，并波及黄河上游的庄浪河、大夏河以及清水河等流域。据记载，当时黄河上中游各省因连续降雨，河水普涨。宁夏清水河流域暴发山洪，洪峰流量 2315 立方米每秒，洪水历时 5 昼夜，冲塌居民房屋 1000 余间，受灾农田约 18 万亩；绥远山洪暴发，黄河泛溢，绥远西部沿河各县一片汪洋，受灾面积 750 平方公里；陕西平地水深数米，黄河及支流渭河、洛河暴涨泛溢，沿岸 40 余县受灾，受灾县区约占全省三分之二，淹没耕地 1558 万亩。洪水流至下游，更是造成了惨重灾难。自 1933 年 8 月至 1934 年凌汛止，洪水历时 8 个多月，下游堤防共决溢 104 处，其中决口 73 处、漫溢 31 处，被称为“黄河百年之奇变”、“空前之大灾”。据统计，这次水灾

1933 年长垣县城被淹情形

巨野县城被淹场景

导致河南、河北、山东、陕西、绥远、江苏等6省67县受灾，灾区面积达1.2万平方公里，灾民达329.6万人，死亡1.83万人，毁房50万间，经济损失2.74亿元(银元)。其中下游豫、冀、鲁、苏4省30个县受灾，灾区面积6592平方公里，灾民273万人，死亡1.27万人，财产损失2.07亿元(银元)。

在这次遭受洪灾的各县中，位于黄河北岸的长垣县由于决口行洪集中，香亭及石头庄一带口门处几乎夺全河之水，因此遭灾最重，全县受灾村庄达423个，面积481平方公里，占全县三分之二，灾民14.82万人，财产损失1320余万元。"洪流所经，万脉奔腾，庐舍倒塌，牲畜漂没，人民多半淹毙，财产悉付波臣。县城垂危，且挟沙带泥淤垫一二尺至七八尺不等。当水之初，人民竞趋高埠，或蹲屋顶，或攀树枝，馁饿露宿。器皿钱粮，或被漂没，或为湮埋。人民饥寒之后，率皆挖掘臭粮以充饥腹。情形之惨，不可言状，被灾区域约占全县十分之九，实为长垣空前之大灾。"❶

黄河决口水淹考城县城

东明县城被淹情形

另据当时的老河工冯连贵回忆：8月10日午夜洪水偎石头庄堤身时，滩区所有村庄都已被淹没，房顶、树上灾民的呼救声、哭喊声彻夜不断。天亮后他站在堤上向滩区望去，洪水茫茫一望无际，堤外的村庄也只剩房顶树梢露于水面，口门处洪流铺天盖地倾泄而下，水流中漂浮的木料、柴草、家具、人畜尸体不绝于目。堤附近有一村庄房屋已塌尽，只剩两个妇女正手攀树枝尖声呼救，声极凄惨。有人正待施救时，一转眼间，两妇女已被浪卷去。北金堤内村庄，当11日洪水骤然来临时，水头数尺，猝不及防，犹如排山倒海一般，村庄内立刻房倒屋塌，人畜漂没，侥幸逃出者，也是饥寒交迫，无处容身。其洪灾情状，惨不忍闻。

在防灾救灾问题上，南京国民政府比之北洋政府，无论在重视程度、具体措

❶长垣县地方史志编委会编. 长垣县志. 中州古籍出版社，1991

施以及救灾款筹集等方面都有了很大的进步。1929 年初,南京国民政府成立了专门的赈灾机构——赈灾委员会,直接隶属于行政院;1930 年 1 月,该机构改为赈务委员会。各受灾省份也成立了相应组织——赈务处,由省政府、省党部和民众团体共同组成。此外,针对某些遭灾省份的具体情况,还相应建立一些地方性、临时性的救灾机构,具体负责该区的救灾工作。关于救灾经费的筹措,1930 年 10 月,国民政府公布《救灾准备金法》,以法律形式规定:中央政府每年由经常预算收入总额内支出 1% 为救灾准备金,省政府每年由经常预算收入总额内支出 2% 为省救灾准备金,在遇到非常灾害为市县所不能救恤时,以省救灾准备金补助,不足时再以中央救灾准备金补助。同时,注重积谷备荒,重新恢复仓储制度,经过几年筹备,到 1931 年建立了国立储备仓、省立储备仓、县仓、区仓、乡仓等。这一赈灾体制的进步,在此次的黄河洪灾善后工作中有了明显的体现。

1933 年 11 月,东明县黄河水灾难民

1933 年黄河洪水发生后,国民政府行政院第 120 次会议决议发布训令,要求冀、鲁、豫、苏、皖、晋 6 省政府联合防堵,筹划救济,并饬令黄河、导淮两个委员会,会同有关各省认真办理。经费方面,要求财政部将尚未支付的扬子江防汛费 50 万元用于黄河堵口善后。正在筹备中的黄河水利委员会奉令先期办公。

8 月 28 日,黄河水利委员会委员长李仪祉在南京筹备处召开冀、鲁、豫、苏、皖、陕 6 省黄河防汛会议,讨论黄河流域水灾救济、防汛、抢险、堵口、善后等事项,请求国民政府于国库项下急拨 1000 万元,办理黄河沿线堵修工程。同时,建议行政院转请国民党中央设立救灾委员会,办理赈济。

9 月初,国民政府成立黄河水灾救济委员会,特派宋子文为委员长(11 月改派孔祥熙为委员长),下设总务、工赈、灾赈、卫生、财政 5 组,督同有关省办理急赈、工赈及黄河堵口工程。黄河水灾救济委员会先后收到中央拨款 295 万元,连同国内及侨胞捐助共收款 318.95 万元。至次年底该委员会奉令撤销时,共赈济灾民 101.54 万人,发放赈款 32.91 万元,发放棉衣 22.10 万套,购买各种赈粮 401.03 万公斤,医治伤病人员 20.72 万人。

1933 年 9 月,上海文艺团体举办赈灾义演

大洪水过后,各决口口门因河水消退而先后断流干涸。只有黄河北岸的长垣县香亭、燕庙、石头庄三处口门,依然过水,流量占大河一半以上。由于河水主要来自冯楼与马寨之间的串沟,因此黄河水灾救济委员会决定暂缓修复大堤口门,拨专款举全力堵塞冯楼村附近的沟口,因而此次堵口也称为“冯楼大工”。

冯楼滩沿漫水串沟口门有 4 个,第一口门在前马寨与后马寨之间,第二口门在后马寨至岛树西,第三口门在岛树东,第四口门靠近冯楼。10 月 30 日开始堵筑工作,堵口中采用了透柳落淤的方法,使水中泥沙遇柳沉淀,口门缓溜落淤后再予以堵塞。这种透柳落淤的方法是民国时期创造发明的重要河工技术之一,最早由河工技术人员齐寿安(后来曾担任河北省黄河河务局局长)提出,经在河北省黄河沿岸堵塞黄河串沟试用,效果很好。这次又被用来堵塞冯楼串沟,也是第一次在重大堵口工程中使用这种技术方法。利用此法,先后将滩岸中的 3 个口门淤积断流,淤后开始筑堤,将大号青砖每 40 块用铅丝网扎缚,叠砌成堤,内外坡以沙袋进行防护。

11 月底,第一、第二、第四口门堵筑完成,遂全力转向堵塞难度最大的第三口门。该口门宽 160 米,水深 14.5 米,流速 4.7 米每秒,因大溜直冲,水流湍急,几乎成了大河。堵筑中,为防止冲刷,先在口门两岸做 4 道长度分别为 150 米、100 米、60 米和 40 米的护岸工程,均用铅丝网作底,铺以柳坝,压上砖石,逐层捆绑,联成整体以求坚固。

同时,为分泄决口处的河水流量,在冯楼以东挑挖了 4 道长度分别为 496 米、705 米、120 米、872 米的引河。经过 3 个多月的施工,4 条引河相继开挖完成放水,大河主溜之水趋于规顺。

修筑主体工程堵口石坝,是整个冯楼大工中最重要的部分,工程艰巨,费时较长。当年 10 月开始在第三口门西岸做透水柳坝,两个多月进至河中心,继而进至冯楼。正当准备用沉排法,打桩、结网、抛压柳石继续向前堵合时,恰遇黄河凌汛来临,因冰块堆积如山,壅水严重,工程受到很大影响。待凌汛过后河水缓落，又以柳石相间法，东西两坝同时进占，几经努力，这时口门两端已修做的只剩下 25 米。但在这最关键的时候，黄河又突然涨水，一时水深溜急，加之工料短缺，堵口工程面临功亏一篑的危险境状。

冯楼堵口工程之所以举步维艰，一方面是口门情况复杂，技术难度很大，同时组织者互相牵制、举措失当也是一个重要原因。当时负责指导堵口工程的外籍工程专家远在南京、上海，不熟悉黄河水性，仅根据所测之口门形势图表指导堵口事宜，堵口事务都需要在冯楼工地与南京、上海之间电商解决，这种指导方式必然贻误工程时机。比如，外籍专家曾力主在冯楼沟口上游修筑挑水工程，但修做 30 米以后，河势陡变，致使挑水坝脱水，工程荒废。在黄河水情、工情瞬息万变的情况下，这种指导方式势必使工地上负责具体施工的人员无所适从，进退失据。

长垣堵口工程第三坝施工场景

有鉴于此，1934 年 2 月中旬，黄河水灾救济委员会工赈组主任周象贤深感难以完成堵口任务，遂提出辞职。孔祥榕继任后，紧急采取补救措施，调度火车与船只，迅即赶运石料，广泛征集砖、柳、麻袋、铅丝等物料，经过一番准备，于当年 3 月 17 日下达了抢堵合龙总动员令，孔祥榕驻守工地督促指挥，终于在当日下午合龙成功。此次堵口前后共历时 7 个月，耗费银元 131 万元。

负责冯楼堵口后期施工的孔祥榕，号仰泰，1890 年出生于山东曲阜，1911 年毕业于京师译学馆。他学识渊博，尤长于水利工程建设，在长期从事河流治理工作中，多有建树。1925 年，孔祥榕任永定河河务局局长，曾主持堵筑永定河决口事宜。南京政府成立后，孔祥榕先后担任过扬子江水道整理委员会委员兼总务处长、内政部河道水利专门委员会委员、黄河水灾救济委员会委员等职务。在这次冯楼堵口工程中，孔祥榕临危受命，指挥得宜，使堵口获得成功。接下来的两年里，孔祥榕又相继负责贯台、董庄两处堵口工程，均如期完成。1935 年，孔祥榕任黄河水利委员会副委员长、代理委员长，1936 年 5 月任黄河水利委员会委员长。任职期间，孔祥榕设立了专业工程队，分驻下游三省各险要工段，由黄河水利委员会调遣。每届大汛，他均亲临险段，与员工共同奋战，在黄河防汛与堵口方面，做出了积极的贡献。

冯楼堵口工程合龙之后，还修做了两项配套工程。一项是窑头拦水闭气埽坝工程。因冯楼口门夺溜已久，拦河石坝合龙之后，此处仍受顶冲，水深流急，透水严重，修建窑头拦水闭气埽坝工程，既可借水戗内外平衡之力保护石坝，又可拦住石坝透水，屏蔽石头庄新堤，保护附近数十村安全，对于巩固堵口成果具有很好的作用。另一项是拦水土埝工程。由石坝两翼起至石头庄大堤止，各修圈埝一道，左翼自马寨起至孟岗止，长 5267 米，右翼自冯楼起至第八堡止，长 7324 米，以防桃汛涨水时洪水损毁石头庄堵口新工。

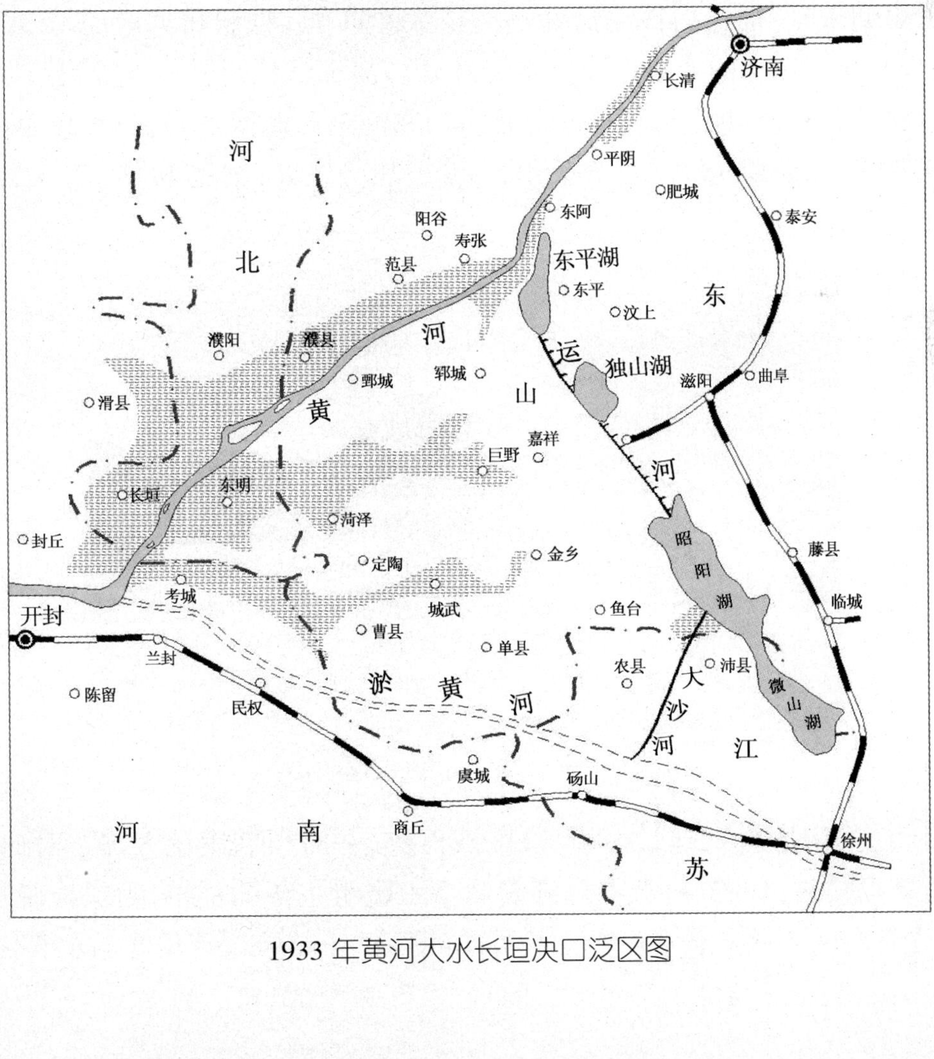

1933 年黄河大水长垣决口泛区图

冯楼口门断流之后，石头庄至大车集间的堤防缺口得以填筑。因为河底淤高，堤身卑薄，在河北省政府请求下，黄河水灾救济委员会工赈组利用工赈余款，在该段修做了大堤加高培厚工程，设立大车集、九股路、香亭三个修防分段，负责兴修施工，共计加高培厚堤防21公里，堤身平均高出1933年洪水位2米，堤面宽8米，于1934年7月全部完工，由河北省黄河河务局接收防护。与此同时，河北省黄河善后工程处还会同东明、濮阳、长垣三县政府，动工修筑了其辖区的黄河堤防，共修筑堤防108公里，修做土工97万立方米。

二、贯台堵口与董庄堵口

1934年8月，长垣冯楼堵口工程刚刚完工，正处于汛期的黄河即开始涨水。10日，陕县水文站流量迅速升至11300立方米每秒，因河水涨势较猛，封丘县贯台附近滩区出现串沟过水，逐渐扩大直趋长垣县黄河大堤堤脚。这一堤段，由于上年堵口施工中填筑的土料多为沙质土，堤基不牢，加之抢险工料也准备不足，所以洪水到来时，很快出现险情并迅速扩大。11日，洪水将九股路、东了墙、香李张、步寨上年堵住的4处旧口门重新冲开。溃水泛长垣城后，经滑县、濮阳，沿金堤过濮县、范县等地，至东阿陶城铺回归原河道。此次决口，仅长垣县受灾村庄即达423个，面积480多平方公里，占全县三分之二，灾民14.82万人，财产损失1320余万元。

1934年8月，长垣香李张黄河决口

上年刚刚堵复的口门次年复决酿成巨灾，一时引起舆论大哗。对此，负责上年堵复冯楼决口的黄河水灾救济委员会工赈组主任孔祥榕，为了推脱自己的责任，先行向南京政府告状，控告河北省黄河河务局局长孙庆泽“防守不力，酿成大灾”,要求对其严惩。黄河水灾救济委员会委员长孔祥熙遂以孙庆泽办理河务不力、致黄河决口为由,电请行政院对其查办。于是,行政院即电饬河北省政府将孙庆泽撤职。

但舆论仍未就此平息,这引起了南京政府监察院的关注,监察院委派监委邵鸿基等进行调查,邵鸿基等人调查后认为,黄河冯楼决口堵而复决,主要原因在于孔祥榕上年修堤不坚,糜款误工,为严肃政纪,应予严惩,为此向行政院提出对孔祥榕进行弹劾的意见。9月,监察院院长于右任特派周利生、高友堂两位监委前往长垣县再次调查决口事宜,他们经过调查认为:“此次长垣决口,其时水势尚未盛涨,足证旧筑堤防毫不坚实。至事发成灾,乃由于抢护不力,故黄河水灾救济委员会工赈组与河北黄河河务局,均应负责。”但令人费解的是,最后经中央公务员惩戒委员会审议,孔祥榕未受任何惩戒。不但如此,孔祥榕又在所任的黄河水灾救济委员会工赈组组长职位上,兼任黄河水利委员会副委员长,职位不降反升。

9月,行政院议决,电令河北省政府严令河北省黄河河务局负责堵筑决口,责成黄河水利委员会督办、黄河水灾救济委员会工赈组监督。

9月4日,贯台堵口工程开始动工,施工采用在口门两侧筑埝为基,用秸料捆厢进占法进堵。在此期间,因黄河涨水,所做工程被冲,两口合二为一,口门宽达781米,水深1.5米,堵口所需料物又供应不及,工程时修时停,导致堵口形势越发不利。次年2月11日,开始兴工进占。但由于黄河桃汛水涨,这时的口门水深已刷至20余米,情况极为不利,对此河北省黄河河务局束手无策,不得不紧急向黄河水利委员会求援。

施工人员正在香李张决口处修筑透水柳坝

不久，根据全国经济委员会的指令，黄河水灾救济委员会工赈组、黄河水利委员会，冀、鲁、豫三省建设厅长及河务局长在贯台堵口工地开会，研究堵口工程补救办法，孔祥榕提出，在贯台堤防及口门之间修筑挑水坝，引水直趋大溜，以减少口门流量，并在口门附近修筑落淤工程，得到与会人员的赞同。3 月 21 日，黄河水灾救济委员会工赈组接办该堵口工程，遂按照既定的堵口方案进行施工，相继建成挑水坝及落淤工程。之后，以原土埝为基础，修筑东西裹头，用双坝开始进占。正在此时，工地上忽然刮起西北风，风向与口门水流方向正好相反，受大风影响，主溜回归正河河道，口门水缓落淤，从而大大降低了施工难度。1935 年 4 月 11 日，堵口工程成功合龙。接着，开始堵筑长垣大堤 4 处决口，至 7 月 3 日工程全部竣工。

1935 年夏天，由于中游地区大量降雨，黄河下游再次发生大水，花园口水文站洪峰流量达 14900 立方米每秒，导致大堤民埝多处决口，沿河地区受灾严重。黄河下游自 1933 年大水之后元气未复，又屡遭洪灾，可谓旧疤未愈，又添新伤，情景极为凄惨。

这年 7 月，陕州水势连续暴涨，很快进入下游境内。7 月 10 日晚 8 时，黄河突然在山东鄄城临濮集附近决口，水势汹涌。因水涨过猛，11 日上午，李升屯险工七坝至十坝之民埝出现漏洞数个，造成民埝溃决，水深 3 米以上。鄄城决口之水流分三股而下。一股为董庄、临濮集之间的黄河大堤漫决之水，宽约 15 公里，水头高超过 3 米。其决口地点距董庄河工近在咫尺，负责守护该堤段的员工被大水冲去数人，不知踪影。疾速的水流很快到达鄄城城东的引马集，将引马集以东新埝冲溃，决口宽 10 余公里，水头高超过 2 米。其他两股均系李升屯、杨楼间的民埝决口之水，一股直灌鄄城县城，一股直灌临濮集。14 日，两股水在纥兰湖汇合。

12 ~ 14 日，黄河水位继续猛涨。12 日晚，寿张黄花寺民埝与范县北岸民埝相继决口，禹庄决口洪水更是宽达 700 余米，直奔菏泽。

16 日，洪水由嘉祥大山头分两股：北股直灌运河，南股于洙水、赵王河之间直抵嘉祥县城。17 日嘉祥县城被水围困，平地水深三五尺不等，嘉祥、巨野间水深二三米，浮尸满目。黄水由巨野西南冲决崔家屯民埝，直灌定陶县东北第五乡。18 日夜至 19 日，鄄城、郓城、巨野、嘉祥等县皆降大雨，各河湖猛涨，冲决民埝不计其数，巨野城内水深 2 尺余。

16 日晚，巨野县政府紧急致电山东省政府主席韩复榘称：巨野县城东、西、北三面悉成泽国。灾区东西长 50 公里，南北近 30 公里，平地水深六七尺至丈余不等，被淹500余村，灾民20余万，死亡流离，哭声遍野，恳速拨巨款急赈。鄄城县政府也紧急向省府报告：被淹6000余顷土地、700余村，灾民15万，死亡七八百人，倒塌房屋20万间。

20日，黄河泛水大溜渐向南移，由于决口洪水持续泛滥，苏北地区受到严重威胁。22日夜，南阳湖于狂风巨浪中在鱼台境南阳镇牛王庄决口，水高3米，向西奔流，淹灌鱼台、金乡，附近村庄荡没，两县城告急。湖西济宁境内各新堤，全部冲决，湖河不分，水天相接。

23日，山东各界黄灾会致电中央及汪精卫、宋子文等，称："江苏省筑堤截黄，强抑水性，横流堪虞，鲁民万分惊慌，即苟安一时，非同舟共济之道，鲁患未弥，岂苏之福，恳速定治河善策，不分彼此，兼筹并顾"。

但也就是在这一天，黄河在南岸杨楼决口，口门宽30米，水势浩大。南阳湖西岸漫决，直向鱼台、金乡奔流，有直下苏北之势。黄河洪水已经全部从决口行走，导致各河湖继续上涨。

28日晚，鱼台境南阳湖突在袁洼决口，大水抵万福河北，共淹百余村。滕县独山湖向东溃决，淹没10余村。济宁赵王河北堤鲁家口、梁家口间2处决口。汶上、东平接壤之姚庄堤亦被黄水冲决。

8月2日，黄河鱼台南田堤防决口，口门宽2米，决口附近，水面宽50米，高3米，水流下泄的声音数公里外都能听到。随着急流南下，沿途田庐悉数被淹没。8月3日，大水至江苏沛县高庄。

8月4日，黄河水稍有回落。董庄决口口门挂淤，过水减至与大河主流平分之势。但由于江苏为防泛水继续南进，筑坝截水，使溃水重新折向北流，奔腾甚急，致使山东东平县涨水与日俱增，安山西旧运河堤也被冲决3处。

这时，黄河上游来水暴涨，致使形势更加严峻。8月7日夜，陕州水位达296.35米，超过当年度此前最高水位1.7米；流量16807立方米每秒，超过当年度此前最大流量6827立方米每秒。8日凌晨，山东鱼台张集决口，水势下注。8日夜，鄄城王坦官堤发生重大险情，流势汹涌，水漫100多米，堤根被水冲刷坍塌。10日，黄河下游险情百出，菏泽新筑民埝在德化乡溃决8处。朱口以下、江苏坝北端，因水大流急，冲去20米，大水直下，鄄城民埝、官堤均被冲开。临濮集东溃决后，外流大股洪水直奔菏泽北境，越过新筑民埝顶，向南奔泻，灌注七里河，将该河下游民埝冲决数处，又直达赵王河北埝；另一股洪流沿郓城南境，汹涌东流。

11日下午，董庄口门惊涛骇浪，空前未有。朱口险工1～7坝相继坍塌，江苏坝各埽坝全部被冲垮,东阿牛屯第二、第四两坝亦被冲塌。13 日,江苏坝溃决,大溜南奔。13 日,董庄口门王坦庄水流,由苏老家庄西道转趋正北,将大堤淘刷塌坡 140 余米。15 日,黄河大溜西移,直冲朱口险工,鄄城 30 艘救护船只沉没,300 余人遇难。16 日,朱口第六坝及砖堤,因急流冲击出险,鄄城王坦庄官堤坍塌 200 米,堤防淹没处水深 10 余米。

17 日,鄄城董庄、临濮集决口处第一至第五口门因泥沙淤高,露出宽达 1.5 公里的淤滩;第六口门之东端残堤,持续塌至大堤与鄄城民埝相接,宽达 1000 米以上。

此时,大溜经李升屯后,向东直冲鄄城民埝,径向东南直灌,洪水势猛无比,奔腾而下。22 日下午,一股洪水抵达距徐州 5 公里的万寨流马厂湖;一股由不老河流入运河,致使滕县运河水位暴涨。23 日晨,滕县苏北大堤溃决 12 处,因苏堤阻水,运河平堤,江苏邳县水倒灌入山东,台儿庄一带皆成汪洋。

黄河中游干支流水势盛涨,东明刘庄大溜下移,28 日晚,菏泽朱口南岸 6 坝齐塌,轻者堤坡刷尽,重者堤顶裂陷。9 月 2 日下午,黄河大溜全注朱口,新的险情堤段长六七百米,新埽 26 段节节蛰陷,六坝三埽皆被冲毁,大堤顶溃裂长近 3 米,宽 15 米。3 日,大溜猛冲,朱口坝埽吊蛰,堤埝溃陷 30 多米。加之北风猛烈,迫流南滚,淘刷益剧,大堤塌陷,坝顶最宽处只剩下四五米。

6 日,由于黄河南流泛水续涨,济宁南阳湖水倒灌泗河,鱼台西支河又决口 30 余米,其余灾区堤坝溃决 10 多处。鱼台李阁至东沙河、张集至丰县两段 15 公里长的套堤悉数被冲决,全境淹没。8 日,大水淹灌金乡县。9 日,滕县不老河南岸决水,由铜山入邳县,北岸漫水浸溃滕县横堤,淹没江苏、山东田地 200 余顷。

9 月 20 日,黄河水大部经六塘河入海,致使沭、灌各河频告泛滥,灌云、沭阳、东海、赣榆 4 县岌岌可危。

这次黄河洪灾,从 1935 年 7 月一直延续到次年春季,泛滥区域达 12215 平方公里,淹及鲁、苏 27 个州县,受灾人口 341 万人,死亡 3750 人,经济损失达 1.95亿元。由于鄄城董庄决口为首当其冲,因而山东也成为重灾区,全省灾区面积达 7700 余平方公里,波及鲁西 15 个县,淹没耕地 810 万亩,淹没村庄 8700 余个,灾民达 250 余万人,淹死 3065 人,淹毙牲畜 4 万余头,倒塌房屋近百万间。运出和外逃灾民 48 万余人,洪水后在全省 61 个市县设灾民收容所 795 处,并在铁路沿线 50 公里以内各县设立长期收容所 422 处。山东省政府并在利津、沾化设立了 3 个垦区,接纳近 7000 户 22000 余名灾民居住垦殖,每户授田 30 亩,约每百户设立一村。

董庄决口后，临濮集三官庙泥沙淤积状况

为了抵御这场黄河水灾，江苏省也付出了巨大努力。7 月中下旬，为阻止黄河泛水南下，苏北各县紧急动员 12 万人修筑苏北防黄大堤，全长 60 公里。至 11 月，江苏共组织铜山、沛县、邳县、丰县、宿迁、泗阳、涟水、淮阴（未受灾）、沭阳、东海、灌云 11 县民工 106 万人，筑堤 940 公里，完成土方 418 万立方米。

当时，著名记者萧乾来到济宁、济南，亲眼目睹了灾民的悲惨境遇，在他撰写的《人生采访》中记录下了灾民的惨景："当时的济宁除尚可看到树梢、屋顶外，完全被淹在大水里，而且屋顶旁可航行丈长的大船。被船救来的灾民们集中在火车站上，一眼望不到边。刚逃离洪水魔掌的灾民，又受到饥饿的严重威胁。有的父母被迫把自己的幼孩当作孤儿丢在一边，啼哭上一天，才会被收容站的人拣去喂上一顿饱饭。好不容易才领到黑馍馍的人们，好像怕被人抢去一样，狼吞虎咽地往嘴里塞。当一列火车进站时，灾民立即扶老携幼向火车涌去，喊声震天，个个担心被落在后面。济南城里到处是成群的低声叹息的灾民。张公祠、铁公祠、汇泉寺等一切为文人雅士吟诗赏景的名胜都密密匝匝地填满了狼狈褴褛的难民。深秋十月的凌晨，已是彻骨的冰冷。一个收容所门前挤满了刚来的难民，他们冻得几乎颤抖成一团。完全受着本能支配的孩子们无力地跺着小脚丫，'冷呀，冷呀'地喊。一个中年妇人手里拉着个裸体的幼孩，据说是因为半夜洪水突至，逃出时未来得及穿衣服。一个年近 80 的老太婆因为夜夜冻得睡不着，不惜和一个小女孩争一片破军毡等等。1935 年 7 月 15 日，山东省政府主席韩复榘通电全国党政军务长官及各团体报馆，详述山东黄灾惨况，谓灾民逃生堤上者，风餐露宿，困居水中者，呼地吁天，哀鸿遍野，惨极人寰。较前年黄灾，重愈倍蓰，特恳捐赈，以救民命。可见此次决堤为害之烈"❶。

为了尽快堵住董庄口门，8 月 18 日，在山东省政府主席韩复榘的召集下召开了董庄堵口会议。会上，黄河水利委员会副委员长孔祥榕提出，在江苏坝附近筑挑水坝冲刷对面新淤滩地、在姜庄民埝外滩地挑挖引河，自江苏坝起沿滩地作土坝及护沿作为堵口西坝基，在李升屯民埝南段做东坝基，两面相向进行堵口合龙。该意见得到与会者赞同，被确定为制定此次堵口计划之原则。

民众将柳枝运至董庄堵口工地

堵口事宜由山东省政府组织的堵口委员会负责，下设工程处具体办理。9 月 28 日，黄河堵口工程处在董庄成立。根据董庄堵口会议确定的原则及实地查勘资料，堵口工程分为巩固李升屯埝头、培修江苏坝及圈堤、加固圈堤各坝、建筑新堤、接长挑水坝、挑挖引河、进占及合龙 7 部分。11 月间，堵口工程完成李升屯裹头工程，江苏坝圈堤及新堤挑水坝工程也已完成过半。此时山东省政府以政务纷繁、不能兼顾为由，电请中央政府由黄河水利委员会接办堵口事宜。

12 月 16 日，黄河水利委员会正式接办该项工程，孔祥榕此时已升任黄河水利委员会代委员长，他亲自担任董庄堵口总工程师兼工程处主任，加紧筹措工款料物，全力投入堵口工作。当时口门宽 834 米，施工时由东、西两坝基分别用秸料捆厢压土进占，并于临河方面修柳石坦坡护沿，背河方面以大土戗跟进。这样

❶萧乾. 人生采访. 作家出版社，2000

不但加大了占埽前面的坡度，使坝前淘刷大为减轻，而且也为埽体增加了重力和稳定性。

董庄堵口进占埽进展比较顺利。1936年3月18日，东西两坝距离约剩40米时，改为抛柳石枕合龙，逐层填筑出水。至3月27日，两边柳石枕填筑严实，堵口合龙宣告成功。此次堵口共用款263.8万元。

董庄堵口合龙后，黄河水利委员会利用堵口结余工款进行了菏泽县朱口至鄄城县董庄段复堤、江苏坝包淤巩固等工程，作为堵口后续工程，并留下部分施工队伍守护董庄堵口所修工程，以防止汛期新工出险，酿成新的决口。不久，黄河汛期洪水汹涌而至，江苏坝受冲出险，运用了多种抢险方法均未奏效，险情继续发展，形势十分危急。这时，守卫江苏坝的黄河水利委员会老河工李建荣被派到抢险一线，他根据险情和前期抢护情况，运用自己的抢险经验，创立了柳石混合滚厢的抢险方法，很快控制了险情，并完成多年来未能实现的江苏坝坝头的修复工作。

董庄堵口进占场景

柳石混合滚厢技术，又名“风搅雪”，与黄河传统的柳石搂厢相比，这种抢险技术的优点是柳石混合齐下，内部不用家伙桩。其结构是以底勾绳为经、束腰绳为纬形成网兜，兜内柳石混合体经滑绳分格吊拉，状如柳石混合的大枕包小枕。这种四周以绳裹束构成的柳石建筑体，在急流中也能安稳顺坡滚动下沉，不会出现下败、前爬、跑埽等险情，且操作简单，容易掌握，施工进度快。这一施工技术后来在黄河防汛抢险中得到广泛应用。

董庄堵口金门占上挂龙衣情形

1927～1937年间，黄河之所以决口泛滥频繁，既有上中游雨量连年偏丰等自然原因，也有着深刻的社会根源。

治河体制方面，当时黄河依然是分省而治，虽然1933年成立了黄河水利委员会，但河政并未真正实现统一，每到汛期，各省常常各自为战，力量难以整合，对于黄河的防守十分不利。

董庄堵口工程正在压合龙埽

豫冀、冀鲁交界之处各省堤防互相交错，给防守带来了难度。铜瓦厢决口改道以后，沿河行政区划一直未进行调整，两省相接之处，堤防相互交叉，甚至成犬牙交错之状。两省对于交界地带，或者不予重视，或者鞭长莫及，堤防更显薄弱，所以这些地方更易出险，加剧了黄河决溢的危害。

当时黄河下游沿河堤防，有官堤，也有民埝。官堤经费不足，导致河防工程残破失修，风雨剥蚀严重。民间分散修筑的众多民埝，卑矮单薄，御水能力很差。有些民埝还严重阻碍行洪，一旦被洪水冲决，极易改变河势，导致横河、斜河的发生，加剧了大堤决口的威胁。

泥沙淤积，河床抬高，是导致堤防决溢的根本原因。1855年铜瓦厢决口以后，因泥沙沉淀，河床逐年淤高。至20世纪30年代中期，黄河近海河床已比原大清河底增高10余米，导致洪水宣泄不畅，水位表现居高不下，增大了黄河决溢的危险。

第三节　黄河下游治理逐步加强

一、下游堤防修守及其绿化

鉴于1933年以来黄河连年发生洪灾，两岸广大地区社会生产力遭到严重摧残，南京政府对防治水灾予以高度重视，加大了对河防建设的力度。

1935年1月，全国经济委员会水利委员会在南京召开第一次会议，孔祥熙、李仪祉、孔祥榕等出席，会议通过了河南省政府主席刘峙提出的《请经委会筹拨巨款，补助黄河河防工程案》，决定每年拨款100万元，由黄河水利委员会会同冀、鲁、豫三省政府制定计划，对堤防年年加修，以固河防。

河南省黄河南岸勘察团在开封柳园口

据此，3月28日，黄河水利委员会召开培修豫、冀、鲁三省大堤紧急工程及金堤工程会议，决议对1933年大水中出险堤段、薄弱堤段进行培修加厚，开展三省大堤紧急工程9项，工款共154万元。各项工程，由黄河水利委员会与下游三

省政府分别承担施工任务,具体分工为:

兰封小新堤工程、封丘县贯孟堤和武陟县沁河口西滩地护岸工程,由黄河水利委员会办理。小新堤工程共开挖土方6万立方米,用块石1.7万立方米,工款11.84万元;贯孟堤修筑从贯台合龙坝西端起,绕行5公里至老鹅湾接华洋堤,再至吴楼、孟岗,经两期施工,共修筑21.12公里,剩余10余公里为无堤缺口,成为黄河自然倒灌区;沁河口西滩地护岸工程共修护岸长4700米,用石2.71万立方米,投资13.24万元。

中牟县大堤护岸工程和开封县陈桥以东大堤工程,由河南省政府办理,从当年5月开工至次年5月完成,用款10万元。

长垣县石头庄至大车集段大堤工程与东明县刘庄及濮阳县老大坝险工整理工程,由河北省政府办理,培修堤防长20公里。

1935年6月,金堤培修工程施工现场

菏泽县朱口至鄄城县临濮集段堤工,由山东省政府办理。

黄河水利委员会决定培修北金堤的原因,一是因为北金堤在防御黄河北泛中发挥了重大作用。大河自铜瓦厢改道以后,冀省北堤频遭溃决,幸有金堤遥峙,避免了泛滥面积的扩大,成为平津等地的惟一屏障。二是因为1934年长垣决口后,口门迟迟未能堵复,大溜倾注,颇有改道之势,而北金堤却因年久失修,日渐坍塌,御水之效逐年降低。为保卫冀、鲁两省安危,迫切需要拨专款对北金堤进行培修。

这项计划得到了国民政府的批准。该项工作由时任黄河水利委员会委员长的李仪祉负责,全国经济委员会并赋予其指挥所在省建设厅、河务局及所在县县政府之权,以便统一事权,尽早完成培修工程。1935年3月,李仪祉带领技术人员由开封出发,绕道郑县,经滑县道口镇,赴北金堤视察,并筹划培修工程。4月16日,培修北金堤工程开工,李仪祉亲自驻工督率。培修工程上自河南滑县西河井,经河北濮阳县至山东东阿县陶城铺与民埝相接,计长183.68公里,堤顶高出1933年最高洪水位1.3米,顶宽7米,边坡1:3,共用土165.09万立方米,工款35.18万元。整个工程于7月2日完工。此后,又连续3年对北金堤进行局部培修。

培修金堤工程在进行中

此外,河南、山东两省也分别对辖区内的一些黄河堤段进行了修筑。如1934年四五月间,经河南省政府同意,在善后工程款内拨出6万元,以工代赈修筑滑县老安堤;同年,由行政院拨款83.7万元,山东省修筑了河口地区利津县宁海左庄至大溯矛段的黄河第一段大堤等。

部分支流的堤防也得到了修缮。1932年2月,国民政府救济水灾委员会在郑县设立工赈管理局,办理伊、洛两河堤防工程。3~9月,共修筑堤防99.38公里,用工款23.76万元。1935年8月,河南河务局成立沁河木白段工程事务所,培修沁河武陟县木栾店至白马泉段的方陵、南王、石荆等处堤工,8月20日开工,次年1月竣工。

1936年6月,河南省河务局加修开封陈桥北汛堤防子埝

山东省政府组织力量对汶河戴村坝进行了修整。戴村坝位于山东东平县城东30公里之戴村，系明永乐年间为遏汶济运而建，主体部分由玲珑、乱石、滚水三坝组成，以后屡有加修。民国以来，因国家动乱，戴村坝失修，遏汶济运之效日微，黄河倒漾、水淹东平之虞日增。鉴于此，1933年2~6月，在山东省建设厅组织下，由运河工程局主持，对戴村坝进行了重修，使戴村坝面貌焕然一新，恢复了原有功能。

民国时期，因黄河南北大堤离河较远，为保护滩地内的田地和众多村庄，两岸不少民众自发修筑了大量民埝。这些民埝的守护与黄河防洪息息相关，是一项难度很大的任务。民埝一旦失守，洪水直冲大堤，常常导致决口泛滥。同时，由于黄河民埝的防守标准、修守体制均不统一，有的官修官守，有的民修民守，有的官民共守，体制混乱，防守困难，严重威胁着黄河防洪安全。

针对这一问题，这一时期下游三省政府对民埝修守、废除民埝，进行了一些探索和尝试。

官修官守或者官民共守的民埝，经费较有保证，工程也较易形成规模，在一省之内，问题尚不很突出，但是由两省合作修守的民埝就没有这样规范有序。比如河北黄河南岸长垣县境，沿河地域长50余里，因地处冀、鲁边界，黄河在这里决口以影响鲁西单县、曹县、定陶县、菏泽县等县为重，于是由这几个县集资修成民埝一段，名为山东小民埝，完全由山东民修民守。1923年两省当局议决将这段民埝收归官守，每年修守等费用也由两省分担，3年后该段民埝已颇具规模，但是自1926年后，山东方面经费没有照拨，民众也不上堤。1933年大水时，民埝低处普遍漫溢，洪水冲击大堤，造成大堤决口。

民修民守的民埝，有些堤段管理得也比较好，比如，山东黄河上游的民埝。1930年3月，山东省河务局在颁布的山东黄河《上游两岸民堰修守章程》中规定：上游民堰，依旧例归民修民守，由各县县长负责督饬各堰长、堰董办理修守事宜。民堰的修守经费，按圈护之地亩摊派，在夏秋两季征收，并由地方财政局专款存储使用。堰长、堰董按照河务局估定的工程计划修培堰工，并在汛期调夫防守。12月，山东省政府第25次政务会议通过《组设民埝专款保管委员会简章》，据此，山东省组建了黄河上游民埝专款保管委员会，由省河务局局长为委员长，濮县、范县、寿张、郓城、阳谷5县县长等担任委员，并推选常务委员3人执行会内一切事务。该会以保管民埝专款为宗旨，每年由民埝圈护之1.7万顷地亩征收埝捐21万元，用于民埝修守，动用埝款须经民埝专款保管委员会批准。因此，该区民埝一直修缮得比较好。

但是民修民守的力度毕竟有限，难以满足黄河防洪的需要，后来陆续将一些重要堤段的民埝改归官守，这样，加强民埝的管理与培修就成了地方上一项长期任务，有些工程，牵涉面很广，工程量很大，费用动辄10余万元以上，成为地方上一项重要负担。如1936年6~8月，山东濮县、范县、寿张、阳谷4县动工加高培厚临黄民埝，以为金堤之屏障，共培修民埝长20公里，动用土方66.51万立方米，用款10.30万元。

民众的筑埝行为，有的是合理的，对于河防并无危害，或者妨碍不大，其中有些民埝经过长期演变与历次加培，已成为后来的临黄大堤。但有些筑埝行为则影响黄河河道的行洪安全。对此，河务部门进行了力所能及的干预。1933年，山东省河务局呈请省政府制止民众在滩地修筑民埝，"民众临河筑埝，希图圈护滩地垦种。一旦汛涨水发，河窄不能容纳，势必逼溜危及堤防安全。为此，请下指令，严行制止临河修埝，以安河流"。次年7月，山东省河务局训令菏泽、濮县县长，迅速晓谕沿河村民，严禁临河修埝妨碍河流行洪。1936年，黄河水利委员会令饬各河务局：两岸滩地，年有增高，沿岸人民私筑小埝，亟应取缔，嗣令非经本会核准，不准私自兴筑小埝，已筑之民埝，应报会查核。

民埝的管理确是河防上的一个软肋，由于各省河务互相割裂，不可能制定切实可行的堤防规划，沿河群众为了保卫家园，修筑民埝，也就在所难免。而民埝的修筑，由于地区之间缺少配合，水平也参差不齐，因此影响黄河行洪的情况时有发生。

南京国民政府成立以后，在重视国土造林政策的推动下，黄河堤防植树造林有了较快的发展，取得了一定的效果。

黄河堤防绿化历史悠久。早在春秋战国时期，齐国宰相管仲在其所著的《管子·度地》篇里对堤防植树就有所论述。宋太祖赵匡胤曾下诏大力推广河堤植树。明代刘天和总结出堤岸"植柳六法"，详细地介绍了植柳的种类、区域、时间、方法及其作用。北洋政府时期，1913~1922年，河南省河务局要求汛兵每人每年植柳30株，但10年之内总计植柳只有28万余株，且成活率不及三分之一。

南京国民政府前期，河南省率先开始了大规模的植树活动。1928年3月，冯玉祥主政河南期间曾在新乡召见河南省河务局局长张文炜，指出："植树为巩固堤防、治河之本"，并指示："添设造林处，自成立之日起，在5个月内办齐550亩之苗圃，育成247万株之树苗，所需经费，由预算外请领。"经河南省河务局组织实施，3个月内就在博爱柳庄、开封斜庙、武陟嘉应观建成了3个治河专用造林场,总面积640亩。次年春,河南省河务局利用所育树苗在黄河大堤上广为植树,共栽植柳树20万株、榆树1500株。至1930年,河南段堤防植树已经发展到300余万株。同年11月,河南省河务局经过总结堤防造林的经验,拟定了黄河、沁河造林计划大纲,计划以5年为期,造林500万株。植树种类,以柳树占大多数。这一计划大部分实现。

1935年6月,绿树成荫的金堤工程

1935年春,中央军事委员会委员长蒋介石电令在黄河、沁河两岸各营造保安林500米,用以预防水患、涵养水源,防蔽风沙。河南省河务局把完成此项任务的期限定为3年,每年造林时间定为1月至4月15日,树种以柳树为主,以榆、槐等杂树为辅。到1935年5月,沿黄河、沁河南岸17县基本完成了营造保安林任务,共植林188万余株。

由于堤防造林与河防关系十分密切,黄河水利委员会也十分重视这项工作,专门在工务处下成立了林垦组,负责黄河及其支流两岸堤内外及山坡地造林护林、设置苗圃及农事试验场、指导沿岸官荒及涸出土地垦殖等事项。根据当时调查,截至1933年10月底,河北省共成活高柳10万余株,该省并在沿河堤段每2.5公里设堡夫1人,专司护树查水。

为满足大规模造林的需要,这时期,黄河水利委员会先后设立了3个苗圃。1935年4月,黄河水利委员会与陕西省潼关县签订合同,租用土地157.63亩,筹设成立了潼关苗圃。5月,经与河南省政府商洽,将博爱县柳庄原苗圃拨借土地200余亩,筹办了博爱苗圃。12月,在山东省建设厅协助下,购买东阿县地134.33亩,建起了东阿苗圃。有了育苗,结合下游堤防培修进行的植树工作亦随之蓬勃展开。

1935年,国民政府行政院颁布《各省堤防造林计划大纲》,要求在长江、黄河沿岸荒地地域从事造林工作。据此,山东省河务局在沿河地区大力推行植树,当年沿河各县共植树66.8万株。这年9月,行政院副院长孔祥熙在向行政院提出的《江河水患标本兼治办法》中,把造林列为黄河治本办法之一,提出拟在黄河上游至郑州的沿河地区,植树造林,兼种苜蓿,使两岸泥沙固结。郑州以下至入海口,两岸堤防之内,也一律植树造林,使河床固定。如此坚持10余年之后,即可达林成堤固之效果,从而有效地减轻黄河水患。

当时黄河下游两岸决溢频繁,沿岸遍布沙荒地,一遇大风天气,飞沙弥漫,环境恶化,严重影响了民众的生活。这一时期,大规模地推行黄河、沁河绿化工程,在沿岸初步形成了可观的绿化带,对于巩固堤防、防止风沙、改善黄河沿岸的生态环境,具有重要作用。同时,堤防植树工作,大多由黄河河务机关组织实施,也在一定程度上储备了防洪料物,以便河防紧急情况下就地采集,满足抢险的需要,从而使堤防植树成为保证黄河防洪安全的一项重要举措。

二、黄河河务会议及下游河防合作

为了防御洪患,客观上需要加强下游各省的河防合作,但当时黄河下游各省在河防方面却处于各自为政的状态。因此,采取措施扭转下游各省防洪各行其是的局面,切实促进相互之间的河务协作,成为当务之急。

此时,随着中央政府地位的确立以及建设事业的展开,国民政府也逐步加大了黄河治理的力度。其中1931年黄河河务会议的召开与稍后成立的黄河河务联合会,则是下游各省河防合作取得进展的重要标志。

1931年11月2~5日,国民政府内政部在南京同时召开了“废田还湖导淮入海会议”和“黄河河务会议”。导淮与治黄是当时两个密切相关的水利建设领域。历史上,由于黄河的长期侵袭,造成淮河流域水系混乱,出海无路、入江不畅,洪涝旱碱交相侵袭,灾害严重。淮河地处中原腹地和南北交通要冲,在经济发展中地位十分重要,国民政府成立后,在国内各阶层人士的强烈要求下,于1929年7月在南京成立导淮委员会,开始治理淮河。为了进一步研究确定导淮与治黄的大政方针,内政部特地同时召开了这两个会议。中央政府有关部门、华北水利委员会与绥远、陕西、河北、山东、河南5省的代表,下游三省河务部门负责人,以及李仪祉、李书田、汪胡桢等国内水利专家共40人参加了会议。

会议收到《豫冀鲁三省河防状况》、《勘察豫冀鲁段黄河水势险工》、《河北省黄河1931年春工防汛经过情形》等报告5件,以及治本工程、治河组织、治河经费、治标工程、水文测量等议案40余件。

在提交的报告中,有关方面阐述了下游三省的河防沿革、河势工情、修守状况及存在问题,并针对黄河决口的现实危险性,提出了应对措施。华北水利委员会在《勘察豫冀鲁段黄河水势险工》总报告中指出,要免除河患,首先须在黄河上游广种林木,在下游疏浚尾闾,并对沿岸堤防石坝妥加修补,以解决上游来沙过巨、尾闾宣泄不畅及河防工程薄弱的问题;其次宜将下游三省河防职权统辖于中央特设之机关中,以统一事权,协力防汛,克服各省河政互不相谋、一遇灾患互相推诿的弊端；再次要解决治河经费严重缺乏的问题，俾各地能够备足料物，不误河防。该报告最后指出："黄河之在中国北部为患最巨，若不及早修浚，诚恐泥沙愈积愈厚，河身难容，则江淮第二之水灾又将见告，是治理黄河为急切之要务，未可漠视也。"[1]

议案方面，关于治本工程，有《治黄之根本在减淤应择地试行沟洫培养森林以资推行》、《黄河上中游应广植森林以减水涸》、《治黄应与导淮暨海河工程同时并举》等议案9件。这些议案，有的认为开沟洫、植森林为黄河减淤之根本措施，应大力推行；有的认为黄河治理与导淮、海河治理有密切的关系，只有统筹兼顾，才能避免顾此失彼、灾害搬家的现象发生。

关于治河组织，有《统一黄河水利行政以一事权案》、《黄河统一治权案》、《治理全河须先组织统一机关案》、《请组织豫冀鲁三省黄河河务联合会统筹修防事宜案》等18件，这些议案指出了治河行政组织方面存在的问题，提出了采取措施统一黄河治理之权等建议。内政部在《请组织豫冀鲁三省黄河河务联合会统筹修防事宜案》中，认为豫、冀、鲁三省为黄河灾害最重之区，也是治黄最重要之部分，而三省虽各设有河务局办理抢险及防御工事，却各自为谋，难以进行有效的协调与配合，因此应由中央主管机关及三省河务局共同设立黄河河务联合会，以资互相联络，平时统筹修治，遇险合力防堵，使事权统一，谋划周全，以免黄河溃决之患。

关于治河经费，有《请确定黄河修防经费设立工款保管委员会维持经济独立》、《治河须先筹基金》、《拟请规定河务专款》等议案9件。这些议案，有的认为黄河治理经费应根据需要确立预算，妥善管理，专款专用；有的认为应由中央机关设立治黄基金，以满足治黄工作之需要，持续推动治黄工作之发展；有的认为庚款委员会将庚款之20%用于治黄太少，应根据治黄工作在水利建设中的地位多拨庚款，以收黄河长治久安之效等。

关于治标工程，有《铲除黄河秸埽逐渐改为砖石坝请中央补助初期工款》、《黄河尾闾修治》、《山东境内黄河两岸民埝拟改归官守》等议案8件，这些议案指出了黄河治理短期内应着手解决的问题，提出了一些改进措施。

关于水文测量，有《黄河水文测量须从速进行》、《请中央先筹经费测量黄河放淤区域》、《治标兼顾治本》等议案5件，这些议案，重点指出了黄河水文测量

---

[1] 黄河档案馆藏. 华北水利委员会. 废田还湖及导淮入海会议. 黄河河务会议汇刊，1932年9月

工作中存在的力度不够、经费不足等突出问题，提出了解决措施。交通部代表在《黄河水文测量须从速进行》案中，认为黄河具有流域的特殊性，黄河水文水情与一般清水河流迥异，因此为根治黄河，必须大力从事水文站之设置工作，以精确记录黄河水文之数据，详细研究黄河水文之规律，此为治导黄河急应从事之工作。

会议经过对各类议案的合并审议，提出了一系列决议。关于治本工程，通过了黄河下游治理应先从巩固堤防着手，为达工程费省效宏之目的，应建立黄河水工试验所先行试验，并择定适当地点设立试验段，在中上游河岸易于坍塌之处及下游河道两岸广植树木，切实办理干支流灌溉放淤及开发水利事宜等决议；关于治河组织，通过了由内政部催请迅速成立黄河水利委员会，由下游三省河务局制定黄河河务联合会办理办法等决议；关于治河经费，通过了下游三省应确定修防经费数额，不得挪用，并应由国库拨款补助修防经费之不足，黄河两岸秸埽应逐渐改为砖石坝等决议；关于黄河治标，通过了请中央批准在美、俄庚款治黄部分拨出半数作为黄河治标经费的决议；关于黄河水文测量，通过了自海口至洮河口由中央主管机关即着手黄河水准测量，同时择适当地点至少分设 10 个以上之水文站、30 处水标站，所有水文站均用电报联络以便大汛期间向下游各站随时报告水位等决议。

黄河河务会议是一次重要的黄河治理会议，参加会议的部门多、人员级别高，讨论的议题广泛、深刻，涉及黄河治理的各个方面，所做的决议对于黄河治理具有针对性，是治黄工作当时或长远时期应奋斗的目标。会议对黄河修防的严峻现实做了深入的分析，并采取了一些措施，对于黄河治本、治标工作以及治河行政组织的统一，起到了有力的推动作用，可视为一次治理黄河的预备会、促进会。

成立下游三省黄河河务联合会，是这次会议的一个重要议决事项。会后，在内政部的统筹下，有关方面随即展开了筹备工作。

1932 年 3 月 20 日，黄河河务联合会成立大会在河北大名县召开。3 月 21 ~ 22 日，举行第一次会议，三省河务局局长等出席，通过了联合会组织大纲、组织办法草案、会议规则草案以及接通三省河务电话、水文资料互换、绘制三省黄河新图、组织三省视察团视察黄河等提案 24 条。8 个月后，黄河河务联合会又于 11 月上旬在河南开封召开了第二次会议，内政部、河南省政府代表及三省河务局局长与会。会议听取了第一次会议议决各案办理情况的报告，讨论通过了束水刷沙治本计划、放淤计划、疏浚河口计划等案，拟报内政部拨款筹办，对河口测量、加培太行堤、划一三省水标、恢复河工预留金制度等案，均通过办理。次年年末，为进一步协商联合修防事宜，黄河河务联合会在山东济南召开了第三次会议，冀、鲁、豫三省河务局局长或代表及鲁、豫两省政府代表与会。会议通过了由该会呈请苏、皖、豫、冀、鲁5省政府转请中央核拨巨款，培修三省堤防等决议案11件。

1936年东明县刘庄险工所备抢险料物

这一时期，经过各方努力，黄河下游三省堤防建设与河防合作得到了一定的加强，对于战胜黄河洪水发挥了重要作用。1936年伏秋汛期，陕县水文站发生17700立方米每秒的洪水，下游三省险情迭出，仅河南河段就发生抢险工情99次，动用石料10641.43立方米，麻袋3734条，铅丝848公斤。经各省紧密合作，全力抢护，始得安然度汛。1936年10月31日，黄河水利委员会呈准全国经济委员会，联合豫、冀、鲁三省政府在济南举办庆祝黄河安澜大会，对于多灾多难的民国黄河来说，这是一次难得的安澜大会。

三、王应榆的《治理黄河意见书》

因黄河久失疏治，险象环生，为了详细调查黄河情形，为治理黄河做准备，1932年10月，经国民政府主席林森提出，并经中央政治会议决议通过，特派王应榆为黄河水利视察专员，对黄河进行流域性考察。

王应榆一行于10月11日由南京出发，自山东利津县循黄河堤西上，经河北、河南，然后溯渭水至甘肃，再转往山西、绥远，往返0.85万公里，历时80天，对黄河干流及洮、渭、泾、沁、伊、洛等重要支流及泾惠渠、民生渠等灌溉渠道进行了认真考察。

回到南京，王应榆向国民政府汇报了考察经过，提交了《治理黄河意见书》（以下简称《意见书》）。在这份报告书中，王应榆认为，治理黄河具有重要意义，中国以农立国已历数千年，而国内农产品却相当匮乏，每年粮、棉、食糖等农产品输入总值达5亿两白银，长此以往，即使没有外敌入侵，中国亦难以自存；如果黄河得治，因黄河贯流9省，土壤肥美，适于农林，在政治上则教养不虞，在军事上则兵食俱足，由此则富强之基础可立。

《意见书》分析了黄河为患的原因，主要有6个方面：一为泥沙太多，二为森林稀少，三为河槽不定，四为河堤不坚，五为组织未当，六为人事失宜。黄河虽然施治不易，但也并非不可治，更不像一般人所想像的那样工程艰难，用费浩大。黄河治导之策应分四步：第一步应征集古今中外已有之资料及考察全河；第二步应集中专家进行实地具体研究；第三步应根据第二步之结果从事测量，预算工费，量力而行，分年实施；第四步应除害兴利，期五年见效，十年有成。现在第一步收集资料及考察全河已经实行，其余各步，似应逐步办理。

其具体治理意见，分为政治、工程、经济三个方面。

关于政治方面，该《意见书》主要阐述了治河机关之组织、治河计划之实施等内容。主张设立黄河水利委员会总理全河事务，下设森林局培植森林，设工程局办理所有黄河之建设工程，设河产局掌理淤田及引渠所得河产之管理，设河口经管局掌理河口淤田之经营开发。至于豫、冀、鲁各省河务局则改称为第一、第二、第三河务局，分段办理河防事宜。这样，黄河既有整个之治理机关，而分工合作与现实情况也不矛盾，工程局计划建设治本工作，河务局执掌堤工之防守，以作治标之图，至于河防经费，仍由各省筹措。黄河治理计划之实施，国家与地方要有分工，各负其责。黄河干流重大工程由国家办理，而支流事务则由各省政府办理。

关于工程方面，认为应办之工程共有 9 项，分别是减除泥沙来源、建筑石堤以固定河槽及束水、建谷闸以节流量、多办灌溉以减水势而利农产、实行放淤以成田亩而固河防、裁弯取直以防溃决、导黄分流以减水势、经营河口以畅尾闾及炸掉礁石以利航行等。

减除泥沙包括广植森林、修筑石堤等项目，即在黄河宁夏至绥远间及渭水两岸、河南邙山各支流等处，强力推行植树造林，以减少土壤之冲刷。又因孟津至孤柏嘴间黄河直刷南岸，造成邙山坍塌，所以应在这一区间建设石堤护岸。

建筑石堤，指建设孟津至东明束水工程、东明至利津护岸加石等内容。黄河自孟津至东明一段长约 250 公里，河身太宽，流缓沙停，河床淤垫，河水漫流于两堤之间，一旦暴涨，主溜无定，造成决口改道大患，所以应束窄河身，固定河槽。而东明至利津约 300 公里之河槽，原系大清河旧道，非常弯曲狭窄，过去护岸多用秸埽，很不坚固，目前已逐渐改用石坝，因此段险工极多，所以应多加石料，使河槽固定，免除河患。

建筑谷闸，是为了节制各支流洪水，避免同时入河酿成溃决之患。王应榆主张应在汾河兰村、北洛河洛川、洛河洛宁、伊水辛庄、沁河沁阳等支流重要地点多建谷闸。这项建设主要由地方政府办理，由国家给予补助。

山东黄河北岸小崔家险工秸埽改修石坝

山东黄河南岸泺口险工石坝

灌溉农田，既可以使农业生产得以发展，还可以为工业、交通的发展奠定基础，更可以减少黄河水沙，减免决溢之害。王应榆认为，黄河流域为产棉及五谷之区，但是雨量缺乏，对发展生产颇为不利，而黄河乃为一天然干渠，弃之不用，殊为可惜，所以应在西北大力推行开渠灌溉，而在下游则利用虹吸管灌溉。

淤填洼地，其利甚宏。黄河下游沿岸低洼盐碱之地很多，难以进行生产，可对这些地方进行放淤改造，使之变为良田。此举还可以减少黄河水沙，在沿岸地势淤高后，又可以巩固黄河堤防，一举而收多项效益。但因须放淤之地点多、面积大，同时举办尚有困难，可由政府在河南陈桥、孤柏嘴及山东红庙三地投资试办，然后推行。

裁弯取直，应未雨绸缪，抓紧办理。在黄河弯曲过甚、顶冲大堤河段，极易出险溃决，像濮阳李升屯、利津宫家坝等地决口，根源系在于此，因此应对这样的河段进行裁弯取直。急需办理的地方有东明刘庄及历城大王庙两地，当前河势已极为危险，倘迁延不决，则决口成灾之后，损失当不可胜计。

导黄分流，指利用黄河两岸河流分减洪水。黄河危急之期多在洪水暴涨之时，如果能把洪水引入卫河、贾鲁河及徒骇河等，则既可以减少黄河干流之水，又可以发展卫河等河流的航运，此项工程，宜由地方政府办理。

河口之疏浚及经营，指修筑堤防，畅通尾闾，并经营河口之生产。尾闾不畅则全河停滞，而利津宁海村以下尚有60公里没有堤防，河水漫溢无定，河身迁移无常，下游阻塞水不得泄，上游势必出险。因此应增筑堤防以定河槽，使水能畅流于河口，然后修一顺坝，则涸出可耕之地，达300万亩。如果移民加以耕种，并设立完善之服务机构，那么不数年既可成繁荣之区，所收之租税，一部分可用来开发本区农工商业，一部分可用来作治河之专款，对于附近区域经济之发展作用很大。

开炸黄河干流及支流礁石，以便利航运。黄河自皋兰以东至宁夏、渭河自源头至宝鸡及黄河陕州之三门峡，皆有礁石，为适应航运发展的需要，应予以炸除。

关于经济方面，王应榆阐述了治河之投资与所得之效益。历代治黄，皆需款浩大，而生命财产之损失不可胜数，遂曾有竭天下之财以事河之叹。但是黄河仍在云梯关与天津之间多次改道，国家元气因此大伤，所以治黄无论其用费多寡，皆为有利国家之事业。举办前述之各项事业，共计需款5750余万元，计划实施愈速，则其效果愈大，如此则中国之大患可除，国库收入增加，人民安居乐业。此项计划，以每年投资1150余万元，在5年之内完成为上策。如果有困难，则以10年为期亦可，而前5年应择最要者投资3750余万元，其余投资，再分5年陆续实施。

至于治河效益，表现在两个方面：一是可以减少国家人民之惨重损失，二是可以增加国库收入及人民之财富。民国以来，单是堵塞濮阳双合岭、利津宫家坝等决口，费款即已达千万元以上，更不论人民流离、土地荒芜之损失。倘治河成功，则社会稳定，经济发展，便利国家建设，仅有形之收入，也非常可观。如河口地租每年可收300万元；河南、河北因束水，可耕之田约280万亩，收入可达840万元；绥远灌溉每年可收租税100万元，这些收入已大致可抵每年之投入，至于各地引渠灌溉等收益，更是十分巨大，难以一一列举。因此，治理黄河，开发上中下游水利，对于国计民生，意义十分重大。

王应榆的考察及《意见书》得到了中央政府的高度重视，经国民政府委员会第六次会议讨论，对其主张给予了充分肯定，并责成中央有关部门及地方建设主管机关商洽，拟订切实计划办理。

除了王应榆的这次考察之外，前后几年内其他机构还对黄河进行了几次局部查勘。1931年，华北水利委员会曾派工程师多人，分赴黄河下游，实地勘察冀、鲁、豫各段黄河水势险工。查勘认为，就三省河势工情而言，河南境内险工最多，河北境内水道特弯，山东境内堤防虽固，但河身日渐淤塞，普遍高于堤外平地，有的达3～5米，建议迅速统一黄河行政，及早疏浚黄河下游，以免同年长江水患之重演。1933年6月，华北水利委员会工程师刘锡彤等查勘宁夏至山西河曲段黄河，以发展灌溉、

1936年孔祥榕(中)等查勘山东黄河时在济南

水电、航运事业,次年10月编印出了《黄河中游调查报告》。1936年5月,黄河水利委员会委员长孔祥榕率测绘组主任工程师安立森等,会同山东省政府主席兼山东河务局局长韩复榘,沿海滨南行入小清河口,至羊角沟登陆,考察了黄河河口。考察发现,黄河尾闾不畅,沿河多有淤塞,特别是乱荆子及寿光圩子间因河道弯曲过甚,溜缓淤阻,应在该处裁弯取直。这一建议经全国经济委员会核准,于当年六七月间得以实施,完成土方35.84万立方米,用款29.50万元。

1936年查勘团所乘汽车过河情况

这期间,国民政府组织的黄河考察活动,对于黄河问题进行了初步的梳理,并提出了解决的措施,这些意见有的在此后的实践中得到了采纳和应用,有些则由于认识的局限,显得过于乐观;还有的因客观条件制约,未能付诸实施。尽管如此,这些考察对于社会各界深化对黄河的认识,推动国家加强黄河治理,仍然具有积极的促进作用。

第四节　黄河水利委员会的治河活动

一、建立统一治河机构

鉴于黄河频繁决溢的现实,南京国民政府在基本实现国内统一之后,开始酝酿设立统一的黄河治理机构,统一河政管理,防治黄河水灾。李仪祉等水利专家也为此发表过关于统一河政的意见。但此事却备历曲折,因故迁延多年。

1929年1月26日,国民政府公布《黄河水利委员会组织条例》,决定组成黄河水利委员会，并特任冯玉祥为委员长，马福祥、王瑚为副委员长，冯玉祥、马福祥、孙科、孔祥熙、宋子文、李仪祉、薛笃弼、阎锡山等17人为委员。3月2日，在南京的黄河水利委员会委员组成筹备处，不久即在门帘桥开始办公。但是由于没有开办经费，加上国内局势不稳，冯玉祥等人不久即因军队编遣等问题与蒋介石发生矛盾，双方为此爆发了中原大战，黄河水利委员会的成立因而搁置。

此后，治河主管机关经历了一些更迭，待成立的黄河水利委员会的归属问题也多次发生变更。1930年5月15日，国民党中央政治会议第227次会议议决，因黄河水利委员会尚未成立，所有计划治黄事务由国民政府建设委员会统筹办理。次年4月，行政院第八次国务会议又议决："黄河水利事业，移交内政部接管"，并再次决定筹备黄河治理机构，于10月24日任命朱庆澜为黄河水利委员会委员长，马福祥、李仪祉为副委员长。但因经费问题仍没有着落，黄河水利委员会未能正式成立。

此时，国内要求建立专门治河机关的呼声日炽，国民政府内政部遂于1931年11月召开了黄河河务会议，通过了尽早建立黄河水利委员会等统一河政问题的议案。1932年10月，国民政府特派王应榆为黄河水利视察专员，考虑筹设统一治河组织问题，王应榆在随后呈报的《治理黄河意见书》中，提出了自己的设想。在这种情况下，成立黄河水利委员会，统筹黄河治理事宜，时机已经成熟。1933年4月24日，南京政府特派水利专家李仪祉为黄河水利委员会委员长，王应榆为副委员长，沈怡、许心武、陈泮岭等为委员；5月23日，南京政府任命许心武为黄河水利委员会委员兼筹备处主任，在南京进行黄河水利委员会的筹建工作；5月26日，派张含英为委员兼秘书长。自此，黄河水利委员会的筹建工作方正式开展起来。

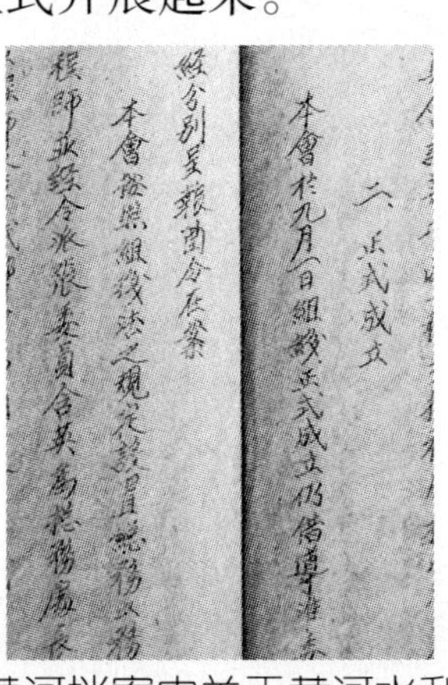

黄河档案中关于黄河水利委员会成立的文字记载

为了使黄河水利委员会尽快开展工作，6月28日，国民政府制定了《黄河水利委员会组织法》，规定：黄河水利委员会直隶于国民政府，掌理黄河及渭、北洛等支流一切兴利、防患、施工事务。7月29日，又任命沿河青海、甘肃、宁夏、绥远、陕西、山西、河南、河北、山东9省及苏、皖两省建设厅厅长为黄河水利委员会当然委员。同月，国民党中央政治会议决定，从即日起每月拨给黄河水利委员会6万元，以支付测量、设计、调查及办公等费用。中央政治会议并明确了黄河水利委员会对于黄河下游河务的指导权，要求下游3省河务局受黄河水利委员会指导监督，仍负各省河防之责。这一系列决策，进一步推动了黄河水利委员会的创建工作。

在行政院的监督指挥下，1933 年 9 月 1 日，黄河水利委员会在南京正式成立，并在西安、开封设立了办事处。由于时值黄河发生大洪水，下游堤防连连溃决，灾情严重，当日，河南、河北、山东、江苏、安徽 5 省政府主席联名电请国民政府主席林森和行政院院长汪精卫，请求将黄河水利委员会迁至下游适宜地点，以便使其总治全河，避免贻误时机。9 月 13 日，经中央政治会议第 374 次会议决议，批准将黄河水利委员会改设于河南开封。

1933 年黄河水利委员会第一次委员会议合影，前左 6 为委员长李仪祉

11 月 8 日，黄河水利委员会由南京迁至开封教育馆街 16 号办公，随即投入到紧张的救灾善后、勘察河势、制定堵口计划、设立工程处等工作中。黄河水灾救济委员会成立后，奉令负责黄河堵口及善后工作，黄河水利委员会于是将拟定的各种工程计划及测量图表等资料移交给黄河水灾救济委员会，转而从事测量、水文、调查、设计与研究、河防工程、导渭工程等业务。

此时，依然有许多问题困扰着黄河治理工作的开展。一个突出问题是，水利事务政出多门。1933 年黄河大水救灾工作结束后，黄河水灾救济委员会撤销，有关黄河治理的各项业务，才交由黄河水利委员会办理，但下游各省河务仍由各省分头管理，黄河水利委员会对其河政仅有指导责任，并无指挥权。就全国水利事业而言，直到1934年9月在全国经济委员会之下设立全国水利委员会后，才有了一个专门部门主管全国水利事宜。

黄河连年水灾，民不聊生，社会上议论也很多。1935年3月16日，《大公报》发表《论黄灾》社评，指出：河南封丘县贯台堵口工程累月无功，且水势反趋险恶，演成空前严重的问题，根本原因在于治河无统一机关，事权不专，用人不当，贻误至此。因此呼吁，凡关于黄河中下游一切堵口防灾之事，应脱离省的关系，责成惟一之机关，统一办理。

在多种因素的影响下，河政统一问题终于提上了决策机构的议事日程，11月4日，在蒋介石、于右任等要员出席的国民党中央六中全会第二次大会上，通过了统一黄河水利行政组织的议案。次年8月，全国经济委员会拟订了《统一黄河修防办法纲要》，由国民政府颁发执行。该纲要对治黄事务的组织领导、机构设置及经费来源等，均作了详细规定。主要内容包括：①黄河治本工程及大堤修防事宜，统由黄河水利委员会秉承全国经济委员会主持办理。沿河各省政府主席兼任黄河水利委员会当然委员，协助黄河水利委员会办理本省黄河河务；②黄河治本工程，由黄河水利委员会原设工务处掌握之，修防事务由该会设河防处负责办理；③现有各省河务局由黄河水利委员会接收，另就黄河形势分三大段，各设修防处，负责修守；④黄河修防经费，规定由各省承担，按期拨交黄河水利委员会备用，其中河南省年交40万元，河北省、山东省分别年交25万元、55万元，不敷之数，由中央按年补助100万元；⑤各省建设厅长、专员、县长办理修防事宜，应受黄河水利委员会指导监督；⑥沿河驻军应接受黄河水利委员会之请托，协助办理修防事宜。

此后，统一河政进入了具体实施阶段，1937年2月，全国经济委员会以水字41423号令改河南、河北、山东3省河务局为河南、河北、山东修防处，由黄河水利委员会直接领导。为了共负黄河修守之责，国民政府于1937年1月再次修正公布《黄河水利委员会组织法》，将原来沿河9省及苏、皖两省建设厅厅长任黄河水利委员会委员的规定，升格为由沿河各省政府主席担任，进一步加强了黄河治理工作的组织领导。

黄河治理，防洪问题为第一要务。这一时期，黄河水利委员会围绕防洪工作，采取了一系列措施。

一是加强修防制度建设。1934年2月，黄河水利委员会制定并公布了《黄河水利委员会报汛办法》，规定自夏至日起至霜降日止为各水文站报汛期限。

潼关、陕州、秦厂、泺口等站每日下午1时用电报向黄河水利委员会报水位、流量一次。陕州站水位一日内涨落达1米时，除报黄河水利委员会外，须直接电报豫、冀、鲁3省河务局。不久，秦厂等水文站开始用电报拍发流量及水位等洪水警信。电报报汛的实施，为下游防汛抢险赢得了较多的准备时间，这是黄河历史上的创举。

5月，黄河水利委员会公布了《黄河防护堤坝规则》，规定黄河沿岸堤坝，由黄河水利委员会指挥河南、河北、山东3省河务局负责防护。对于汛兵招募、防汛岁修、沿河民众责任、堤防交通等事宜，规则也作了详尽规定。

6月，经行政院核准，并转呈国民政府备案，《黄河修防暂行规程》由黄河水利委员会咨行各省政府并通令各省河务局遵照施行。其主要内容包括以下几个方面：

一是明确责任。具体包括：①各省河务局举办一切工程，应先将计划呈送黄河水利委员会备案；②黄河水利委员会在每年春汛前，派员详细勘查各省河务局所办春工及防汛物料；③各省河务局办理春修工程，应于大汛期前完竣；④各省河务局所有河防员工，均应驻工巡防，昼夜轮守，不得疏懈；⑤防汛期间，遇有紧急抢险工程，额设员工不敷分配时，黄河水利委员会或各省河务局，应指挥沿河县长，征调民夫帮同抢救；⑥临河砖石坝垛秸柳埽工，如有蛰陷坍塌，凡主管人员，应随时抛修完整，报由主管局转报备查；⑦各省河务局办理春厢或防汛工程时，黄河水利委员会应随时派员前往指挥监督；⑧各省河务局于每届凌汛、桃汛、伏汛、秋汛安澜之后，应将水势及工程情形报黄河水利委员会备查等。

二是变更入汛日期。黄河防汛原本以7月15日为伏秋大汛入汛日，因1935年鄄城董庄在尚未入汛时即发生决口，为了赢得防汛抢险主动，黄河水利委员会在1936年修防会议上作出了变更入汛日期的决定，规定每年防汛期限为自7月1日起至10月底止。

三是组织专业防汛队伍。1935年3月，黄河水利委员会成立巡河队3队，每队30人，队员由各省河务局分别保送，由专人授以河防知识，学习期满再派回各河务部门。这些队员平时详查河势变迁、工程状况、堤埝损毁、通信电线、公路、林木等事，汛期即协助各省河务局抢险。1936年3月，董庄堵口工程竣工后，黄河水利委员会又将分散于各工巡队的老技术工人统一调集，成立3个工程队（后扩大为4个），共300余人，分驻河南、河北、山东3省各险要工段。作为黄河下游修防、抢险、堵口的主要技术力量。这些工程队均直属黄河水利委员会管理，各河务局无权指挥，遇有工程需要，须报请黄河水利委员会调遣。

为加强防汛督察工作，1935 年 7 月，根据全国经济委员会第 6683 号函，黄河水利委员会派副委员长孔祥榕，会同全国经济委员会水利处处长郑肇经，在开封设立“督察黄河防汛事宜办公室”，负责督察黄河防汛工作。同时，黄河水利委员会也成立了督察河防处。督察河防处对于 3 省建设厅、河务局及沿河县长，凡与河工有关事项，均有监督指挥之权。各省河务局局长及县长如对修防或协助修防不力者，由黄河水利委员会转咨 3 省政府撤惩之。督察河防处并对修防经费及临时工程款项有监督考核权，对 3 省河务局员工，不分省界，有随时调遣之权。这些措施，有力地强化了黄河防汛的指挥、协调与监督。

二、探索黄河治本

在加强防洪工作的同时，黄河水利委员会积极开展河道、堤防查勘，研究历史治河经验，加强河道测量、水文测验等基础工作，为黄河治本积累了大量基本资料。

1933 年，李仪祉履任黄河水利委员会委员长不久，即组织制订了《黄河水利委员会工作计划》，对治河目的、工作大纲等作了初步勾画。

治河目的包括防洪、整治河道及海口、控制洪水泥沙及发展内河航运四个方面。具体来说，防洪方面，要维持黄河现有入海流路，使其不迁徙改道，并采取措施巩固堤防，使其不溃决漫溢。整治河道及疏浚海口，目的在于刷深河槽、巩固河防，并保尾闾通畅，便利排洪。采取措施控制洪水与入黄泥沙，以节制洪水来量，免生险情，并避免泥沙淤积下游河道。航运方面，使黄河航运上可联贯主要支流，下可接通淮、运，而成为一个极好的水运网络。

为实现上述治河目的，需要从测绘、河防、研究与试验、设计与工程等方面开展工作。测绘方面，计划自海口沿黄河至河源，测精密水准；沿黄河两岸设立三角点，航测全河形势。河防方面，计划在中上游陕州、潼关等地设报洪站；确定上下统一、整齐严肃之河防编制；厘定河防法律，严明赏罚，荡除积弊。研究与试验工作方面，计划在济南设立一大规模水工试验场，进行各项治河工程试验；在济南及开封上下择一河段作天然试验；在山西、陕西区域内作天然沟洫试验。设计方面，主要从事改良黄河两岸堤防，整治河槽，在三门峡、壶口等地设闸，以及灌溉放淤等方面的设计工作。工程方面，除河防及治导两工程以外，黄河水利委员会应注重办理的，一为灌溉工程，一为垦殖工作。灌溉工程，无害而有益于河工。垦殖工作，可以在西北大量举办，以充实边防，增强民力。

1934 年，李仪祉又主持制定了《治理黄河工作纲要》（以下简称《纲要》），提出了黄河治理的工作要点,进一步强调了黄河治本工作。

《纲要》将治黄工作分为测量工作、研究设计工作、河防工作、实施根本制导工作、整理支流工作、植树工作、垦地工作、整理材料工作 8 项,并做了认真计划。其中将测量工作(地形河道测量、水文测量)、研究设计工作列为基础工作,预计 3 年完成。至于河防工作,他认为,要努力维持黄河现状,尽力修守,免生溃决之患,以免影响治本工作。黄河根本治导工作,预计在该计划实施之数年后可以次第进行,主要是修整下游河槽、发展水力、开辟航运、减除泥沙、防御溃决等工作。他提出,这些工作"有须待四年之后起首者,有随时可以兴办者,期十年小成,三十年大成"。此外,对于整理支流、植树造林等工作,亦做了具体计划。

1935 年,在研究与实践的基础上,李仪祉写出《黄河治本计划概要叙目》一文,对防洪治沙、造林灌溉、放淤垦荒等方面的工作,做了新的规划,包括黄河洪水量的分配、河槽整理计划、节蓄洪水计划、开辟减河计划、防治泥沙计划、植树造林计划以及水利开发计划等内容。

由于治河以防洪为最大目的,因此对于黄河洪水,要尽量为之谋划出路,务使平流规顺,安全泄洪入海。而洪水出路不外 3 条:第一,浚河槽使之宽深,以增加其容量;第二,在上游各支流建拦洪水库,以调节水量;第三,辟减河,以减异涨。

关于整理黄河下游河槽,该计划拟采用人工完成,工作内容大致有 3 部分:①防御溃决,包括修缮堤防埽坝及堵塞串沟工程;②修正河道路线,包括裁弯取直及对坝束水工程;③固定中水位河槽,根据各段中常水位之流量,确定河线,规划断面,设计工程,以达河槽冲深、滩地淤高之目的。

采用蓄洪之法治河,这是当时欧美国家刚刚发展起来的治河方法,却是减轻河流灾害最有效的办法。李仪祉对此甚为推崇,认为黄河干支流上可以设立蓄洪水库的地点很多,比如渭、泾、洛、汾、沁等支流,以及孤山川、无定、清涧、延河等支流。如果上述蓄洪水库能够建成,那么黄河下游洪水将大幅减少,其他治理措施也将便于推行,不但可以消除灾患,而且可以兴无穷之利。

该计划还借鉴中国古代开辟减河以分洪流的做法,拟在黄河北岸陈桥开辟一条减河,流至陶城铺入黄;另在齐河开辟一条减河,分泄洪水经徒骇河入海;并在黄河南岸自刘庄开辟一条减河,至姜沟流入黄河。经过这些减河的分流,即使发生 1933 年黄河的暴涨,也不致发生灾患。

除此之外,李仪祉还提出,对防治泥沙、植树造林、干支流水利开发等重要治河事项,应分别轻重缓急,根据各项工作的现实基础,采取积极措施努力推进。

鉴于黄河复杂难治，在该计划中，李仪祉特别强调了黄河治理的长期性观点，认为"治河大业非可于短期间全部完成，期以十年小成，三十年大成，则必分别缓急先后，配定施工程序，并使逐年工费所需为国家财力所及，方易实现。"

李仪祉制订的这些治河计划，体现了上中下游兼顾、科学治河、多目标开发的新的治黄设想，为黄河治理带来了新气象，虽然后来未能完全实行，但仍具有重要价值与借鉴意义。

为了顺利开展治河工作，在综合性计划之外，还需要一些专项计划与之配套，以深入解决某些重要领域、重要方面的问题，增强治河措施的科学性、可行性，保障建设质量，节约建设成本，为此，黄河水利委员会制订了整理河槽计划、黄河巨型试验计划、利用飞机勘测黄河计划等一系列专题计划。

规顺河势，稳定河槽，是黄河水利委员会着力开展的重要工作，在上述诸计划中多有论述，对一些防洪重点河段，黄河水利委员会也拟订了整理计划。

由于河势变化，平汉铁路黄河铁桥中段老滩被溜冲刷，坍塌迅速。为了保护桥矶，铁路局人员于涨水时在滩沿抛投了大量块石，但这些石块大都被水冲至铁桥下游，形成潜坝，桥矶未见巩固，而水位反被抬高，影响北岸安全，每届洪水，居民奔走呼号，不敢安枕。而且受滩地阻水影响，大溜斜冲铁桥，形势愈显危急。为了保护铁桥，1935 年，黄河水利委员会在《整理平汉铁路黄河铁桥上游河槽计划》中，提出通过修建挑水坝及护岸工程，规顺河势，使大溜直穿铁桥，不但消除铁桥面临的危险，而且可以减杀黄河北徙机会，充分保障华北安全。

黄河自民国以来在冀、鲁、豫 3 省交界处屡有溃决，该地段处于铜瓦厢改道河段，河势因受兜湾影响，极易变化出险。为了扭转这一局面，1936 年 2 月，黄河水利委员会制订了《整理铜瓦厢黄河河槽初步计划》。该工程包括开挖引河 6 公里，修筑上下锁坝两座，各长 3000 米，修筑护岸 3500 米，以改弯为弧，使河槽行水顺畅，经概算需法币 160 万元。

国民政府计划委员会在稍后拟订的《全国水利建设计划》中，也列出了整理黄河下游河床项目，计划采取恩格斯试验结果，在黄河豫、冀河段造成中水河槽，集中水力刷成正道，河槽以外滩地则任其逐年淤高，以成平陆。

为了研究河势变化规律，确定治导方法，1936 年春，黄河水利委员会拟订了黄河巨型试验计划，拟在河南开封黑岗口附近建设黄河巨型试验场，利用黄河水为水源，天然黄土为河床。依照自开封黑岗口至河北东明县老坝头一段河流形势设大体相似之模型，宽深成相当比例，引黄河水流通过，观察槽内现象是否与自然界相同。9 月，黄河水利委员会派队实测场址地形，11 月派员带测图、土样赴天津第一水工试验所办理检验土质及预备试验，后因日军侵华而中止。

鉴于当时黄河频繁决溢的现实，为推进治河工作的发展及确保黄河防汛安澜，明晰黄河河道地形与及时地掌握河势、工情、水情信息显得非常必要，为了快速勘测黄河及视察汛期水势与防御工事，1936 年 9 月，黄河水利委员会委托塔德编制了《引用飞机以视察及勘测黄河计划书》，计划沿黄河两岸建设武陟、四明堂、利津及济南、开封等飞机场 11 座，面积 36 万平方米，总投资 85.04 万元。

黄河水利委员会还对开辟减河、黄河泥沙处理与研究等治河工作，拟定了具体计划，进一步拓展了治河领域，梳理了治河思路，促进了黄河治本工作的深入开展。

1934 年西北考察团在兰州同地方人士合影

为了研究河情，因情施治，此间，黄河水利委员会在大河上下组织了一些实地查勘。

1934 年 9 ~ 10 月，为查明黄河下游水患的深层原因，李仪祉赴上中游进行查勘。在甘肃，视察了大通河口、天车引水灌溉及水文站工作，听取了上游测勘情况汇报。然后乘飞机顺黄河飞往宁夏，观察了黄河各峡谷形势，并在宁夏视察了汉延、唐徕、秦、汉等渠口及青铜峡、古城湾。不久到绥远，视察了河套引黄灌溉及大小黑水河的情况。

通过考察，李仪祉了解了黄河上游大通河口至包头间河道、植被情况及甘肃、宁夏、绥远水利状况，对黄河上游交通及水利发展提出了有价值的意见。认为："绥远、宁夏、甘肃、青海俱为边防重地，必有一便利之交通线以联贯之，始可首尾相应，以策捍卫之效。而此数地者，尤必民康物阜，始有实力以御外侮。"他主张在西北地区，将交通与水利结合起来办理，发展水利以促进西北地区经济发展，发展交通以促进该地区及与外界的经济交流。

关于航运，他提出首先需要整理黄河西宁至中卫间之水道交通，炸除险滩，使舟筏顺利下行，以利于西北货物运出。此外，利用宁夏唐徕渠及绥远乌加河开展航运，并在青铜峡建设跨河铁桥，以使这一区域交通条件大幅改善。灌溉方面，利用唐徕渠及乌加河为母渠，分水以入各灌渠，不但水量可以保证，而且渠道不易淤积，灌溉面积可以明显增加，抵御水旱灾害的能力也将得到明显增强。如此则农产丰盈，交通便利，工业振兴，边防建设亦可从事进行。

1936 年 12 月至次年 1 月，黄河水利委员会组成黄河察勘修防设计团，详细察勘了沿黄河南北两岸以及沁河重要工段、黄沁河堤防及临黄民埝，总长 1500 余公里。通过考察，将 1937 年应修防工程列为紧急工程 12 项、次急工程 8 项、特殊工程 14 项，写出《黄河二十六年察勘修防设计团报告书》。

这些考察，使黄河水利委员会对于黄河上中游河道、水文、水利及植被情况，下游河势工情、修防状况及黄河治理中存在的问题，有了详细的了解，为编制治理计划及从事治理活动提供了可靠的资料。

1934 年西北考察团在黄河岸边

三、治河技术的发展

国民政府前期，尤其是黄河水利委员会成立以后，水文测验、泥沙研究、测绘测量、水土保持、工程地质勘探、河防通讯等治河技术，较之以前都有了明显的进步。

水文测验方面，自1919年河南陕县和山东泺口水文站相继成立以后，经过几年的观测，已积累了一定数量的水文资料。为了深入分析黄河水文泥沙的规律，充分发挥这些珍贵水文观测资料的作用，1928年，华北水利委员会水文科开始了黄河流域水文资料的整编工作。主要任务有两项：一是整理旧有资料，补绘顺直水利委员会时期黄河陕县、泺口两水文站的水位曲线比较图、流量比率曲线图，编制逐年水位、流量、含沙量、降水量资料汇总表等；二是整理新形成的资料，考证、校核与修正各站原始记录，编制各项资料汇总表，编制上年度实测流量、平均含沙量及雨量年度表，绘制当年各站水位、流量、含沙量曲线图及流量比率曲线图等。通过这些整理工作，治河机构深化了对于黄河水沙运行规律的认识。

黄河流域的一些省份对于水文测验工作也较为重视，出台了相应的管理办法。1930年5月，山东河务局颁布《水文站观测办法》，规定了汛期、非汛期的观测制度，以及水位、流量、含沙量、降水量、蒸发量、气象观测等项目的测验技术、测验方法及观测时制等，这是黄河下游最早的水文测验办法。1933年6月，陕西省政府政务会议通过了《陕西省测水站规划及其设置组织大纲》。这一规划是由水利专家李仪祉提出的，并逐步得到了实施。这份技术文件把陕西省测水站分为水文站和水标站（水位站）两类，计划在陕南汉江干支流、关中渭河干支流、陕北黄河各支流布设水文站27处、水标站12处，是黄河流域最早的地区性水文站建设规划。

对于水文测验工作，黄河水利委员会成立后，相继开展了组建水文测验管理机构、编制水文站建设规划等工作。

1933年12月，黄河水利委员会从华北水利委员会调来一批技术人员，在河南开封组建了黄河上第一个流域性水文管理机构——国民政府黄河水利委员会水文测量队。为了提高水文测量水平，委员长李仪祉亲自拟定了水文测量计划，明确水文测量的内容包括流速、流量、水位、含沙量、雨量、蒸发量、风向及其他关于气候之记载事项，并拟定了应设水文站、水标站的地点。按照这个计划，1934年汛前，黄河水利委员会先后在黄河干流增设了兰州、包头、龙门、潼关、秦厂、高村、陶城铺、利津等8处水文站；在支流增设太寅、咸阳（渭河）、河津（汾河）、木栾店(沁河)、黑石关(洛河)等5处水文站,在黄河干流孟津、英峪沟、黑岗口、东坝头、南小堤增设了5处水位站。所开展的测验内容包括流量、流速、水位、含沙量、降雨量、蒸发量、风向以及气象资料等方面,至此,黄河流域水文站布设初具规模。每年黄河入汛后,各水文站可一日数次通过电报将水情报至黄河水利委员会驻地开封,对黄河防汛决策发挥了重要作用。

为了科学地布设水文测验设施,李仪祉特别注重水文站建设指导思想的研究。他在1934年12月写的《黄河水文之研究》一文中指出:在设立水文站时,要使各站之间的实测资料可以互相校核考证;测站布设要上中下游统一考虑,以查明黄河水、沙来源及其变化规律;水文测验内容要通盘考虑,除测流量、泥沙外,还要测雨量。在这篇文章中,还制订了黄河水文观测估计表,主张在黄河干流上设立12处水文站,在支流上设立11处水文站,组成流域水文观测体系,全面开展水文测验工作。

泥沙研究方面,这一时期已突破了传统的定性研究,开始了建立在近代水利技术基础上的定量研究。为了分析黄河泥沙特性,研究黄河的泥沙淤积规律,1932年,由华北水利委员会牵头,联合山东河务局及导淮委员会,在山东济南泺口及利津宫家坝河道断面,各分左、中、右三点采取河床质泥沙样品,寄往德国汉诺佛水工及土工试验所进行黄河河床质泥沙颗粒分析。两年后,又在河南开封黑岗口采取黄河水样,送华北水利委员会进行泥沙颗粒分析,绘制出了有关技术图表,这是黄河上首次进行悬移质泥沙颗粒分析。其研究虽然还不系统,对黄河治理的参考作用也很有限,但开启了利用近代水利技术进行黄河泥沙特性及冲淤规律研究的先河。

测绘测量是开展黄河治理的一项重要基础工作。因黄河源远流长,支流众多,流域内地势起伏很大,上中下游河道内外地形迥异,因而要制定黄河根治计划,就必须对河道地形进行精确测绘。在黄河水利委员会成立以前,黄河下游豫、冀、鲁3省河务机关,因经济、技术及管理权限等原因,仅能在辖区内进行简单的河道工段平面、断面图测量,大规模的测绘工作则未能开展;黄河水利委员会成立以后,测量工作得以加强。1933年9月,黄河水利委员会委派副总工程师许心武赴天津与华北水利委员会商洽,征聘工程师、借用测量仪器,组成了第一测量队,不久第二、三测量队及导渭工程处测量队亦建立,重点测量黄河下游河道地形、堤工。11月,黄河水利委员会派出两个测量队开始测量下游南北两岸大堤,一队依据黄河北岸平汉路铁桥以西原设的永久测站的经纬度及水准高程,自平汉路黄河铁桥起向下游施测;一队依据泺口黄河铁桥附近原设基点,自山东泺口起向上游施测。这次测量,每 250 米测堤断面一个,每四五公里设置永久测站一个。至次年 4 月,两支测量队在鲁西临濮集附近接测完成。计测北岸导线长 565 公里,南岸导线长 401 公里,并绘制出了大堤纵横断面图(比例尺 1∶2 万),标有堤顶高程、1933 年洪水位线和沿堤滩面与地平高度。

20 世纪 30 年代从事黄河测量的技术人员

1936 年,黄河水利委员会所属测量队完成自河南原武至黄河入海口的黄河河道地形测量,共做导线 2667 公里,测水准及校水准长度各 10671.95 公里,测地形 9919.9 平方公里,测河断面 310 个、堤断面 840 个、大断面 9 个、永久测站 123 个。

经过上述一系列工作,1937 年 8 月,黄河水利委员会测绘完成了孟津至河口的河道地形图(比例尺 1∶1 万),长约 800 公里,测区宽窄自四五公里至 50 公里。

在黄河治理工作中,常常需要一些精密的测量数据。依据精度不同水准测量被分为 4 等。一、二等水准测量称为“精密水准测量”,是国家高程控制的全面基础;三、四等水准测量直接为地形测图和各种工程建设提供所必需的高程控制。为了获得精密的测量数据,1934 年 7 月,黄河水利委员会成立精密水准测量队,进行精密水准测量,先后完成了从济南经天水到兰州的水准线,并联测了青岛验潮站和新乡、临清水准点以及德州水准点。

这一时期,国民政府的其他有关机构,或自行组织或受黄河水利委员会委托,也对黄河进行了一些测量工作,并取得了部分成果。

1934 年 7～10 月,黄河水利委员会委托国立北平研究院代测西安、潼关、郑县黄河铁桥、开封、泺口、利津、周桥、凤翔 8 处天文经纬度,作为施测黄河流域地形图的依据。1936 年 5 月,黄河水利委员会委托海军部海道测量局测量海口,自山东利津县小清河之羊角沟向北至徒骇河口附近,测至海中水深 10 米以外为止,约测 5180 平方公里。

1933 年 10 月,黄河水灾救济委员会委托军事委员会总参谋部航空测量队,采用先进的航测技术,对黄河 1933 年大水造成的灾区进行空中摄影,在河北长垣县大车集至石头庄 27 公里间,测成比例尺 1∶7500 堤防镶嵌图及长垣县冯楼一带 1∶2.5 万水道镶嵌图各一幅。在河南开封、兰封、考城,山东巨野,河北东明等县灾区航空摄影42幅。这是黄河上首次进行航空摄影，测区面积10800平方公里，测量质量和效率有明显提高，对促进黄河测量技术的发展具有积极意义。

为了规范测量工作，1934年10月，参照华北水利委员会规范，黄河水利委员会出版了《黄河水利委员会测量规范》，作为黄河流域施测基本水平控制的技术标准。包括天文测量、平面控制测量、高程控制测量、地形与断面测量、堤工测量、查勘测量和制图等，作为治黄机构第一本测量规范，一直沿用了20年。

黄河上中游的测量工作也开始起步，开展了部分灌区和部分干支流河段的测量。1935年8月，黄河水利委员会会同绥远省政府成立测量队，进行了绥远黄河及乌加河地形测量。1936年，国民政府建设委员会水利航空测量队与国防部测绘局空军第十二中队协作，在黄河流域进行航空测量，完成了黄河干流河南陕县至绥远包头间和部分支流（延水、汾水、涑水、北洛河、渭河、灵宝涧河）的航空摄影，制作了一批镶嵌图。

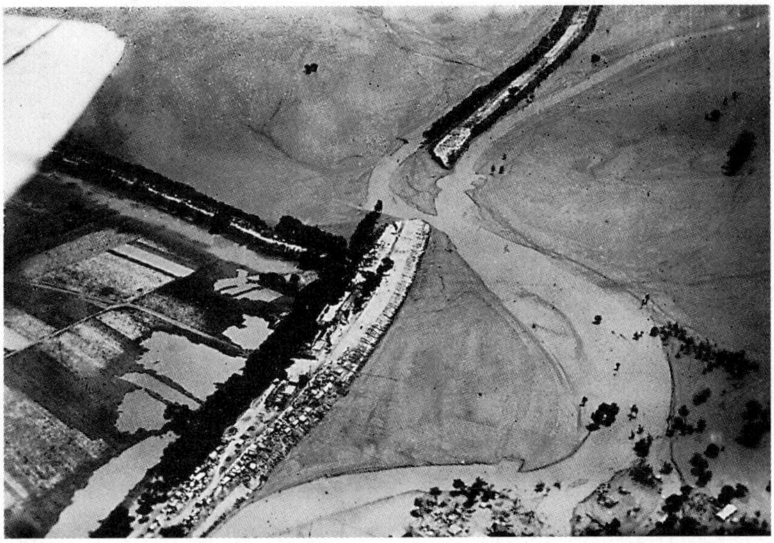

1933年黄河大水时航空摄影图片

黄河水利委员会成立前后，上中游地区的水土保持工作也得到了一定加强。

1927年11月，为了保持水土、发展生产并减少入河泥沙，陕西省制定了《恢复沟洫及防止沟壑扩展的计划》，要求各地政府施行。恢复沟洫的举措，主要是在农民垦种土地时，由地方政府督促其修治平整，确保三畔高仰，中间略低，并沿畔开沟、植树，田野中间再设置纵横十字沟洫。这样在降雨时，高地多余之水，由低地吸纳，节节留蓄，使其不致流失，而河流之中的水沙亦得以节制。防止沟壑扩展，则需借助于水利工程。要求地方政府在黄土山岭地带，无论大小沟壑，均督促当地民众在其出口选择适当地点，修筑土堰拦截水沙，如此经过一段时间，可使沟壑渐渐淤平。

1936 年，为了切实推进防止土壤侵蚀工作，为大规模开展水土保持积累经验和技术，黄河水利委员会编拟了《灵宝防制土壤冲刷试验区初步计划》，主要任务是进行黄土侵蚀区农作物种类及栽培方法研究、利用植被及工程进行拦沙保土试验，其中工程拦沙试验包括修建拦水拦沙坝堰、挑水滚水坝，开挖挑水沟、沉淀池，修整各类阶田等。根据这个计划，当年在河南灵宝成立了黄河水利委员会防治土壤冲刷试验区，这是黄河流域最早设立的水土保持试验场地。

工程地质勘探也有了突破。1934 年 7 月，黄河水利委员会派技士郑士彦率领陕西省 6 名凿井工人，赴渭河上游眉县魏家堡钻探拦河坝坝基。当时使用人力钻探，每日可钻土深 5 ~ 10 米，因该坝基处遇到卵石，无法深钻，结果最深仅钻至 6.7 米，共钻 17 孔。尽管如此，这却是黄河上使用土钻钻探坝基土质之开始。两年后，黄河水利委员会向英商怡和洋行订购 7.35 千瓦机动钻探机一部，在渭河宝鸡峡进行拦河坝址钻探，此次共钻探 4 孔，孔径 2.5 ~ 7.6 厘米，孔深（以到达石层为止）分别为 1.17 米、5.80 米、9.87 米和 11.209 米。这是黄河上引进最早的一台机动地质钻探机。

这一时期，黄河下游 3 省开始了河务通信系统构建。1929 年 10 月，河南省整理黄河委员会奉省政府令："于各险工处架设临时电话以期信息灵通，预防河患"。随后，河南省黄河南岸险工开始安设电话，由开封经柳园口、中牟县东漳、郑州来童寨，至郑州京水镇，共架设电线长 51 公里，安装电话 5 部。到 1932 年，河南省在上自沁河两岸，下至河北河段的沿河各段均安设了电话。1934 年，河南河务局在开封黑岗口敷设黄河河底电缆，连通两岸电信。到 1936 年，河南河务局沿河电话线路已达 700 公里，公用电话装机 40 余部。山东河务局共修复、架设沿河专用电报、电话线路 865.6 公里，架设陶城铺、泺口、道旭 3 处过河线路，使该省沿河专用电话线路全线畅通。为便利南北两岸的通信联络，此间，河北、山东两省河务局还在东明县刘庄险工处架设了一条过河电话线路。

与此同时，也加强了对通信设施的保护。1933 年，河南河务局制定了《保护河工电话杆线办法》，规定：凡河工电线经过地方，沿河县长及公安局长均应负责随时督饬警团及保甲长认真保护；沿河各县有盗窃河工电话杆线案发生，应有沿河县长及公安局长督饬所属严密查缉，务获究办；凡在 1 个月内沿河县境出现盗割河工电话杆线案 3 起以上而不能缉获者，县长及公安局长均给予记过处分。可见当时对河防通信设施的保护力度较大，对破坏河防通信设施的行为处罚非常严厉。

四、恩格斯的黄河模型试验

在近代,河工模型试验堪称河工技术的一场革命。这一试验由德国德累斯顿大学恩格斯教授于19世纪末首创,逐渐在世界水利界引起广泛关注,其方法是利用大比例尺模型试验进行仿真研究,找准河流治理中存在问题的症结,并采取相应的措施,这对于优化工程设计、节省工程投资、提高工程质量,具有重要意义。在这一试验中,黄河模型试验为一著名范例。

黄河为灾的惨烈及复杂难治,早就引起了恩格斯教授等一些国外近代水利专家的关注。1918年9月,恩格斯在致中国有关人士的信中,就提出了他当时的治河设想,认为:黄河测量及制图约需3年时间,同时宜将水文测量一并实施。如此,最早在开始测量3年之后,方能为整个黄河下游订一统一治理方案。此项方案完成后之次年,乃可开始准备工作。虽最后之河岸线及堤线须待治理方案完成始可决定,但在此期间,重要险工之防护不可稍有停顿。而对恩格斯而言,深入进行黄河治理研究,最佳选择莫过于利用他创设的水工试验室开展大比例尺模型试验,这时美国土木工程师费礼门的黄河考察及研究,基本满足了进行黄河模型试验的需求,为恩格斯教授提供了契机。

1928年,国民政府成立导淮委员会,聘请恩格斯教授为顾问工程师,来华审订导淮计划并勘察黄河。而当时恩格斯教授体力渐衰,遵医嘱不能远行,他遂推荐高足方休斯教授(Otto Franzius,1878～1936)代其来华。方休斯教授在中国参加了导淮计划的制订,并倾心研究黄河治理。回国后,他又在德国汉诺佛水工及土工试验所做了两次黄河试验,得出的结论是:“滩地宽大的河流,对于低水位河床之影响最为不利,盖泄洪之断面辽阔,则水流无力携沙石俱去也。故狭窄平行之堤防、坚固之河岸及滩地,足以使低水河床经过洪水以后大为刷深,愈加平整有律矣”。也就是说,方休斯认为黄河为患的原因在于洪水河床过宽,因此治河之法在于筑堤束水刷深河槽,建议在现有河道内,筑一道或两道新堤,其平均距离为650米,用平行束窄之堤防和坚固的河岸与滩地,使低水河床经过洪水以后大为刷深。

方休斯的治河主张,与费礼门的较为接近,而与恩格斯的主张大相径庭。于是恩格斯、方修斯师生二人展开了激烈的治河争论。1930年9～11月,恩格斯、方修斯为交换黄河治理之意见,在短短数月之内,往来书信达一二十封,但却难以达成一致意见。李仪祉了解这种情况后,为了平息他们的争执,主张借助于水工模型试验进行验证。1931 年 7 月，恩格斯在德国奥贝那赫瓦痕湖做大比例尺模型试验。试验采用清水，结果验证了恩格斯的意见，即将堤距大加约束之后，河床在洪水时非但不因之冲深，洪水位非但不因之降落，反而使水位不断抬高。

之后，恩格斯致函李仪祉，介绍了这次模型试验结果，并提出有意与中国合作，在与黄河水沙特点尽可能相同的条件下再进行一次试验，进一步验证已经取得的成果。李仪祉对此给予了积极回应，并尽力斡旋，促成了由国民政府水灾救济委员会出面委托恩格斯进行黄河模型试验。这次试验由冀、鲁、豫三省分担经费，中国政府特派水利工程师李赋都赴德参加。1932 年 6～10 月，恩格斯教授特别为黄河所做的大型模型试验在奥贝那赫瓦痕湖水力试验场举行，试验目的在于确定“缩小堤距是否可使河床冲深，因此使洪水位有显著的降落”。试验结果证明，堤距大幅缩窄后，河床在洪水时非但洪水位不能降低，且水位有所抬高。

恩格斯黄河模型试验图片

在试验报告中，恩格斯对试验结果做了一些说明，认为这次巨型试验的结果，是在较直河槽的模型内做有规律的试验而获得的。因为黄河的参考资料不充足，试验所用的沙质，与黄河的挟沙很难完全符合，所以试验的结果，仅能定其性，不能定其量。而欲使试验结果能应用于天然河流之治理，必须根据河流实测资料，做绝对相似的模型试验进行研究。因此，有必要进一步补充黄河实测资料，筹措足够的经费，再举行一次巨型模型试验，以使试验结果能应用于编制治导黄河初步计划。

1933 年黄河发生特大洪水，造成了惨重损失。这使上任不久的黄河水利委员会委员长李仪祉更加认识到在德国进行模型试验的重要性，认为必须再次进行试验，寻求黄河下游治理的科学依据。而热心促成此事的，还有全国经济委员会的郑肇经，他在 1933 年 10 月担任水利处副处长后，撰写了《恩格斯教授治导黄河巨型试验报告书后》论文，建议继续完成黄河巨型试验。不久，李仪祉也致函全国经济委员会，请求完成恩格斯治黄模型试验。

1934 年 1 月，全国经济委员会正式委托恩格斯教授再次进行黄河巨型试验，并派沈怡工程师赴德参加试验。试验目的重在研究在不同的水位下，在弯曲的河道中，各种堤防对河槽刷深及洪水高度的影响。这次试验于 7 月开始，11

月结束。试验结果与上一次一致，即河道之刷深在宽大之洪水河槽，较之狭小之河道为速，说明筑堤缩狭河道是不必要的。

1935年2月，恩格斯教授给全国经济委员会寄来了这次黄河巨型试验报告。认为治导黄河的先决条件，在于固定中水位河槽及滩地，而黄河的堤距则以宽大为宜。这与上次巨型试验的结果及《制驭黄河论》的主张是完全一致的。国内水利专家对于恩格斯的见解给予了很高的评价。李仪祉说："恩格斯这项主张，我是很赞同的，因为有了固定中水河床以后，才能设法控制洪水的流向。"张含英也说："固定河槽一事，应视为今日之急要工作"，堤线的"初期修整不可贸然束窄"。

鉴于恩格斯教授主持治导黄河试验成绩显著，为中国近代治河方略的发展及利用模型试验手段研究黄河治理，做出了重要贡献，1936年1月，由黄河水利委员会特呈全国经济委员会，并转呈国民政府批准，授予恩格斯一等宝光水利奖章，以示褒奖。

此后，恩格斯教授继续关注黄河治理事宜。抗日战争期间，恩格斯还给中国有关水利人士写信，函询黄河治理情形，表示愿继续义务研究黄河治理，并希望中国水利科技人员依据黄河实测资料，总结历代治黄经验教训，实地举行黄河巨型试验，以制定治黄计划并予以实施。

就在恩格斯进行黄河试验的同时，中国国内也在积极筹措建立水工试验场所，开展包括黄河治理在内的大江大河的河工模型试验。1933年12月，黄河水利委员会和河北省立工学院合作，在天津建设"天津第一水工试验所"，次年，导淮委员会、华北水利委员会、扬子江水利委员会等单位也参加建设，名称改为"中国第一水工试验所"。该试验所于1935年11月建成，首任所长为留德学者、李仪祉的侄子李赋都。这一试验所的建设，对于促进中国近代水利技术以及水利事业的发展，具有重要意义。不幸的是，1937年抗战爆发后，该试验所毁于日本侵略军之手。

五、李仪祉对黄河治理的重要贡献

纵观历史，大凡一项事业有所成就，必有推动其发展的代表人物。对于民国时期来说，李仪祉作为一位著名水利专家和近代水利事业的奠基人，对于促进当时水利与黄河治理事业的发展做出了十分重要的贡献。

李仪祉生于贫穷落后的旧中国，对人民遭受水旱灾害的苦难有深切的体会，从少年时代就立下了振兴中国水利的宏愿。他留学回国后，在培育水利人才、开

李仪祉先生像

发陕西水利方面做了很多开拓性的工作。1928年，李仪祉就任华北水利委员会委员长，筹划白河、黄河水利事宜，开始涉足黄河治理的实践，并继续开展治黄理论研究。此后至1932年，李仪祉先后写了《华北、导淮、黄河三委员会有联合工作之需要》、《黄河及其治导开展》、《治黄研究意见》、《三省会派工程师往德国作治导黄河试验之缘起》等文章，对黄河的治理提出宝贵意见。

1933年4月，国民政府特派李仪祉为黄河水利委员会委员长，李仪祉遂全身心地投入到黄河治理的理论研究与实践探索之中。这一时期，是李仪祉撰写治黄文章最多的时期，也是李仪祉治黄思想的发展与成熟时期。在两年多的时间里，李仪祉先后撰写了《黄河治本的探讨》、《导治黄河宜注重上游请早期派人测量研究案》、《请由本会积极提倡西北畜牧以为治理黄河之助案》、《请测量黄河黄河全河案》、《黄河应行应革事》、《治黄关键》、《洛口猛涨时发表治黄谈话》、《谈治黄进行状况》、《关于治河之准备》、《黄河水文之研究》、《免除大河以北豫冀鲁九县水患议》、《治河罪言》、《后汉王景理水之探讨》、《固定黄河河床应以河水位为标准》、《培修堤防法》、《黄河流域之水库问题》等40余篇关于黄河治理的文章。

在李仪祉的著作里，他运用西方近代水利技术，借鉴中国古代的治水经验，结合黄河治理的实际，经过深入地钻研、探讨，提出了一系列治河的方策和措施，推动了黄河治理方略与实践的发展。

首先，在治河理念上，作为中国由运用传统科学技术到运用近代科学技术治河的开路人，李仪祉提出了科学治河的主张，并进行了一定程度的实践。在河海工程专门学校任教之时，李仪祉就在自著的教材中指出："中国治河之术，非不博且尽也。著述记载，非不多且善也。唯因测绘之事未精，计算之术未工，故其为治也，粗而不密，略而不周，支支节节而为之，愈治而愈不治。"[1]后来，李仪祉又多次阐述了科学治河的重要意义，主张运用近代科学技术治理黄河。

在此基础上，李仪祉提出了黄河治理应该从事的技术工作，一是通过精确的测验，来了解河流的丘壑形势、气候变迁、流量增减、沙淤推徙之状况，及床址长

[1]李仪祉著. 水功学. 上海印书馆，1938

削之原因;二是详细审核计划,力求顺应自然,充分利用自然力量,减少人力物力的投入来达到治河目的。因此,他主张要有严密的水文测验暨水工试验,用来研究泥沙沿河沉淀的情况及洪水冲刷后不能较长时间维持河身深广的原因。

随后,李仪祉在《请测量黄河全河案》、《黄河水文之研究》、《黄河水利委员会工作计划》等文中,提出以科学方法测量地形,研究水文、气象、泥沙、土壤,建立大型水工模型试验场等一系列建议,以认识黄河,掌握黄河规律,把治黄工作建立在充分利用近代科学的基础上。基于上述认识,李仪祉对科学治河工作进行了一系列推动,取得了很大成绩。

其次,在治河方略上,李仪祉提出了上中下游并重,防洪、航运、灌溉、水电兼顾的治河方针,主张对黄河全面治理,综合开发,使千百年来黄河治理局限于下游一隅的局面得以转变,发展了治河方略。

采取有力措施保持上中游水土,是黄河上中游治理的一项重要工作。正如李仪祉在《治黄意见》中所言:"治河之要在上中游,应速广开渠道以分水量,藉资灌溉,并应广为造林,以遏沙患。"黄河为灾的根源在于善淤、善决、善徙,而徙由于决,决由于淤。李仪祉对此洞察于心,他认为欲根治黄河之患,必须重视防洪,但更须防沙。"沙患不除,则河恐终无治理之一日。"

李仪祉对于防沙治沙途径进行了多方面的探索,提出了有见地的防沙治沙方法。他认为黄河泥沙从来源和成分看大致可分3区,即泾、渭为一区,托克托至韩城黄河流域为一区,潼关至汜水黄河流域为一区。这三区泥沙来源均极富,"泾、渭区及潼汜区均属黄土带,溪涧所经,土崖壁立,或坡地垦为梯田,土质疏松,夏秋两季雨量最多,辄因雨水冲刷,崩裂坍陷,倾坠河流,溶解为沉淀质。间有石崖经气候剥蚀裂成碎片细粒,亦在雨后逐流而下,故其组合成分,土多沙少。惟洪水时期亦稍多。托、韩干支各流,两岸多为石崖,则沙多土少"。至于防沙之法,李仪祉总结了汉代张戎、明代周用等人的治沙主张,逐步提出了自己的治沙理论。

植畔柳,开沟洫,修道路,是李仪祉最先提出的治沙方法。植畔柳,即在阶田之畔,植上矮柳,以固畔滞沙。开沟洫,指在田野上相度地势开纵横之沟,用来容水留淤,既可减沙,又可利农。修道路,是将乡间泥路修筑坚固,路两旁开挖水沟,以免泥沙顺路而下,从而达到减少入河泥沙之目的。

后来,李仪祉又提出两种综合治沙方法,一是防止冲刷,以减少其来源。如严防沟道两岸冲塌,培植森林,平治阶田,开挖沟洫等。二是设置谷坊堵截泥沙去路,既可节洪流,且可淀淤沙、平丘壑。应根据干支流具体情况,小的谷坊由政府指导民众设置,大的谷坊由政府负责兴办。

李仪祉深入研究了森林等植被对防止冲刷的作用,他说:“造林工作在上游可以防止冲刷,平缓径流,在下游可以巩固堤岸,充裕埽料,于治河有甚深之关系。应在中游干、支各流分别勘定造林区,及沿干流河防大堤内外,广植林木,并按土壤种植之宜,各为选定树木种类,分区分段设置苗圃,分年栽植”。鉴于西北区域气候干燥,林木不易成活,且树木生长慢,防沙固沙作用不易显现,李仪祉又提出了广种苜蓿的主张。认为“苜蓿根基深,纠结土质牢固,防制冲刷之力胜于树木。其性耐旱,不用灌溉。只须种一次,多年可以滋长,无养护之费。每年只须镰割三次,存干亦可供刍料,或放开牛羊自食。”李仪祉认为苜蓿的减沙作用也很显著,“诚能使西北黄土坡岭尽种苜蓿,余敢断言:黄河之泥至少可减三分之二”。

李仪祉还主张在中游适当之处修建水库,节制洪水,避免下游河道淤积。水库的修建地点,以“施于陕西、山西及河南各支流为宜。黄河之洪水以来自渭、泾、洛、汾、洛、沁诸流为多,各作一蓄水库。山陕之间,溪流并注,亦猛急异常,亦可举其大者……作一蓄水库,如是则下游洪水必大减”。在宁夏、绥远、山陕各省黄河流域及省内支流,广开渠道,振兴水利,以进一步消减下游洪水及泥沙。

由于黄河下游洪水灾害严重,关系国计民生甚巨,所以如历代治河者一样,李仪祉仍把防洪作为治河的第一目的,认为在控制黄河来沙、根本治理之前,应当尽量为洪水筹划出路,使其安全入海。至于具体的治理方法,则有许多措施。一是修“固滩坝”,整修险工,形成节点,以达到固定下游中常水位河槽、有利于排洪的目的。这种河槽的横断面,应能“范常流,泄洪涨,挟所有之沙,直注海洋,无随处淤塞,侵削岸址之弊”,以免危及堤防安全。二是整治海口,“一其流,畅其波,筑海坝伸出口外,达之深处,使河床所挟下之沙,得借海水之力攫之而去”。三是辟减河,北岸自陈桥作一减河,至陶城铺还黄;又自齐河作一减河,泄入徒骇河入海;在南岸自刘庄作一减河,至姜沟还黄,以减暴涨。他设想黄河下游河床以通过6500立方米每秒为目标,为防御超过这一流量的特大洪水,还须在干支流修建拦洪水库。通过采取这些综合措施,“使上有所蓄,下有所泄,过量之水有所分”,这样,就可以初步解除下游的洪水威胁,达到黄河长治久安的目标。

李仪祉将整理航道发展航运列为治河的第二目的,给予充分重视。他在《黄河治本的探讨》中指出:“现在的黄河,不过支支节节通几只牛皮船及木船而已,以现代的交通眼光看起来,直可谓之不通航。”对于黄河这样的万里长河来说，流经9省，居民亿万，却不能用以发展交通，令人惋惜。但发展黄河航运，又应从中国国情出发，既便利经济交流、人民来往，又要避免列强染指，被其当作掠夺资源之手段。由于国家贫弱，中国许多经济领域被列强把持，交通方面更是如此。长江流域不但外货充斥，国产衰败，而且外商船舶深入内地，兵舰借保护贸易为名，接踵而至，如入无人之境。西北地区以交通不便，列强尚染指较少。李仪祉指出：我们鉴往知来，又何忍令西北再陷于东南万劫不复之危境呢？所以对于黄河航道，既要办理，又要有相应措施，比如：在黄河海口不设港；利用小清河羊角沟为商港，而在济南附近建设小清河与黄河联运之陆上交接设施；由利津至黄河铁桥以通行拖轮为度，铁桥处设火车及民船转运场，由火车卸货于船；潼关至兰州，则分段安排，或行民船，或行拖轮。总要既能开发黄河航运，又不使通行远洋货轮，导致列强插手才行。李仪祉对黄河全线通航，给予了很多期待，认为黄河全线通航问题，经过建设，必有解决之一日。

1934年李仪祉在河北视察黄河工程

对于黄河干支流的引水灌溉、放淤、水电开发等事业，李仪祉也进行了不同程度的研究和规划。在灌溉方面，他主张对甘肃、宁夏、绥远故渠，按照科学方法加以改良和推进，以充分发挥其效益。对于山西汾河，河南伊、洛河，沁、丹河，则通盘规划，分区筑渠，统一管理，让沿岸群众都能享受水利发展带来的好处。在放淤方面，他认为豫、冀、鲁3省沿河约有3万顷低洼地，泄水无路，渐成碱地，弃之不用，殊为可惜。建议按照山东放淤改良碱地的方法，统筹办理，以利这项工作的开展。在水电方面，建议先在壶口、孟津及渭河宝鸡峡各建水电厂，为日后水电事业的发展奠定基础。

李仪祉对于黄河治理的重要贡献，还在于他在创立中国治黄史上第一个流域性的治河机构——黄河水利委员会的过程中，做出了突出成绩。由于经费等方面的原因，国民政府成立治河机构的努力曾两次遇挫，直到1933年李仪祉被任命为黄河水利委员会委员长后，黄河水利委员会的成立才真正提上议事日程。李仪祉从科学治河及黄河治理的实际需要出发，设置了黄河水利委员会的组织机构，使其能够承担黄河上中下游治理的职责。此间，由于在上中游开展了测量、水文测验、查勘及水土保持等治理活动，从而使黄河治理事业从历史上仅仅局限在下游治理延伸至中上游治理，因此在黄河治理开发史上具有重要的意义。

在治河人才培养上，李仪祉也付出了很大努力。自1915年从德国留学回国，李仪祉就投入到河海工程专门学校的建设之中，前后长达7年多，成为这所学校物质和精神的奠基人。以后李仪祉又曾在北京大学、清华大学、中山大学等学校任教，教授水利，培养人才。

李仪祉的卓越贡献得到了国民政府和社会各界的高度赞颂，1938年春他因病去世后，西安各界素车白马、满衔塞巷来悼念这位德高望重的水利先驱，国民政府特致唁电，称其："德器深纯，精研水利。早岁倡办河海工程学校，成才甚众。近年于开渠、浚河、导淮、治运等工事尤瘁心力，绩效懋著。方期益展所长，弼成国家建设大计，永资倚畀，遽闻溘逝，悼惜良深"，给予李仪祉以很高的褒扬。他为中国水利和黄河治理事业做出的不朽业绩，将被中国人民永远铭记。

第五节　流域水利开发利用

一、促进水利开发的重要因素

这一时期，黄河流域水利开发取得了显著的成绩，上中游的引黄灌溉在已有的基础上继续有所发展，关中水利建设效益巨大，汾河流域开发推出了一些新的举措，黄河下游引黄淤灌也开始起步。尤其是黄河下游机器抽黄、虹吸淤田工程的实施，虽然规模较小，却标志着近代下游引黄兴利的发萌，具有重要意义。导致这一可喜局面出现的重要因素有两个，一个是流域持续性的大旱灾，一个是出于国防需要而进行的西北大开发。

由于自然和社会因素的双重影响，黄河流域一直是旱灾的重灾区，大量历史文献、文物研究证明，黄河流域大约从宋代开始，愈来愈向旱的方向演化，据记载较翔实的山西、河南两省历史文献资料统计，北宋以前，两省平均每世纪发生严重干旱分别为6.2次和3.2次；北宋以后至19世纪，平均每世纪发生严重干旱陡增至49次和17次。进入20世纪，流域内旱灾时闻，严重之时，甚至赤地千里。1922～1932年黄河流域发生连续11年的大旱灾，起初，干旱只是局部性的，后来开始出现大面积的连片性干旱，1928～1931年旱情达到极点，并覆盖了整个流域。各地文献中普遍有“自春至夏无雨，麦秋枯槁，颗粒无收”的记述，甚至出现人吃人的惨剧，挣扎在饥饿死亡线上的灾民达数千万人。各地灾情尤以陕、甘、宁3省为最重，泾河、渭河曾出现断流现象，车马可由河道通行。甘肃隆德县哀鸿遍野，居民有杀子而食者；宁夏死者枕藉，十室九空，全省死人三分之一。

1927年春季，山东、直隶出现连片性旱灾，山东尤为严重。灾民赴东北3省求生者甚多，4月中旬，哈尔滨平均每日接收难民约4000人，到7月，在前后3个月的时间里，共计87万多难民离开山东和直隶。11月8日，华洋义赈会调查山东境内受灾情形，统计全省受灾县达56个，受灾人口、受灾面积比例均超过全省之半数。调查显示，灾区之内，已有22县几无人烟。

1928年，黄河流域性大旱出现。青海西宁及东部干旱严重，乐都终年不雨。甘肃全省春夏秋旱奇重，夏地既无收获，冬麦又失种，天灾兵祸，全省灾民达250万人，哀鸿遍野，人相食；宁夏春夏大旱，春苗干枯，秋季无收，人民少食，牲畜饿死大半；陕西重旱，自春徂秋，滴雨未沾，井泉涸竭，树皮草根采掘已尽，遍野荒凉；绥远春夏干旱、多风，五谷不登，城乡并饥，饥民充塞村野，横尸相望；山西全省性大旱，不少地区麦秋无收；豫西、豫北春夏大旱，间有雹、蝗为灾，民大饥，豫东、豫南夏秋酷旱，赤地千里；直隶大名县春夏旱，麦减收；山东菏泽、济宁春夏6个月未雨，旱、蝗灾害严重。据统计，绥远、豫东、豫北、陕北、晋东五灾区共有灾民884万人。陕县水文站实测年径流量只有200.9亿立方米，为1919年设站以来的最低值。

1929年，黄河流域性大旱继续发展，涉及面积约11.25万平方公里，居民约3000万人。青海西宁、大通两县重旱，乐都县终年少雨，颗粒俱无，灾民7万余人；甘肃持续奇旱，58县大旱，40余县重旱，草根树皮食尽，十室九空，年底全省灾民456万人，死亡230万人，其中死于饥饿140万人，其他原因死亡90万人；宁夏大旱，人相食；陕西全省受灾91县，极旱区88县，不少县颗粒无收，青草绝迹，礼泉等县日毙饥民累百盈千，少者散之四方，老弱转乎沟壑，全省共饿死250余万人，逃亡40万人；山西荣河县夏秋俱无收，昔阳、平遥、介休、绛州赤地遍野；豫西、豫东春夏大旱。上述区域中，陕、甘、宁3省持续数年的干旱在该年达到极点。此后，流域内旱灾继续肆虐，部分地方的旱情甚至持续到 1932 年。

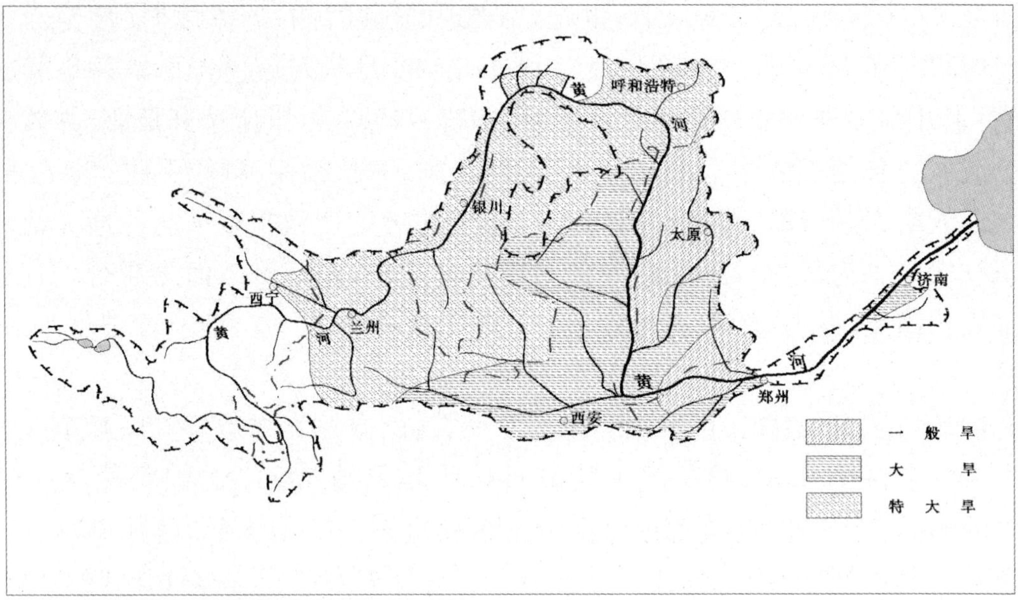

1929 年大旱灾区图

面对严重的干旱，中央及地方政府采取了一些救灾措施。1930 年 3 月，国民党第三届中央执行委员会第三次全体会议通过“由中央与地方建设机关合资开发黄、洮、泾、渭、汾、(北)洛等河水利，以救西北民食”案。之后，对西北的水利建设进行了一定的扶持。流域内各省也不同程度地采取了一些救济及水利开发举措，促进了黄河流域水利事业的发展。

出于国防需要而进行的西北开发，是这一时期黄河流域内陕西、甘肃、绥远、宁夏、青海等省水利发展的又一重要原因。“九一八”事变后，民族矛盾日益尖锐，朝野上下发出了“开发西北”的呼吁，认为西北是中国的出路，要恢复中国版图，必须以中华民族发祥地的西北作大本营，所以要集中全力开发西北。1934 年 5 月，全国经济委员会常委宋子文考察西北时在兰州指出：“建设西北是我们中华民族的生命线”[1]，明确地把西北建设提高到国防战略的高度，把西北的开发与国防建设的重要性结合起来。7 月，宋子文在南京发表谈话，称发展西北为中国惟一出路，其首要之图在兴修水利，因为西北物产丰富，所虞者只怕天旱。发展西北农村，先要自陕西做起。宁夏、甘肃等地，水利亦大有可为。

对西北开发，蒋介石、孔祥熙、何应钦、于右任等国民党军政高层官员，也都表示密切关注并进行了积极推动。

---

[1] 宋子文著. 西北建设问题. 中央周报，1934 年 5 月第 310 期

开发西北，发展水利事业是首要目标之一。西北向来缺水，频仍的旱荒如同恶魔一般威胁着当地人民的生存。为此，1932 年 12 月，国民党三届四中全会通过了《开发西北案》，其所指西北范围包括绥远、宁夏、陕西、甘肃、青海、新疆及内蒙古西部等地，该案对西北的水利做了统筹规划，提出必须设“专门之机关与人才，作精密之考察，通盘之筹划。凡重要工程，非地方政府力所能任者，由中央办理，其余重要计划，简易工事，皆由其指导督率地方办理也”。[1] 这次全会还专门为甘肃省通过了《提倡甘肃造林兴修水利案》。1934 年 6 月，全国经济委员会第九次常务会议讨论通过《西北建设大纲》、《西北水利事业进行办法》，并决定变更原订《西北事业建设计划》，在已定陕、绥两省 130 万元水利经费的基础上，再续拨 50 万元、20 万元以发展甘肃、宁夏水利。之后又陆续形成了一系列关于兴办西北水利的建议，如申请拨款兴修甘肃省灌渠以利灌溉方案以及《提倡甘肃造林兴修水利案》等。1936 年，全国经济委员会编订了《全国水利建设五年计划大纲》，其中涉及西北水利的就有“完成关中八惠灌溉工程”，“整理绥远、宁夏、甘肃水渠”等计划案。

南京政府的积极推动，使西北的水利建设得到了加强，在一定程度上掀起了西北地区水利建设的热潮。

二、上游水利的发展

黄河上游水利事业历史悠久，早在秦汉时期，宁夏、绥远黄河沿岸就开始引用黄河水灌溉农田，经过长期的发展，这里早已成为国内著名的大灌区，拥有不少古老的灌渠，享有“塞外江南”、“黄河百害，惟富一套”等美誉。到民国时期，在发展生产和抗御严重旱灾的过程中，在中央、地方政府的扶持和社会各方面的参与下，黄河上游地区灌溉事业又有了进一步的发展，维修了旧灌渠，开辟了新灌区，灌溉面积得以大幅拓展，为发展经济、抗御严重旱灾及增强国防实力做出了贡献。

1929 年青海建省后，省政府制定了《青海省兴修水利办法》、《青海省以工代赈办法》，对兴修水利进行扶持。由于基础较差，青海省的引黄灌溉基本没有大干渠与成规模的灌区，只是各地零星修建了一些小型引黄工程，如重修巴燕县甘都河西旧渠、兴修贵德县引黄工程等。1931 年，农民李承基等在郭密席芨滩开发土地 100 余亩，修造水车一架，费资 2000 余元，提取黄河水灌溉农田。1934

---

[1] 西安市档案馆编. 民国开发西北. 2003 年(095 号)

年,杨春德等 3 户人家,在龙羊峡出口的水车滩开发土地数十亩,建造水车一架,取用黄河水灌溉,资金除自筹外,并由县政府补助一部分。在贵德古录寺,由寺院僧众集资建设水车一架,引用黄河水浇灌所开垦土地。循化县在瓦匠庄新修水车一架,用款 2500 元,引黄河水灌溉。

青海省的灌溉农业集中在湟水流域,这一区域灌溉历史长,灌溉工程密集,灌区面积也较大。为了发展农田灌溉,青海省政府建立了管理机构,对开挖渠道采取了一些补助措施。1927 年 7 月,青海护军使(原青海蒙番宣慰使)设置西宁垦务总局,在西宁附近各县开垦荒地。两年后,西宁垦务总局改称青海省垦务总局,继续办理垦务。1929 年,青海省建设厅设立灌溉工程处,管理平安、长胜、阁公等渠道。不过青海省的灌溉工程民间举办的较多。据 1934 年青海省政府调查,当时湟水灌区民间拥有渠道 123 条,支渠 205 条,灌溉面积 49.75 万亩。这一阶段新开渠道有大通县南北两大渠,乐都县羊官渠、老雅渠、羊其堡渠,西宁县彭家渠、中红堡渠、罗家湾渠等多条渠道。青海省其他黄河支流也有一些零星的灌渠建设,如 1936 年 12 月青海省政府迫使被俘的红军西路军战士及移民在化隆县甘都修渠 10 余公里,引黄河支流巴燕沟水灌溉开垦西滩荒地 5000 亩。

甘肃地居西北要冲,大部分地区气候干燥,旱灾频繁,发展农村经济,离不开水利。甘肃大规模的引黄灌溉起步较晚,不过利用水车引黄却别具特色。1928 年,甘肃省兰州城南郊农民,集资在城北黄河边建巨型水车 3 轮,并架设七八丈高的引水渡槽越过兰州城墙,引黄河水灌溉南郊上下沟的园田,被称为“兰州水车之最”。至 1934 年底,黄河沿岸设置水车的县有永靖县、靖远县、皋兰县及洮沙县 4 个县,共设置水车 254 架,灌溉农田 5.05 万亩。

甘肃省引用洮河等黄河支流的灌溉工程较为发达,水渠多,规模大,分布广。截至 1934 年底,甘肃省黄河流域临洮等 21 个县中,共修建有永宁渠等灌渠 116 条,可灌溉农田 96.15 万亩。截至 1935 年,未完成之水渠有临洮济生渠等 6 条,可灌田 3.93 万亩,另有拟开渠道 21 条,可灌田 98.2 万亩,其中临洮之洮惠渠,永登之红古城渠,皋兰之达家川渠、新古渠,永靖之永丰川渠,已经测量完竣,正准备陆续兴修。

甘肃省的水利发展得到了中央政府的支持与扶助。1934 年 6 月,全国经济委员会拨给甘肃省水利经费 50 万元,作为水利基金,扶持甘肃省发展灌溉农业,这笔款项后来被用在了洮惠渠、永丰渠、达家川渠、红古城渠等工程的修建上。洮惠渠是甘肃省近代建设的第一项新型灌溉工程,而永丰渠作为引黄河水灌溉的工程,建成于 1942 年。

甘肃黄河岸边的水车

1933年冬,甘肃临洮乡绅倡言兴筑洮惠渠,拟自李家村引洮河水,至城北二十里铺止,渠道长28.15公里。此后,这项工程改为中央与地方合办。1935年1月,全国经济委员会组成甘肃省水渠设计测量队,由队长王仰曾率领,到临洮县实测洮惠渠渠线,4月完成渠线设计。当年开工,至1938年8月竣工,用款25.4万元,可灌溉农田2.7万亩。

宁夏引黄灌溉距今已有2000多年的历史,是中国最古老的灌区之一,拥有不少著名的灌渠。这一区域引黄灌溉之所以得到连绵不断的发展,是和当地的气候和地理位置密切相关的。宁夏引黄灌区受大片沙漠包围,年降雨量200毫米左右,年蒸发能力却达2000毫米左右,无霜期120～150天,土地大半属淤灌土,也有部分灰钙土,在如此不利的自然条件下发展农业,只有引用过境的黄河水进行灌溉,以尽得黄河之利,而无旱涝之虞。所以,长期以来,水利事业一直是宁夏的经济工作中心。

由于黄河河道摆动不定、灌区人口的增减变化及农牧业经济的此消彼长等原因,宁夏灌区的发展也经历了曲折的过程,一些较早的灌渠大都经历了复杂的演变。秦渠相传创始于秦代,经历代整修,至民国时,渠长143公里,灌溉农田14.5万亩。汉渠创建于汉代,经过长期演变,至民国时渠长50公里,灌溉农田10万亩。唐徕渠建成于唐代,是银川平原河西灌区最大的引黄灌溉渠道,至民国时渠长150余公里,渠口进水量75立方米每秒,灌溉农田46.78万亩。汉延渠开建于东汉，元代始有此名，1928 年春水利专员崔桐选曾严督修浚，才将多年淤塞之渠道，整理通畅，民国时渠长 120 公里，灌溉农田 25.7 万亩。惠农渠开挖于清代，经多次修复，至民国时因河势东趋，于 1914 年将渠口移至汉坝堡施家河，该渠主要灌溉银川平原北部黄河沿岸 28.3 万亩农田。其他如美利渠、七星渠以及兴建于清代的大清渠、昌润渠等，经过长期的维修、改建，至民国时仍然发挥着较好的灌溉效益。

宁夏黄河东岸的汉渠

宁夏的引黄灌渠，在建设上具有后来居上的特点，即从黄河提水时，由引水较易的低河岸部位向引水难度大的高河岸部位发展，在银川平原河东灌区，汉渠在秦渠之上，而在河西灌区，唐徕渠则在汉延渠之上，就说明了这个问题。古代遗存至今的干渠，又都经历了由小到大、由短到长、渠身随着灌区的淤垫而不断抬高的演进过程。

在管理方面，宁夏灌区制定有完备的规章制度，内容包括组织、工程、用水、经营管理和奖惩办法等。每条渠道均设有管理局，排水沟设沟洞事务所，黄河河工设若干河工处，实行分工专管。但因于政府监督不力，渠官腐败，地方势力把持渠务的现象时有发生。冯玉祥将军曾对此进行了一些整顿。

1926 年冬，时任西北边防督办的冯玉祥将军，在五原誓师后，率领国民革命军入甘援陕，策应北伐。他途径宁夏时，看到平罗县大片农田荒芜，经调查才得知当地水利为豪绅把持，贪污成风，渠道破烂，农业凋敝，逃户甚多。冯玉祥到陕西后，指示甘肃省主席刘郁芬（当时宁夏尚未建省，属甘肃管辖）选派干员，认真整顿宁夏水利。刘遂委任崔桐选为宁夏水利专员之职，并传达了冯玉祥“打倒土豪劣绅，铲除贪官污吏，整顿宁夏水利”[1]的指示，并授予其“对于把持水利、罪大恶极的人，可以就地正法，先斩后奏”的权力，命其全权负责宁夏水利整顿工作。

宁夏黄河西岸的唐徕渠

崔桐选到任后，经四处访查，掌握了豪绅污吏把持水利，对于渠道修整敷衍应付、粗估冒算、分肥营私等种种恶行，并在1927年夏灌和次年春修时，亲自出马，现场办公，严惩了一些贪官、劣绅及渎职者，恢复了灌区秩序，修整了渠道，取得了显著的成绩。

唐徕渠毛渠水闸

但是这次整顿工作只是昙花一现，随着崔桐选的调离，灌渠管理不久即恢复以前状态，渠官腐败依然严重，渠务废弛，渠道失修，农村生产与社会经济均受极大影响。

1933年，宁夏省政府改组，着手整理渠务。次年3月，宁夏省政务会议决定实行渠制改革，以清积弊，并

[1]卢德明著. 冯玉祥派员整顿宁夏水利. 黄河史志资料，1994(1)

交由建设厅实行。建设厅决定将全省原有之各渠道管理局全部裁撤,另组织各渠水利委员会,由农民选举素谙水利、公正廉明的士绅为委员。然后在各委员中推选一人担任常委,综理会务。常委与其他委员共负推进渠务之责,实行集体领导,避免渠务集中于一人之手而产生腐败。另外制定了整饬水利的各项章则,通令各渠水利委员会,依照奉行。当时共成立了汉延渠水利委员会、唐徕渠水利委员会、惠农渠水利委员会等28所水利委员会。这一时期,灌区管理上也开始应用近代科学技术,1935年,有关方面对灌区耕地逐块清丈,1937年又用小三角重新测量,核实耕地面积为195万亩。宁夏省政府改组之后,建设厅对于渠道也进行了系统整修。首先修筑了各渠闸口。各渠闸口因年久失修,所有木石工事,经风雨之剥蚀及水流冲浸,渐至腐朽,而消失其效能。建设厅用数年时间,筹措了一些料款,补修了多数闸口。后由于经费所限,未能用科学方法对全部闸口进行修葺。其次修理了渠口。由于各渠渠口过去多为简单建筑,非常狭窄,经累年流沙淤积,更感闭塞,渠流不畅,难抵末梢。为了解决这一问题,建设厅用了两年的时间,在财政可能的范围内,对渠口进行了辟宽浚深,但因工程较大,需款较多,未竟全工。再次,疏浚了各渠渠身。因泥沙常年沉淀,各渠渠身壅塞渐甚,水大则汛,水小则滞,酿成旱涝灾害。建设厅在1935年冬天,饬令各灌渠水利委员会勘查工程。估定所需人工及经费,对灌渠进行彻底深挖,以见底石为准。次年春天兴工完成,当年灌溉,渠水畅流到梢,旱涝诸灾得以消弭。最后,对沟洞也进行了疏浚。灌渠设有沟洞,专为宣泄余水之用,因年久失修,以致沟洞淤损,失其效用,形成余水为患之局面。建设厅组织力量,对部分灌渠沟洞进行了疏浚。

除此之外,这一时期宁夏还有一处因特殊因素新建的灌溉工程,1934年,宁夏省主席马鸿逵请准全国经济委员会委员长宋子文拨款20万元,用兵工于原宁朔县王太堡惠农渠东岸设分水口,开挖长达60余公里大支渠一条,当年11月动工,1936年完成,可灌地数万亩。马鸿逵为纪念其父马福祥(号云亭),把渠道命名为云亭渠,并设置了云亭渠水利事务专员进行管理。

黄河宁夏河段因河道游荡冲淘,大水淹滩,小水塌岸,给两岸农田村庄和交通造成灾害的现象时有发生。尤其是吴忠以上的滨河地带,土质肥沃,农产丰富,河床摆动刷岸,塌去良田,犹如剥肤。所以当时沿河主要临河县,比如中卫、宁朔、中宁等县,均设有河工处,专事维修抢险治河之事。1935年,鉴于河患愈演愈烈,宁夏省建设厅曾统一组织力量,在中卫、中宁等沿河县修做了数十座护岸长坝、码头等工程,不料建成不久就因山洪暴发而被冲毁,后又进行了修复。

绥远省也采取了一系列兴修水利的措施,河套灌区的开发、管理继续有所发展，绥西屯垦水利取得了一定成效，土默川平原的水利建设积累了宝贵的经验，引黄灌溉对于发展当地经济、巩固西北边防，发挥了不可替代的重要作用。

河套灌区是中国历史悠久的大灌区之一，自西汉时起，引黄灌田已经在这里发轫，其后断断续续延续了2000余年。河套灌区干旱少雨，年平均降水量自西向东递增，一般为130～215毫米，但年平均蒸发能力很大，自西向东达到2300～2100毫米，受这些自然气候因素的影响，这一区域没有灌溉便没有农作物的丰收，也就更谈不上农业的发展。

河套地区地广人稀，清朝自康熙时起，禁止汉人进入河套垦种，这些因素阻碍了河套水利的发展。清朝末年，冀、晋、陕、甘等省灾荒难民的涌入，清政府对河套部分地区垦荒禁令的放开，以及鸦片战争后城市商业资本与农村土地相结合的地商经济的形成，为河套地区引黄灌溉的发展提供了人力、政策及资金支持，促进了这一时期水利开发的快速发展。

进入民国以后，河套水利在北洋军阀统治下陷入了极度荒废状态，但是在灌区群众的努力和斗争下，局部地区的水利建设在艰难中又有所前进，为河套水利的继续发展创造了一定条件。

1928年初，绥远建立行省，原设在包头的绥远包西水利总局被撤销后机构并入绥远垦务总局，变为渠利科，河套水利又改由绥远垦务总局管理。2月，绥远垦务总局召开水利会议，决定改变官办渠道的体制，将所有渠道各归地方人民合组水利公社自行经理，并由垦务局及所在地方行政领导实行监督。

1929年初，冯曦调任绥远省建设厅厅长，他力主改变河套水利管理体制，将河套水利业务由绥远垦务总局划出，归省建设厅领导，并把渠利科改设为包西各渠水利管理局，管理包头以西三湖河及河套地区的渠道。冯曦并组织了专门班子，拟订改革水利和建立健全管理工作的各项规章制度，筹措河套水利整修经费，着手整顿河套水利。

1929年1月，绥远省政府与建设厅分别制定并颁布13项水利章则，其中包括《包西各渠水利暂行章程》、《包西各渠水利公社通行章程》、《河渠管理章程》、《奖励兴办水利章程》以及《水利官员考绩条例》等。这些章程规定了水资源的管理机关，开发利用水资源的报批手续，包西各渠水利管理局及基层水利公社的性质与基本任务，征集水利经费的种类、标准与征收办法，水利开发工作的奖惩办法等内容。这些水利章则的制定，对于克服当时河套水利工作的混乱状态，促进农田水利事业的发展起到了重要作用，也显示了冯曦整顿水利混乱状况的决心及魄力。

1929 年 4 月,绥远省建设厅在包头召开第一次包西各渠水利会议(简称包西水利会议),由建设厅厅长冯曦主持。参加会议的有包西各渠水利管理局正副局长、各干渠水利公社负责人以及垦务机构的负责人。会议的目的在于整顿"后套及三湖河水利"。会议议题主要有 4 个方面:①总结历史经验,改行官督民修的方针;②全面贯彻绥远省建设厅新制定的各项水利法规;③整顿健全水利机构,实行渠务专管;④分配贷款,确定当年水利工程。

包西水利会议是一次重要的会议,它促成了河套灌区"水利中兴"的局面。这次会议"广集群思,俯顺舆情,始定官督民办之法。各渠各立水利社,以本地之公正而兼熟习水利者充经理,治渠之法始渐入轨道"。

包西水利会议后,灌区管理工作得到了改进,各级管理机构逐步得到整顿和充实。各灌渠无论公私,凡原有组织不符合新规定的,一律按章程组织起水利公社。各水利公社经理、副经理均由灌户在种植耕地 100 亩以上的地户中票选产生,然后由管理局转呈建设厅加以委派。水利公社实行董事会制,由灌户选举董事 5 ~9 人组成董事会,及时反映群众意见,并履行建议及监察之责。

水利公社基层人员也受到了一定的监督。根据有关章程,经理、副经理和董事人选虽然要有一顷以上的田产,但还要"声望素著、熟悉水利"。同时,规定上述人员如有废职或违章情节,应撤职重选。这样就使基层水利人员的不良作风得以扭转。

另外,在水费征收与支用,以及用水方面也进行了整顿,保证了灌渠正常运行及良性循环的开支,理顺了用水秩序。

河套水利在绥远省建设厅接管后的 10 年内,各个方面确有很大进展,出现了"水利中兴"的局面,除水利管理得到整顿外,其在水利建设和促进生产发展方面的成绩均较显著。

这一期间,除对原已大部淤积的干渠,每年进行经常性的岁修外,还进行了两次大规模的整修。一次是使用包西水利会议分配的 14 万元贷款,对各渠道普遍进行了整修;一次在 1935 年前后,建设厅贷款 12.5 万元,对部分渠道进行了重点整修。比如疏通引水口,洗挖输水渠道,加修渠背,开通退水渠至乌加河,以及建草闸以节制洪水入渠等。这样就使各个干渠的引水、输水、配水和灌水的情况得以大大改善,保证了灌溉质量,扩大了灌溉面积。此时清末的八大干渠已发展为永济渠、通济渠、长济渠、塔布渠、义和渠、丰济渠、杨家河渠及黄土拉亥河渠等新八大干渠,1928 ~1938 年灌溉面积稳定在 1.6 万顷。在河套水利顺利发展的形势下,群众开挖的私渠也有很多,规模较大的有民兴渠、三大股渠、合济渠等，每年灌溉面积稳定在2000多顷。

灌溉事业的发展保证了农业的连年丰收，以1931年为例，当年公私渠丈青面积约为万顷，收获粮食0.51亿公斤，当年河套灌区总人口为10.92万人，人均粮食460多公斤，是比较充裕的。

河套水利在发展的过程中，也伴随有一些失误和问题，比如在灌溉时，没有合理控制水量，导致渠道决口增多，造成年年不同程度的水灾。由地方联合组织起来的灌区管理机构在行使权利时，存在着严重的地方本位主义，造成不同县份之间，以及上下游、左右岸之间的尖锐矛盾。水利公社的管理工作，在渠道维修、采购材料以及灌溉配水时，存在着严重的腐败现象。凡此种种，阻碍了灌溉事业的发展。不过，从总体上看，在当时的历史条件下，河套灌区的发展是主要的，对于发展生产、巩固国防的积极作用是值得肯定的。

军队屯垦也是当时促进河套水利发展的重要因素。1932年，担任太原绥靖公署主任的阎锡山，为了加强对绥远的控制，解决地方经济问题，决定举办绥西屯垦水利，他提出"造产救国"的口号，组织人员编制了《绥西屯垦计划纲要》，抽调兵力对肥沃的河套平原实行屯垦。

自1932年5月开始，阎锡山先后派3个师垦队、3个军官垦殖队和31个兵垦连队相继进入河套地区，在五原、临河一带进行屯垦。他们在屯垦时，注重水利建设，新挖和整修干支渠道30余条。到1935年，屯垦面积达到60万亩，经常灌溉面积保持在30万亩以上，取得了不小的成绩。随着抗日战争爆发，屯垦部队恢复战斗体制，绥西屯垦水利也在1938年底告一段落。

军队在办理屯垦时，注重引用近代水利技术。1932年9月，绥西屯垦督办公署驻五原办事处成立，聘用了王文景等一批专业技术人员。办事处下设水利组和测量队两个机构，负责利用近代水利技术进行水利开发。这一年，王文景利用掌握的专业技术知识，结合河套灌区群众的埽工经验，就地取材，在永济渠二喜渡口处试建了一个柴土结构的草闸，改进了历史上以土坝挡水的分水方法，受到群众欢迎。这是在河套灌区创建的第一个草闸工程，此后不断得到推广。1933年，王文景等人在五原建立农事实验场，开展农、牧、林、水试验和土壤改良实验，并开办农事培训班，培养农业和农田水利技术人员。1934～1937年间，由王文景等进行勘测、设计和组织施工，开挖了后套的川惠和华惠两条干渠，这是河套灌区第一批经过正式测量和设计的渠道。另外，在王文景的组织下，还完成了河套灌区首次1:5万地形图测量，观测搜集了后套各大河渠丰富的水文资料。这些新式技术的应用，有力地促进了河套地区水利事业的发展。

虽然绥西屯垦水利举办的时间不长，范围也不算很大，但仍对河套地区较为原始的灌溉模式起到了示范作用。因为在此以前，河套灌区水利开发均限于单纯开挖渠道，没有修建水工建筑物，因而渠系布置不健全。屯垦机构的做法则较为科学，他们聘用了不少具有近代科学知识的工程技术人员，在开挖渠道时进行勘测设计，进行农事实验，兴建新式水工建筑物，为在河套灌区应用近代科学技术带了个好头。

当然，屯垦机构在办理水利时，也存在着霸渠霸水、依仗权势欺压群众的现象，表现了旧式军阀残酷掠夺人民的一面，对河套水利的顺利发展也带来了不少负面影响。

在河套灌区水利发展的同时，绥远包头以东土默川平原的水利建设也在紧锣密鼓地进行着。民国初年，受后套水利开发的影响，萨拉齐县就有人聘请开渠大王王同春前来勘测过一条引黄渠线，因当时局势纷乱，未能实现。

自 1926 年起，绥远东部托克托、萨拉齐两县连续大旱，庄稼颗粒无收，人们卖妻鬻子，死亡载道，情形极惨。1928 年夏，美国著名记者埃德加·斯诺（Edgar Snow，1905 ~ 1972）到这里采访，他写道："在干旱而炎热的萨拉齐灾区的景物，看了叫人毛骨悚然。一切生长中的东西，好像给新爆发的火山灰一扫而光一样。甚至树皮也剥落殆尽，正在枯死中"。

当年 7 月，绥远特别行政区政府为缓解旱灾的严重局面，决定立即成立救灾赈务委员会，以工代赈，开挖民生渠。10 月，救灾赈务委员会组织 2000 余名灾民正式开工。该工程西起包头县镫口村，东至大黑河，干渠长 72 公里，灌溉包头、萨拉齐及托克托 3 县农田，设计灌溉面积 250 万亩。

1929 年 6 月，绥远民生渠施工遇到困难，经绥远省政府派人多次与华洋义赈会商谈，双方签订了《萨托民生渠合同》。商定由华洋义赈会垫款补助开凿民生渠，以利灌溉。此后，由华洋义赈会组织民生渠工程处办理施工事宜，工程处主任由华洋义赈会总干事艾德敷（D. W. Edward）担任，总工程师由塔德担任。工程处对原工程重新进行了测量设计，缩小了工程规模，但是进展仍不顺利。工程费超支，施工进度缓慢，工资标准低，也造成民工大量减员。在工程最后阶段，为加快进度，紧急动员绥远驻军 4000 余人突击施工。

1931 年 6 月，绥远民生渠举行竣工典礼。当时开挖干渠 70 余公里，支渠完成 7 道。竣工典礼由华洋义赈会民生渠工程处主持，与会人员有绥远省政府主席李培基、第七军军长傅作义和省府各厅厅长，还特邀了全国各地来宾，其中有新闻记者 40 余人。当时因黄河水位低，未能开闸放水。该渠施工时，美国著名记者埃德加·斯诺曾到工地采访,并写出《拯救二十五万生灵》的专题报道。

民生渠闸

由于渠道无法引水,民生渠施工不得不又拖了一年,到1932年冬,又接续开挖支渠一道,修建闸门20多座。由于工程费严重超支,华洋义赈会以工程告一段落为由,与绥远省政府商议将工程管理移交地方负责。办法是由绥远省政府、华洋义赈会和萨拉齐、托克托两县作为3方各推代表3人为理事,组织成民生渠水利公会,接管民生渠。1933年1月,双方完成移交工作,未完工程由水利公会继续进行。

水利公会接办一年,也因经费困难,加上工程多处被洪水冲毁,导致灌溉工作毫无建树。1934年2~5月,绥远省政府专门上报全国经济委员会,请求援助拨款,设法继续完成民生渠工程,使其发挥效益。全国经济委员会认为原有工程渠高水低,不能灌溉,乃于5月在萨拉齐县成立民生渠事务所,拟另谋改进方案。年底,全国经济委员会又委托来华考察水利的国联水利专家奥摩度(Omodeo)到民生渠调查,奥氏认为民生渠已经失败。1936年春,绥远省政府主席傅作义再次电请全国经济委员会和华北水利委员会派员复勘民生渠,尽量予以挽救,但是没有结果。

作为20世纪二三十年代国内兴建的有较大影响的水利工程,民生渠的失败有着深刻的原因。一是当时主持民生渠建设的绥远省建设厅厅长冯曦,缺乏从事水利工程建设的直接实践经验,把在土默川平原开挖大型水利工程看得过于简单,甚至想急于求成,为日后埋下了失败的种子;二是民生渠的设计违背了科学规律,造成渠高水低,难以顺利引水灌溉,土默川平原的地势高于黄河,民生渠的纵比降也明显低于黄河的纵比降,所以无法像河套平原那样,随意进行自流灌溉,而当时在黄河上修建大型拦河坝以提高水位又不具备条件,所以民生渠的失败也就在所难免;三是没有意识到修建大型水利工程对社会物资条件的依赖性,由于财力所限,当时国家无法提供大批的钢筋水泥,主持其事者也没有自己的技术团队,而把工程的修建完全委托给一个救济机构和不了解实际情况的外国专家身上,到头来只能是事与愿违。

但是民生渠毕竟发挥了一定的效益。1936年春,傅作义在致全国经济委员会和华北水利委员会的电文中说:“民生渠去年秋水灌田二千余顷,收获甚丰,证明该渠尚可挽救。”[1]民生渠还有比较明显的社会效益。由于当时开挖民生渠的宣传鼓动作用，后套灌区和绥远县乡曾掀起一股兴修水利的小高潮，取得了较好的经济效益。而且通过民生渠的修建实践，也获得了在土默川平原兴修水利的宝贵经验，具有积极意义。

在修建民生渠的同时，绥远省也在这一区域兴建了一些小型水利工程。1928 年冬，为了救济旱灾灾民，托克托县地方人士决定采用以工代赈方式，开工兴建民利渠。该渠从李三壕黄河处直接开口引水，南距托克托县城 35 公里，当年完成了干渠和数十道支渠的施工，第二年开始受益，计划灌溉田地 4000 顷。1931 年 9 月，绥远归绥县建成了民丰渠，该渠从小黑河上开口引水，东起得胜营，西迄浑津桥，全长 20 公里，有支渠 7 道，可灌溉农田 1500 顷。

三、关中八惠与汾河铁坝

关中地区，又称关中平原，指秦岭北麓渭河冲积平原，位于陕西中部，以西安为中心，面积 5.55 万平方公里，大部分属于黄河流域。这里自周代以来，就是土地肥沃、物产富饶、人烟稠密之地，号称“八百里秦川”。因区域内有秦岭、黄河等山河屏障，因此在政治、军事等方面是一个具有重要战略意义的地区。

水利是关中平原发展的基础。自周代开始，这里就有了灌溉农业，并初步形成规模。秦汉时期，这里的水利建设发展很快，并建成了郑国渠等著名的灌渠，此后则时兴时废。明清时期，关中平原建成了不少小型灌溉工程，但规模效益已远逊秦汉两代。晚清以来，关中地区旱灾频仍，无异与水利的衰落密切相关。

国民政府前期，中央与地方政府对关中地区的水利建设给予了关注，再加上李仪祉等水利界人士的推动，使关中地区的水利事业得到了新的发展。

李仪祉从德国留学回国后，在认真测量与实地调查的基础上，对引泾工程作了精心筹划。先后写了《再论引泾》、《陕西渭北水利工程局引泾第一期报告书》、《我之引泾水利工程进行计划》、《勘察泾谷报告书》、《陕西渭北水利工程局第二期报告书》、《引泾第一期工程计划大纲》等著作、计划，为引泾工程倾注了大量心血。但因这项工程规模宏大，需款甚巨，而且这时的陕西政局也不稳，当局不重视水利，引泾工程被迫搁浅。1928 ~ 1930 年，陕西持续多年的干旱达于极点，引泾议论又起，中外人士都认为这是救灾的契机。1930 年，杨虎城将军接手陕西政务，任省政府主席，选李仪祉为陕西省建设厅厅长，拨款 40 万元支持

---

[1] 陈耳东著. 民生渠与冯曦. 黄河史志资料，1994(4)

兴建引泾工程,筹划多年的引泾灌溉工程终于在 1930 年 11 月正式开工,定名"泾惠渠"。为了筹措工程款物,李仪祉亲赴平、津、沪、宁等地,多方奔走呼号,博得了社会各界的支持,华洋义赈会筹款 40 万元,檀香山华侨募捐 15 万元,朱庆澜先生捐助水泥 2 万袋,弥补了工程款物的不足,使工程得以继续进行。

泾惠渠渠首工程位于泾阳县张家山,拦河坝高 8 米,长 70 米,引水闸建在泾河左岸,原计划引水 16 立方米每秒,经技术处理后最高可达 19 立方米每秒,渠线长 273.98 公里,可灌礼泉、泾阳、三原、高陵、临潼等县农田 64 万余亩,一期工程于 1932 年 6 月竣工放水,二期工程在 1935 年 4 月完工,共用款 167.5 万元。渠首为块石混凝土拦河滚水坝,这是黄河流域第一座现代钢筋混凝土引水工程。

泾惠渠后期施工之时,正是陕西大灾之后,关中瘟疫流行,严重威胁着施工中的引泾工程,工地上人力不足,建筑材料奇缺,问题接踵而来。面对严峻的挑战,李仪祉没有退缩,他一方面动员民众继续施工,一方面说服群众拆庙宇、交石碑,以应工程之需,并安排做好防治传染病的宣传工作。李仪祉的这些努力,保证了泾惠渠的顺利完工。

广大群众对泾惠渠的建设充满了期待,当渠道放水的消息传出后,村民们十分激动,纷纷扶老携幼前往观看,许多人从西安、咸阳等地赶来,以致泾河两岸人头攒动,盛况空前。

泾惠渠的建成受益,成为中国近代水利工程的典范,在中国水利史上写下了光辉的一页。这项工程给当地人民带来了巨大的效益。首先是地价大涨,关中 1928～1930 年大旱时,普通每亩田地仅值 1 元,渠道放水后,每亩地价涨至四五十元。其次,农产收获大增,未开渠前,正常年份每亩收获不足 10 元,开渠以后,以 1936 年为例,每亩收获增至 16 元。据汪胡桢回忆,当泾惠渠开工时,他曾前往工地查看,"时值大灾之后,农业凋敝已极,农民大都四处逃散,真有十室九空的情况。农民出走时,把室中物品和门窗、屋顶木料全部卖掉,用泥土填塞墙洞而去,可见'家徒四壁'竟非虚语"。而当汪胡桢于 1935 年再去泾惠渠时,当时灌区已浇地 60 万亩,农民连续两年获得大丰收,灌区内情况大变。到处熙熙攘攘,无论男女老幼都穿上了新衣服,集市上百货充斥,极其热闹。农家房屋均已修饰一新,找不出旧时破烂痕迹。水利建设效益的宏大,非亲眼目睹不敢相信!

李仪祉既重视工程建设,更重视工程的管理。当泾惠渠还在建设时,他就总结了引泾灌溉的历史经验,提出了《泾惠渠管理管见》,对泾惠渠建成后如何管理提出了提纲性的初步计划。工程建设基本完成后,李仪祉亲自撰写《泾惠渠管理章程拟议》,共 16 章 65 条,为灌区管理立下了优良传统,使工程发挥了良好的效益。

泾惠渠的管理体制颇有特色，它采取的是专业管理与群众管理相结合的管理办法。1934 年 1 月，经李仪祉提议，陕西省政府批准，渭北水利工程局改组为泾惠渠管理局，作为泾惠渠的专业管理机构，主要负责工程维护、完善配套、灌溉配水和水费征管等工作。管理局按渠系及行政区划设立管理站，为二级专管机构。在管理局统一领导下，设立灌区群众管理系统。管理局将干支渠的段、斗交由群众管理，段设水老，斗设斗夫，村设渠保。所有群管人员，均有管理站和当地政府遴选热心水利工作、为群众所拥护的人士担任。这种专业管理和群众管理相结合的体制，既解决了灌区的统一管理，又解决了灌区涉水事务繁杂、难以由政府包揽的问题，充分调动了各方的积极性，是一种符合实际、行之有效的科学管理方法，使得泾惠渠灌区成为中国灌区管理的一面旗帜。

泾惠渠工程是李仪祉毕生倾注心血最多的灌溉工程，实践证明，这项工程的规划设计、建设及运行管理非常成功，为中国近代水利灌溉工程的建设与管理积累了宝贵的经验，极大地促进了中国近代农田水利事业的发展。

泾惠渠一期工程完成后，李仪祉又先后组织规划了洛惠、渭惠、梅惠、黑惠、沣惠、泔惠、涝惠等关中水利工程，连同泾惠渠，号称“关中八惠”。

杨虎城视察洛惠渠隧洞工程

特别是在筹划洛惠渠的过程中，李仪祉大病一场，几濒于危，但他仍然坚持推动此项工程的建设，于 1933 年春抱病查勘洛惠渠引水地址及干渠所经沟峪，并筹设引洛测量队,实施洛惠渠灌区测量。经过艰苦努力,1934年5月,陕西洛惠渠开始修建;7月,该渠建设移交给全国经济委员会办理。应西安绥靖公署主任杨虎城和陕西省政府主席邵力子的请求,由全国经济委员会水利处在大荔设立泾洛工程处,办理泾惠渠未完工程及洛惠渠全部工程。洛惠渠渠首在澄城县老洑头村西,开渠引水灌溉澄城、大荔等县农田,设计灌溉面积50万亩。拦河坝为浆砌块石坝,长150米。干渠设计流量为15立方米每秒。

洛惠渠拦河坝

1933年9月,李仪祉已就任黄河水利委员会委员长兼总工程师,在筹划黄河治理之余,兼筹办渭惠渠工程。经过两年的努力,1935年3月,陕西省政府成立了渭惠渠工程处,李仪祉兼任处长,孙绍宗任总工程师,并由省政府向西安银行团贷款150万元,4月正式开工修建渭惠渠。该工程由眉县魏家堡引水,次年12月第一期工程建成放水,渠长53公里,灌田17万亩;至1937年12月全部工程完成,渠道长177.80公里,可灌眉县、扶风、武功、兴平、咸阳等县农田60万亩,共投资230万元。1938年1月,渭惠渠工程处改名为渭惠渠管理局,局址设于平民县,负责渭惠渠管理工作。

梅惠渠是一项从眉县石头河引水的灌溉工程,因年久而失修,灌溉效益锐减,在李仪祉推动下,1936年梅惠渠修复工程动工,3年后完成,可灌溉眉县、岐山一带农田10万亩。

其余黑惠、沣惠、泔惠、涝惠4渠,在1940~1943年间也陆续建设完成,共灌溉田地22万亩。关中八惠的基本建成,使关中地区的水利化走在了全国的前列,奠定了陕西省近代水利的基础。

由于经费等方面的限制,关中八惠没有建成高坝大库的形式,拦河坝均采用重力溢流低坝,用以壅高水位,导水入渠,并宣泄洪水,拦河坝上游也没有调节库容。在渠首枢纽布置,渠道及建筑物的勘测、规划、设计和施工中,均吸收了国外先进技术,采用新方法,使用了混凝土等新型建筑材料,并注意将新技术、新方法与中国传统工艺技术相互结合,使关中八惠成为中国较早的、具有近代科学技术水平的先进灌溉工程。

在规划关中八惠水利工程时,李仪祉并对陕北、陕南水利进行了勘测规划,勾绘了陕北的织女渠、定惠渠及陕南的汉惠、湑惠、褒惠等灌溉工程。直到病重期间，他仍牵挂着陕西的水利情况，每天必听汇报，不断拟定各种建议和方案，为陕西水利事业的发展倾注了毕生精力。

由于西方近代水利技术的引进，山西汾河水利也得到了一定的发展。为适应汾河水利发展的需要，1934 年 6 月，山西省政府设立了汾河河务局，专门负责汾河流域的治理开发工作。这一时期，汾河灌区的用水管理已打破了清代八大冬堰之间相互割据的形式，建立了省县领导机构，实现了在一县之内的统一领导与管理。由于组织管理水平的提高，灌区面积得到大幅拓展。1935 年，汾河流域共有灌区 543 座，灌溉面积约 150 万亩，其中文水县灌溉面积达 54.5 万亩。在引汾灌溉快速发展的同时，新式灌溉工程也开始出现。

汾河流域修建近代水利工程始于 1928 年，当时随着汾河中游水利事业的发展，清代的用水模式已不适应灌区发展的需要，用水矛盾日益突出。而且每年维修工程需要耗费大量的人力物力，利用效率却很低。为了解决这些问题，当年 9 月，山西省建设厅召集清源、文水、祁县、平遥、介休 5 县熟悉水利并富有声望的绅士开会，决定“引用科学方法”在清源县长头村修建第一铁坝，在文水县贯家堡修建第二铁坝，在平遥县南良庄修建第三铁坝，以取代旧式引水工程和用水模式，促进灌区水利事业的发展。

铁坝的建设采用了当时较为先进的施工技术，根据第一铁坝的施工纪录，证明当时采用了中西结合、土洋并用的施工方式。建坝材料引用了洋灰砂浆作为胶结充填材料，闸板采用了角铁加固，这都是当时较为先进的建筑材料和施工工艺。但在闸墩建造和闸基处理中仍然应用了传统的料石砌筑和基下打木桩的方法。

但是，3 座铁坝的建设并不顺利，也未能收到预期的效益。只有第一铁坝于 1929 年 2 月开工，次年建成，可灌溉沿河 90 余村约 10 余万亩土地，发挥了较大的效益。其余两坝或因坝址纠纷未能开工，或建成后浇地时因水势过大屡遭损坏，加上受日军侵略影响，时灌时停。

另一项新式工程建设于 1930 年，当时山西省建设厅从德国引进了 3 台锅驼机，计划在汾河下段的新绛、河津等县建立高灌站，抽水灌田。新绛县机灌站于次年建成，可浇地 3000 亩。河津县机灌站后来改建在稷山县，于 1931 年建成，当年浇地 4000 亩，5 年后浇地面积发展到 1.5 万亩。1939 年，这两处机灌站的设备，都被日本侵略军抢走。

利用近代水利技术在汾河上修建水库的计划也开始酝酿。1923 年，水利专家曹瑞芝提出了在汾河上游河段筑坝建库的构想。10 年后，山西省政府成立了水利工程委员会，聘请美国华洋义赈会总工程师塔德为工程处主任兼总工程师，开始进行汾河干流查勘，挑选水库坝址。塔德在山西大学校长王录勋陪同下，两次到汾河上游勘察。选择了下静游、罗家曲两个坝址，并测量了水库容积，编制了《晋省汾河测量工作报告》。后经山西省建设厅组织复勘，仍认为兰村以上可修筑水库的地点，为下静游、罗家曲两处，并拟定下静游坝高 24.3 米，罗家曲坝高 27.4 米，两库总蓄水量 1.89 亿立方米。但是由于种种原因，当时在汾河上修建水库的愿望未能实现。

1933 年，山西省在太原市郊汾河东岸上兰村，开渠引水修建了一座小型水力发电站，电站采用北洋大学设计制造的简易水轮发电机。这座水电站是黄河流域最早建成的小型水力发电站，也是民国时期黄河支流上仅有的 3 座小水电站之一，为黄河流域的水电开发揭开了序幕。

四、下游引黄灌溉的起步

长期以来，黄河下游群众既想利用黄河水灌溉农田，又担心在大堤上开口引黄会掣动黄河大溜，引起黄河决口，因此只能望河兴叹。西方近代水利技术，比如吸水机以及虹吸工程等的传入与应用，使黄河下游发展引黄灌溉成为现实。

1928 年春，为了抗御特大旱灾，主政河南的冯玉祥提出："际兹大旱之年，一滴水非用过不准出境"。责令河南河务局在黄、沁河挖渠开塘，以资灌溉。

河南河务局经过对黄河、沁河堤防河势进行勘察，认为："黄河自荥泽县以东，地平土疏，水势暴烈，引渠灌田，自宜慎重，惟沁河两岸，向多闸门，开用灌田，其利甚溥"。[1]并拟定了"开闸灌田暂行规则"。也就是说，河南河务局因担心黄河防洪安全，不赞成在黄河上设闸灌田，而对于引沁河水灌溉，则深表赞同。5 月，河南河务局将上述情况和意见呈报给冯玉祥将军以及河南省民政厅，获得了批准，沁河引渠灌田得以实施。

但冯玉祥仍对引用黄河水灌溉牵系于心，竭力促成。不久，当他得知利用吸水机器抽取黄河水，既可以灌溉，又不用挖开黄河大堤造成决口危险时，当即责令河南省财政厅迅速拨款购置吸水机器，采取抽引黄河水之法灌溉农田。1928 年 10 月，河南省政府据此命令训令河南河务局："现为兴办水利，亟应购置吸水机器，以资应用，所需价款，业令财政厅即拨一万元交该局长具领。"河南河务局

---

[1]李曾三著. 冯玉祥关心黄河事业. 黄河史志资料，1984(4)

局长张文炜等人随即赴上海、常州等处分别购置抽水设备。11 月，张文炜等人回汴，共购回发动机引擎 4 部、吸水机 8 部。12 月初，河南河务局着手在开封柳园口险工回回寨处建设抽水站，由曹瑞芝担任技术负责人。经过查勘，曹瑞芝将站址选在大堤内侧，整个工程包括开挖蓄水池、引水沟，修建机器房，破堤修建引黄涵洞等项目。出于防洪安全考虑，施工时对引黄涵洞做了精心处理，涵洞底板为石灰、砂和砖渣三合土结构，厚 0.5 米，大沽高程 80.51 米，洞身为青砖白灰发券，墙与拱顶厚度均为 0.33 米，过水断面宽 1.5 米，高 1.75 米，拱顶半径为 0.75 米，洞身长 22 米。在涵洞南侧，开挖了 3 公里长的引水渠。1929 年 5 月，抽水站建成，共安装引擎 2 部、吸水机 3 部，可抽水灌溉开封老君堂、孔庄一带农田 5400 余亩。

冯玉祥对修建抽水工程非常重视，在柳园口抽水站施工期间，曾多次亲临工地视察指挥，抽水站建成抽水时，冯玉祥偕夫人、女儿一同前往祝贺。

柳园口抽水站是民国期间在黄河下游建设的第一个抽黄灌溉工程，是黄河治理开发史上的一个创举，标志着利用近代技术开发黄河下游水利的努力由此迈开了步伐。稍后，利用购置的抽水设备，河南河务局又在开封斜庙第二造林场修建抽水站 1 座，安置引擎、吸水机各 1 部，作为育苗浇水之用。其余抽水设备(引擎 1 部，吸水机 4 部)，移交给军事部门使用。

但是，利用吸水机引水成本高，效率低，难以大规模推广，为了发展引黄灌溉，河南河务局于是又引进了虹吸工程，并在河南黄河南岸开始建设。

虹吸是一种物理现象，在大气压的作用下，液体可以从液面较高的容器，通过曲管越过高处而流入液面较低的容器。利用这一原理，建设虹吸管工程，则可以把黄河里的水引到堤外灌溉农田，发展生产。

利用虹吸管灌溉有很多优点。从安全上考虑，它不用在大堤上开口即可引水，毫无决口危险，而且在黄河洪水时期，反而可以利用虹吸管分洪，藉以减少河患。从经济上考虑，虹吸工程构造简单，价格低廉，运行费用很低，而且在虹吸管出水一端可装置水轮，利用水力发电，获取发展工业所需的电力。从效益上考虑，由于虹吸管引出的是含沙量很少的泥水，完全可以把沙地淤为良田，而不会把田地变为沙滩，这样在黄河修堤时，还可以提供取土便利。

正是由于虹吸引黄有诸多好处，河南河务局经过认真研究与周密准备，于 1929 年 6 月在郑县花园口西开工兴建虹吸引黄工程，并于 7 月安装竣工，开始吸水灌田。这是黄河下游最早建成的虹吸灌溉工程。

这一时期，河南省建设的虹吸引黄工程还有引黄济惠工程，虹吸管安装在柳园口、黑岗口两地，另在开封黑岗口黄河大堤处至开封城宋门外开挖黄惠河一道，作为引水渠。引水渠于1933年2月开工，次年春完工。虹吸管安装工程于1935年秋竣工，并开始放水。引出的黄河水在黑岗口潭坑沉沙后，经引水渠进入黄惠河，在开封城西北穿过水门洞入城，然后分东西两支环城而流，在城东南角处汇合，再用抽水机将水排入黄济河，曾收到一定效益。

山东省建设虹吸引黄工程较之河南稍晚，也只是进行了试办，未能大规模实施，但由于对此进行了认真的查勘、论证，并做了详细的计划，因而仍然取得了一定的成绩。

红庙虹吸管引水渠道

1932年秋，为发展引黄灌溉，改良黄河沿岸沙碱地，山东省建设厅委派技正曹瑞芝负责黄河沿岸虹吸淤田事宜，并派技士李象震、滑建山等人参与黄河沿岸沙碱地查勘工作。曹瑞芝曾主持河南河务局虹吸工程及抽水站建设，对此项工作拥有丰富的经验。根据查勘结果，有关人员编制了《山东黄河沿岸虹吸淤田工程初步计划调查表》，共列27表，详细说明了各处沙碱地的位置、面积、地势、成因沿革、引河、泄水道、村庄、土地、工程费用、效益等项目，并附各处沙碱地略图20幅。当时统计山东省黄河沿岸共有沙地116.24万亩，盐碱地48.54万亩。

1933年2月，曹瑞芝主持编制了《山东黄河沿岸虹吸淤田工程计划》，该计划论证了建设虹吸淤田工程的可行性，规划了灌溉泄水路线，选择了工程建设地点，估算了工程建设费用，是一份科学实用、颇有价值的虹吸工程建设计划。

曹瑞芝认为，由于山东境内黄河为地上河，因而利用虹吸管引水灌田，可以常年自流灌溉，极为相宜，具有可行性。如果在黄河两岸安设虹吸管，引黄淤灌，则可将沿岸沙碱地全部变为良田，并可以利用虹吸淤田余水补充黄河南北徒骇、万福等河流的水量，发展华北航运。

关于山东黄河沿岸宜于建设虹吸工程的地点，该计划选择了沿河鄄城董口、范县左营等15个县的26处，概算建设费426万余元，经常维修费用需7.9万余元。实施中，山东省建设厅决定，首先选择历城县王家梨行、齐河县红庙、齐东县马扎子、滨县尉家口、蒲台县王旺庄5处地点进行试办，计划淤田25.9万亩，需建设费3.6万元。

为做好工程建设工作，曹瑞芝对工程进行了精心设计。以历城王家梨行虹吸工程为例，根据拨款1万元、安设21英寸虹吸管一组、可灌田2400余亩的要求，曹瑞芝编制了工程建设计划。计划研究了黄河水位与地面高度的关系，认为黄河高水位、普通水位、中常水位下均高于沙碱地，适宜建设虹吸工程。此地距小清河仅28公里，而且小清河中常水位低于沙地10米，低于碱地7.6米，所以用小清河排泄淤田清水及灌溉余水非常顺利。在此基础上，曹瑞芝把工程分成虹吸管、引水池、渠道、泄水道、分水闸、斗门、泄水闸、涵洞、量水门及量水槽等项目，并进行了设计，对所需工料进行了认真计算，共绘制图纸17幅，制表11张，对每项工程详细列举了注意事项。高质量的设计，为施工提供了可靠的依据，为确保工程质量打下了良好的基础。

山东王家梨行黄河岸边的虹吸管

在5处工程中，历城王家梨行虹吸工程最先开工，山东省建设厅对工程施工进行了认真组织，委派工程师在施工时将工作地点、工作方法按照设计图铺工放样，并对工程施工方法是否得宜、建筑是否坚固以及工期是否延误等进行及时检查，专负指导建设之责，从而保证了工程建设质量。

王家梨行险工下段境况

1933年11月，王家梨行虹吸工程竣工放水，安装21英寸虹吸管一条，出水量0.5立方米每秒，计划灌溉农田1.5万亩。这是山东第一个虹吸引黄工程。次年四五月间，红庙、王旺庄、马扎子3处虹吸引黄灌溉工程相继开工建设，七八月先后竣工，各安装钢制虹吸管一条，每日分别可灌田216亩、120亩、310亩。

1933 年 12 月，王家梨行虹吸管工程竣工放水典礼

虹吸引黄工程取得了显著的效益。据山东省建设厅报告称：“在设计之初，原拟放淤数次，始有成效可睹，岂当马扎子验收之际，仅放淤十日，其附近淤成之地，已达一千余亩，淤厚平均约 7 英寸。此段田地，昔为卑湿碱卤不毛之区，今淤成之后，可变为沃壤。由此可见，沿黄河两岸全部虹吸淤灌工程之效益，确为救济农村之大计矣。”❶

1934 年 12 月，山东省政府将《山东黄河沿岸虹吸淤田工程计划》呈送全国经济委员会，申请用美国棉麦借款兴办剩余虹吸工程，未得批准，整个淤田工程计划终因经费不落实未能实现。抗日战争爆发后，黄河于 1938 年在郑州花园口改道，已建的虹吸淤田工程亦报废。

纵观 1927 ~ 1937 年这一时期黄河流域的水利开发，可以归纳为以下几个主要特点：

（1）政治经济形势对水利的兴废以及实施规模有着直接的影响。1930 年中原大战后，黄河流域局势较为稳定，规划的泾惠渠、洛惠渠、渭惠渠等才得以实施。“九一八”事变后，中华民族救亡运动兴起，开发西北作为复兴之基的议论四起，引起南京政府对西北水利开发的重视，西北地区的水利建设迎来了一个较快的发展期。但由于国家财政困难，对水利的投入有限，加上其他因素的限制，

❶范春泰著. 民国时期山东黄河的虹吸淤田工程. 黄河史志资料，1991（3）

开发计划中的许多事项未能落实。

(2)抗御旱灾成为开发黄河流域水利的重要推动力。如西北地区的一些近代灌溉工程得以兴建,开辟了下游引黄兴利的新道路等,都与抗御特大旱灾密切相关。

(3)近代科学技术在流域水利开发中得到了一定程度的应用。这一时期建设的灌溉工程,不同程度地利用了近代水利技术,节约了建设成本,延长了工程使用寿命,提高了用水效益。如虹吸技术、抽水机在黄河下游灌溉中的应用,在当时的条件下,成为一个具有重要意义的创举。

(4)涌现出了一批热心水利开发、掌握近代水利科学技术的官员与专家。如冯玉祥、杨虎城、李仪祉、曹瑞芝、王文景等,他们为黄河流域水利建设都做出了重要的贡献。

第四章　抗日战争时期的黄河

（1937～1945）

1937 年抗日战争全面爆发后，在国难当头、民族危亡的危急形势下，面对日本侵略者的步步紧逼与血腥屠杀，中国军民同仇敌忾，誓死御敌，与之展开了英勇斗争。

1938 年春徐州会战后，日军追击沿陇海铁路撤退的中国军队，先后占领归德、开封，企图控制平汉线，南下武汉，西取潼关。面对极其险恶的战局形势，中国最高军事当局决定掘开黄河堤防，以水代兵，阻止日军继续进犯。随后采取的花园口决堤行动，造成了震惊中外的黄河决口改道，此举虽然达到了一定的军事目的，但却在豫、皖、苏 3 省形成了广大范围的黄泛区，导致了一场惨绝人寰、绵延不绝的空前灾难。

花园口决口改道后，中日双方军队沿黄河下游新河道隔岸对峙，黄泛区一时成为战争前线。在“河防就是国防”的方针主导下，国民政府加强了防泛西堤建设和修防工作，组织实施了整修黄泛三期工程。此间，又遭遇连年大范围旱灾。天灾人祸连绵不断，黄泛区人民苦不堪言。

为了保障抗战军需民食的供给，这一时期国民政府对西北地区水利事业继续给予了高度重视，加大了经济投入，绥远、甘肃、陕西等省灌溉事业得到了较快的发展。与此同时，中国共产党领导的苏皖边区，针对黄河夺淮后的严重泛滥，开展了修复堤防等治理活动。

出于掠夺中国资源的战略动机，日本侵略者也成立了庞大的研究机构，进行黄河水利水电开发研究，形成了比较系统的研究成果。

第一节　震惊中外的花园口掘堤事件

一、花园口掘堤前的战争态势

1937 年 7 月 7 日，日本帝国主义以制造卢沟桥事变为起点，发动了对中国的全面武装侵略。7 月 30 日，北平、天津失陷后，日军以 40 万兵力，分 4 路全面进犯，一路由平绥路、同蒲路进攻山西、绥远；一路由平汉路进攻河南；一路由津浦路、胶济路进攻山东。8 月中旬，日本又在华东挑起战端，进攻上海。

由于中日双方国力的悬殊以及国民政府推行片面抗战路线，采取单纯防御的方针，尽管中国官兵浴血奋战，终未能阻止日本侵略者的攻势，大片国土沦入敌手。11 月，作为南京的门户，上海陷入日军之手，南京国民政府所在地完全暴露在日军的枪口下。11 月底，日军兵临南京城下，12 月 1 日正式发起进攻。12 月 13 日，日本侵略者攻陷南京并在其后几个月内制造了惨绝人寰的"南京大屠杀"。

在中原地区，沿平汉路及两侧南犯的日军突破国民党军第一战区的漳河防线，1937 年 11 月 5 日攻占豫北重镇安阳。1938 年 2 月，日军沿平汉路南侵，进逼河南新乡，黄河北岸军事吃紧。守卫平汉黄河铁桥的国民党军新编第 8 师，奉第一战区司令长官的命令，于当月 19 日引爆了贯穿中国南北大动脉的平汉黄河铁路大桥，将大桥第 39 ~ 83 孔炸毁。3 月，日军封锁黄河北岸长垣堤段，断绝南北交通。至此，豫北地区基本沦入敌手。

日本侵略者占领南京后，为沟通南北战场，打通津浦路，会师武汉，把徐州作为攻取的首要目标。鉴于徐州的战略地位，其安危关系到全国的抗战大局，国民政府决心全力防守。1937 年 10 月，李宗仁被任命为第 5 战区司令长官，驻扎徐州，指挥津浦路沿线作战。中国军队广大官兵浴血奋战，在南线将日军阻止在淮河南岸，打破其与北线日军会合的企图；在北线将东路日军击败于临沂地区，又将西路日军的右翼阻止在嘉祥地区，粉碎了日军在台儿庄会师的计划，并在台儿庄一战中，一举歼敌 2 万余人，取得了著名的"台儿庄大捷"。

之后，日军及时改变了战术，很快形成对徐州的四面合围态势，5 月 15 日，中国最高军事会议决定放弃徐州。16 日，第 5 战区命令各部队分别向豫、皖边界山区突围。19 日，日军占领徐州，中原门户大开。至此，黄河下游除河南黄河南岸几十公里堤段尚由中国军队掌控外，其余全为日本侵略者所占，中原战局岌岌可危。

黄河中游一带，中日双方形成战略对峙。1937 年 8 月，由长征到陕北的红军主力改编的八路军东渡黄河奔赴抗日前线，至 11 月，八路军 3 大主力师分别在晋东北、晋西北、晋东南、晋西南建立起 4 个战略支点，为开创华北敌后游击战争创造了战略阵地。

在艰苦卓绝的民族解放战争中，广大文艺工作者随八路军深入敌后，以亲身的经历和深切的感触，创作了大量震撼人心的优秀文艺作品，讴歌了抗日根据地军民的英勇斗争,极大地鼓舞了中国人民的抗敌斗志,《黄河大合唱》就是当时具有重大影响的一部重要文艺作品。这部大型声乐作品由《黄河船夫曲》、《黄河颂》、《黄河之水天上来》、《黄水谣》、《河边对口唱》、《黄河怨》、《保卫黄河》和《怒吼吧!黄河》8个乐章组成。每个乐章都有相对的独立性,同时,全曲又由表现民族解放战争的基本主题紧密地联系在一起,具有高度的统一性。这部作品在延安等地演出后,博得了抗日根据地军民的高度赞誉,被认为是一部反映中华民族解放运动的音乐史诗,"保卫黄河!保卫华北!保卫全中国!"的雄壮声音,也随着这部作品的诞生而传遍了整个中国。

在黄河下游,1937年10月,中共山东省委指示各地党组织广泛发动群众,先后在鲁北、鲁西北、胶东、鲁东、鲁中、泰西等地区组织了武装起义,并派遣中共党员和爱国青年,到国民党山东省第6区专员兼保安司令范筑先部策动抗战工作,帮助其建立了一支约6万人的抗日武装,开辟了鲁西北的抗战局面。次年六七月间,八路军第115师第5支队和第129师津浦支队挺进冀鲁边区,同当地的抗日武装一起开展游击战争,将该地区的武装力量合编为八路军东进抗日挺进纵队。到1938年底,开辟了以宁津、乐陵为中心,包括沧县、盐山、庆云、东光、南皮等县的平原游击根据地。

此时,郑州至开封一带黄河南岸的战事却愈加吃紧。

徐州会战后,日军第14师团土肥原部由濮阳经董口偷渡黄河成功,随即以其精锐部队快速沿陇海路两侧西进,直扑中原重镇开封。1938年5月23日兰封失守。

日本侵略者攻占兰封,震惊了国民党最高军事当局。国民党军88师师长龙慕韩因此被判死刑,27军军长桂永清被撤职。为阻止日军长驱西进,直取开封、郑州,蒋介石一面急调驻扎在西安、潼关一带的胡宗南部赶赴开封,一面令程潜至开封设立指挥所,制定作战计划,围歼土肥原部。在71军军长宋希濂的指挥下,于27日收复兰封。64军也攻克了罗王车站。

此后,不久,由于驻守归德(今商丘)阻止日军由鲁西南下的国民党第8军擅离职守,不战而退,从而导致中原战局的急转直下。日军即以两路西犯:一路沿陇海路而西,一路犯河南宁陵、睢县,并很快形成对开封、兰封间中国军队主力合围的态势。一部分日军已进攻到郑州南面的新郑,并一度切断了平汉线,造成中国军队三面临敌的险恶局面。于是,国民党军事委员会决定停止对土肥原师团的攻击,再次下令主力西撤。

战争局势已经到了十分危急的关头。

二、掘堤的决策与实施

掘开黄河大堤，以水代兵，在中国历史上古已有之。而发生在第二次世界大战期间的花园口掘堤事件，尤为惊心动魄，惨绝人寰。当时对于此事的决策也经历了一个反复酝酿与演变的过程。

从军事策略上，关于黄河掘堤问题的提出，最早始于1935年受聘于国民政府的德国军事顾问团总顾问法肯豪森(Avon Falkenhausen)，他在撰写的《关于抗日的战略和策略问题》一文中写道，黄河为“最后的战线……宜做有计划之人工泛滥，以增厚其防御力”[1]，提出利用黄河阻敌的论点。在保存于中国第二历史档案馆的这份建议书中文译稿上，有蒋介石对于这段话的6字眉批：“最后的抵抗线”。1936年，法肯豪森第二次提出了决黄河以阻敌的建议。

不久，随着战争形势的急剧变化，在国民党高层，冯玉祥、白崇禧、陈果夫、陈诚、何成璞、刘仲元、谢承杰、姚琮、晏勋甫等高级将领及地方大员，也都以不同的方式向国家最高决策者蒋介石建议“决黄河之水以制敌”。

1938年台儿庄大捷后，国民党元老陈果夫于4月中旬向蒋介石致电：“台儿庄大捷举国欢腾，抗战前途或可从此转入佳境。惟黄河南岸千里颇不易守，大汛时且恐敌以决堤制我。我如能取得武陟等县死守，则随时皆可以水反攻制敌。”[2]他建议在沁河口附近决堤，不仅可解除这一威胁，还能陷日军于极危险的境地，抑制其进攻。

此后，面对日趋严峻的中原战局，建议掘黄河大堤、阻止日军进攻的电文更加频繁。

这年5月中旬，鉴于黄河下游已基本沦陷和中原战事日益紧张的实际情况，第一战区司令长官程潜曾电请国民政府军事委员会委员长蒋介石，称：“今岁河防即为国防……拟就战区设一战区临时河防委员会，直接督促河防机关，俾军事、河工兼筹并顾。”对此，蒋介石电令：“黄委会除受经济部直辖外，并受第一战区司令长官指挥监督，以期与军事密切配合，适应战争需要。”

5月26日，军令部高级参谋、陆军大学教官何成璞建议“黄河现届桃汛，倘

---

[1] 中国第二历史档案馆藏. 德国总顾问法肯豪森关于中国抗日战备之两份建议书. 民国档案，1991(2)

[2] 陈果夫建议在武陟决堤(1938年4月13日). 郑州文史资料第二辑(黄河花园口掘堵专辑)

施工决口，则黄水即循故道直奔徐州，不特大地泛滥使敌机械化部队失其效能，抑且足以摧毁其战力，使其打通津浦之企图仍归泡影，幸及早图之。”❶

6月3日，豫西师管区司令部刘仲元、谢承杰甚至密电蒋介石，称：“徐州失陷，敌主力深入豫东、鲁西，若不破釜沉舟，中州将不守。生等拟掘黄河之水，陆沉敌之主力。明知牺牲惨重，为急于救国起见，曷忍痛为之。”❷

面对危在旦夕的战局，1938年6月4日，经在武昌紧急召开的国民政府最高军事会议研究决定：在中牟赵口掘堤，当夜24时放水。

赵口位于中牟县城北25公里，东距开封、西距郑州均只有30余公里。最初决堤行动由第53军的万福麟部执行。国民党军队之所以选择在赵口掘堤，一是预计决堤后河水将沿道光二十三年（1843年）决堤的旧路流动，顺贾鲁河道，经过河南中牟、尉氏、扶沟、西华、太康、鹿邑和安徽太和、阜阳、颍上、霍邱、亳州等县，约10天左右到达周家口，会合沙河东流入淮。二是因为这一带地势较低，出水会比较顺利。更重要的是，这条水路与当时的军事形势十分吻合，日军大部盘踞在这一带，放出黄水，将把日军滞留在这片土地上。

然而，赵口的决堤行动进行得并不顺利。首次决口未能成功，继而在第一次决口以东30米处，作第二道决口，因堤岸不断坍塌阻塞，再告失败。

6月6日，日军攻陷开封。7日，日军步兵、骑兵千余并配有坦克10余辆到达中牟，与国民党军警戒部队交战，郑州告急。

国民政府军挖掘花园口黄河大堤

这时，新编第8师师长蒋在珍在前往赵口督察时发现“决堤进展不顺并非人力不够，而是计划不当所致”❸，于是建议在中牟以西的郑州黄河堤岸另辟决堤口门。这一河段正是蒋在珍的防区。此建议经第20集团军总司令兼河南省政府主席商震报请蒋介石批准，随即付诸实施。

从杨桥到荥泽沿河防区地形十

❶何成璞建议趁桃汛掘堤（1938年5月26日），郑州文史资料第二辑（黄河花园口掘堵专辑）

❷刘仲元等．建议破釜沉舟陆沉敌军．郑州文史资料第二辑（黄河花园口掘堵专辑）

❸渠长根著．功罪千秋——花园口事件研究．兰州大学出版社，2003

分复杂，到底应该选在什么地方更为合适，蒋在珍与随行参谋熊先煜在从郑州返回师部所在地京水镇的途中反复讨论，认为马渡、花园口这两个地方可供选择。其共同点是，它们的地形都利于出水，不同的是，花园口距日军稍远，时间因素更为有利，于是初步商定在花园口掘堤。

7 日晚 10 时，蒋在珍等与前来视察工作的魏汝霖商议下一步的行动，决定由参谋熊先煜主持此事。当日午夜，熊先煜率工兵连长马应援等乘车前往花园口侦察决口位置。随后，蒋在珍立即调集两个团 2000 余名官兵实施掘堤行动。

这时，陇海路以南西犯日军向平汉线突进很快。6 月 8 日，中国军队掩护部队在花园口以东 7.5 公里处与日军骑兵接火，情势万分危急。武汉军事统帅部则每隔 1 小时便电话催问掘堤进度。为了加快掘堤速度，负责实施掘堤的新编第 8 师紧急招募附近百姓协助作业。

6 月 9 日上午 8 时，花园口扒口完成，口门开始过流。因此时正逢黄河暴涨，所扒口门越撕越大，滚滚黄水很快倾泄而下。

向东南奔流的黄河洪水，很快淹没了中牟、开封、尉氏、太康等县的大片地域，将突入这一地区的日军第 14、16 两个师团的部分部队陷入浊流泥沼之中，日军急忙派出飞机空投救援物资，并调集舟桥部队和橡皮船队马不停蹄赶往洪区抢救，但是遭受洪水袭击的各师团还是溃不成军，淹死者、失踪者不计其数，各种装备丧失殆尽。其中尤以第 14 师团首当其冲，损失最为惨重，基本上失去战斗力。华北派遣军至此元气大伤，狼狈逃离黄泛区后，退回开封以东再难发动新攻势。

中国军队岌岌可危的郑州防线因此转危为安。

当时正坚守郑州外围阵地的东北军一部已经弹尽粮绝，随着侧翼友邻阵地相继陷落，该部坚守的小镇被日军团团包围。正当爱国官兵拔出大刀，决心与阵地共存亡的关键时刻，日军的进攻戛然而止，本来气势汹汹的步兵及配属的坦克、战车纷纷停止前进，掉头逃窜。原来这是黄河决口洪水冲垮了敌人主力，淹没了日军退路。中国军队官兵士气大振，乘胜出击，击毙了一些未能逃过黄泛区的敌人，缴获战利品无数。

从天而降的黄河大水使得中原地区本已陷入苦战的中国军队稳住了阵脚。中国最高统帅部向第一战区发布命令，调集了数个集团军扑向平汉铁路，对进犯中牟、新郑、尉氏、通许、陈留、杞县、扶沟、长葛、鄢陵、太康等地的敌人发起全线反击。中国军队第 3 军团在尉氏县城包围了日军第 16 师团一部约千余人，经激战，将日军大部歼灭。

黄河未决口前,一支日军骑兵支队已进至新郑附近,黄河决口之后,这支骑兵后路被切断。中国军队将其全部歼灭,缴获马匹400余匹、大炮4门及其他战利品。

位于泛滥区中心的日军,来不及撤走的车辆、火炮、战车等均沉于水底,不少人员、马匹被水冲走,部分日军在树梢、高冈上晾晒衣物等待救援,有些则在漂浮的草屋顶上随水南流。

据不完全统计,这次黄河决口使日军损失兵员7452人,日军被中国军队缴获及被洪水毁坏的轻重装备不计其数。

对此,后来日本军事史专家桑田悦等编著的《简明日本战史》中称:中国军队破坏黄河南岸堤防,引起特大洪水,遏制了日军前进。

这是自"七七事变"以来日本侵略军在中国战场首遭全面溃败,日本大本营感叹道,华北派遣军从此丧失全面进攻能力。

日军第14师团司令官土肥原成为这次惨败的替罪羊,被解除师团长职务,调回东京接受审查。土肥原的上司,第1军军长香月清司也被解除职务,编入预备役。华北派遣军总司令寺内寿一也被解除军权,召回东京赋闲。

这场黄河大水震动了整个世界,各国记者纷纷抢在第一时间发出报道:

英国《泰晤士报》称:中国位于河南省郑州郊区的花园口黄河大堤决口,目前水情严重,已经淹没大约上万平方公里平原,估计受灾人口将超过1000万。

美联社记者发表消息:中国河南的一处黄河大堤汛期决口,水情极为严重。洪水已经淹没河南、安徽及江苏部分地区,造成至少数百万灾民无家可归。

法新社等媒体也迅速作了报道。全世界都将关注的目光投向苦难的中国,一些正义的西方国家和慈善组织已经开始向中国灾区捐赠资金和募集救灾物资。

花园口扒口事件发生后,国民政府为掩饰决口真相,宣称决口为日军飞机轰炸所致,并通过中央社报道了"日军炸开黄河大堤"经过的情形。《申报》、《大公报》、《民国日报》等中国国内各大报纸纷纷发表新闻报道,谴责日军炸毁黄河大堤、导致黄河决口泛滥的罪恶行径。

三、惨绝人寰、绵延不绝的洪灾

黄河决口后,中原地区日军的快速进攻受挫,武汉、洛阳等地的紧张局势得以暂时缓解。此后,日军转而从长江下游地区向武汉发动进攻,中国军队调集了100多万人投入到武汉保卫战中。

为了阻止日军舰艇沿长江航道溯江西进，这时，中国方面加紧了阻塞长江航道工程的进度。这一军工措施，是上年根据国民政府军事委员会的命令。在长江的不同江段由下到上逐段实施。但由于事业仓促，效果不佳。其后，军事委员会认为，黄河水利委员会素有堵塞决口的经验，遂下令由黄河水利委员会委员长孔祥榕、江防司令刘兴等组成长江阻塞设计督察委员会，组织实施这一工程。当时黄河水利委员会先后组织技术人员和技术工人近 300 名，相继在江苏乌龙山、江西马当(今马垱)、湖北田家铺及葛店等处修筑阻塞工程，对于阻滞日军溯江西侵发挥了重要作用。

花园口掘口这一军事策略，虽然阻滞了日军的进攻步伐，然而，它却使中国人民付出了极其惨重的的代价，给豫、皖、苏 3 省人民带来的是旷日持久的深重灾难。

花园口决口后，很快因黄河河水暴涨，花园口、赵口扒口口门越撕越大，滚滚黄水，倾泄而下，由此造成了黄河的又一次大改道。决口河水分两股，西股黄水是主流，自花园口至中牟入贾鲁河，南泛尉氏、扶沟、西华等县，于周口东折入颍河，然后分别注入茨河和沙河，再经安徽太和、阜阳、颍上及正阳关，最后汇归淮河。东股黄水是黄河水位上涨冲开赵口口门后形成的。赵口的黄水又分为两股，一股向东南直奔朱仙镇，与花园口的泛水汇合；一股绕开封城墙北面，折向东南，至陈留又分为两支，一支沿铁底河，另一支沿惠济河，先后注入涡河，于安徽

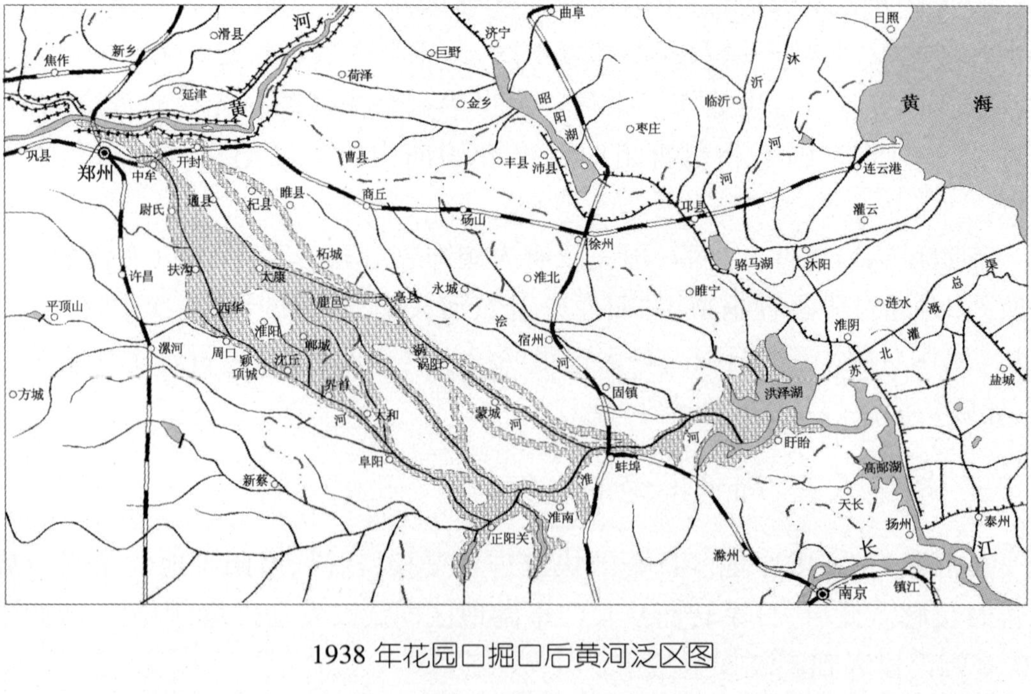

1938 年花园口掘口后黄河泛区图

怀远汇入淮河，自淮河经洪泽湖、白马湖、高邮湖注入长江，形成合流局面，进而波及江苏北部诸县市，形成了广袤的黄泛区。

《豫省灾况纪实》里有一段文字勾勒出了真实的黄泛区灾难图："泛区居民因事前毫无闻知，猝不及备，堤防骤溃，洪流踵至，人畜无由逃避，尽逐波去；财物田庐，悉付流水。当时澎湃动地，呼号震天，其悲骇惨痛之状，实有未忍溯想。间多攀树登屋，浮木乘舟，以侥幸不死，因而仅保余生者，大都缺衣乏食，魄荡魂惊。其辗转外徙者，又以饥馁煎迫，疾病侵寻，往往横尸道路，填委沟壑，为数不知几几。幸而勉能逃出，得达彼岸，亦皆九死一生，艰苦备历，不为溺鬼，尽成流民。"那些恋家守舍不肯外逃的，"更是迫于饥馑，无暇择食，每多以含毒野菜及观音粉争相充饥。草根树皮，亦被罗掘殆尽；糠秕杂食，反为上馔。食后面目浮肿，肌肤绽裂……因之卖儿鬻女，率缠号哭，难舍难分，更是司空见惯，而人市之价日跌，求售之数愈伙，于是寂寥泛区，荒凉惨苦，几疑非复人寰矣！"❶

花园口掘堤后灾民逃离家园

《中牟县志》载："6 月 11 日，黄河花园口掘堤的第二天，黄河涨水，花园口与赵口都大量过水。13 日晚汇合于中牟县前后段庄。中牟县全部被淹没的村庄 160 多个，共有 50 多万亩土地。受灾村庄 289 个，1.6 万人淹死、饿死。还有 7 万余人流离失所，逃亡在外。中牟县城全部没于水中，只剩下丁字口一片高地，形似孤岛，仅余房屋 23 所。"❷

泛区腹地，尤以鄢陵、扶沟、西华、尉氏、太康、淮阳等县损失惨重。黄水到时，只见丈余高的水头盖地而来，千里平原，顿时一片汪洋。鄢陵县的广大农村，房屋一半倒塌，人口死绝了 1450 多户；扶沟县被淹村庄有 896 个，因遭灾死亡者达 25.44 万；西华县几乎全部被淹，700 多个村庄的房屋倒塌殆尽，80 多万亩农田被洪水淹没，4 万多人淹死，20 多万人逃离家园。水到太康县境，"经县西长营丁村口，东南过淮阳十二里王店，水势浩荡，冲田庐不可胜计。"

据国民政府行政院灾后"黄泛区的损害与善后救济调查报告"的不完全统

---

❶上海图书馆藏. 河南省政府社会处编. 豫省灾况纪实，1946

❷河南省中牟县地方志编纂委员会编. 中牟县志. 中州古籍出版社，2006

计，花园口扒决后殃及河南、安徽、江苏44个县市，淹没面积5.4万平方公里，受灾1250万人，死亡89万人，直接经济损失达47804.6亿元。其中，河南省有广武、郑县、中牟、尉氏、通许、扶沟、西华、鄢陵、洧川、商水、淮阳、沈丘、项城、开封、陈留、杞县、睢县、柘城、鹿邑、太康等20个县受灾，淹没耕地45万公顷，有117万人逃离家园，死亡32万人，直接经济损失达19328.5亿元；安徽省有太和、阜阳、颍上、临泉、亳县、涡阳、蒙城、怀远、凤台、寿县、霍丘、凤阳、灵璧、泗县、五河、盱眙、天长、蚌埠等18个县市受灾，淹没耕地28万公顷，有253万人逃离家园，死亡40多万人，直接经济损失达25265.8亿元；江苏省有高邮、宝应、淮安、淮阴、泗阳、涟水等6县受灾，淹没耕地10万公顷，有20多万人逃离家园，死亡愈16万人，直接经济损失达3210.3亿元。

1938年黄泛区流离失所的灾民

扶沟县城北大街被淹场景

对于黄泛区的悲惨景象，在几年后国民政府行政院善后救济总署河南分署的报告中作了如此披露：漫流走沙，愈演愈大，一片荒烟，到处凄凉，昔时中原乐土，今成人间地狱。直到1947年黄河回归故道时，中牟、尉氏、通许、扶沟、西华、商水6县的人口总数尚只有受灾前的38%。

国民党的一些报纸也曾这样描写黄泛区：黄河泛流淤积的大量泥沙，有些地方厚达三四米，完全埋没了田园、村舍，淤塞了水井、河道。大地上沙岗起伏，野草丛生，天空黄沙飞扬，蝗虫蔽日。间或看到三三两两的灾民，栖息在沙荒盐碱窝里。

扒开花园口大堤带来的灾难还不止这些。黄河夺淮入海，又给淮河地区带来连年水灾。在花园口堵复前的近10年中，黄河把100多亿吨的泥沙带到淮河流域，使淮河干流和许多支流淤塞。每到汛期，黄河洪水滚滚南下，淮河洪水漫溢横流，大片地区被水淹没。

面对黄泛区严重的灾情，国民政府采取了一定的赈济措施。6月10日，即花园口掘堤的第二天，国民政府指示行政院赈济委员会立即给河南省拨发救济

1938 年花园□掘□后安徽民房被淹情形

费 5 万元,令行政院参事曹仲植迅速赶往河南会同省赈济会抢救难民。6 月 17 日,行政院部委长官会议决定派赈委会副委员长屈映光携带特拨款 200 万元赴豫主持办理急赈。屈映光抵达洛阳后,与第一战区司令长官兼河南省政府主席程潜进行会晤协商,决定把黄灾救济纳入河南省的战区难民抚赈范围。之后,河南省有关部门拟定出了包括安抚、急赈、收容、编配以及生产 5 个项目的全省统盘抚赈计划。1938 年 7 月 4 日,国民党中央决定全国“捐薪一日”,赈济黄泛区灾民,国民政府军事委员会委员长蒋介石并要求政府各机关于当月全部扣清。7 月 18 日,国民政府决定移送郑县、中牟、尉氏、鄢陵 4 县的 10 万难民,到陕西省黄龙山垦区垦殖。为迎接河南、安徽两省灾民,陕西省政府发布《陕西省设置难民寄宿馆沿途设站运输办法》,规定:凡由战区来陕之难民,均以本办法分送生产区安置或移至安全地带;沿途各路及各县均设立寄宿总站、大站、小站;沿途每人每日供给米或面粉 1.4 斤,小孩减半。同时,治河部门及地方政府陆续采取了一些工程措施,以减轻黄河水患。为防止花园口口门继续扩大,7 月 25 日,黄河水利委员会设立花园口裹头工程事务所,在日军的隔河炮击和飞机轰炸下,抢筑断堤两端的裹护工程。当月,黄河水利委员会会同河南省政府及其他部门组织成立防泛新堤工赈委员会,以工代赈,开始修筑防泛西堤。1939 年初,国民政府中央赈济委员会拨款 5.3 万元,堵塞河南扶沟县韩寺营黄河支叉,修筑堤防数公里,使扶沟县城及 50 万亩土地得以保护。

对于重灾区河南省,国民政府专门拨款设置收容所 8 处,招待所 5 处,用以安置难民。河南省政府也设立邓县垦荒办事处,安置黄泛区灾民。至 1939 年,该办事处共安置难民约 5000 人,开垦土地 2.2 万亩。

抗战 8 年间,黄河连年决口,给人民带来了沉重灾难。具体决溢情况见表 4-1。

表 4－1　　抗日战争时期黄河决溢情况

年份	决溢地点	简要灾情
民国 27 年（1938 年）	郑州 中牟	日军逼近开封，国民党军为阻止日军西侵，于中牟赵口、郑州花园口扒决黄河大堤，黄河夺淮入海，淹及豫、皖、苏 3 省 44 县，受灾人口 1250 万，淹死 89 万人
民国 28 年（1939 年）	郑县 中牟 尉氏 扶沟 西华 淮阳	7 月，河南周口以上防泛新堤决口 38 处。其中，郑县 16 处，中牟与开封交界地 1 处，尉氏 7 处，扶沟 4 处，西华 9 处，淮阳 1 处。因受西高东低的地形限制，加之尉氏县以上沿堤背河又多沙丘高地，受灾害少则 3～5 村，多则 10～20 村不等。尉氏以下至周口间，淹沙河北西华、扶沟、鄢陵等县部分村镇，受灾面积约 100 平方公里
民国 29 年（1940 年）	五原 郑县 扶沟 尉氏 开封	3 月，在著名的五原战役中，国民党军傅作义部利用黄河解冰之机，炸破五原以北老杨圪旦附近的乌拉壕堤坝。7 月，郑县防泛新堤被挖决，以泄背河积水。扶沟境防泛东堤决口，几乎漫淹太康全境。8 月，尉氏县防泛新堤决烧黄酒、寺前张、十里铺、后张铁、北曹泄水口，被淹面积 1400 多平方公里，当年堵复。9 月，防泛东堤在开封朱仙镇至扶沟白潭间决口 2 处，通许县城等地被淹
民国 30 年（1941 年）	尉氏 通许 郑县	1 月，防泛新堤在尉氏荣村因凌汛决口。6 月，防泛东堤决逊母口、姜庄寨。12 月，防泛东堤在通许县挖决、溃决各 1 处。本年，郑县防泛新堤还因背河积潦冲决 20 余处
民国 31 年（1942 年）	扶沟 尉氏 西华	5 月，扶沟蒺藜岗民堤冲决，淹没村庄 300 多个，土地 40 万亩。8 月，西华县道陵岗、张庄、刘干城等地漫决 5 处，群众为排泄积水，又掘开两口，受灾面积 100 平方公里，当年堵合。八九月河决尉氏县防泛新堤岗庄，年内防泛新堤共决口 12 处
民国 32 年（1943 年）	尉氏	5 月 18 日，由于非常飓风，防泛新堤在尉氏荣村决口。8 月，黄河在武陟县解封东西及方陵等处先后漫决，因在沦陷区，无法施工抢堵
	武陟 尉氏 西华 扶沟 淮阳 开封 通许 中牟 杞县 太康	1～8 月，尉氏、西华、扶沟、淮阳 4 县防泛新堤决口 64 处。8 月，国民党“泛东挺进军”在太康、通许等地两次决口 18 处，武陟解封、方陵等处先后漫决。9 月防泛东堤通许决口 3 处。10 月，国民政府豫东专员公署在中牟至太康的防泛东堤上扒决 11 处
民国 33 年（1944 年）	扶沟 西华 淮阳 尉氏 周口	五六月间，为阻止日军进攻，中国军队在扶沟吕潭，西华毕口、薛埠口、杨庄户、刘老家，淮阳李方口、下炉圈堤及贾鲁河东堤之龙头池、栗楼岗等处开挖多口。8 月 16 日，防泛新堤在尉氏荣村，扶沟杜家、岳桥、吕潭、董桥等地决口 6 处；颍河南堤西华朱寨、律庄、孙嘴先后漫决。日军同时在西华和商水两县掘开黄河大堤。10 月 1 日，扶沟李庄、董桥、吕潭和西华毕口、刘老家等地决口 6 处，其中吕潭、毕口、刘老家 3 处系排泄积水，由政府扒决
民国 34 年（1945 年）	中牟 郑县 尉氏	5 月 2 日，防泛东堤决于中牟大吴村。8 月 23 日，郑县郭当口决口，次年 5 月两口同时堵合 防泛新堤在上起尉氏荣村，下至周家口北不足百公里的堤段内，于荣村、孙寨村等地决口 10 处，扶沟、西华等县一些村镇受灾

第二节　流域水旱灾害和水利建设

一、黄泛区的堤防修筑

(一)防泛新堤的修筑

花园口决口改道后,黄河在豫东、皖北和苏北地区形成了巨大的地障——黄泛区。分别控制黄泛区西、东两侧的中、日军队隔河对峙,黄河新河道成了军事分界线,同时也成为中国军队牵制和抗击日军的重要防线。

根据新的形势,第一战区总司令部和黄河水利委员会共同制定了河防、国防兼顾的"以黄治敌"策略,其内容主要包括:一是不能使花园口决口处断流,但也不使其集流;二是花园口东坝头以下的缺口任其自然,使泛水分散成滩,敌军重兵器不易运输,以便阻敌西进;三是加固花园口溃口西坝头,设法相机挑溜分入故道,破坏日军的新汴铁路联络运输。为此,中国军队在黄河西岸修筑了防泛新堤,利用黄河来水给日军以威胁。同时,本着"能救一分民命即培一分元气,亦即无形中增加一分抗敌实力"的精神,国民党军政当局除了通过新筑大型堤坝束水导水外,还根据军情变化的态势,不断整修、疏导豫东地区的各种河沟水道,充分发挥黄水的地障作用,威慑和牵制日军,并相机越过黄河打击敌人。

1938 年 7 月,国民政府要求由黄河水利委员会负责,会同河南省政府及其他部门组成防泛新堤工赈委员会,抓紧修筑广武至郑县的防泛新堤。

此前,因日军进犯豫东、战事紧张,黄河水利委员会已于 1938 年 5 月由开封西撤洛阳,转而迁至西安。河南修防处也多次迁移。河北修防处因黄河改道南流远离该辖区被撤销。山东修防处亦因战局变化和黄河改道而频繁迁址,由山东的济南先后迁移至宁阳、单县、曹县,河南的太康、漯河以及武汉、洛阳、西安等地。黄河水利委员会与各地修防机构主要靠电报联系。

新堤沿泛区西岸,自广武黄河大堤李西河起至郑县唐庄陇海路基止,全长 34 公里。工程建设实行以工代赈,动员郑县、广武两县的大批民工参加。后因汛期到来,加之工款不济,只修了花园口以下到郑县唐庄 24 公里长的堤段。这段新堤虽然不长,但是,由于束水淤阻隔断了陇海铁路,使日军只能望河兴叹,无法重建连接陇海线向西推进。

不久,河南省政府会同黄河水利委员会等部门组成河南省续修黄河防泛新堤工赈委员会,继续实施了大规模的堤防工程建设。沿河各县组织大批民工继续修筑唐庄以南的新堤,一直延伸到豫皖交界。

新堤沿泛区西边缘,经中牟、开封、尉氏、扶沟、西华、商水、淮阳、项城、沈丘到安徽界首,全长316公里,完成土方340万立方米。但工程标准很低,一般堤顶宽4~5米,高出地面1.5~3米,临河边坡1:1.5,背河边坡1:2.5。由于赶工抢修,堤身窄矮,又未行硪,工程质量较差。尽管如此,这道新堤仍把河南境内的新黄河从西边尽可能地围护了起来。

黄河防泛西堤汛期抢护场景

整个防泛西堤筑成以后,即移交黄河水利委员会河南修防处接管,并为此专门成立了3个修防段。其中,防泛新堤第一修防段管辖堤段自广武县李西河起,越索须河入郑县境,经东赵、金家堤沿贾鲁河入中牟境,经蒋冲、毕虎、小潘庄、古城至胡辛庄入开封境,经高庙、后曹、牤牛庄入尉氏境,经水黄、北曹、荣村、马立厢至小岗杨止。该段堤长126公里,历经郑县、中牟、开封、尉氏4县,指挥部设在尉氏寺前张。

第二修防段管辖堤段自尉氏小岗杨入扶沟县境,经韩寺营、寺院庄、白潭,沿贾鲁河右岸至吕潭南越贾鲁河经坡谢至道陵岗入西华县境,经刘干城、徐楼、胡楼复沿贾鲁河左岸至毕口入淮阳境,再经李方口、下炉、八里棚与周口护寨堤相连。该段堤长94公里,历经扶沟、西华、淮阳3县,指挥部设在扶沟吕潭。

第三修防段管辖堤段自周口南寨沿沙河右岸经康湾、牛滩入商水县境，经李埠口、苑楼又入淮阳境，经苑寨、郭埠口、水寨至苏庄入项城县境，经槐店南关、陈口至孙营入沈丘县境，经戴寨、卜楼至豫皖交界的界首止。该段堤长约96公里，历经商水、淮阳、项城、沈丘4县，指挥部设在淮阳水寨。

当时，国民政府军事委员会提出“河防即国防，治河即卫国”的口号，把防泛新堤作为前沿阵地，要求严加防守，黄河随之成为抗战时期的一条“国防线”。黄河堤防的防守事宜由第一战区长官司令部及苏鲁豫皖边区总司令部部署，具体由第15集团军总司令何柱国负责。

为加强防泛新堤的管理和防守，黄河水利委员会制定颁发了《黄河防泛新堤防守办法》，该办法对以下两个方面进行了规定：

(1)郑县圃田至安徽太和县界首集之间的防泛新堤，由河南修防处及沿堤各行政督察专员督促所属各县县长共同负责防守。全线防守计划及补办一切善后工程，由修防处主持统一办理。

(2)关于新堤修守事项，河南省政府令沿堤各县县长受河南修防处督导，并将修防成绩列入县政考核。尔后，又加派沿堤各有关行政专员为黄河水利委员会防泛新堤联防专员，沿堤各县县长兼任防泛新堤河防委员，共同负责黄河抢护。

1939年3月，安徽省通过了《安徽省淮域工赈委员会组织章程》，其主旨为办理工赈，修复淮域堤防，缩小黄泛，减少灾害。该委员会主任由安徽省政府主席廖磊兼任。淮域各县设立工赈工程总队部，县长兼任总队长。同时，安徽省还编制出《安徽省淮域工赈工程计划概要》，划定了工程区域及范围，列支了工程经费。

花京军工大坝第一坝上首柳护沿及砖柳坦坡

花园口决口后，夺流的黄水首先顶冲郑州京水镇一带，这里既是决口的源头、防洪的重点，又是郑州的门户、军事防守的据点。为了制止河水冲击对黄河大堤及附近军事设施的威胁，1939年4～10月，经中国军事领导机关核准，黄河水利委员会在第一战区司令部的配合下，对花园口至京水镇之间的黄河堤防进行了大力加固，这一军工堤防加固工程，顶宽4米，高出地面2～3米，内外坡1:2，总长

8.78 公里，另外修筑了 32 座军用掩蔽室、6 处泄水口、8 座挑水坝，并加修数十段各种埽工。

花（园口）京（水镇）军工大坝完工时全体工作人员合影

1940 年 2 月，鉴于黄河两岸的战局有所缓和，为继续贯彻“以黄制敌”的原则，蒋介石致电黄河水利委员会，指示处理河水南泛的办法，要求：

（1）查黄泛所以阻敌西侵、屏蔽宛洛，而大河北岸数十万国军的后防补给及陪都外围侧翼安全，胥赖此保障，故依军事第一、胜利第一的原则，不能以民生关系分疏黄泛归槽，减少阻敌力量。

（2）黄水泛滥已将 3 载，沿泛区居民或已迁徙，或已习于沿泛水围筑堤埝保护田亩，无复当年痛苦，如使黄水再改流，反使人民重遭流离之苦。基于上述，对豫、皖黄泛应维持现有形势。

也就是在这年汛期，泛区东、西两岸堤防接连发生多处决口，灾情十分严重。

7 月，受泛区主流东移的影响，扶沟境防泛东堤决口，几乎漫淹太康全境。太康境内王盘一带民埝冲决，河水漫向东南，流入涡河。接着，防泛东堤在开封朱仙镇至扶沟白潭间又决口 2 处，通许县城等地被淹。

8 月，尉氏县烧黄酒、寺前张、十里铺、后张铁、北曹等多处防泛新堤决口，黄水泛滥于洧川、鄢陵一带，双洎河下游为黄水所夺，淹没面积达 1400 余平方公里。

为堵复口门，解除黄灾，黄河水利委员会成立尉氏段抢堵临时工程委员会，实施堵口工程历时 3 个月，动用土方 17 万立方米，秸料 300 多万公斤，麻 5 万公斤，柳枝 15 万公斤，耗资 71 万元。

1941 年春，日伪河南省政府征集开封、通许、杞县、扶沟等县民工，分 3 段大规模加修 210 公里防泛东堤，企图逼溜西侵，威胁防泛西堤的安全。为扼制日伪的这一图谋，4 月初，国民政府行政院召开淮河流域工程会议，会议上，第一战区请求继续阻塞黄泛区东江村以上各串沟，增加防泛新堤一带主流阻敌力量，得到了政府高层的重视。

会后，黄河水利委员会、国民政府军事委员会西安办事处及第一战区长官司令部研究拟订了施工计划，由河南修防处负责组织实施防泛新堤建设。

1941 年 4 月，河南修防处按高出上年洪水位 2 米、顶宽 6 米的培修标准，开始对防泛新堤及部分黄河旧堤实施修复。施工期间，时值黄河汛期，为便于加强指挥防守，河南修防处在旧堤荥泽汛、新堤中牟县胡辛庄、扶沟县韩寺营、淮阳县李方口等险要工段设立了第一、二、三、四防汛处，负责会同主管段防守指定的特险工段，并代表修防处就近督导各驻在工段内的全体员兵，办理一切防汛抢险事务。

但是，6 月间，黄河还是在逊母口、姜庄寨河段发生了决口。涡河一带行洪占到全泛区水量 80% 之多，泛水主流由尉氏，经太康、淮阳、鹿邑，沿西淝河漫流入淮河。当时淮阳县城处于涡河以南、沙河以北地势较高地带，黄河改道后一直未被泛水波及，是日军在泛区以南惟一的据点。此时若泛水全部进入涡河，淮阳以南、沙河以北泛区断流，淮阳的日军则将毫无阻碍地长驱南犯。

鉴于此，为保持淮阳以南的泛水不断流，又不致使黄河夺沙河，第一战区和当地政府组织堵塞了王盘一带 2 处口门，复堤 6 公里，修筑 10 余道柳坝，使大溜移至王盘以上江村口门附近，减轻了入涡的流势。同时，在周口将黄河流入沙河的 11 道串沟堵塞了 8 道，并在周口至淮阳济桥段之间修筑了 40 公里长的沙河北堤。

这次黄河下游堤防培修工程，历时 4 个月，先后在扶沟等沿堤县修筑军工坝 37 道，同时修筑了一批埽坝护岸及排泄背河积水工程。共完成培修堤防271.76 公里、动用秸料 80 万公斤，完成各类土方 830 万立方米，投资 164.43 万元。

由于种种原因，当时国民政府对防泛新堤的建设在实施中并非都很顺利。

譬如，将黄泛主道茨河之水经母猪河分流入淝河，以保证颍河堤防安全的“分黄入淝”工程，因当地反对，工程进展迟缓，直至 1943 年才得以实施，且未能全部完成，后在安徽省政府主席李品仙的严令之下，方告完工。又如，修筑淮北大堤，淮域工赈委员会曾提出“挖土一方，发款一角”的承诺，但因层层克扣赈灾款，真正落到灾民手中的钱少得可怜，当时灾民挖土 1.4 亿立方米，仅得赈款 31.84 万元，所得不及十之一二。灾民备尝饥饿，而一日血汗之所获，犹不得一饱，赈灾、复堤工程收效甚微。这种弊端，无疑也严重影响了堤防工程建设进度。

另一方面，由于当时处于战争时期，施工仓促，运输困难，石料缺乏，土质疏松，又未行硪，因此防泛西堤的工程质量不高，堤防御水能力很低。加之河面宽阔，汊流众多，流势多变，一遇大溜冲刷或风浪拍击，如抢护不及，即决堤为患。因此，防泛新堤修成后，堤防决口非常频繁。其中，最严重的是1942年8月西华县道陵岗决口。当时黄河陕州水文站流量达17700立方米每秒，洪水到达新堤各段后几乎与堤平，道陵岗堤段先后漫决5处。至年底堵复了4处口门，剩余1处至次年4月才得以堵复。

尽管如此，防泛新堤的修筑仍然较为有效地减少了泛区两岸的洪水灾害，并在一定程度上起到了阻止日军越过泛区西犯的作用。

（二）防泛新堤的整修加固

这一时期，大河上下的抗日战争形势发生了新的变化。

1940年春天，国民党军傅作义部第35军在绥远西部对日军作战，歼灭包括绥西警备司令水川伊夫中将在内的日伪军4000余名，取得了闻名中外的"五原大捷"；同年8月，中国共产党领导的八路军发起了百团大战，在3个半月的时间内，进行大小战斗1824次，毙伤日军2万余人，缴获大批军用物资，极大地鼓舞和增强了全国军民抗战到底的信心。

1941年5月，日军6个师团零两个独立混成旅团在航空兵的支援下，分4路对中条山中国守军实施攻击。驻守该地区的有第一、第二战区的7个军16个师。经过20天的激烈战斗，中国守军阵亡4.2万人，被俘3.5万人，多名高级将领殉国，伤亡惨重，最后中国军队被迫撤出中条山。

在黄河中下游，中国共产党领导抗日军民开展了机动灵活的游击战，相继建立了山东、河南、冀鲁豫、豫皖苏等根据地。

在黄河故道下游，中共山东省委组建了八路军山东纵队，与八路军第115师主力共同创立了山东抗日根据地，这块根据地东临黄海、渤海，北达天津，南接陇海路，西到津浦路，战略位置十分重要。1939年8月，八路军第一纵队在山东成立，徐向前任司令员，朱瑞任政治委员，统一指挥八路军第115师、山东纵队和苏北部队。1940年，第115师、山东纵队和地方武装扩大到13万余人，建立和发展了冀鲁边、湖西、鲁西、鲁中、胶东、清河等抗日根据地，使山东根据地和华中根据地连接起来。

这一时期，日伪军对山东根据地先后进行了80多次大大小小的"扫荡"。山东抗日根据地军民克服严重的困难，一面坚持中共中央制定的独立自主的游击战的战略方针，一面加强根据地建设，广泛开展减租减息、发展生产和整党整军运动，打退了日伪军的多次进攻，控制了沂鲁山区和诸（城）日（照）莒（县）山区，打通了鲁中、滨海、胶东各区间的联系。收复了被日伪"蚕食"的地区，基本上改变了被敌分割、封锁的局面，逐步恢复和巩固了根据地。

在战争艰难进行的同时，黄河南泛灾情日益加重。自1938年黄河改道南流到1942年，由于泛道连年淤积，堤身高度不足，洪水时常漫溢为患。为此，1942年12月，国民政府苏鲁豫皖边区总司令兼党政分会主任汤恩伯召集第15集团军司令部，导淮委员会，河南省第7区行政督察专员公署，周口、界首两地警备司令部及河南修防处等有关单位的代表在安徽临泉开会，研究防范黄河泛水继续南泛问题。会议决定成立黄泛视察团，以边区总司令部高级参谋钟定军为团长，视察范围上自河南尉氏，下至安徽颍上，对泛区河势、沿河堤防工程情况进行调查研究。视察团经过查勘，提出了《黄泛视察团总报告书》，其中，强调河南省工程浩大，如不及时加培堤防，势必引起泛流改道，国防、民生将两受其害；为保持原有泛区，巩固抗战国防，并兼顾民生，在河南境内安排培修加固堤防土方600多万立方米，建议实施以工代赈，争取于1943年4月以前完成。

1943年初黄河凌汛期间，河南尉氏县荣村至岗庄不足10公里的堤段，因受凌汛积水侵袭，先后发生漏洞险情39处。由于工料不济，抢护不及，导致4处决堤。同时，扶沟至西华县道陵岗堤段，亦因凌汛积水偎堤冲刷，出现40处漏洞险情，其中12处决口。

灾情形势的发展，促使国民政府下决心进一步加快整修防泛新堤的步伐。

1943年1月，在汤恩伯主持下，苏鲁豫皖边区总司令部、第15集团军司令部、河南省政府及其第1～7行政督察专员公署、周口警备司令部、黄河水利委员会及河南修防处等军政、水利部门，在河南省漯河召开了第一次整修黄泛工程会议。会议根据黄河视察团估列的工程项目，决定拨军工款500万元举办第一期整修工程，当年麦收前完成。成立整修黄泛临时工程总处，以苏鲁豫皖边区副总司令、第15集团军总司令何柱国为工程总处处长，负责指挥这次以军工为主的复堤工程。

4月中旬，沈丘县东蔡河以下泛区干涸，失去阻敌障碍，为了改变这一不利形势，第15集团军总司令部与黄河水利委员会开工修筑东蔡河节流横堤工程。该工程由单庄起始，经打鱼王、孙庄、后于凹、大李庄、王草楼、李庄至孟店桥，两端与民埝相接。施工过程中，因河水大涨，料物不济，至7月底，仅完成单排编柳工程2公里，护岸1.2公里，用柳18万公斤，土方52万立方米。

5月中旬，经过几个月的连续赶工，随着西华县最后一处决口口门的堵塞完成,整修黄泛工程会议确定的工程项目已基本竣工。正在这时,由于忽发飓风暴雨,西华县道陵岗口门西坝工程冲陷,造成口门扩大,其他堤段也决口多处。6月初,苏鲁豫皖边区总司令部在河南省周口紧急召开了第二次整修黄泛工程会议,时任防泛新堤第三段段长的徐福龄参加了这次会议。据徐福龄回忆,这次会议讨论决定:再拨军工款450万元,继续堵筑未堵塞的口门;修筑贾鲁河、沙河及鄢陵双洎河堤防工程;加修周口以西至逍遥镇的沙河北堤;培修京水镇至尉氏防泛西堤;重点加固周口以东沙河南堤,以防泛水越过沙河。

7月,二期工程大部分完成后,汤恩伯召集有关方面的代表在安徽临泉再次举行第三次整修黄泛工程会议,会议决定由河南省政府、黄河水利委员会及边区驻军共同组建整修黄泛临时工程委员会,推举河南省政府主席李培基为主任,张含英、徐梁为副主任,由汤恩伯、何柱国和张含英联名报告国民党军事委员会及行政院,请求拨发工款3000万元,用以堵口、复堤和防汛。

这次大规模的堤防整修,自1943年2月开始,至当年10月结束,历时8个月,先后拨军工款950万元,筹款3000万元,动员了河南省鄢陵、禹县、密县、郑县、洧川、临颍、襄县、西平、上蔡、新蔡、汝南、淮阳、沈丘及安徽省太和、临泉等28县的民工,加上陆军第193师等部队及地方武装共计40余万人,用工近1000万个,完成土方900多万立方米。通过整修,不仅完成了防泛新堤及沙河、颍河、贾鲁河堤防的培修,实施了堵塞荣村决口工程,修筑了徐湾退堤、郭寨至刘湾圈堤等堤工,还在尉氏县里穆张修筑了6道军工挑水坝及土坝、护岸、裹头护坦等工程,从而基本解除了大河主溜南泛西侵、改变豫皖边区抗日防线的威胁。

1944年春,国民政府采用以工代赈的办法,又组织实施了整修黄泛三期工程,至此,国民政府用于防泛新堤的建设、修防等费用总计已达1.2亿元。

此外,为排除防泛新堤以西积水,恢复双洎河通航以利军运,这一时期,黄河水利委员会还组织实施了整理双洎河工程,共开挖排泄积水沟6公里,疏浚洪业沟、双洎河尾闾40多公里,整理新郑至扶沟双洎河通航河道140公里。

防泛新堤修筑前,沿岸民众曾自发地因势利导修建了许多大大小小的民埝,防泛新堤修筑时,部分地利用了这些民埝。防泛新堤修成后,由于新堤时常被洪水冲决或被日伪军破坏,沿岸的民众又在新堤外面修筑了新的民埝。西堤在里,民埝在外,形成了多层束水地带。防泛新堤与民埝,二者相互结合,共同起到了防洪、阻敌的作用。

(三)日伪修筑防泛东堤

在中国军民修筑黄河西岸防泛大堤的同时,盘踞对岸的日军,为巩固占领地域、逼水西进，也采取了针对措施，增派人员，拨发专款，紧急修筑了黄河东岸防泛堤防。

1938年6月，日军在开封成立“临时新黄河水利委员会”，由华北伪政权建设总署督办和伪河南省长分别任正副主任，主持修筑防泛东堤，并聘请了日本水利专家。当年8～12月，先在开封县瓦坡北沙丘间修筑了4公里堤防。

1939年春，日伪在开封成立“新黄河筑堤委员会”，先后在北平和开封召开会议，由伪河南省建设厅厅长任委员兼任施工处长，所有筑堤重要技术和经费开支、材料购置均由日本方面负责。华北伪政权拨出第一批工款150万元，同时派督工和技术人员近百名，开始进行调查、勘测、设计及施工准备工作。9月，日本侵略者对黄泛区进行航空摄影，编成《黄河线孟津至洪泽湖集成写真》图集。

经过一番准备，1941年春，日军开始实施大规模的防泛东堤工程建设。3月中旬，日伪河南省政府征集开封、通许、杞县、扶沟等县民工分3段加修防泛东堤及坝垛。上段自开封县朱仙镇至通许县西关，长40公里；中段自通许县西关经邸阁至扶沟县江村，长25公里；下段自江村至杞县燕子庙，长40公里。堤身高4～5米，顶宽6米。同时，在扶沟县姚皇至麻里修筑大挑水坝一道，长约3公里，整个工程投资103万元。

由于这一地区既是日军占领区，又是新四军和国民党游击队的活动区域，日伪政权、国民党政权和新四军政权同时存在，社会局势比较复杂。比如活动在睢县、杞县和太康3县交界地区的新四军“睢杞太独立团”，即驻扎于黄河东北岸，以黄泛区内未完全淹没的村庄为隐避休整之所。如果黄河新堤修成，沿堤驻上日伪军，对人民武装进行抗敌斗争会造成极大的困难。因此，“睢杞太独立团”最初曾对日伪派出的勘测人员进行阻击。对此，沿岸驻防日军也派兵对其勘测人员予以保护。河堤重点工程，大部在通许、太康两县境内。日伪政权因考虑到与自身利害关系密切，以及沿岸居民都殷切盼望早日施工的愿望，采取通过当地群众和抗日武装部队领导人接触洽商的办法，以达到其筑堤的目的。抗日武装从民众利益出发，同意对筑堤工作不予干涉，这样，堤防工程在年底得以修筑完毕。

1942年2月，根据伪河南省建设厅拟订的“新黄河第二工区堤防修补工事设计书”，日伪开始实施防泛东堤补修工程。该工程包括对河南省通许县至安徽省境之间的防泛东堤及其护岸进行修筑和加固，总计修补堤防102公里，护岸1.5公里，堤高平均为2.5米，顶宽5米，坡度1∶2，需修做土方250万立方米。为修建这一工程，日伪政权征集了开封等11县劳工，补修堤防工程于5月底竣工。

1943年4～7月，日伪河南省兴工修筑了河南郑县石桥至中牟车站间30公里和通许县傅庄至太康南村岗间45公里的防泛东堤。

当时修筑防泛东堤面临十分复杂的形势。一是水势不稳，经常发生决堤而被迫延期，有的时候，还要随着水势变更筑堤线路。二是地处黄泛灾区，灾民逃离的多，留下的居民多为老弱病残，即使实行以工代赈，也难以招来足够的人力。三是日伪政权内部矛盾重重，主持施工的指挥人员和技术人员利欲熏心，都想从中渔利，偷工减料、中饱私囊的情况十分严重，也直接影响了施工的进度和质量。四是所修大堤内外的各村，利益冲突明显，都不愿把自己的家园堵在堤内，加上伪政权的大部分工作人员基本上都是当地人，协调有实际困难，因而施工时常被中断。

由于这些复杂因素干扰，这次筑堤施工断断续续，直到1943年才基本修成。防泛东堤的修筑，约束了泛水水道，相对控制了黄河及涡河的洪水东泛。

这一时期，出于战争的需要，中日双方军队还实施了一系列人为决堤。

国民党军方面，为迫使日伪政权后退，多次利用黄河水这一天然武器，实施掘开防泛东堤的策略。1940年5月，国民政府第一战区泛东游击队阮勋部为使黄水向东泛滥，淹没日伪军队，在西华县郭屯掘开防泛东堤。1943年8月，国民政府睢县县长尹凯之和第一战区泛东挺进军第38支队同福喜率部在太康、通许等地两次掘堤18处；同年10月，国民政府河南12行政督察区专员薛广汉带人在中牟至太康之间掘开东岸大堤11处，长7.5公里，其中仅杞县境内就有4处，100余村庄被淹。

日伪方面也不断以掘堤阻挡中国军民反击。1939年5月上中旬，日军盘踞花园口口门东岸，在口门东数百米处横贯堤身挑挖大沟10道，其沟底与堤内地面及堤处滩面相差无几。5月底，重新控制口门东岸的中国军队对大沟进行了回填。但是不久，口门东岸又被日军占领，日军对回填的大沟进行了疏通，致大部分大沟重新过流。8月间黄河涨水，各大沟逐渐坍塌合一，形成东口门（原口门称为西口门），西口门之间仅相隔一小段残堤，黄河口门扩宽，泛区灾情加重。1944年8月，日军同时在西华县和商水县掘开防泛新堤，口门宽度分别达50米和80米，直到两个月后方得以堵合。

1944年夏，随着豫中会战的失利，防泛新堤已基本落入敌手，国民党军亦随之开始了对堤防的破坏。这年五六月间，为阻挡日军进攻，国民党军相继在扶沟、西华、淮阳和郑县等地扒决口门9处。8月，日军亦在西华、周口扒口两处。此时正值黄河汛期，因战事紧张，堤防失去有效防守，堤防决口多达10余处。

由于这些天灾加人祸，广袤的黄泛区灾情愈演愈烈，满目疮痍，一片凄凉，泛区人民苦不堪言。

二、1942年河南大旱

20世纪40年代初期,黄河流域灾祸不断,在抗日战争最艰难的阶段,黄泛区在饱受水灾祸害的同时,又迎来了连年大面积的严重旱灾,其中尤以1942年河南的旱情最为严重。

1942年的旱灾波及陕、晋、豫、鲁、冀5省及当时黄泛区涉及的苏、皖两省。陕西省全省干旱,特别是宝鸡、咸阳和汉中地区春季旱荒严重。山西省则旱、水、虫、雹数灾并发,晋中、晋南18个县春旱,3000多个村受灾,44个重灾县有近12万户、6万人无法生活。鲁北特大干旱,连续5个月滴雨未落,土地龟裂,河道干涸,树皮草根皆被食尽。河北省由春至夏数月没有降雨。江苏中北部、安徽北部夏季大旱,禾苗枯死。

这场旱灾以河南省最为严重。由春至秋连续干旱,受旱灾的影响,有60个县发生了严重的蝗灾,其中黄泛区的蝗灾尤为严重。6月20日,尉氏县境飞蝗蔽天,蝗群东西宽达5公里,历时30多分钟;7月中旬,飞蝗自西北铺天盖地进入鹿邑县境,落地产卵,七八天变成黑蝻,田野每平方米多达600~1000只,一鱼网可捕捉三四十斤,地头挖沟片刻可捕杀一布袋,灾民晒成蝻干备荒。蝗蝻外迁时,方向一致,遇河聚成蝻团大如斗,凭水漂浮而过。8月,国民政府河南省主席李培基到黄泛区西华县视察,当行抵黄河大堤时,只见蝗虫飞绕上空,遮蔽天空,李不禁惊讶失声。当年,河南全省90余县6000多万亩农田受灾,全年饿死300万人,有300万人逃离家园,濒于死亡等待救济者1500万人。黄河沿岸20多个县为重灾区。

1942年旱灾洛阳灾民

由于当时国民政府以“影响抗战士气”、“妨碍国际视听”为由,对灾情实行了严密的新闻封锁,如此严重的灾情外界竟不知晓,只有少数中外记者深入灾区,真实地记述了这一惨绝人寰的大饥荒。当时重庆《大公报》记者张高峰从华北回来经过河南,目睹灾情严重,写了报道,《大公报》发社论批评说中原灾民饿死,重庆却纸醉金迷。这下触怒了当局,被令停刊3天,受到这样沉重的压力,一向以公正中立著称的《大公报》也难以再继续报道灾情。南阳的地方民营小报《前锋报》特派记者李蕤从洛阳到郑州,又南下到汝南,沿途记录撰稿,写出《喑哑的呼声》、《风砂七十里》、《雨天绝粮记》、《"死角"的弦上》、《粮仓里的骨山》等通讯。1943年《前锋报》将他写的10篇通讯汇集出版,题为《豫灾剪影》。

美国记者白修德20世纪40年代在担任《时代周刊》驻亚洲特派记者期间,也真实地报道了1942年河南大灾。

1943年春,白修德到河南采访国民政府军队和日军作战的新闻,但他发现,令人恐怖的不仅是令千万人丧命的战争,还有饥荒。随即,连续采写了《十万火急大逃亡》、《河南大灾:最为刻骨铭心的记忆》、《等待收成》等催人泪下的灾区报道。他描述了离洛阳市不远的郊外雪地上看来还很年轻的女尸;饿到极点的母亲煮食两岁的孩子,父亲勒死两个儿子,然后吃了他们……还揭露了河南的国军强征的粮税有时比实际产量还高。军队到村子里抢光农民的粮食,老百姓颗粒不剩。

白修德不仅披露了灾民的苦难,而且不遗余力地解救他们。他回到重庆后,设法见到蒋介石,向蒋出示在灾区拍摄的包括野狗在尸骨堆旁的照片。

1942年河南的大旱灾,可谓天灾加人祸。人为造成的灾祸,日本侵略者应首负其责,他们疯狂的军事进攻、丧失人性的烧杀抢掠,是造成这场特大灾害的极为重要的原因。

"七七事变"后,日军相继占领豫北、豫东。1940年6月,日军又攻占了豫南的信阳,控制了平靖关和武胜关。1941年1月,日军发动了豫南会战,沿铁路北进,中国军队经过激战收复失地,日军退回信阳一带。

这样,到1942年河南总面积三分之一沦陷,国民政府管辖的区域三面受敌。

黄河的决堤泛滥,豫东平原的万顷良田沃土变成沙滩河汊,不愿做亡国奴的民众大批流向国统区,加重了国统区的粮食负担。中国抗日军队几十万人在河南驻防,军粮马料,以及兵源补充,全靠在河南"就地取材"。从1937年抗战爆发以来5年半时间里,河南出兵出粮都是全国第一。沉重的兵役、徭役和赋税,使河南民力、物力、财力早已枯竭,即使在风调雨顺年景,农民交粮纳赋之后,也是家无余粮,一贫如洗。当1942年遭特大旱灾,麦收只有一两成、秋粮又绝收,特大饥荒的爆发就势在难免。

河南本来铁路交通最为发达,平汉铁路纵贯南北,陇海铁路横跨东西,但在抗战中两条大动脉绝大部分瘫痪,只有洛阳以西一段陇海线还开通,而河南公路交通极为落后。自古救济饥荒,无非"移民"和"移粟"两法(即将灾民迁走安置或从外地运粮来救济),河南交通运输如此困难,两种方法都缺乏效率,灾民就像被关在铁屋,只能坐以待毙。

蒋介石政权的专制腐败,不恤民命,也是造成国统区河南70多县灾民大批死亡的重要原因。对于严重的灾情,国民政府严密封锁,灾民死亡总数,外界无从得知。

随着1942年冬季的到来,灾民饥寒交迫,死亡率急剧上升。如果此时抓紧采取对策,就会遏止灾情急剧蔓延,但事实并非如此。1942年10月上旬,河南省赈济会推选代表赴重庆,吁请国民党中央免除灾区征实配额,可是蒋介石不但拒绝接见,还禁止他们在重庆公开活动。10月29日,豫籍国民参政员郭仲隗历尽艰辛从河南来到重庆,参加国民参政会第三届一次会议,在会议上,他为河南灾民涕泣陈情,以大量亲眼目睹的事实揭露了汤恩伯消极避战、侵民扰民的罪恶行径,激起众多参政员对汤恩伯的极大愤慨,但仍未引起国民政府对救灾的重视。这年12月,国民政府拨给河南2亿元(1亿赈款,1亿贷款),但在"军事第一"的口号下,同时强调军粮征收不能减免。于是,河南省政府分派大员到各县,一面视察灾情,一面督促征粮。当省府大员到各县督征时,有的县长谈到百姓把仅有的一点麦子交军粮后全家服毒自杀情景时,不禁痛哭失声,跪地磕头,请求免征。县政府到乡间逼粮,农民交不出粮食,自卫队的团勇便到农民家"坐催",吃住都在农民家,逼着农民只好卖掉所有能卖的东西去纳粮。

自古以来,灾民通常是不纳粮的。国民政府却把"纳粮"和"赈灾"搅在一起,事实上"救灾"是假,征粮是真。由于河南的交通运输极为困难,几十万河南驻军的口粮,从外省调运至少也得好几个月。军队不可一日无粮,军民交困时,蒋介石采取了舍民保军的残酷政策。到1943年元月底,国民政府从河南共征收170万大包小麦。

国民政府拨了2亿元赈灾款,当时平粜粮按最保守估计已涨到每斤10元,2亿元只能购得1千万公斤,若分给300万灾民,每人只有3公斤多。而国民政府从河南征收的是170万大包小麦,每大包100公斤,共计1.7亿公斤,若分给300万灾民,每人可得55公斤。

河南区域内军政不和,互推责任,也是导致灾情酷烈的一个重要因素。河南省政府主席李培基为向上邀功,瞒灾不报;军方只管要粮,以势相逼。第一战区副司令长官汤恩伯身兼鲁苏豫皖边区总司令、边区党政分会主任等职,位高权重,大灾中,他大肆扩军,在重灾区拉夫抓丁,横征暴敛,并利用职务之便,参与经商走私，大发国难财。当时老百姓口口相传的河南“水、旱、蝗、汤”4 大灾害中，“汤”指的就是汤恩伯。

各县县长及公务人员的平庸无能，对这场特大灾害也难辞其咎。当时的河南，民间还蕴藏着一定的救灾力量。如果各县政府敢于负责，组织民众，劝借劝募，以富养贫，或者组织生产自救，都可以缓解灾情。而且，1943 年春季小麦长势很好，灾民只要撑到麦收，就有生路。为了救济灾民，南阳《前锋报》曾提出“放斗余，贷公粮”的主张，号召各县打开公仓，把往年的余粮贷给灾民，帮他们度过春荒。但在这青黄不接、人命关天的紧要关头，大多数县长却怕放了粮收不回，误了军粮供应，受上峰严惩，因此宁肯坐视灾民饿死，也不愿冒险开仓赈济灾民。

1944 年春，日军发动为打通大陆交通线的豫湘桂战役。在河南战场，日军凭借坦克及骑兵等快速部队，4 月 17 日渡过黄河，经过 38 天的战斗，日军以 5 万左右兵力打败汤恩伯所部 40 万人，占领了豫中 30 多个县城，打通了平汉线。中国第一战区主力遭到惨败，损失兵力 20 多万，丢失郑州、洛阳等 38 座城镇，河南全省几乎全部沦入敌手，第一战区副司令长官汤恩伯被撤职，该战区最高司令长官胡宗南受到撤职留任处分。其中，汤恩伯横征暴敛，引起灾民的痛恨，失去了民众的支持，也是导致这次会战失败的一个原因。

三、苏皖边区水利建设

1938 年黄河花园口掘堤以后，黄河夺淮入海，黄水年年在淮河中下游地区泛滥，加上日本侵略者的军事进攻，河道、堤防及农田灌溉工程遭到极大的破坏。

从 1939 年起，中国共产党先后在淮河流域开辟了苏皖边区（包括苏北、皖北的部分、皖东、淮南）、鲁豫皖边区（包括鲁西南、豫东、皖北的部分）、鄂豫皖边区等抗日根据地。苏皖边区抗日根据地地处淮河中下游，严重的水患灾害，致使农业歉收，新四军和广大人民群众的生活发生严重困难。为抗御水旱灾害，发展根据地的农业生产，克服经济上的困难，苏皖边区政府领导人民，一边对敌作战，一边进行水利建设，发展生产，先后修筑洪泽湖大堤、淮北大堤、雪枫大堤、人字头大堤等多项水利工程。

1941 年夏，新四军第 3 师一部到达皖东与新四军第 4 师胜利会师，他们在建立和巩固了抗日民主政权后，立即放手发动群众，兴修各种水利工程。在洪泽湖区，新四军首先组织群众筑堤打坝，把从湖匪手中收复的土地从水灾中解放出来。1942 年春天，解放区淮北行政公署拨款 53 万元，开挖安河 15 公里，受益的土地达32.4万亩。

1943年淮河发生大洪水,由于淮北大堤残缺不全,洪水漫溢,淹没了大片的农田和村庄,怀远、蚌埠、固镇、五河等沿淮市县一片汪洋。当时,新四军第4师师部驻守五河县大柳巷,这个方圆不大的集镇,原是靠近淮河岸边的一片滩地,驻有军民1万多人。8月27日夜,风雨大作,雷鸣电闪,汹涌澎湃的洪水,把大柳巷围堤冲毁近300米,在全镇军民遭到洪水突然袭击的危险时刻,师长彭雪枫带领师直属队的干部和医务人员900多人赶到抗洪抢险一线,他亲自抬土抱草,跳入汹涌洪流抢堵决口,在狂风暴雨的黑夜里与洪水搏斗。当地群众在人民军队英勇抗洪精神的鼓舞下,也积极投入护堤抢险的斗争。经过军民七八个小时的英勇奋战,驯服了洪水,堵住了大堤上的缺口,使大柳巷转危为安。随即,抗日民主政府组织驻军干部战士和人民群众3000多人,动员大小船只500余条,运土抢筑围堤。军政领导带头劳动,现场指挥,并在工地组织劳动竞赛。在筑堤的几千民工和战士中,涌现出每天挖土3.5立方米以上的劳动英雄200多人。经过军民28个昼夜的奋战,完成围堤全长20公里,抢运了7万多石粮食。1944年,新四军第4师驻地人民群众要求将大柳巷围堤改名雪枫堤,永远纪念为中国人民解放事业英勇牺牲的彭雪枫将军。

1943年大水以后,苏皖边区沿淮广大群众迫切要求修复堤防。1944年春,新四军第4师师部和淮北行政公署广泛动员群众,修筑蚌埠至五河县的淮北大堤。当时,沿淮对敌斗争形势非常紧张,汪伪安徽省政府设在蚌埠市,淮南是敌占区,淮北是解放区,蚌埠以东的长淮区、临淮关、毛滩、五河等地,都设有日军和伪军的据点。淮河是敌人水上重要交通线,河上每天都有日伪小汽艇巡逻,整个淮河在日伪的控制之下。抗日民主政府为了保障修堤工程顺利进行,组织了工程流动指挥部。当年担任修堤工程指挥部的领导同志有中共灵凤县(解放区划定的县)县委书记张彤、县长徐宗田、县委敌工部长郑淮舟,苏皖边区政府水利科科长钱正英负责技术工作。中共领导修堤的军政干部都化装成老百姓,在工地上同群众一起劳动,观察敌情。另外,在工地上还组织民兵巡逻放哨,随时报告敌人动向。就这样,3万多军民一边筑堤,一边准备对付盘踞在淮河南岸的日伪军的袭击。敌人为了破坏修堤工程,曾几次偷袭工程处,由于根据地军民的高度警惕,工程处及时转移,使敌人的偷袭屡屡扑空。为了打击敌人对修堤工程的破坏,新四军第4师师长彭雪枫指挥主力部队在津浦铁路和沿淮一带积极出击,牵制敌人,并抽派一部分主力部队直接参加修堤工程,从而保障了修堤民工的安全,也使修堤工程得以顺利进行。为了把淮北大堤修好,解放区军民克服了许多困难，从远处运来大批的水泥、木料、条石等施工材料，保证了防洪大堤的质量。淮北大堤的修堤工程从1944年3月动工，到6月完工，经过根据地军民90多天的紧张抢修，赶在淮河汛期前将大堤修好。这段大堤全长90多公里，堤高7.2米，堤顶宽5米，外坡1∶3，内坡1∶2，堤高超过1943年淮河洪水位1.1米。这项工程也是苏皖抗日根据地最大的水利建设项目。大堤修成后，当年淮北丰收，淮南受灾，一河之隔，两个天地。钱正英在几十年后回忆起这次修堤斗争时说："因为我是学土木工程的，所以就被组织上抽调出来搞这项新工作。大堤修成后，群众很高兴，我也从这件事中，深深体会到水利事业涉及人民切身利益，水利事业对我们国家的重要性。从那时候起，我爱上了这项事业。"❶

在修筑淮北大堤的同时，为了解决固镇等县的涝灾，需要在北淝河入淮处修建一座节制闸。当时抗日根据地的建筑材料很缺乏，钢材、水泥都必须从敌占区去买，但敌人对抗日根据地实行严密的经济封锁，就是能从敌占区买到，也很难运进根据地。为了解决这个问题，新四军利用敌伪顽之间的矛盾，大力开展统一战线工作，一方面利用进步人士和共产党地下组织在敌占区购买材料；一方面又利用开明士绅、地主与伪省建设厅中下级官员的关系，进行谈判，分化瓦解伪军，取得了成功。伪建设厅部分官员，以自己修炮楼工事为名，要到一批钢材、水泥、石块，用船装运送到北淝河入淮处沫河口建闸工地，从而保证了建闸工程的顺利进行。抗日民主政府为修建沫河口水闸，拨款100余万元，从大闸的设计到施工，都是解放区军民自己完成的。北淝河控制闸建成以后，对减轻淮水倒灌和北淝河沿岸农田涝灾，起到很大的作用，受到各界人士的赞扬，说新四军有办法，处处为人民做好事。通过这件事，抗日民主政府在人民群众中的威信进一步提高。

洪泽湖大堤在抗战初期就遭到日军和国民党军韩德勤部的严重破坏，大堤残缺不全，沿堤险象丛生。沿湖地区解放后，"1943年春，淮北行政公署派员带领民工，在高家堰南北修复临湖面的石工墙1340丈，并填补被韩德勤部破坏的3段堤身。同时，又动员20万民工，自高良涧经顺河集、黄圩子向北绕成子湖，衔接泗阳的安河，从低洼的荒草滩里，修筑了100余公里的马蹄形环湖大堤。在临淮关以西汴、溧两河之间，也筑成挡湖水的新堤。当年夏、秋淮河发大水，洪泽湖大堤迎风挡浪，使湖东及里下河地区免除了洪水的威胁。1945年2月，日军侵占蒋坝镇，破坏大堤石工墙200多丈，5月我军解放蒋坝镇后，立即修复了石工墙。6月，又在周桥南北修复石工墙320丈。"为了纪念抗日根据地军民筑堤

---

❶唐元海. 战火硝烟中的水利建设. 蚌埠政协网，2005年12月22日

抗洪的历史功绩，苏皖解放区的淮宝县人民在洪泽湖大堤上树立石碑，记述了这次修堤工程的情况，石碑上刻着“永保群众利益”的题词。另外，抗日民主政府曾发放水利贷粮15万余公斤，贷款770万元，动员130余万民工，挖土140万立方米，在洪泽湖、白马湖、宝应湖及运河沿岸的淮阴、淮安、淮宝（当时新设县，包括淮安、宝应各一部）、宝应、高宝（高邮、宝应各一部）、高邮6个县范围内共筑堤360多公里；在沿淮的五河、泗洪、盱眙3县范围内，共筑淮河堤60多公里；在各重要河流进洪泽湖的入口处，修筑堤坝17.5公里，开挖大小河道290条，共长1340多公里。这些工程初步完成后，受益土地达735.58万亩，仅1943年就增产粮食3950万公斤。

人字头大堤，是1944年淮宝县人民在人字头河与大汕头河合流处修筑的拦河大堤。

淮河水进入洪泽湖后，当时是由南三河向东经十字头、十九亩河向北转向东南，穿宝应湖入高邮湖。但面积3000多顷的高邮湖，由于多年淤积而变得较浅，已不能蓄水，洪泽湖来水经常泛滥淮宝各区，使10万亩良田连年被淹。1944年春，淮宝县民主政府领导7个区的人民，用工30余万个，拨款2000多万元，历时100多天，战胜各种困难，筑成长达400多米的人字头拦河大坝，使30万亩耕地得以及时播种。人字头河宽500多米，水深处达10余米，波浪翻滚，筑堤工程非常艰巨。开工后，600多只小船从远滩取土，2000多名民工在两岸挑土打桩，用2万捆芦柴包土阻塞水流，当堤身修筑到离岸300多米时，水位突然增高1米多，给施工增加了困难。为了加快合龙，当即决定沉船11只，可是在下埽合龙的关键时候，大坝被冲开近20米的缺口，奔腾的河水像脱缰的野马，使工程被迫停工。这时，淮宝县民主政府迅速调来芦柴4万捆，并派行署专员亲自组织抢险合龙施工。拦河大坝第二次合龙前，大埽又被冲歪，工程几次遇险。这时坏人乘机造谣煽动，造成不少筑坝民工情绪低落。针对这种情况，领导筑堤的党政干部，反复细致地做民工的政治思想工作，鼓舞了民工的士气，增强了战胜困难的勇气。工程进展几经挫折，大坝合龙前一两天，水位差近2米，河水轰鸣，堤身震颤，淮宝县政府的领导同志不避风雨，不畏艰险，白天坚持现场指挥，夜晚睡在堤上看守。经过100多天的艰苦战斗，终于战胜了河水，人字头大坝胜利合龙，使淮宝县30万亩田地免除了洪水的灾害。

筑堤打坝工程在淮河流域的其他根据地也纷纷举办，其中规模较大的有1943年淮阴县在黄淮交汇处修筑的洫泽洮大堤。为此项工程，县民主政府拨款40万元、粮食600担，动员民工1800多人，于1944年7月22日动工，经过50多天修筑完工,减轻了苏北地区 20 多县的水患威胁。1944 年,苏皖边区筑成的大堤还有:在盱(眙)凤(阳)嘉(山)境内,修筑了自井头外河滩到潘村双炮楼的淮河大堤;在泗(县)五(河)灵(璧)凤(阳)的淮北区,修筑了淮河左岸大堤;在泗南县和五河县分别修筑了小河滩双峰堤和南柳沟湖坝。据苏皖边区淮北行署初步统计,“1944 年共修筑防洪堤 54 条,计长 953 华里,挖土 969456 方,民工上堤人数达 96214 人,受益地亩 24022 顷 51 亩”。

四、西北水利的发展

(一)中国水土保持工作的起步

抗日战争时期,在大后方的西北地区,随着西方近代水利技术的不断传播,大力开展黄土高原地区水土保持工作,以减少入黄泥沙,日渐成为人们的共识。成立水土保持办事机构,开展植树造林,以及设立水土保持试验区,探索水土流失防治技术等工作,逐渐发展起来。

1940 年 2 月,黄河水利委员会林垦设计委员会成立,黄河水利委员会委员长孔祥榕兼任委员长。8 月,林垦设计委员会在成都召开会议,决定成立黄河上游林垦工程处,整理渭河河槽,进行渭河上游水土保持、派员协助测勘队研究渭河上游河防工程计划、建立水土保持试验场、成立水土保持协进会等事项。与会人员还对“水土保持”一词进行了讨论,此后“水土保持”作为专用名词在中国逐步开始使用。10 月,黄河水利委员会上游林垦工程处成立,负责黄河上游各省境内修防、林垦、航运、水土保持及农田水利等事项。

成都会议后,林垦设计委员会即组织调查组,从西安出发到甘肃清水、天水、甘谷、武山、陇西、渭源、临洮等县调查水土流失情况。调查结果认为:各地生产面积逐年减少;土地生产能力逐年降低;水源日益枯竭,水旱灾害日多;木材、烧柴日益缺乏。为了切实推进黄河上游水土保持工作,林垦设计委员会初步提出建立关中、陇东、陇南、洮西、兰山、河西等 6 个水土保持试验区。1941 年,陇南、关中两个水土保持试验区先后筹建成立,次年又拟增设宁夏(中卫)、陕北(绥德)、绥远(萨拉齐)、晋西等 4 个水土保持试验区,但因经费无着,均未能实施。

1941 年 8 月,林垦设计委员会制订了陇南水土保持试验区组织章程草案、甘肃陇南水土保持协进会组织章程草案、天水县保土会组织章程草案、天水县水土保持委员会组织章程草案、与金陵大学农学院合作办法草案、与西北农学院及陕西农业改进所合作推动关中区水土保持办法大纲草案等水土保持组织章程和办法。为进一步推动水土保持工作,1942 年,该委员会拟定了水土保持纲要,呼吁:设立全国水土保持行政机构;中央联合有关机关如农林部、全国水利委员会、教育部、金融单位等组成全国水土保持委员会或水土保持总局;在西北及西南两大水源区域,由有关单位联合组成水土保持委员会或水土保持分局;在各自然环境区域分别设立水土保持试验区,可由各区域范围内有关事业机关合作组成。这些章程和纲要,虽然目标定得很高,但由于正处于战争时期,缺乏人力物力条件,因此并没有真正实行。

这期间,还发生了全国水利委员会与农林部争夺水土保持开办权的插曲。直到 1943 年国民政府行政院裁决:只准农林部在天水办理水土保持工作。黄河水利委员会陇南水土保持试验区随即被撤销,林垦设计委员会也结束了在天水的工作。

尽管如此,这一时期黄河流域的水土保持工作在一些领域还是有所发展。

1939 年黄河水利委员会在陕西潼关县筹建平朝林区,在甘肃省清水县设置了苗木草籽繁殖场。

1941 年初,中央水工试验所在陕西扶风县设立黄土防冲试验场。该场建有 20 个不同坡度、不同利用方式的冲刷试验小区,并把金陵河作为防冲试验流域,在其沟口案板坪村设立水文观测站,进行防冲试验。次年,因扶风县政府干扰,试验工作被迫停止。同年,在甘肃省建设厅厅长张心一的倡导下,由该厅与水利林牧公司共同拨款 3000 元,在兰州市的南北二山,开展水土保持造林。不久,甘肃省政府成立造林委员会,同时在省农业改进所内增设保土组,研究荒山造林问题。

1942 年,中央水利实验处根据重庆石门水工试验室关于黄土工程性质的试验资料,编辑出版了《中国黄土之分析》及《中国黄土试验综合报告》。次年,又在资料分析的基础上对黄土作出综合性描述,揭示了黄土的物理性质,为黄土高原地区水土流失的全面治理奠定了理论基础。

1943 年 4 月,国民政府行政院组织农林部、水利委员会、甘肃省建设厅等有关单位,成立西北水土保持考察团,邀请美国水土保持专家罗德民博士为顾问,共同考察西北水土保持。考察团用 7 个月的时间考察了中国水土流失严重的甘肃、陕西、青海 3 省的部分重点区域,并在天水、长安荆峪沟、黄龙山等处作实地示范。通过考察,比较深入地了解了黄土高原水土流失情况及其产生的原因,调查了当地农民的水土保持经验,并选定了水土保持试验示范区。在起草的《西北水土保持考察初步报告》中,提出了"控制(坡面)径流,增加渗透",加强"沟壑与荒沟之治理"和"减少河流含沙量"等保持水土的措施,对下一步水土保持试验研究工作也提出了积极的建议。这次考察,吸收了国内一批著名水土保持工作者参加,是黄河流域首次规模空前的水土保持考察活动。

陇南水土保持试验区的研究、推广工作也有一定的进展。为推动农民群众开展水土保持,实验区积极在天水城乡各种集市、庙会举办展览,发放宣传单介绍水土保持;举办座谈会,邀请天水军政领导、乡绅参加介绍水土流失危害情况和水土保持的重要性;专门组织人力查阅天水地方志书,了解水土流失危害情况。同时,在南山试验场周围组织石马坪、土坑、东团庄等村农民,于1943年10月成立了"天水县大城镇第十五保保土会",与试验区共同推行水土保持工作。试验区还在罗德民博士的指导下,选定了试验示范场地。另外,以天水南门外南山的大柳树沟为综合治理小流域,以大柳树沟小流域内的梁家坪为坡耕地小区径流试验场,又以大柳树沟左邻的吕二沟为示范流域,积极开展试验项目设计布置、购置仪器设备、征集有关资料、制定种苗计划等工作。在取得初步研究成果后,黄河水利委员会于1945年3月在荆峪沟的乾沟支沟上开工修建了第一座小型留淤土坝,控制流域面积2.6平方公里,可拦淤土2万立方米。

当时,中国共产党领导下的陕甘宁边区,结合生产也组织开展了一些水土保持工作。1938年,边区政府建设厅相继发出《关于造林运动》布告和《为保护森林严禁滥伐事》通令,发动干部、群众植树造林、护林,发展生产。1939年边区14县植树79.67万株,1941年边区16县植树61.37万株,种植苜蓿1.8万亩。同时,还开展了大规模的修梯田、筑坝埝活动。至1946年,边区共修梯田、筑坝埝、水漫地8万多亩,粮食产量提高1倍。

(二)西北水利建设

抗日战争时期,甘肃、青海、陕西等省的水利建设也有了新的发展。

在绥远,1941年初,为恢复被战争破坏的河套灌区渠道,恢复农业生产,第八战区副司令长官兼绥远省政府主席傅作义提出了"治水与治军并重"的口号,开始河套军事水利建设。为此,司令部专门成立了水利指挥部,以统一调配军工、民工,集中指挥军事水利工作。指挥部由作战军事首长担任总指挥,绥西水利局长担任副总指挥。次年,司令部和绥远省政府进一步颁发了《兵工协助修渠办法》,规定"兵工修渠以军队驻地附近分配工作为原则","兵工食宿,概由各部队自行筹备",以减轻地方负担。为稳定水利职工队伍,还规定:凡水利工人,一律免征兵役,不抓壮丁,抓错的要放掉。在傅作义的重视下,绥远省河套灌区水利组织很快得以恢复、重建。

在军事水利建设中,军民合作先后完成了48公里长的复兴渠开挖,乌拉河、杨家河整修及黄杨接口工程(由杨家河口信信圪旦处开口,东北达黄羊木头南接入黄土拉亥河渠),新增灌溉面积近百万亩。这4项工程开创了绥远河套灌区由政府开挖渠道的先例,河套灌区私渠私营的历史从此结束,渠道数量也由清末的8大干渠演变成10大干渠。

1938年8月,甘肃省第一个新型灌溉工程洮惠渠竣工。该渠自临洮县城南李家村引水,至县城北二十里铺,干渠长28.15公里,投资25.4万元,实际灌溉面积2.7万亩。

1941年8月,由甘肃省政府和中国银行共同投资的甘肃水利林牧公司宣告成立。该公司以甘肃黄河流域为工作重点,在此后几年完成了多处水利工程建设,50多万亩农田因此而受益。同时,还组织开展了对西北诸河水利水电查勘工作。1942年,甘肃水利林牧公司先后在永登县、临洮县建成湟惠渠和溥济渠。湟惠渠为无坝自流灌溉工程,于1939年3月开工,从永登县黑嘴子建闸引湟水,干渠长31.5公里,设计流量2.5立方米每秒,计划灌溉面积2.5万亩,投资达660万元。溥济渠位于临洮县城南洮河西岸,早在1932年就由地方有识之士倡议兴办,因经费困难而停工。1938年甘肃省建设厅对渠线进行了实地测量,1939年开工。溥济渠从常家窑洮河左岸引水入渠,至红道峪口退水入河,干渠长19.3公里,设计流量3.5立方米每秒,计划灌溉面积3.5万亩,投资138万元。同年,位于永靖县的永丰渠引黄灌溉工程和永乐渠引大夏河灌溉工程也相继开工。次年,两渠基本完工,新增灌溉面积数万亩。1943年,位于永登县的登丰渠引大通河灌溉工程开工,3年后竣工。

1943年春,甘肃省在兰州西郊土门墩附近,用甘肃机械厂制造的5.5千瓦离心式抽水机抽取黄河水灌溉农田试验成功,这种抽水机扬程30米,出水量每小时35吨,可灌溉农田300余亩。这是黄河上游采用机器抽黄灌溉农田之始。1944年,位于泾川县汭河上的汭丰渠建成通水。

1944年,青海省相继开始修建芳惠渠和唐乃亥水渠。芳惠渠从互助县傅家寨引湟水,经小峡、高寨至曹家堡的泉水湾,长21.7公里,因资金问题,曾两度停工,直到1947年方完工。唐乃亥水渠位于兴海县,引黄河支流大河坝水灌溉,渠长7.5公里。抗战期间,黄河水利委员会也曾拟订有青海灌溉发展计划,拟建设引黄灌区5处,引湟灌区4处,计划灌溉农田约10万余亩。

陕西关中地区,在"关中八惠"中的泾惠渠、渭惠渠、梅惠渠相继建成通水后,抗日战争时期又先后建成了黑惠渠、泔惠渠、沣惠渠和涝惠渠,实际灌溉面积至1948年增至113万亩。1939年4月,陕甘宁边区裴庄渠和陕北织女渠竣工放水。裴庄渠干渠长 6 公里，经延安庙嘴、磨家湾、枣园、侯家沟到杨家崖，可浇地 1400 亩。织女渠自榆林五里沟开渠引无定河水，至米脂县织女庙，可灌溉榆林、米脂、绥德 3 县近万亩农田。1941 年陕北定惠渠开工，两年后完工。工程于无定河上筑坝引水，渠道横贯榆林县西南部，止于米脂县马湖峪，长 40 公里，可灌田 5 万亩，投资 670 多万元。

在上中游开展灌溉工程建设的同时，干流水电开发也作了一些筹划。1943 年 5 月，黄河水利委员会提出《陕州拦洪水库初步计划》，该计划在比较小浪底、八里胡同等地质情况后，认为三门峡坝址优良，可修建混凝土重力坝，设想坝顶高程 319.70 米，拦洪库容 13 亿立方米，最大洪水泄量 12000 立方米每秒，淹没村庄 30 个、耕地 30 万亩，投资 9500 万元。计划中提出修建三门峡工程的目的是为了平抑洪水，调节沙量，兼顾灌溉、发电和航运。这年秋天，应黄河水利委员会的邀请，国民政府行政院美籍顾问巴里特（Millis C. Barroit）一行还考察了黄河上中游及下游防泛新堤，就黄河泥沙、下游防洪、花园口堵口和陕（县）孟（津）间修建拦洪水库等问题提出了一些建议。他认为，应在黄河支流上先修筑小型拦洪水库，在试验成功的基础上，再选合适地址修筑干流拦洪水库。

1944 年 1 月，由国民政府资源委员会天水水力发电工程处承建的天水王家磨水电站开工，次年底建成。该工程位于甘肃天水西郊渭河支流耤河下游，从师家崖附近筑坝引水，设计流量 3 立方米每秒，引水渠长 3.3 公里，装机容量 180 千瓦。不久，位于湟水北岸寺台子的西宁电厂也开工兴建，电厂引湟水支流北川河水发电，装机容量 198 千瓦，年发电量约 40 万千瓦时。上述两个水电站与 1933 年在太原建设的上兰村水电站，是民国时期黄河支流上仅有的 3 座小水电站。

另外，这一时期，还在上游甘肃牛鼻峡、湟水河西宁至入黄口开展了一些航道整理工作。其中，牛鼻峡航道共整理险滩 38 处，开凿人行道约 7 公里，投资 478.9 万元，整理后洮河上游各县物资可从水道直达兰州。

第三节　日本侵略者关于黄河的研究

一、日伪统治时期的山东黄河

日本在侵华战争期间，为掠夺中国资源，出于战略考虑，对黄河治理开发进行了一系列的深入研究。

1937年7月，日军攻陷平津，8月，蒋介石任命韩复渠为第三集团军总司令，统领山东军政大权，同时承担黄河防务。9月底，日军沿津浦路南下，进入山东境内，12月强渡黄河，围攻省会济南。24日，韩复榘率10万大军南撤并对济南市区实行“焦土政策”，放火焚烧各机关、商埠仓库和胶济路、津浦路车站货场。韩复渠还企图通过黄河涨水冲断津浦铁路，阻挡日军南下，对济南东西两线长250多公里的黄河内外大堤大肆破坏，其中，外堤开口300余处，内堤挖决无数。

日军占领济南以后，社会秩序大乱，人心惶惶。日军一面加紧围剿抗日武装，一面收编汉奸成立伪政权。1938年1月1日，伪“济南治安维持会”正式挂牌，马良为会长，朱桂山为副会长。1938年3月5日，伪华北临时政府发布了成立山东省公署的命令，任命马良为省长。同日，马良及各厅长在济南就职，伪山东省政权正式开张。

1938年8月，日伪人员在山东泺口昌乐门码头

1935年7月10日，黄河在山东鄄城决口，鲁西鄄城、菏泽等15县洪灾惨重。受黄河决口影响，鲁北徒骇、马颊、漳、运各河及黄河北岸亦多泛滥。恩县、平原、范县、濮县、阳谷等10余县受灾。据不完全统计，山东全省灾民350余万人，过水面积32500平方公里，受淹农田约4125万亩，经济损失共达2.5亿元以上。由于当时国力薄弱加之战事不断，灾民一直没有得到有效救助，洪灾的遗

患没有根除。

当时因战争影响,济南段黄河大堤破坏极为严重,黄河一旦来水势必淹没济南,冲断津浦线,以致水患北达天津,南通苏皖,一方面直接影响日军占领全中国的计划,另一方面也将进一步加剧灾区人民的空难。伪山东省政府成立后,在灾区民众的多次强烈要求下,决定修补黄河大堤,以慈善团体的名义成立了山东河务工赈委员会,由伪维持会长马良任委员长,原山东河务局局长王露洪及张星五、丰田神尚、朱桂山、劳之常等为常务委员。

1938 年 8 月山东黄河大堤备料

1938 年 8 月山东张辛庄黄河大堤

该河务工赈委员会筹集河务经费 100 万元,制定工程规划和设计图纸送至沿黄各地,沿黄各地民众根据规划图纸自行修补黄河大堤,再根据工程量向伪山东河务工赈委员会索要工程款。至济南黄河段受损严重的 250 多公里黄河大堤补修完成时,共计花费工程款 56.1 万元。

日伪时期,黄河山东段的修复是日本军国主义为了其侵华战略目的而实行的,但在一定程度上也减轻了黄河水灾的威胁。另外,日本侵略军为了战争的需要,还对河南开封至山西河曲河段进行了航空摄影,完成比例尺 1∶3 万的镶嵌图 24 幅,名为《黄河线罗峪口至龙王庙集成写真》。

1939 年 3 月初,为减弱黄河东泛水势,保障汴新铁路的交通安全,日伪征集民工 2000 多人,并派兵三四百人监工弹压,经过 10 多天施工,堵塞了中牟赵口的决口。此间,日军还制定了筹堵花园口口门的计划(当时日军称花园口决口为中牟黄河决口或京水镇决口),于 1940 年提出了堵口意见书,成立筹堵中牟

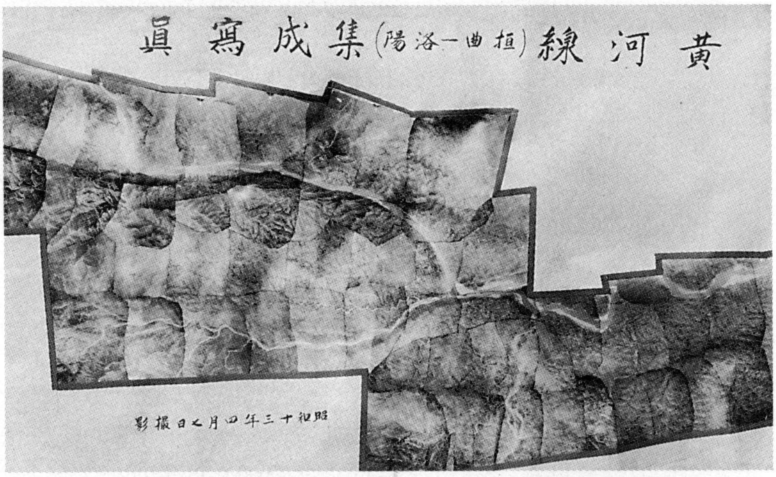

1938 年,日本侵略者所作黄河航摄镶嵌图

决口委员会,后因故未能动工。

二、第二调查委员会综合报告书

日本对于黄河的系统研究,起始于 1939 年 3 月。日本东亚研究所成立了第二调查委员会,从事黄河治理、水利等问题的调查研究,制定治理黄河的基本计划。

第二调查委员会下设内地、华北和蒙疆 3 个委员会,在日本本土、中国华北、蒙疆 3 地同时开展工作。3 个委员会下设 17 个专业部会,有委员 289 人,均为日本籍的科技专业人员。如华北委员会,共设 6 个部会,第一部会研究社会经济,第二部会研究防洪,第三部会研究农田水利,第四部会研究电力供给及工业用水,第五部会研究交通运输,第六部会研究气象等。其他两部会除驻地不同外,组织结构及研究内容与华北委员会大致相同。1942 年,华北综合研究所成立,内设黄河黄土调查委员会、工务总署、开发公司及华北交通电气公司等机构,共同从事黄河调查研究工作。

第二调查委员会用了 3 年时间调查研究黄河中下游占领区的实际情况,整理出有关文献汇编、调查报告、设计规划 193 件、1400 多万字。1943 年将各部会的报告汇总探讨,1944 年 6 月形成《第二调查(黄河)委员会综合报告书》,内容涉及治河、航运和水电开发等,约 73 万字。其中部分政治经济研究成果属于“极密”,在日本投降前已被销毁。此外,国民政府在接收时,不重视文献,致使成果部分散失,其中总报告曾由中央水利实验处孙振等译出,赵之蔺曾于 1948 年予以油印。日本人对于黄河的研究,虽然未能最后完成,其成果也较粗略,但对于黄河治理开发来说，仍然具有一定的借鉴意义。

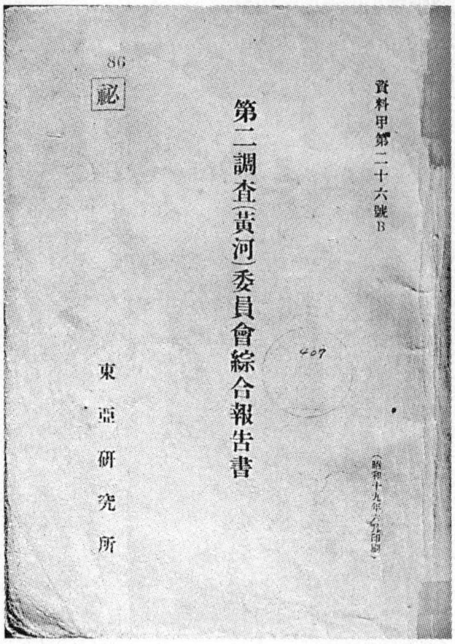

日本侵略者编制的《第二调查(黄河)委员会综合报告书》

在治河防洪方面，日本技术人员根据民国年间实测的水文数据，并参照塔德、安立森和张含英等人的研究成果，估算黄河陕县站最大洪峰流量为30000立方米每秒。通过对历史上多条黄河下游故道的研究比较，认为黄河回归1938年花园口决口改道前的故道为宜。至于如何解决下游防洪问题，日本人提出在三门峡、八里胡同、小浪底3处建坝修库，拦蓄洪水，调节流量。同时，利用平汉铁路桥至陶城铺河段的宽堤距滞洪蓄洪，削减洪峰；在陶城铺至齐河段则通过整理河道，加固堤防，提高河道的排泄能力；齐河以下拟通过增设分水闸、另开分洪通道的办法，分流洪水，排泄入海。另外，还就加固堤防、整治河槽及河口流路作出了计划。

关于以黄河为中心的华北内河航运整理计划，提出建设大的航道3条。一是整治黄河下游河道，利用上中游水库调蓄水量，自孟津至利津通汽船；二是利用卫河和运河，从黄河、沁河补水，自修武、新乡、临清、德县而达天津，通行300吨拖驳；三是整理黄河水道，自花园口经周家口、正阳关、凤台、怀远、蚌埠、洪泽湖、高邮湖与大运河汇合，沟通长江水运，行驶300吨拖驳。

水力发电是日本侵略者研究的重点。《第二调查(黄河)委员会综合报告书》中提出内蒙古清水河至河南小浪底河段选择坝址20余处，其中清水河、三门峡筑坝计划为查勘、研究的重点。

报告书还提出了“森林治水”计划。主张在黄土高原大量植树造林，“防治土壤侵蚀，涵养水源，调节洪流，作为黄河治本最重要的任务”。报告认为：“过去数千年来，黄河泛滥，最根本最重大的原因，是黄土的特性及地上植物的丧失所生成的举世无比的流沙量，若对这种流沙量无法解除，则各种治水方策将难保持久。减少流沙量最永久的、最根本的、而且最经济的生产方策，只有森林治水方策。”计划在中下游植树造林4万平方公里。

另外，对农业和渔业的开发也进行了分析和研究，计划在下游改良土壤2.5万平方公里，对渔业开发也提出了建议。

编写该报告，是日本投入技术人员最多、规模最大、对黄河的研究也最系统的一次,从中不难看出日本侵略者掠夺中国资源的殖民野心。

在开展研究的同时,日本侵略者还有计划地组织实施了一些水利工程项目。1943 年,日方为掠夺资源,利用新乡至天津间交通,由伪华北政务委员会建设总署水利局设计引黄济卫工程,并于 8 月 21 日正式开工。

该工程计划在平汉铁路桥以西黄河北岸大堤上修闸 5 座,引黄河水 40 立方米每秒,总干渠由黄河大堤经何营、忠义、亢村、小冀至新乡东北骆驼湾入卫河,补充卫河水量,扩大卫河航运能力,并灌溉新乡一带农田 28 万亩。

工程由伪河南总署开封工程处施工,主办人为日本人大中正明,至年底仅完成总干渠的开挖。渠首闸采用沉箱法施工,因遇流沙而停工。1944 年 5 月,在黄河滩上扒口试行放水。1945 年日本帝国主义投降,干渠建筑物及灌溉配套工程等均未及施工而中途停止。

战后,国民政府河南省水利局派人进行调查、测量,把此工程定名为“引黄济卫工程”,拟订修复计划,因资金缺乏未能动工。

三、关于黄河治理开发的两个调查报告

日本第二调查委员会对黄河治水与黄河水利水电情况作了较为详细的调查,提出了《黄河治水调查报告》与《黄河水利水电调查报告书》两份报告。

(一)《黄河治水调查报告》

在该报告中,日本技术人员在已有研究成果的基础上,以陕县最大洪峰流量 30000 立方米每秒为下游防洪工程设计标准,重点对黄河中下游各河段进行了防洪工程规划,并拟订了投资计划。其要点如下:

对于潼关至郑州广武河段,提出在三门峡、八里胡同和小浪底 3 个地方建坝筑库,调节流量,使最大洪水经调节后由 30000 立方米每秒降至 20000 立方米每秒。按照这一计划,三门峡水库坝高 40 米,有效库容为 19 亿立方米,工程造价 6200 万日元,计划注意到了三门峡水库的泥沙淤积问题,但是未作定论。八里胡同水库坝高 80 米,库容与三门峡相同,造价 1.26 亿日元,比三门峡多一倍还多,但八里胡同何时建要看三门峡淤积的情况,一旦三门峡水库因淤积失效,便开始八里胡同的兴建。小浪底水库因库容小,回水淹没村庄多,不宜建高坝。

平汉铁路桥至濮阳刁城集河段,长 199 公里,滩地面积 1589 平方公里。《黄河治水调查报告》认为该河段滞蓄洪水能力非常可观。假定洪水位最高时,滩地平均水深 1.5 米,滞蓄水量可达 23.84 亿立方米。而将 20000 立方米每秒洪水减至 18000 立方米每秒,仅需滞蓄 7.91 亿立方米洪水即可。通过对洪水发生

频率、流量、蓄水量、泥沙淤积等参数的分析计算，报告得出的结论是：经上述水库调节后，再加上滩区滞蓄，在 270 年内将 20000 立方米每秒洪水减至 18000 立方米每秒的目标是可以实现的。

习城集至陶城铺河段，长 90 公里，南岸民堤至北岸金堤间面积 1240 平方公里。报告认为该河段洪水极易漫滩，是最好的洪水调节区。提出要进一步加固两岸堤防，并在区内现有民堤上建设多处溢水堰和泄水闸以适时调节洪水。同时，通过对相关技术参数的分析计算，认为只要能够很好地利用该河段的洪水调节功能，在 306 年内可将该段最大洪水 18000 立方米每秒降至 14000 立方米每秒。

另外，报告还提出陶城铺附近的东平湖也可用以调节洪水。

报告最后分析认为，尽管对上述 3 河段实施工程施治后，陶城铺洪峰流量降至 14000 立方米每秒，但以下河段仍难以满足洪水的安全下泄。因此，建议在齐河以下采用两条平行水路的办法来加以解决。一是展宽旧河道，使之达到下泄 9000 立方米每秒的能力；二是在齐河附近建分水闸，分水入徒骇河，并展宽河道，实现分流 5000 立方米每秒洪水。至于陶城铺至齐河河段，应加固堤防、整修河槽，确保安全下泄 14000 立方米每秒的洪水。利津以下，应归顺入海流路，沿主要流路增筑堤防。同时，认为巩固堤防和固定中水河槽非常重要，并针对不同河段提出了不同的堤防建设标准。

（二）《黄河水利水电调查报告书》

日本第二调查委员会在研究黄河治理的过程中，对于黄河所蕴藏的巨大水电资源给予了密切关注，特别提出了《黄河水利水电调查报告书》。

第二调查委员会编制的黄河治理计划的特点是兴利重于除害，开发水电是其重要目标。关于开发黄河水电，第二调查委员会下属的内地委员会、华北委员会分别提出了方案。内地委员会建议在包头至龙门河段建筑坝厂 14 处，常年平均发电 380 万千瓦。华北委员会除建议在上述河段建筑坝厂 8 处外，在陕县至孟津间河段建筑坝厂 3 处，分别是三门峡、八里胡同、小浪底，常年平均发电 500 万千瓦。在上述坝厂中，仅对清水河和三门峡两处提出初步计划。据勘测，清水河以下诸坝址的地质构造多为二叠纪石灰岩和侏罗纪砂岩及页岩风化后的软岩，不宜建造高坝，只有壶口至禹门口之间，两岸均为露出岩盘的断岩，是仅次于清水河的良好坝址。指出除清水河外，其余各坝均拟就地开采石灰岩或砂岩建造，以便节省工程费用。另外，每道坝均建造船舶升降机，以利航运。

内地委员会所拟的建筑坝厂计划和华北委员会所拟的建筑坝厂计划详见表

4－2、表4－3。

表4－3中所提出的各水电站发电量，因缺乏准确可靠的河道纵断面图，仅为估计值。计划中的这11道坝均为混凝土坝。强调该河段总落差达560米，无论各坝位置上下如何移动，当平均使用流量为800立方米每秒时，每年发电量可达365.7亿千瓦时；当平均使用流量为600立方米每秒时，每年发电量为313亿千瓦时，都是十分可观的。

表4－2　内地委员会所拟的建筑坝厂计划

序号	地址	详细位置	最大发电力(万千瓦)	年均发电力(万千瓦)
1	清水河	清水河县百草塔	51.5万	32.1万
2	保德	保德上游8公里	43.1	31.4
3	林遮峪	林遮峪上游10公里	29.6	21.4
4	黑峪口	黑峪口上游2公里	15.9	11.1
5	王来沟	罗峪口上游10公里	34.5	25.2
6	西道峪	万户峪上游13公里	20.5	14.7
7	泥河沟	大会坪上游10公里	39.5	28.7
8	大会坪	大会坪上游2公里	39.5	28.7
9	谭家坪	葭县上游2公里	58.9	43.2
10	对居崖	碛口镇下游28公里	30.4	21.9
11	河口	河口上游3公里	16.3	11.5
12	风口	延水河合流点下游18公里	30.9	22.5
13	壶口	龙王辿上游4公里	41.6	30.4
14	禹门口	禹门口上游3公里	77.0	
合计			529.2	380.9

表4－3　华北委员会所拟的建筑坝厂计划

序号	地址	详细位置	年均发电力(万千瓦)
1	清水河	巴彦塔拉盟清水河县下城湾上游6公里	25.6
2	河曲	山西河曲县河曲上游17公里	28.3
3	天桥	山西保德县天桥下游3公里	66.0
4	黑峪口	山西兴县黑峪下游20公里	32.9
5	碛口镇	山西临县碛口镇下游2公里	41.0
6	延水关	山西永和县永和关上游21公里	41.8
7	壶口	山西吉县龙王辿	37.7
8	禹门口	山西河津县禹门口上游5公里	39.8
9	三门峡	河南陕县下游25公里	第一期27.4　第二期59.0
10	八里胡同	山西垣曲县下游30公里	112.2
11	小浪底	河南孟津上游28公里	16.2
合计			500.5

《黄河水利水电调查报告书》对电力的输送及用途也提出了意见。在清水河至禹门口各水电站建成后,电力将输送至晋、陕、冀等省,计划以25万伏的高压输送至北平,再由北平以15万伏高压转输塘沽,架支线至张家口及宣化。潼关以下水电站建成后,电力输往豫、鲁一带,并可考虑输送至汉口。主要用途如下:大同采煤及以煤为原料的其他工业、龙烟采铁及冶铁工业、平津的铝工业、以食盐为原料的工业、肥料工业和属于碳化钙系的工业等。其目的是以中国的水电动力为日本掠夺中国矿产资源服务。

对库区的泥沙淤积问题,报告书中也进行了比较深入的探讨。计划中假定过陕县的干流泥沙全部淤积在三门峡水库中,若淤泥的干密度为1.6吨每立方米,预计在三门峡第二期工程建成后12年,水库的有效库容开始递减,约40年后水库将失去可供发电的库容。

清水河水库最低水位以下库容为102.6亿立方米,每年该处输沙量约为2.1亿立方米,假定泥沙全部淤积在水库中,则50年后有效库容受泥沙淤积影响而开始减小,在150年后水库淤满泥沙。但事实上在水库建成的初期,估计有7%的细沙不会淤积于库中,而且在水库运行至一定时期后,因淤积导致过水断面减小,流速增加,可能会达到冲淤平衡的状态。鉴于此,报告认为清水河的淤积问题不甚严重。

报告对水电站建成后带来的其他效益也做了认真的分析。一是防洪效益。认为清水河水库与下游防洪的关系不大,而三门峡则直接有利于下游的防洪。三门峡第一期工程建成后就可滞蓄洪水,削减洪峰。据测算,可将陕县30000立方米每秒洪峰降至15000立方米每秒。同时,清水下泄,还有降低河床的功效。二是有利于航运。节节筑坝后,黄河中游航运条件将大大改善。另外,通过水量调节,也可为整理下游航运奠定良好的基础。三是有利于灌溉和工业供水。主要是通过水库调节,能够满足灌溉和工业供水的水量要求。

清水河水电站因搬迁移民少,建坝条件好,尽管有防洪效益不足的缺陷,仍被第二调查委员会选定为开发黄河水电的重点工程。主张应先于三门峡水电站兴建。为此,内地委员会和华北委员会分别提出了方案。

内地委员会编写的方案提出,修建清水河水库,其坝高和库容应遵循如下原则:一是回水不影响包头及托克托街市;二是避免淹及平绥铁路;三是维持平均使用水量为800立方米每秒;四是不徒然建大蓄水库,致库水多耗于蒸发,并尽量减少被淹农田面积。

关于库容,计划依据航测图估计,若库区最高水位为1000米,库容为480亿立方米;若最高水位为995米,库容约300亿立方米。据计算,若最高水位库容为218亿立方米,水库即可容纳黄河经包头的全年径流量,但考虑到泥沙淤积作用,库容应稍大于此。再结合上述4条原则,拟订清水河库区最高水位为995米。坝顶溢洪道设闸门控制,最大泄洪量为3000立方米每秒。

修建清水河水电站的计划有4个要点:

第一是坝址与库容。坝址位于绥远省巴彦塔拉盟百草塔(又称大沙湾),即清水河西南约25公里,下城湾上游约18公里处。总库容307.4亿立方米,有效库容229亿立方米;库区最高水位995米,水位变化15米;淹没面积2902平方公里,库区回水长度160公里。

第二是拦河坝。坝基为石灰岩及白云岩,坝型为混凝土直线重力式。顶高程为1000米,其中坝顶至基岩80米,至河床70米,至正常水位62米,至库区最高水位5米。坝顶有效宽度8米,长640米,其中溢流段长120米。溢洪道设闸门12座,闸宽8米,高6.5米。工程量为混凝土110万立方米,土石方75万立方米。

第三是水电厂为坝后式。厂房宽20米,长155米,在正常水位以上约35米;最大使用流量为1100立方米每秒,为800立方米每秒,最大有效落差为56.2米,平时为48.7米,最低为41.2米;最大理论水力为60.6万千瓦,平时为36.2万千瓦,最高为44.5万千瓦;最大发电力为51.5万千瓦,平时为32.1万千瓦,最高为36.9万千瓦。常年发电量为29.9亿千瓦时。总装机容量为52万千瓦,装机8台,单机容量为6.5万千瓦。输电电压为22万伏。

第四是工程费概算。拦河坝工程费3.28亿日元,其中坝基土石方75万立方米,300万日元;混凝土110万立方米,2.2亿日元;闸门66万日元,桥梁及护岸工程50万日元,导流工程180万日元,电厂进水口100万日元,引水管150万日元,其他134万日元。电工机具费(含变压器)6.2亿日元,补偿费(含征地费)1亿日元,电厂厂房(包括地基工程)1亿日元,杂费2.5亿日元。

此外还有施工临时设备费、开挖基础土石处理费、零星工程费、测量及工程监督费等一些其他费用。

华北委员会提出的清水河水电站兴建计划与上述方案略有不同,坝址向下移12公里,库区最高水位降至985米,但工程总投资却增加了3亿日元,达17亿日元。坝高85米,库容240亿立方米,有效库容225亿立方米,淹没面积2300平方公里,年发电量22.4亿千瓦时。

三门峡水电站是日本人研究黄河水资源开发的一个重点。三门峡工程首次形成方案，主要是在各委员会的第二部会（研究防洪）和第四部会（水利发电）的报告中，作为黄河综合开发第一期工程提出的。1941年春，在《黄河治水调查报告》和《黄河水力发电调查报告书》两份报告中，都就“三门峡发电计划”进行了论证。6月，华北委员会第四部会又组织人员实地踏勘了三门峡坝址。探明该处的地质为闪绿玢岩，绵延数千米，成带状，且横断黄河；其上下游为砂岩与砾岩，认为可建高坝。

日本人对三门峡的开发计划分为两期，第一期水位为325.0米，坝高61米，库容60亿立方米；第二期库水位350.0米，坝高86米，库容400亿立方米。一期水位不超过潼关1933年洪水位，且地处峡谷，淹没损失少。工程采用混凝土坝。汛期限制水位319.0米，有防洪库容25亿立方米，可控制34500立方米每秒洪水，使最大下泄量为15000立方米每秒。调节库容为20亿立方米，可使枯水流量调节到650～850立方米每秒，供下游灌溉及航运之用，水力发电装机27万～63万千瓦。由于大水大沙时敞泄，可保持平衡库容30亿立方米长期运用，坝体混凝土量68万立方米，淹地90万亩，迁移人口13万人。二期工程可使枯水流量调节为1200立方米每秒，水力发电装机112万千瓦，坝体混凝土量145万立方米，淹地260万亩，迁移37万人。对于淹没处理，拟由电力促进工业以吸收一部分劳力，部分则迁移至黄河故道及边远地区。

综观日方关于三门峡的设计计划，有以下特点：

首先，它是多学科的综合性研究，特别是在对经济和历史方面。如对三门峡水库调节后的水量分配，既考虑了农业灌溉，又顾及下游航运和河流生态用水，同时还预见了随着经济社会的发展，下游城乡工农业生产生活用水，并将内河航运和井渠结合的灌排体系提到相当的高度。

其次，将三门峡分两期开发，是审慎的，尽管它的方案还比较粗略，但把它和现已建成的三门峡水利枢纽工程相比，会发现不少相似之处，比如在防洪方面，库最高水位，实际运用情况是326.0米，日本人计划是325.0米；防洪原则二者都是回水不淹潼关；防洪运用，实际运用情况是315.0米水位下泄10000立方米每秒，最大下泄14000立方米每秒，日本人计划是15000立方米每秒。在兴利方面，兴利原则二者都是非汛期蓄水；调节库容，实际运用情况是18亿立方米，日本人计划是20亿立方米；灌溉面积，实际运用情况是1600万亩，日本人计划是1500万亩；发电出力，实际运用情况是25万～40万千瓦，日本人计划是27万～63万千瓦。在泥沙处理方面，泥沙处理原则二者都是冲沙；平衡库容二者都是30亿立方米；至于建设方式，实际运用情况是底孔加隧洞，日本人计划是低溢流堰闸孔。

实际上,在此之前的1935年8~9月,挪威籍专家安立森在查勘过黄河干流潼关至孟津后,也提出过一份三门峡、八里胡同、小浪底3个坝址的查勘报告,报告认为"黄河建设拦洪水库的可能性及希望甚大,其效用亦甚宏",并对3个坝址进行了比较,认为"就地势而言,三门诚为一优良库址",建议抬高水位50~70米,泄量12000立方米每秒。1935年11月,李仪祉应邀在清华大学作"黄河流域的水库问题"学术报告时,曾兴奋地肯定了安立森在三门峡上下修建拦洪水库的建议。因此可以认为,安立森与李仪祉应是三门峡工程的倡议者和奠基人。

考虑到三门峡工程第二期计划实施后,库区泥沙淤积严重、运城附近盐池被淹、移民过多等问题,日本方面最后认为开发黄河水电的重点工程应是清水河水电站,而不是三门峡。

日本人还对修建八里胡同和小浪底水电站提出了计划要点。

1942年6月,由日本技术人员组成的山东省经济建设技术人员协会参考《黄河水力发电调查报告书》,又编制完成了《三门峡堰坝筑造计划概要》。此概要认为"治黄之要谛,首在堰闸",提出水库以发电为主,兼顾灌溉、航运和防洪。三门峡水库建成后,可将30000立方米每秒洪水,调节为15000立方米每秒,加之下游两岸堤防的整修、加固,洪水灾害可"完全根绝";下游两岸因灌溉而增加的经济效益平均每年可达1亿多元;在改善下游航运条件、增加航运能力同时,对下游两岸漕运拓展也将提供良好的基础;年发电量可达50多亿千瓦时。同时,指出三门峡坝址无论从地理位置、地质条件,还是控制下游洪水,都是最适宜的地点。

这份概要还从10个方面提出了具体的计划:

在三门峡堰堤建设方面,采取混凝土重力式溢流堰坝,坝长600米,坝高70米,淹没面积2250平方公里,总库容400亿立方米,有效库容285亿立方米。

在黄河防洪方面,以1933年黄河大水为例,详细分析了黄河洪灾的经济损失,从下游流路、防洪要领等方面提出了防洪计划,就三门峡水库对下游防洪治理的效果进行了分析。

在水力发电方面,上游清水河水电站建成前计划装机112.3万千瓦,年发电量47.2亿千瓦时;建成后为54.1亿千瓦时。

在下游灌溉方面,重点提出了黄河下游两岸及入海三角洲地区的计划概要,对改良土壤所产生的效果也进行了分析。

此外还有下游航运、工业用水、泥沙对水库的影响、工程施工、建设费、建设机器资材等方面。

第五章 黄河回归故道

（1945～1947）

抗日战争胜利后，为了复兴豫皖苏黄泛区，稳定江淮社会秩序，国民政府在联合国善后救济总署的支持下，决定引黄河回归故道，着手进行花园口堵复工程。

不久，国共内战爆发。由于黄河下游故道沿岸堤防多年失修，残破不堪，黄河归故后洪水将严重威胁中国共产党领导的解放区人民的生命财产安全，考虑到黄泛区人民遭受的苦难，中国共产党从大局出发，制定了“同意黄河归故，但需先复堤后堵口”的原则，据此与国民党方面进行了多次谈判。

此后，随着战局的急剧变化，国民党当局企图利用黄河回归故道，达到分割并进而占领解放区的目的，全力推进花园口堵口工程，而对于下游复堤工程所需粮款则拨付迟缓。对此，中国共产党领导的解放区成立了专门治河机构，组织人民群众开展了大规模的复堤整险运动，为黄河回归故道后的防汛抢险工作奠定了基础。

第一节 黄河归故问题的提出

一、花园口堵口复堤工程计划

1945年8月15日，日本宣布无条件投降，经过8年浴血奋战，中国人民终于取得了抗日战争的最后胜利，举国上下沉浸在胜利后的欢呼之中。

抗日战争的胜利，洗雪了中国人民100多年来的民族耻辱，成为中华民族由衰败到振兴的转折点，为中国的独立和解放奠定了基础。战后，中国的国际地位有所提高，中华民族也面临着极好的发展机遇。1945年10月10日，国共双方代表在重庆经过43天的艰苦谈判，签订了《政府与中共代表会谈纪要》，即“双十协定”，协议提出“必须共同努力，以和平、民主、团结、统一为基础”，“长期合作，坚决避免内战，建设独立、自由和富强的新中国”。1946年1月政治协商会议在重庆召开，会议的决议确认了人民民主的和平建国基本方针，受到了全国人民的欢迎。但是普天同庆的背后也存在着深层的危机，国民党当局虽然宣布批准政协决议，但却又提出了许多保留条件。接着，在3月召开的国民党六届二中全会上则公然不承认政协决议的约束力，继续主张一党专政。同时对全国人民要求遵守政协决议和反对内战的活动横加破坏镇压，制造了重庆“较场口事件”、昆明“李闻血案”及南京“下关惨案”等一系列镇压民主的流血惨案。种种迹象表明，民族解放战争的硝烟尚未散尽，内战的阴霾又笼罩在神州大地上空，中国人民要迎来真正的和平，还有很长的路要走。

在这一时期，为了复兴豫皖苏黄泛区、稳定江淮社会秩序，国民政府开始着手实施引黄河回归故道计划。

1938年花园口扒口后，在豫皖苏3省形成了面积广大的黄泛区，人员大量伤亡，财产损失巨大，大批灾民饥寒交迫，流离失所，挣扎在死亡线上。针对这种情况，抗战期间，国民政府采取了一定的补救措施。1938～1939年，国民政府沿黄河新河道西岸修筑了316公里长的防泛新堤；安徽省也组织了淮域工赈委员会，在国民政府辖区内，举办防泛筑堤工程，并成立了修防组织，负责所筑堤防的修守工作，以后又多次举办大规模的整修工程，对于减少黄泛损失起到了一定的作用。

不过，由于当时处于战争时期，所修堤防标准不高，又兼有河防工程和国防工程的双重职能，中国军队在堤上修筑了很多国防工事，加上泛区群众为了排除堤外积水，随意在堤上挖口，致使防泛新堤千疮百孔，御洪能力非常有限，一遇黄河大水，决口频仍，哀鸿遍野。1940年是大水大沙年，黄河年径流量669.9亿立方米，年输沙量23.1亿吨。尉氏县新堤先后在寺前张、十里铺、后张铁等处决口，黄水泛滥于洧川、鄢陵一带，双洎河下游为黄水所夺，被淹面积1400余平方公里。各决口于10月被堵合，修做土方17万立方米，动用秸料310万余公斤，支付工款71万余元。

对于黄泛区灾民，国民政府虽然也采用动员社会力量募捐、设置粥厂、安置大批难民到后方垦荒等措施给予了一定的救济，但是杯水车薪，广大的黄泛区难民仍然在黄水肆虐中艰难地生产、生活。正如《联合国善后救济总署与中国》一书所述：“滔滔洪水年复一年泛滥，将黄淮平原沦为洪涝灾区。国民党当局沉重的兵役徭役，迫使大部分青壮年男子或服役或逃亡，只剩下瘦骨嶙峋的老人、衣衫褴褛的妇女和儿童，拖曳着沉重的犁，播种着微薄的希望。”被洪水困扰多年的“鹑衣百结的老弱难胞”，“他们大多靠湖畔的茭芦和捕鱼为生，他们忍受着一切，日惟一餐已矣”。

因此,广大黄泛区灾民强烈要求抗战胜利后即将花园口决口堵复,使黄河回归山东故道。1940 年 3 月,国民政府经济部在回复行政院公函时,针对安徽第 7 区 10 县水利会议请求抗战胜利后即应将黄河决口堵筑一事指出:查黄河决口,一旦抗战胜利,自应立即堵合,以恢复原水道,本部最近拟订了战后水利建设纲领,已经将该项工程列入到计划中。

基于这些原因,国民政府在抗战期间就开始了黄河归故计划的编制工作,并进行了多次堵口模型试验。

从工程角度而言,堵复花园口具有相当大的难度。花园口是全河夺溜的口门,故道经过多年的淤垫,枯水时节,水面比旧河道尚低 3 米,必须把水面抬高 4 米,黄河才能回归故道,历史上黄河堵口均没有这么高的水头记录,而且花园口的土质都是极细的流沙,经受不了急水的冲刷。因此,这一堵口计划决不像堵复一般的决口那样简单,必须未雨绸缪,精心筹划。

1941 年,行政院水利委员会在重庆开始研究花园口复堤工程计划,参加研讨的除水利委员会和黄河水利委员会的工程师以外,还有水利实验处、中国水利工程师学会等单位对黄河问题较有研究的水利专家与大学教授,以及曾经参加过黄河治理工作的工程师。研讨所依据的资料有 10 多年的测量水文记录,实测的精密地形图和大堤、河床纵横断面图,还有黄河水利委员会 10 多年来的研究成果"黄河下游治本计划"。这次研讨,与会专家众多,资料也比较翔实,为编制工程计划奠定了较好的基础。

1942 年,黄河水利委员会根据水利委员会的命令,编制出黄河花园口堵口复堤工程计划,拟订了两个堵口方案,以备战后实施。

第一个方案是立堵法,即传统的捆厢进占法。具体做法是:在决口两坝头相向捆下大埽,下游一面跟筑戗土,使口门逐渐收窄,两埽接头后截断渗流,加培后戗,筑成大堤,堵口完工。

第二个方案是抛石平堵法。计划在浅滩部分仍用捆厢进占法,只做一条单坝,后戗变成大堤,深水部分建筑排桩木桥一道,上铺钢轨,用小火车和手推平车运大块石料抛到桥下,堆成拦河石坝,截住河水,使回故道。因为黄河土质是极细的流沙,在抛石之前,先在桥下和桥位的下游铺一层柳枝编成的垫褥,石块抛在垫褥上,不至于大量沉入泥下,下游河底也不至于被急流冲成深坑。拦河石坝抛到相当高度,上游水位抬高,坝顶水流湍急,石块被冲走时,改用柳枝包石,捆成二三丈长的大枕抛下,层层加高,至水回故道为止。另外在下游用秫秸捆厢筑一条平行的边坝,然后在边坝与石坝之间填土闭气,再在石坝后加筑大堤,石坝就变成了大堤的永久护岸。

这种拦河石坝20世纪20年代曾在山东利津宫家堵口时采用过，但那里是黏泥土质，抬高水位也不过2米左右，和流沙底的花园口全然不同。该方案虽然加上垫褥和柳枕，但对抛石平堵是否可行仍没有把握。因此，为慎重起见，水利委员会饬令中央水利实验处在重庆进行堵口模型实验。

1942年9月，中央水利实验处指派水利专家谭葆泰、张瑞瑾到花园口决口处查勘口门形势。由于河东岸为日伪占领区，为了安全，两人于夜间乘小舟在口门下游测量了水深、断面，取得了实测数据。他们在随后编写的查勘报告中，第一次提出了模型试验计划。该计划对黄河水利委员会拟具的两种堵口方案进行了分析比较，认为用立堵法堵口，在最后二三十米宽时，往往因水深流急，极易合而复决，因而倾向采用平堵法进行模型试验。

其后，谭葆泰等人在濒临嘉陵江的重庆大学、中央大学的磐溪水工试验室举办了口门冲刷试验研究、引河泄水研究、柳辊冲刷研究等试验，取得了初步成果，撰写了《花园口堵口初步试验报告》。

为进一步获取试验资料，中央水利实验处还拟在陕西渭惠渠附近开辟河工试验区，修筑露天巨型河工试验场继续试验，但由于日军空袭频繁，改在四川长寿县龙溪河设立河工试验室，进行花园口堵口巨型试验。

1945年春，位于龙溪河边的花园口堵口巨型试验开始，该试验场占地10余亩，靠山面水，试验水源取自龙溪河下清渊洞水电站上游。这次试验于10月结束，通过试验主要研究了堵口、开挖引河、口门泄水量、河底冲刷、抛柳辊筑坝、平堵时的水力冲刷、口门壅水及冲深计算等内容。试验结果表明：在冬春黄河流量一般小于2000立方米每秒的条件下，两坝可用捆厢进占法将口门缩窄到200米，河底不致刷深；最后200米口门建议改用抛石平堵法堵合；春季施工时，为防止桃汛涨水异常，平堵部分可留宽400米，可保证4000立方米每秒的流量不致发生意外。后来担任黄河堵口复堤工程局副局长的潘镒芬参加了此次试验，并与有关人员拟定了花园口堵口方案。经过专家研究讨论，水利委员会最后批准了抛石平堵方案。

二、联合国善后救济与黄河堵口复堤项目计划

花园口堵口复堤工程计划的实施，所需资金甚巨，对于饱经战火摧残、满目疮痍的中国来说，筹措难度极大。这时，联合国善后救济总署（以下简称联总）的成立及其对战后救济事宜的筹划，为解决这一难题提供了契机。

1943 年 11 月 9 日,在世界反法西斯战争节节胜利的形势下,为了帮助被盟军收复地区的难民摆脱生存困境,稳定社会秩序,促进其所在国的经济复苏,中、美、英、苏等 44 国的代表在华盛顿签署了《联合国善后救济总署协定》,作为联合国的第一个专门组织,联合国善后救济总署先于联合国主体宣告成立。中国政府代表蒋廷黻出席签字仪式。在此后举行的联合国第一次善后救济大会上,美国前纽约州州长李曼(Gov. Herbert H. Lehman)被推举为总署署长。在联总的常设决策机构中,中国居于重要地位,其中央委员会由中、美、英、苏四国代表组成,而联总的远东区域委员会由中国代表为常任主席。

作为一个诞生于非常时期的国际组织,联总受各会员国的委托,其使命是对第二次世界大战造成的战灾损害作紧急救护,正如《联合国善后救济总署协定》中所阐明的:“计划、统筹、执行或准备执行若干办法,以救济在联合国控制下之任何地区内之战争受害者。济以粮食、燃料、衣着、房屋及其他基本必需品,供以医药及其他重要服务,并于足以供应救济之必须限度内,在上述地区内促进上述之服务与各种必需品之生产与运输。”[1]

关于实施救济的基本原则,联总大会确定:联总所属的各种资源,无论在何处,都将根据该地人口的相对需要公平地分配或分发,不得因种族、宗教和政治信仰不同而有所歧视。在任何情况下,善后救济物资及服务,不得利用为政治或军事的工具。生活必需品的分配应本着所有的人,不管他们的购买力如何,每个人只能平等获得一份的原则进行。这些基本原则,构成了联总精神的基石,已超越了狭义的国家观念及强权政治的范围,使联总成为战后可以发挥建设性作用的国际组织。同时,“没有政治歧视”和“公平分配”的原则,也成为日后中国共产党领导的解放区争取善后救济物资、河道居民迁移救济费时与联总交涉的重要依据。

对于联总所需的行政经费,协定规定:由各会员国共同负担,其业务经费由成员国中未遭轴心国家入侵者,尽可能捐出其国家年国民收入的 1% 构成。根据这个规定,联总曾两次募集业务基金,第一次获得 18.23 亿美元,第二次募得 21.75 亿美元。自 1945 年 11 月至 1947 年 12 月,联总向中国输入物资总值5.17 亿美元,连同运费在内达 6 亿美元以上,约占联总首批经费的三分之一,占总经费的六分之一。

联总的工作职责,分善后与救济两个方面。救济工作的范围包括:在曾遭轴

[1] 中国第二历史档案馆藏民国档案.行政院善后救济总署总报告.第 1 页

心国家军队占领而经同盟国家军队收复的地区，供给必须的物资及服务，以防止饥馑与瘟疫。善后工作的内容较为复杂，其范围大致限于恢复灾区内确因战争而遭受损失的公用事业，及协助恢复生活必需品的生产及运输。联总在世界战灾区工作的开展，大多由联总派员执行，或与战灾国家政府合作办理。

1944 年 3 月，为配合联合国善后救济工作，国民政府行政院设立了善后救济调查设计委员会，聘请政府各部门的专门人员及外籍顾问参加，经过几个月的艰苦努力，认真研究了中国战后收复区对于善后救济工作的需要，草拟了详细的善后救济报告。之后，由远在华盛顿的中国政府代表蒋廷黻对这些报告进行汇总整理，编制出《中国善后救济计划》。

9 月 30 日，蒋廷黻代表中国政府向联总正式函送了这一计划。该计划共分 11 册，包括 1 册总计划和粮食、衣服、房屋等 10 册分计划。其中，黄泛区农业善后计划列于该计划的第 7 分册，泛滥区域救济善后计划列于该计划的第 8 分册，主要有：黄河花园口堵口工程、黄河下游河堤修复工程、黄河下游堤防危险部分改善工程、淮河及其支流河堤修复工程、豫皖泛滥区域排水改善工程。由此可以看出，这是一个拟根除当时黄泛灾害的总体规划，规模极其浩大。

在联总第一次大会上，蒋廷黻向各国代表报告了花园口黄河大决堤的“战争惨祸”，当与会各国代表听说这场灾难仅伤亡人口就等于一个比利时或卢森堡的人口时，无不瞠目结舌、惊诧万分。于是，联总各方一致同意将堵复花园口决口、引黄河回归故道作为善后救济计划中一项宏大工程，列入战后首要之举。对此，一些联总官员曾感叹道：“在联总赞助的所有善后工程中，黄河工程既是最著名的工程，同时无论从技术上、财政上，还是从政治上讲，也是最难执行的工程。”

为了顺利实施黄河花园口堵口和黄泛区治理工程，中国政府请求联总选派一名富有堵口、筑堤经验的工程师和 20 名技术工人，提供 5000 吨施工器材以及 10.9 万吨工粮。最后，曾成功主持利津宫家堵口的美国人塔德被联总选中，受聘担任联总中国分署黄河顾问。

1944 年 12 月，应国民政府邀请，联总在重庆设立联总驻华办事处，亦称联总中国分署。与联总驻其他国家的派遣团不同，驻华办事处并不直接在中国领土内执行实地工作，而是将物资移交给中国政府，由中国政府的机构自行办理。

为了配合联总工作，并统筹办理中国善后救济事宜，1945 年 1 月，国民政府设立行政院善后救济总署（以下简称行总），由蒋廷黻任署长。行总的职责是：一方面，作为国民政府所设的临时行政机关，依据行总组织法，负责实地执行善后救济工作；另一方面，作为中国政府对应联总的代表机构，根据国民政府与联总所签订的基本协定，履行中国对联总的义务。

第二节　黄河归故谈判

一、从开封到南京

为了实施黄河堵口复堤计划，1946 年 1 月 11 日，联总黄河顾问塔德等一行来到位于黄河故道沿岸的冀鲁豫解放区，要求对解放区黄河故道进行勘察，为黄河回归故道作准备。

鉴于黄河归故问题事关重大，中共晋冀鲁豫中央局接到冀鲁豫行署的报告后，1 月 29 日致电报告中共中央。同时指示冀鲁豫区党委，阐述了对于黄河归故的意见，认为：旧黄河一旦修通，极易频发水灾，对解放区极端不利，应即动员故道群众，准备抗阻这一行动。

中共中央接到报告，极为重视黄河归故问题，于 1946 年 2 月 5 日电告中共驻重庆代表团负责人周恩来，指出："关于国民党急于恢复黄河旧道问题，究有何目的，对我利害如何，请迅探明电告，以便决定对策。"[1]

2 月 13 日，中共中央向晋冀鲁豫中央局和华东局发出了关于黄河归故问题的指示："黄河归故，对华北、华中利弊各异，但归故意见在全国占优势，我们无法反对。此事关系我解放区极大。我们拟提出参加水利委员会、黄河水利委员会、治河工程局，以便了解真相，积极参加工作，保护人民利益。"

中共中央的指示，体现了顺应大局、不反对黄河归故及坚持保护解放区人民利益的原则。根据这一指示，晋冀鲁豫边区政府和解放区山东省政府一面准备同国民党方面进行黄河问题谈判，争取参加治河管理工作，尽力使故道群众的损失得到补偿；一面筹建解放区黄河治理机构，着手修堤整险、迁移河床居民等工作。

为加紧筹划花园口堵口工程，2 月间，国民政府决定成立花园口堵口复堤工程局（以下简称堵复工程局），由黄河水利委员会委员长赵守钰兼任局长，潘镒芬、李鸣钟任副局长，陶述曾任总工程师，着手施工准备。3 月 1 日，花园口堵口工程正式开工。

冀鲁豫解放区民众得知国民政府堵筑花园口掘口、即将引黄河回归故道的

---

[1] 曹应旺．周恩来与黄河归故斗争．黄河史志资料，1991(2)

消息后，一时民怨沸腾，群情激昂。成千上万的群众，在故道里游行请愿。有的群众甚至激愤地提出要在河道内修筑拦河横堤，阻水东流。

黄河事态的发展，受到了中共中央高层的密切关注。为顾全大局，争取治河和舆论主动，周恩来急电指示晋冀鲁豫边区政府：立即停止修筑横堤，集中力量修复沿河堤防及浚河整险工作，以策安全，并争取国民党方面的粮食器材款项；宣传口径要坚持先治河后堵口，唤起民众高度警惕，坚持斗争不放松。

这时，国共双方正处在军事调停的阶段，全面内战尚未爆发。考虑到黄河事态对整个政治局势的舆论影响，3 月 3 日，国民政府委派黄河水利委员会委员长赵守钰专赴河南新乡，与正在当地执行军事调停任务的中共代表周恩来、美国代表马歇尔和国民党代表张治中进行会晤，商谈黄河堵口复堤问题。对此，周恩来指示中共驻新乡军事调处组代表黄镇与赵守钰具体洽谈，商定各方面派代表进行谈判，以求得合理解决。自此，国共双方围绕黄河归故问题，开始了一场旷日持久的谈判斗争。

1946 年 3 月，国共双方在国民党河南省政府驻地开封举行了关于黄河归故的首次谈判。晋冀鲁豫边区政府特派代表晁哲甫、贾心斋、赵明甫，国民政府黄河水利委员会、联总中国分署、行总河南分署的代表赵守钰、王恢先、阎振兴、费吴生、塔德、张季春、范铭德、马杰等参加了这次谈判。

谈判之前，晋冀鲁豫边区政府已将解放区对于堵口、复堤问题的主张电告国民政府黄河水利委员会以及联总，提出：必须将河床、河堤先行修筑整理后，再向故道放水；黄河故道河滩及两岸居民在放水后将有大批土地、房屋被淹没，必须先予以适当救济并妥善安置，以免流离失所；解放区必须派代表参加黄河治理机构的工作。

会谈开始后，晁哲甫等人以大量实例，通报了故道人民 8 年抗战所付出的巨大牺牲，重申了“先治河后堵口，要求解放区参加治河组织，政府拨款救济河床居民”的主张。

国民党方面的代表则认为：由于洪水的季节性很强，如不早日着手堵口，待秋水泛滥时，堵口将无法进行。因此必须先行堵口，而复堤工程由中共辖区政府实施，治河机构由中央政府统一管理，对于河床居民迁移不予救济。

经过 10 天的谈判，国共双方互有进退，于 4 月 7 日签订了《开封协议》。该协议的主要内容为：

（1）堵口复堤程序。堵口复堤同时并进，但花园口合龙日期须待双方会勘下游河道、堤防淤淀、破坏情形及估修复堤工程大小后再决定。

(2)施工机构。直接主办堵口复堤工程的施工机构应本着统一合作的原则,由双方参加人员办理。具体办法为,堵口机构仍维持原有堵复工程局系统,中共区域复堤工作由中共方面推荐人员参加办理。

(3)河床内居民迁移救济。解决这一问题,应由黄河水利委员会拟具整个预算,专案呈请中央政府核发,另由行总河南分署署长马杰和联总河南区主任范海宁分别向行总、联总申请救济。中共辖区内河段居民救济事宜由中共代表转知当地政府筹措。至于具体实施办法,须待各方实地履勘下游河道、堤防实际情况后,再行商定。

对解放区而言,《开封协议》也存在着明显的不足,主要是没能将"先复堤、整险、迁移河床居民,然后再堵口"的意见列入协议。在施工机构和救济物资分配问题上,没有实现解放区派代表参加花园口堵复工程局工作的目标,救济物资也未明确解放区部分由自己负责发放等。

因此,解放区冀鲁豫行署认为,有必要和国民党方面继续进行谈判,尽可能争取谈判的主动权,以求得问题的进一步解决。

4 月 8 日,国民政府黄河水利委员会赵守钰、孔令瑢、陶述曾和联总塔德、范海宁等 9 人,在解放区代表赵明甫、成润陪同下,对黄河下游故道进行查勘,从菏泽直至黄河入海口,历时 8 天,行经 17 县,行程约千余公里。

4 月 15 日,赵守钰等查勘结束返抵菏泽后,双方再次举行会谈。参加谈判的代表,除各方查勘人员之外,还有解放区冀鲁豫行署主任段君毅、副主任贾心斋、秘书长罗士高以及渤海解放区代表刘季清等。

谈判中,解放区代表提出 3 点意见:第一,此次黄河归故,是在预有计划的情况下进行的,与黄河自行泛滥改道不同,不应再造成水灾。根据勘察情形,堤坝险工破坏严重,河床高出地面一丈以上,所以必须于浚河修堤工程完竣后方能合龙放水,否则,必定使故道沿河人民遭受黄泛区同样灾难;第二,河床居民很多,黄河归故必使他们倾家荡产,必须救济,保证每人维持适当生活;第三,冀、鲁两省黄河故道 90% 在解放区,为施工方便应增强工作效能,沿黄的各级组织均须解放区派人参加。

此时,经过这次实地查勘,国民政府黄河水利委员会和联总的代表对解放区黄河故道及沿岸的河道、堤防等情况,有了切实的了解,他们也感到故道有"百分之三十以上的大堤需要修补"。

鉴于此,赵守钰等对于解放区提出的一、二两项意见,表示可以接受,而对第三项意见,则持反对意见。经过反复讨论,双方达成了如下协议:

(1)复堤浚河堵口问题。复堤、浚河、裁弯取直、整理险工等工程完成以后再行合龙放水。豫、鲁两省仍修旧大堤,鲁省北岸寿张以上、南岸十里堡以上先修临黄民堤,次再整修两岸旧大堤,十里堡以下仍修旧大堤。

(2)河床内村庄迁移救济问题。新建村由黄河水利委员会呈请行政院每人发给10万元迁移费(法币)。救济问题由黄河水利委员会代请联总、行总救济。

(3)施工机构问题。冀、鲁两省修防处设正副主任,正主任由黄河水利委员会派,副主任由解放区派,由双方请示后再确定。

(4)交通问题。为施工方便,急需恢复的交通,应根据施工情形逐步恢复,但不得用于军事,并由当地政府维持秩序等。

《菏泽协议》签订后,冀鲁豫解放区沿河政府立即动员群众开始做复堤准备工作,渤海解放区政府也积极动员沿河群众,开始行动。但是,国民政府不久就背离了《菏泽协议》,加快了堵口工程施工进度,并通过其中央通讯社、中央日报等媒体大造舆论。

关于花园口堵口复堤工程的进度问题,本来按堵复工程局总工程师陶述曾等国内水利专家的意见,计划复堤工程和河槽裁弯工程在1946年11月底完成,1947年4月完成堤防培修工程;而堵口工程1946年大汛之前只修做西部浅水占工程800米,剩余的东部深水工程待汛后复工,当年年底完成,黄河回复故道。

这个计划比较符合黄河工程实际,也照顾了各方的利益。但是该计划却受到了联总黄河顾问塔德的极力反对,塔德认为,花园口堵口工程并非像中国工程师们估计的那样困难,同时他对于复堤工程和整理险工的重要性与艰巨性,也认识得很不足,因此极力主张抓紧堵口施工,6月底完成。他并声称:“这个工程做与不做,与个人毫无关系,联总所援助之物资,这里不能做工程,也可以拿到另外一个地方去办理救济,有东西还能找不到地方给人吗!”

此时,出于军事布局的考虑,国民党最高军政当局也主张堵口加快进行。4月28日,国民党军副总参谋长白崇禧偕郑州绥靖区主任刘峙等,到花园口工地视察,督促加快堵口工程进度。5月2日,行政院院长宋子文电令堵复工程局:“黄河花园口堵口工程前经决定于本年间枯水时期修复,兹闻黄河水利委员会据豫鲁两省河工局报告,以下游工程未能赶筑,已定堵口工程缓至秋后举办,此事关系重要,未宜遽定缓修,且国际视听所系,仍应积极兴修……希速饬依照原定计划积极提前堵口,如有实际不能完成堵口时,届时可再延缓。”联总顾问塔德的意见与之不谋而合,更助长了国民党军政当局加快花园口堵口工程步伐的决心。

5 月初，参加花园口堵复工程施工的职工和民工达 11000 余人，所用器材物资包括桥梁材料、木船、汽车、推土机、开山机、钢轨、斗车、汽油和修理机械等。河南省政府组成招工购料委员会，负责购运秸料、柳枝和木桩等河工物料。为了赶运器材和粮食，交通部专门修建了从平汉铁路广武车站到花园口的铁路支线。花园口堵复工程大规模展开。

实际上，就黄河多年来水的规律性和花园口决口的规模而言，当时花园口堵口工程难度极大。由于花园口决口为全河夺溜的口门，宽达 1460 米，在小水时期，靠西坝的 1000 米是浅滩，靠东坝的 460 米是河槽。经过模型试验的堵口计划，浅滩部分用传统的“捆厢进占，后浇戗土”法，深水部分用抛石平堵法。平堵部分是整个工程的重点，它由 3 个分工程组成：一是打桩架桥，抛筑拦河石坝，这是工程的核心；二是在故道河头挑挖引河，伺机放水流入故道，以减低口门合龙的压力；三是在石堤的背后捆厢边坝，填筑土柜，使石堤闭气，全河回归故道。平堵部分木桥和石堤的长度为 400 米，为按照黄河冬春常有的流量 2000 立方米每秒所确定。如果堵口选在流量较长时间超过 4000 立方米每秒的季节进行，则极有可能失败。

而且，黄河归故工程并非单纯一堵了事，与此同等重要的还有复堤和整理险工。自花园口至利津，故道两岸原有大堤 1280 公里，沿黄险工达五六十处。自断流以后，故道河堤经年失修，除雨水冲刷外，又遭受战争严重破坏，碉堡遍布，封锁沟纵横，三分之二的河堤已经破烂不堪。护堤砖石散失严重，险工秸埽腐烂，护滩柳林被挖。河槽里垦成农田，修筑道路，并新辟了一些村庄。所有这些，都需要在花园口堵口工程完成以前予以恢复，否则，黄河回复故道，难免酿成新的灾害。

由此可见，黄河归故工程十分浩繁，在战后社会、经济秩序尚未完全恢复的条件下，欲在两三个月内完成，事实上是不可能的。国民党当局无视这一严峻现实，一意加紧堵口施工，不仅背离了与解放区政府达成的有关协议，同时也违背了事物的客观规律。

国民政府执意汛前堵口合龙，紧锣密鼓地加快花园口堵口工程施工，遭到了解放区军民的坚决反对。

5 月 3 日，冀鲁豫解放区临泽县 15 万人民举行集会，并发出通电，强烈抗议国民党当局一意孤行，企图水淹黄河故道群众的行径。

10 日，中共中央发言人就黄河问题发表重要讲话，严正指出：国民党当局“毫无理由地违犯先浚河复堤后堵口放水的协议，对迁徙、救济故道居民不负任何责任,并坚持两月内先在花园口实行合龙放水,那么中共不能不认为这只是借治河为名,蓄意淹毙冀、鲁、豫3省解放区同胞,是与国民党反动派的内战阴谋分不开的。中共对于千百万人民的生死存亡,决不能坐视不顾;对于国民党内反动派不惜以千百万人民的生命财产为政治斗争的牺牲品的恶毒计划,不能不表示坚决的反对。现在晋冀鲁豫政府代表已向开封国民党当局提出抗议,中共驻南京代表亦将向有关当局提出同一抗议,要求制止这一阴谋的实现,并声明如果国民党当局一意孤行,不顾民命,则首当其冲的冀鲁豫解放区人民,为了生存,将被迫采取必要的自卫措施,其后果应由国民党当局负其全责”。

鉴于黄河归故问题日益复杂,为了寻求合理解决途径,5月中旬,冀鲁豫解放区代表赵明甫、王笑一,与国民党方面代表陶述曾、阎振兴及联总河南区主任范海宁等人从开封同赴南京,以期在高层解决问题。

这时,国民政府刚从重庆还都南京,有关政治军事的国共谈判也转到南京举行。解放区代表到南京后,中共中央副主席、中共驻南京代表团团长周恩来听取了前期黄河归故谈判的情况汇报,并就谈判问题指示解放区代表:谈判中要抓住实质,明确主攻方向。对国民党的阴谋,揭露要一针见血,反映群众呼声要强烈,但发表我方意见要讲究策略,留有分寸。在政治谈判的同时,军事上丝毫不能放松,对反动派不能抱任何幻想。

5月17日,解放区、联总、行总、水利委员会、堵复工程局等有关各方的代表开始谈判,经过激烈争论,于18日达成协议,主要内容有:

(1)关于复堤工程。下游急要复堤工程包括险工与局部整理河槽尽先完成,同时规划全部工程衔接推进;急要工程所需配合的器材及工粮由联总、行总尽速供给;急要工程所需工款由水利委员会充分筹拨;此项复堤工作争取于6月5日以前开工。

(2)关于居民迁移救济问题。黄河水利委员会已呈请有案,请中央政府从速核定办理。

(3)堵口工程继续进行,以不使下游发生水害为原则。

谈判协议中,对解放区代表提出的一些保留意见,如“大汛前口门抛石以不超过河底2米为限,但须不受任何军事政治影响;暂不拆除汴新铁路、公路;由解放区派工程师驻花园口密切联系”等,也作了记载。

与此同时,为促使《南京协议》顺利执行,周恩来同联总中国分署代理署长福兰克芮、联总黄河顾问塔德还达成6条口头协议,约定如下内容:

(1)下游修堤、浚河,应克服一切困难,从速开工;关于工程所需要的一切器材、工粮，由联总、行总负责供给，不受任何军事政治影响。

（2）行总为办理器材、物资供应事项，在菏泽设立办事处，由中共参加；关于河道居民迁移救济问题，由国、共及联总、行总组织委员会负责处理。

（3）6 月 15 日前，花园口以下故道不挖引河，不拆汴新铁路及公路，至 6 月 15 日以后视下游工程进行情形，经双方协议后始得改变。

（4）打桩继续进行，至于抛石与否，须待 6 月 15 日前视下游工程进行情形，然后经双方协商决定；如决定抛石，亦以不超过河底 2 米为限。

（5）以上所说的下游工程进行情形，以不使下游发生水害为原则。

（6）会议具体商定第一批物资器材供应问题，确定先拨工款 100 亿元，面粉 6000 吨，河床居民迁移费 150 亿元。

为此，美国总统特使马歇尔、国民政府水利委员会委员长薛笃弼、中共中央驻南京代表团团长周恩来，代表 3 方对该协议的执行作了保证。

二、解放区的复堤工程

黄河归故，冀鲁豫解放区首当其冲。该区故道河床有村庄 1700 余个，居民 40 余万，境内旧堤全长 500 余公里，堤防修复、居民迁移救济任务十分繁重，迫切需要成立一个专门机构负责办理。

1946 年 2 月 22 日，解放区晋冀鲁豫边区政府召开紧急会议，决定在菏泽成立黄河故道管理委员会，由冀鲁豫行署主任徐达本兼任主任委员。27 日，冀鲁豫行署发布通令，就建立治河机构事宜进行部署，要求："第一、二、四、五各专署及沿河各县均建立黄河故道管理委员会，委员数目暂定行署级七至十一人，专署级五至七人，县级三至五人（内主任委员一至二人）。除由各级政府中在职干部兼任外，并须吸收当地对治河有相当经验及威信之社会人士参加。"[1]根据这一通令，行署及各专署、县的治河机构相应建立了起来。

《南京协议》签订之后，为了适应全区大规模复堤组织工作的需要，5 月 31 日，冀鲁豫行署决定把黄河故道管理委员会改称为冀鲁豫区黄河水利委员会（以下简称冀鲁豫区黄委会），以王化云、刘季兴、张玺、王秉璋、段君毅、贾心斋、赵明甫、王笑一、成润等 9 人为委员，由时任冀鲁豫行署民教处长的王化云任主任，来自冀南行署的刘季兴任副主任。冀鲁豫区黄委会内设工程、秘书、材料和财务 4 个处。

---

[1] 黄河档案馆藏. 革命历史档案. 冀鲁豫行署建字第 3 号通令（1946 年 2 月 27 日）

中共首任河官王化云，字龙骧，1908 年出生于山东省馆陶县，1935 年毕业于北平大学法学院，参加了“一二·九”学生爱国运动。1937 年抗战爆发后，他根据中共党组织的指示，在馆陶、冠县收编土匪队伍和地主武装。1938 年加入中国共产党，曾任冠县抗日政府县长、鲁西行署民政处处长、冀鲁豫行署司法处处长兼民政处处长。担任冀鲁豫区黄委会主任后，王化云积极投身到解放区黄河治理事业之中，参加了国共两党关于黄河回归故道的谈判，动员群众修复堤防、迁移黄河故道居民，并主持组建了冀鲁豫区黄委会，培养了大批干部，为保障解放区的黄河防洪安全、奠定解放区黄河治理事业发展的基础做了大量卓有成效的工作。

当时，冀鲁豫区共管辖 13 个专署、120 余个县级政权。其中，分布于故道两岸的县级政权有考城、东垣、东明、南华、长垣、濮阳、昆吾、曲河、濮县、范县、寿北、张秋、鄄城、郓北、寿南、昆山、平阴、河西、东阿、齐禹等 20 个。根据解放区对应的行政区划，冀鲁豫区黄委会下设 4 个修防处，分辖沿河各县修防段。解放区对修防处、段实行双重领导，以冀鲁豫区黄委会垂直领导为主，专署、县政府领导为辅。

在黄河故道下游，山东省城济南为国民党统治区，济南以下为中共领导的渤海解放区。该解放区行署管辖 6 个专署、35 个县级政权，其中，位于故道两岸的县级政权有齐河、垦利、利津、蒲台、滨县、惠民、齐东、高苑、青城、济阳、杨忠等 11 个。

1946 年 3 月，根据中共山东分局和解放区山东省政府的指示，渤海区修治黄河工程总指挥部成立，由渤海区行署主任李人凤任指挥，王宜之、高兴华任副指挥。4 月 15 日，渤海区行署发布训令，决定在垦利、利津、蒲台、惠民、齐东等县建立治河办事处，负责辖区内黄河治理工作。5 月 14 日，解放区山东省政府主席黎玉签署命令，任命时任鲁中行署实业处处长的江衍坤为山东省河务局局长。

5 月 22 日，渤海区修治黄河工程总指挥部向沿河专署、各县发布了关于黄河治理工作的指示，明确了山东省河务局和渤海区修治黄河工程总指挥部的下属组织机构，并指出：河务局在沿河各县设立治河办事处，由县长兼任办事处主任，负责治河技术工作。渤海区修治黄河工程总指挥部之下，设立西段、中段、东段指挥部及沿河各县指挥部，负责民工的宣传动员工作，组织群众修复堤防。

江衍坤到任后，立即与渤海区行署负责人商谈渤海区黄河治理工作，决定山东省河务局与渤海区修治黄河工程总指挥部合署办公。同时，根据工作需要，渤海区行署任命江衍坤为渤海区修治黄河工程总指挥部第一副指挥，山东省政府任命王宜之为山东省河务局副局长。

山东省河务局局长江衍坤与联总有关人员合影

至当年8月，渤海区沿河11县，除大部堤防尚由国民党军占领的齐河县外，垦利、利津、蒲台、滨县、惠民、齐东、高苑、青城、济阳、杨忠均已设立治河办事处。

中国共产党领导的人民治理黄河机构的创立，为解放区的黄河治理工作提供了组织保障。它在组织修复故道堤防、迁移河床居民、参与黄河归故谈判等方面，进行了大量卓有成效的工作，并为黄河归故后开展防汛斗争奠定了组织基础。

《南京协议》签订后，解放区对复堤工作迅速作了部署。5月19日，周恩来在给中央并转晋冀鲁豫中央局和山东中央分局的电报中指出：应贯彻执行《南京协议》，抓紧时间修堤，但不能寄希望于国民政府履行该协议，“我们必须争取立即开工修堤浚河，在1月内初步完成，利用其器材物资，以工代赈，加速完工，争取在大汛前，即使反动派之阴谋堵口，亦不致成灾（花园口距我区太远，虽有协议，无绝对保证，必须防止万一）。”❶

5月21日，周恩来再次给晋冀鲁豫中央局、山东中央分局发出电报，进一步指出：“复堤动员望加速进行，以争取大量工款及器材使用我区，望四十天内完

❶曹应旺著.周恩来与黄河归故斗争.黄河史志资料，1991(2)

成初步工程，则大汛虽至亦无危险”。[1]

根据上级指示，冀鲁豫和渤海解放区立即开始了复堤工作。

6 月 1 日，冀鲁豫行署向各专区、县修防处、段发出修堤命令：“对《南京协议》必须坚决执行，力求实现，以达到我边区与新泛区同胞同样不受灾害之目的。为此特决定沿河各县府应立即动员组织群众即日开工，将堤上獾穴、鼠洞、缺口等修补完毕，打下加高培厚之基础，完工后即开始修理河岸大堤。各县暂按旧堤加高 2 市尺，堤顶加宽至 2 丈 4 尺。对于险工及坝、埽，亦须立即勘察报告本署。以上工作，关系我区千百万人民生命财产，望即动员群众即日开工，不得等待，以保证任务及时完成”。

6 月 3 日，冀鲁豫行署在菏泽召开沿黄河各地专员、县长和修防处、段负责人参加的浚河复堤联席会议。行署主任段君毅作了政治动员，王化云提出了修堤的技术要求。会议明确指出：浚河复堤，事关大局。各地务必把保卫黄河作为一项战斗任务来完成，与洪水争速度，为战争抢时间。各地要以修堤为中心，县长亲自上阵，发动群众立即动工。基本政策是，有钱出钱，有力出力，合理负担，适当补助。各专区、县务必动员群众全力以赴，在麦收前或麦收后开工。堤身修复标准按行署规定执行。至于险工整理及裁弯取直，待国民政府黄河水利委员会与联总方面带领测量队共同测量后，再行展开。每个民工每天给小米 1 公斤作为口粮，工程粮先由各县垫支。修堤工具、棚子等由民工自带。各县组成复堤指挥部，修防处、段参与领导和指挥修堤，具体问题由各专区讨论解决。

6 月 10 日，冀鲁豫解放区开始全线大复堤，沿河 18 个县组织 23 万民工，在西起长垣、东到齐禹长达 300 公里的堤段上进行复堤整险。广大群众克服高温酷暑、缺医少药、工具器材缺乏等困难，坚持修堤施工。为了解决复堤整险缺少石料的问题，大家踊跃献砖献石，有人把多年积攒的盖新房的砖石，甚至老太太的捶布石也献了出来，表现出了极大的积极性。

在渤海解放区，复堤工作也迅速开展起来。5 月 22 日，渤海解放区修治黄河工程总指挥部发出指示，要求各专区、县动员强大的力量，加紧修堤。6 月 8 日，渤海区行政公署发布布告，进一步动员全区人民积极修堤浚河，规定沿黄各县的男子，凡年在 18 岁以上 50 岁以下者，均有受调修治河工之义务，并明确每修做土方 1.5 立方米，政府发给工资粮小米 3.5 公斤。同日，渤海区行署向沿河各县发出指示，要求动员全区人民，对复堤修险所需砖石、秫秸等料物，尽其所有

[1] 曹应旺著. 周恩来与黄河归故斗争. 黄河史志资料，1991(2)

1946 年冀鲁豫解放区复堤场面

运交政府,政府照市价付款。

6 月 25 日,渤海解放区 19 个县组织 20 万人开始了大复堤。当时临近的采石场受到国民党军队的严密封锁,为了迅速筹集修复险工所需的砖石等料物,广大群众积极响应解放区政府的号召,掀起了献砖献石支援修堤整险的热潮。在广大群众的积极参与下,渤海解放区共筹集砖石 11.2 万立方米,秸料 1420 万公斤,木桩 11.7 万根等大批料物,为完成复堤整险工程奠定了物质基础。

经过一个多月的艰苦努力,至 7 月中旬,冀鲁豫解放区共修作复堤土方 770 余万立方米,渤海解放区共修作复堤土方 416.4 万立方米。解放区第一期黄河故道复堤工作基本完成,昔日残破的大堤得到了初步恢复。

在解放区修堤整险所遇到的困难中,还有来自国民党军队及地方武装的袭击干扰。据当时不完全统计,在 1946 年 3 ~ 9 月的半年中,就有 52 名解放区修堤工人被杀害,同时,治河物资损失严重,所修堤防也遭到了不同程度的破坏。

第三节　花园口堵口工程合龙

一、上海会谈

南京谈判后不久,由于同塔德的施工计划有严重分歧,堵复工程局副局长潘镒芬、总工程师陶述曾等中国专家相继离职,堵口施工的实际主导权落到了塔德手里。这一人事变故,也体现在了堵口施工分工中。采用平堵法的深水部分属于主体工程,施工难度较大,由联总工程师负责。而中国工程技术人员只担负浅水部分的工程和东西两坝头的盘筑。

由于当时深水部分河槽中间最深处也只有5米，一开始，建造栈桥工作进行得比较顺利。1946年6月21日，450米长的栈桥完成，共打桩119排。堵复工程局遂决定铺设轨道，并于两日后开始抛石合龙。不过，这时运到花园口堵口工地的石料很少，只有原计划的1/10，远远不能满足抛筑石坝的需要。

黄河来水的情况也在发生变化。在花园口筑坝过程中，6月25日上游河道开始涨水，陕州水文站流量达4800立方米每秒，上游来水加上汇入下游的几条支流来水，致使花园口涨势迅猛，流量剧增。由于洪水猛烈冲击，加之石料不敷使用，6月27日口门东头的桥桩被冲走4排。随着洪水继续上涨，桥桩不断被冲走。几天后，分布于东半部180多米距离内的45排桩全部被冲走，花园口堵口工程首次合龙受挫。堵复工程局局长赵守钰因此引咎辞职，改由朱光彩接任。

就在花园口堵口工程紧张施工之时，6月21日，晋冀鲁豫边区政府紧急致电国民政府行政院及其治河机构，呼吁暂停堵口工程，立即停挖引河，切实执行《南京协议》，迅速拨发下游复堤需用的大批粮食器材及迁移救济物资，并严正指出，如若空谈合作，而事实上则与之相违，解放区人民将奋起自卫！

7月12日，冀鲁豫区黄委会主任王化云、副主任赵明甫专程赴开封与国民政府黄河水利委员会及联总工程顾问塔德等进行交涉，由于原则立场相距甚远，结果会见不欢而散。

但塔德等人对解放区的强烈反应却不无顾忌，因为花园口首次合龙刚刚失败，为使堵口继续进行，他正在组织修做口门防护工程，如若此时矛盾持续激化，其堵口计划的实施势必将会受到更大影响。

于是，7月13日清晨塔德即飞往南京并转往上海，分别向行政院、中共驻南京代表团团长周恩来和联总中国分署汇报了黄河堵口面临的困境。各方高层经过磋商，决定在上海再次举行谈判，以解决当前的紧迫问题。

7月18日上午，上海会谈正式开始。解放区参加会谈的代表有周恩来、伍云甫、成润、王笑一和章文晋，国民党方面参加的有行总署长蒋廷黻、行总代表陈广源、水利委员会主任薛笃弼、堵复工程局代表张季春，联总方面的代表有福兰克芮、毕范理、塔德等。

黄河下游故道复堤工程所用工款，是此次会谈的焦点之一。就此问题，蒋廷黻、成润、周恩来、薛笃弼、塔德、福兰克芮、张季春先后发言，分别阐述了各自的看法。各方代表虽然都同意“自堵口以下修堤所需工资与材料费用完全由国民

1946 年 7 月,周恩来在上海与联总和行总谈判

政府供给”❶的原则,薛笃弼却表示不能保证如期支付,提出“获得国库款项可能较迟”和“款数可能被行政院核减”❶两条保留意见。针对薛笃弼的表态,周恩来当即指出:“如既往同意付款之工程今已完成,国民政府应立即履行其协定中之责任而付款”,并且要求在记录中明白记载:“对工程师们核定工程的正当费用之核减可能性不能同意”,“如不能偿付金额,即系政府及其代表之失信行为。”❶

在这里,周恩来特别强调的“工程师们核定的正当费用”,是指解放区提出的复堤工程所需工款为 100 亿元,而塔德、张季春经过实地查勘也承认这个数额。

会谈中,双方在复堤用粮、所用设备,特别是河床居民救济问题上分歧更大。解放区代表提出,根据解放区政府对河床居民人数及其财产数量的详细统计,河床居民救济费最低限度应为 304 亿元。蒋廷黻则认为“这个数额实属过巨,远非行总之财力所及”❶,只同意拨款 80 亿元,分 3 个月支付。至于后续部分,将视所需情况再定。

周恩来对此明确表示:解放区方面的代表“自始即坚持此一问题之重要。如无照顾受害人民之保证,渠等最初即不能同意黄河之改归故道”❶,并指出:“解放区人民对此问题曾详加研究而得出此 304 亿之数字。吾人在此会谈既远

---

❶曹应旺.周恩来与黄河归故斗争.黄河史志资料,1991(2)

离该区,又未熟悉当地实情,不宜将其数字进行削减。”

面对中共的坚定立场,蒋廷黻稍微作了让步,提出除已经同意的3个月内付给80亿元外,可再提供70亿元,总共150亿元,其中包含现款及行总捐赠之物资。

对此,周恩来进一步表示,他不相信解放区政府能够接受这一解决办法,提出准备亲自赴当地与解放区地方政府商谈此事。

7月19日,上海会谈临时休会。利用这一时机,周恩来偕王笑一、成润等飞抵古城开封。在那里,他连夜听取了中共冀鲁豫区党委书记张玺、行署主任段君毅和冀鲁豫区黄委会主任王化云等人关于解放区复堤情况的汇报,认真询问了第一期复堤工程完成的情况,解放区应得工款、工粮及运交情况,并详细记录了有关具体数字。接着,周恩来通报了上海会谈情况,一一征询了他们对谈判的具体意见,并特别告诫和提醒说,要研究斗争策略,争取主动权,千万不要寄希望于一纸协议,一定要抓紧时间修复堤防,及早做好河床居民迁移准备,时刻提防国民党方面堵口放水,千万不敢有丝毫麻痹。

次日,周恩来专程巡视了花园口堵口工地,会见了联总、行总的代表。在会见联总外籍工程技术人员时,周恩来指出:联总向来以善后救济工作为方针,但却把分配给黄河堵复工程上的各种设备和运输器材,绝大部分都用在花园口堵口工程上,而担负整个堵复任务三分之二以上的解放区什么也没有。假如联总真正遵守“没有政治歧视”和“公平分配”的原则,就应该采取公正而明确的态度,立即制止国民政府堵口放水的阴谋,立即拨付解放区应得的全部工款、工粮、机器设备、运输器材和河道居民的迁移费,并保证故道复堤、险工修复和裁弯取直工程全部完成后,才能堵口放水。

在随后出席国民政府黄河水利委员会举行的座谈会上,周恩来作了长篇发言。他从黄河悠久的历史,谈到黄河回归故道,从国共谈判讲到中国的前途,从下游复堤谈到花园口堵口,旁征博引,情理交融,深刻地阐明了中国共产党在争取国内和平和实现黄河归故问题上的原则立场。最后,周恩来强调指出:“一方面是在极端困难的条件下,坚决执行协议,积极进行复堤工程;另一方面却是撕毁协议,破坏下游复堤,在花园口拼命加紧堵口,准备放水。事实俱在,究竟是谁执行协议,谁破坏协议?谁光明正大,以群众利益为重;谁施展阴谋,与广大人民为敌?不是一清二楚吗!”周恩来的讲话,得到了与会有关人士的深切同情。

7月21日,周恩来离汴飞沪,次日与国民党、联总的代表继续举行会谈。经过一番激烈论争，双方终于达成协议，由周恩来、蒋廷黻、福兰克芮签署了《黄河工程协定备忘录》，其主要内容为：

（1）由国库偿还中共修复堤坝款20亿元以上，已偿付的工料款60亿元中有20亿元仍存上海，在购物及运输上应得到优惠；

（2）行总付给中共方面面粉8600吨，三分之一经烟台等港交鲁东，三分之二送菏泽交鲁西；

（3）山东现有器材中，塔德认为可以利用的，由行总借给解放区，麻袋则捐助之；

（4）迁移河床居民的救济款为150亿元，另批款项78亿元，由专家考察确定；

（5）洪水期间不再堵口，只维护现有工程，9月中旬前后再重新进行。

二、堵口再次受挫

就在花园口首次堵口合龙受挫之际，国共双方的军事斗争也在迅速升级。1946年6月国民党当局借口共产党拒绝从苏北、皖北等地撤退，公然调集20万军队，大举围攻以宣化店为中心的中原解放区，全面内战爆发。

7月下旬，白崇禧在河南新乡召开军事会议，宣布由刘峙任指挥，调集兵力分3路进攻冀鲁豫解放区。为了阻止国民党军对冀鲁豫解放区的进攻，减轻对中原和华东解放区的压力，中共领导的刘邓大军乘国民党调动兵力之际，于8月10日在陇海路上迅即发起反击，解放陇海路沿线5个县，控制铁路300多公里和12个车站，切断了国民党占领区郑州与徐州之间的联系，打乱了其军事计划。

对此，国民党军则调集14个师30多万兵力，以整编第3师和第5军为主力向冀鲁豫解放区猛扑，国防部长陈诚、国民党军副总参谋长白崇禧分别坐镇郑州、开封，范汉杰和刘峙亲自到前线指挥。而中共刘邓大军采取在运动中歼敌有生力量的作战方针，利用熟悉地形迂回行进，诱敌深入，在菏泽西南大杨湖一带将国民党军第3师一举歼灭，生俘其师长赵锡田。9月下旬，刘邓大军按照既定的战略方针主动撤出菏泽。

10月5日，花园口堵口工程复工。由于黄河回归故道可以切断故道两岸解放区的联系，对国民党方面取得战局优势非常有利，因此国民党最高当局对尽快实现花园口堵口合龙的要求越来越迫切。10月23日，国民政府水利委员会副委员长沈百先赶至花园口督工，限50天内务必完工。11月29日，蒋介石密电水利委员会“希督饬所属昼夜赶工，并将实施情形具报。”[1]为了解决堵口所需石料供应问题，蒋介石严令交通部门宁停军运，不得妨碍堵口运石！

但是，这时推进堵口工程困难重重。

由于口门东部原来所打的桥桩被洪水冲走，180 米长的河段需要补打桥桩，而全河水量汇流于此倾泻而下，最大流速达每秒 4.67 米，最大水深 18.3 米，最深的一段长 80 米。在如此水深流急处打桩，其难度超乎寻常。从开始复工到 10 月底，在 20 多天内，45 排桥桩，只在西边补打了 12 排，东坝头则因顶冲太急，一排也打不成。另一方面，堵口合龙仅筑坝石料就要 20 多万立方米，而铁路运力很有限，仅运输这么多石料就需要半年，如此欲使黄河 12 月底回归故道，根本无法实现。

面对重重困难，水利委员会曾指示放弃这条桥线，另在旧桥南面 330 余米处修建新桥，进行抛筑石坝堵口。但是由于片石、木材等料物严重不足，此时再另建新桥已经很不现实。无奈之中，堵复工程局决定仍在旧桥线上想办法。他们从东坝桥码头的上下首向西做透水柳坝，试图逼大溜移到西边桥孔底下，结果未能成功；从水深流急的东坝头强行向西打了 3 排桥桩，很快也被急流冲断 1 排；从东坝用柳枝捆厢进占，因水流太急，一占也没做成；用船只搭建浮桥，不但无法下锚，而且由于系船桩被冲走，甚至连打桩船也被冲翻。

因施工连连受挫，到 11 月底，最东面的 20 多排桥桩依然没有完成。此时，汛期已过，河水流势有了明显减弱，堵复工程局遂决定抓住这一时机采用柳枝包石捆枕，从东坝桥码头的上首起向西推进，先把口门东部填平，然后再进行平堵。如此经过昼夜赶工，到 12 月 15 日，终于将东部最深一段 80 米长的河槽填平。

与此同时，桥上的 5 条平行轨道也已铺成，于是开始抛石平堵。但随着石坝增高，桥前水位抬升，河水流速也明显加大，至 12 月 17 日，部分桥桩在水流冲击下开始倾斜，由于石料供应不上，这一新险情未能得到及时抛石抢护，12 月 20 日晨，随着 4 排桥桩被冲倒，栈桥再次被冲断。

对此，国民党高层深感不安。1947 年 1 月 2 日，蒋介石亲自指示水利委员会负责人，要求堵口工程务必按照原定进度于 1 月 5 日完工，不得拖延。水利委员会当即向花园口堵复工程局致电转达蒋介石这一指令，并委派原堵复工程局局长赵守钰亲临工地进行督导。

---

[1] 中共冀鲁豫边区党史办公室著．黄河归故斗争概述．见《黄河归故斗争资料选》，山东大学出版社，1987

这时已是严冬，黄河进入凌汛期，大河已经开始淌凌，大量冰块壅塞桥前，致使部分新打的桥桩再度出现歪斜。1月11日，河水流量升至1310立方米每秒，在流冰淌凌的冲击下，石坝发生坝身下蛰等严重险情。面对这种十分不利的局面，堵复工程局急忙组织抛大铁丝石笼加高坝顶。11～15日，连续4昼夜紧急抢抛，但由于坝身不断下蛰，坝顶高度不见增加，反而降低。15日夜，该石坝中部的一段陡然下陷，深度达4米之多，石坝形成一巨大豁口，全河水量集中流过，打好的桥桩很快被冲断一排，接着全桥发生动摇。由于天寒地冻，抢护不及，邻近桥桩相继折断，3天之内共毁桥桩8排，石坝缺口扩宽至32米、深12米。架桥平堵再次失败。

军事形势急速变化，黄河归故前景未卜，国民党当局对此心急如焚，督促花园口堵口工程施工亦愈加紧迫。

1月16日，国民党军总参谋长陈诚与陆军总司令顾祝同抵堵口工地；18日，水利委员会副委员长沈百先再次致电堵复工程局，内称蒋介石一再垂询堵口情况，饬令局长朱光彩督率员工拼力赶堵；27日，陆军副总司令范汉杰抵达花园口视察。

这一时期，在国民政府加快花园口堵口的同时，中共及其领导的解放区政府也一直在为推迟堵口合龙、争取故道复堤时间进行着针锋相对的斗争。

1946年11月2日，周恩来就立即停止花园口堵口工程等问题，致函联总中国分署署长艾格顿和行总署长霍宝树，指出：国民政府迄今未遵守协议，致使解放区整理险工等工程无法进行。在下游复堤工程尚未竣工、救济河床居民款项未拨付之际，花园口堵口工程却在积极进行，而且国民党方面还命令限期50日完成堵口，置下游千百万人民及河床内数十万居民于极度危险之地。对此，他强烈要求：①在下游不能进行整理险工、裁弯取直和河床居民迁移之前，国民政府应遵守菏泽、南京、上海历次会谈决议，立即停止堵口工程，否则引起的后果应由国民政府负责；②联总、行总应催促政府依约迅速拨付所欠复堤粮款、整理险工等工程款项及救济河床居民等费用；③联总、行总应通知政府赔偿解放区在陇海路以北地区被国民党军队抢走的河工物资，并保证以后黄河工程不受军事政治影响。

1947年1月3日，中共中央特派代表饶漱石会同晋冀鲁豫边区负责人滕代远、戎伍胜等，与联总驻北平军事调处执行部代表蓝士英、联总驻华卫生专员卜敦、联总黄河工程顾问塔德、联总中国分署河南区代表韦士德等人在河北邯郸举行黄河问题会谈。会谈中，解放区代表对国民党方面违背协议、破坏下游复堤及单方面放水的行径进行了强烈谴责，并呼吁联总人士立即制止国民政府强行堵口，否则解放区人民将坚决奋起自救。

邯郸会谈当日，中共代表董必武在上海致函联总中国分署署长艾格顿及行总署长霍宝树、水利委员会主任薛笃弼，再次严正申明中国共产党和解放区政府的立场，严厉谴责国民党当局置下游千百万人民生命财产于不顾，撕毁协议，拖欠物资，破坏复堤，擅自堵口放水，实施军事阴谋的卑劣行径，并提出要对国民党当局一手酿成的历史惨剧追究责任。

1月8日，周恩来在延安发表严正声明，指出：目前陇海路东段内战正异常紧张之际，故道复堤尚未完成，裁弯取直尚未开始，河床居民尚未迁移，国民政府突于上月底严令郑州军事当局及黄河堵复工程局，在花园口强行堵口，其目的在于利用黄河水淹没解放区人民和军队，割断解放区的自卫动员，破坏解放区的生产供给，以达到军事目的。望全国同胞与全国舆论，共同制止这一阴谋。声明要求，联总应坚持黄河堵复问题上的公正立场，立即制止国民政府堵口放水的行动。国民政府和行总应依照以往协定，立即拨付解放区应得的全部工粮、机器、工具、工款、运输器材及河道居民的全部救济费，并必须在复堤、整理险工、裁弯取直全部工程完成之后，才能堵口放水。

2月7日，董必武等与薛笃弼、霍宝树、艾格顿等人在上海进行交涉，由于国民政府加快合龙的方针已定，这次会晤只达成了部分协议，在一定程度上促成了工程粮款的解决。此次会谈后，国民政府将拖欠的40亿元工款及150亿元河床居民救济费陆续拨付解放区。

三、黄河回归故道

1947年1月28日，在蒋介石的督促下，国民政府水利委员会委员长薛笃弼亲率工程技术人员奔赴花园口堵口工程现场，督工赶进。一到工地，他就连续召开会议，再三强调此一堵口关系重大，务于桃汛前合龙，并表示如工款超出预算，另行追加也在所不惜。人力上，再调集6万多名民工，全力以赴。薛笃弼组织有关人员分析了堵口工程接连出事的原因，决定在平堵的基础上采用立堵（进占堵合）的方法，并配合加强拦河石坝、增挖引河、加筑挑水坝、盘固坝头等措施，日夜加紧赶工。

针对拦河石坝在上游水面抬高时发生冲滚、下蛰、淘坑3种险情，影响坝体稳定和堵口合龙的问题，堵复工程局决定双管齐下，采取相应措施加固拦河石坝。一是在石坝上游铺垫10米宽的柳枝，而后压上一层石料，这样一层柳一层石，压入泥面以下，以防止河水淘刷上游坡脚。坝顶加高依然采用这种层柳层石的办法，修至超出故道河床 2 米，使河水不致漫顶，以此防止冲滚和淘坑；二是在石坝下游 20 米处，增修 10 米宽的下边坝，中间填土夯实。这样整个坝面将宽达 50 米，石坝自此不再下蛰，成为全坝的骨干。大坝主体坚实以后，只需把中间的缺口填满，合龙即可望成功。

在此之前，故道引河开挖宽深不足也是导致前两次平堵失败的重要原因。有鉴于此，这时在原有的 2 条引河之外又新开挖了 4 条，以便河水在合龙过程中能大部回入故道，形成分流，减小口门冲力。此外，为了减轻合龙施工时的过水压力，在西坝头以西还加筑了 2 道挑水坝，将大溜挑离口门，使河水直趋故道。

在立堵法合龙中，两端进占最后剩余的缺口称为“金门”。金门两端各有一段坝体受水冲最急，同时上下口两边还会产生强烈的回流，这两段被称为“金门占”，也就是拦河坝的坝头。合龙之际，“金门占”必须特别加固，为此，堵复工程局特地用柳枕和大铁丝笼将坝头层层盘固，以求万无一失。

花园口堵口工程即将合龙

3 月 7 日，上述前期工作全部就绪，3 月 8 日开始合龙。

此次采用的是柳枕合龙法，从两端金门占相对推下柳枕，计划 7 天实现合龙。为确保柳枕坝稳固和金门占不致下蛰出险，合龙初期，采用 3 道柳枕坝同时并进，相互配合，以上下 2 道坝各抬一半水头为原则，稳步推进。

3 月 8 日下午，堵口工程经一天一夜抛枕，水面抬高到引河底以上 1.8 米，此时西南风大作，引河趁势开放，全河一半的水量经由引河分流，大大减轻了口门施工的压力。

3月12日晨7时，下口水面宽仅剩4米，上口水面宽约10米，西坝上下口和东坝下口系枕缆绳突然折断，西一、三坝（位于西坝上口、下口）和东三坝（位于东坝下口）吊蛰入水，形势急剧恶化。所幸下蛰的柳枕都沉在水面以下，并没有被冲走，堵口工程从而得以在原坝基础上继续施工。为防止西端金门占再出现此类险情，堵复工程局决定将第一道坝由抛柳枕改为抛5米长的大铁丝石笼，将第二、第三道坝改为推25米长的大柳石枕。随着大铁丝笼和大柳枕日夜不断地抛下金门，这时引河的过水流量也在持续增多。至14日夜晚，金门处水面高度已抬至差不多和故道河床齐平，引河底岸均已明显出现冲刷，金门水势已经大为减弱。

3月15日凌晨3时，第一道坝铁丝笼合龙。清晨6时，第二、第三道坝大柳枕合龙。至此，花园口堵口合龙宣告成功，黄河全部归流故道。

从1946年3月1日花园口堵口工程正式开工，到1947年3月15日成功合龙，这一举世瞩目的工程历时1年零15天，共耗用法币592亿元，联总援助各种物资器械总价值约250万美元，动用柳枝5000余万公斤，秸料2065万公斤，石料20万立方米，麻绳110余万公斤，木桩20余万根，铅丝14万余公斤，修做土方300余万立方米，投入人工300多万个工日。

黄河归故之后，首当其冲的是河床居民。据当时的不完全统计，冀鲁豫、渤海两解放区沿河共有21个县的331个滩区村庄被淹，淹没耕地52万余亩，人民群众受灾严重。

对此，3月25日，中国解放区救济总会主任董必武就国民政府违约实行黄河堵口一事发表声明，指出：蒋介石政府在大举进攻延安的同时，为配合其在黄河故道南岸作战，竟不惜利用黄河堵口，企图水淹故道及两岸数百万居民，以达到其军事上隔断解放区的目的。国民政府的行为已彻底撕毁历次黄河协议，解放区受灾人民强烈声讨蒋介石政府这一罪行。

花园口堵口合龙两个月后，5月17日，国民政府行政院发出1826号训令，令其水利委员会及黄河水利委员会正式宣布与解放区断绝联系。黄河归故谈判随之结束。

黄河回归故道，是民国历史上的一个重大事件。它既是事关黄泛区与黄河故道两岸广大人民切身利益的一个重大问题，也是第二次世界大战之后联合国善后救济的一个重大工程项目，同时由于黄河的重要战略地位，也使之成为国共

黄河归故后返乡的黄泛区难民

双方政治、军事斗争和国内外各界人士广泛关注的焦点。在这一重大事件的演进过程中,各种矛盾纵横交织,各种关系错综复杂,情势跌宕起伏。它的发生、发展和延续,对黄河治理乃至中国现代历史进程产生了深远的影响,在历史长河中留下了波澜壮阔的一页。

第四节　国统区的治河工作

一、修守黄泛区堤防

黄河回归故道前,为了黄河防洪安全,国民政府对抗战期间修筑的黄泛区堤防进行了整修。

1946 年 2 月,行政院水利委员会电令河南省政府转河南全省行政督察专员善后救济会议,称:黄泛区东西堤防在花园口口门未堵筑合龙以前,仍应积极修守,已由本会迭电黄河水利委员会迅即切实办理。目前防泛东堤郭当口、大吴口两口门堵筑计划及防泛西堤培修工程计划,2 月 11 日已由黄河水利委员会呈送水利委员会,本会已转呈行政院在善后救济基金项下核拨全部工款,同时决定由本会先行垫支部分款项,从速堵修。这里所说的郭当口与大吴口,分别指 1945 年 5 月的中牟县大吴村决口与 8 月的郑县郭当村决口,由于当时正值抗战反攻之际,这些决口一直未予堵复。

为了加强防泛新堤修防,1946 年春天,河南修防处成立了防泛东堤第四修防段(简称新四段),驻中牟茶庵,负责修守郑县来童寨至开封郭厂村长 40 公里的防泛东堤。

然而,由于种种原因,防泛新堤修防工程进展十分缓慢,到了伏汛临近时节,防泛新堤的复堤工程仍未能按期完工,各险工地段应备的秸石等防汛料物也毫无储备。防泛西堤和沙河南岸大堤经历年冲刷,早已不足以抵挡汛期大洪水的袭击,已整修完工的堤防,因是新修的土堤,同样难以抵御洪浪。

1946 年汛前花园口堵口合龙计划落空后,国民政府将黄河防洪抢险的重点重新放在整修防泛新堤上。

这年汛期,黄河来水偏多。7 月 22 日,黄河水势猛涨,陕县水文站黄河流量达 16000 立方米每秒,河南境内沿河各县被淹田禾甚多,在大洪水的冲击下,防泛西堤及沙南大堤不时有蛰陷坍塌的危险,防泛东堤在来童寨附近出现了漫堤和决口。如果黄河水继续上涨,突破防泛西堤,则堤外各县及平汉路两侧均有遭淹的危险。如果黄河水突破沙河大堤,安徽及江苏北部各县也会再罹黄患。

在这种情况下,河南省政府紧急电请水利委员会:饬黄河水利委员会对于堵复工程及泛区修防拟具整个抢修计划,切实办理;速追加堵复工程费及黄泛工程费,并悉数拨交黄河水利委员会切实整修堤防,储备抢险材料,严密防守,务期泛区不再扩大,以解民困。

7 月 23 日,黄河水利委员会奉水利委员会训令,要求河南修防处立即就花园口堵口复堤实际情形配合泛区修防工程,妥慎往前推进。工程所需的料运各费,要切实按照招工购料委员会议定的单价,如数拨发,并积极准备一切抢险料物,以保障泛区的安全。

7 月 25 日,河南省政府主席刘茂恩就黄河水大涨、泛区堤防整修等相关事宜再次向水利委员会通报河南黄河泛区面临洪水的危险境况,谋求迅速解决泛区安全问题。刘茂恩要求应妥为裹护花园口口门,不使塌陷,以便大水时旧槽能分流一部分洪水,减轻泛区堤防负担,并请水利委员会至少拨汛期抢险料物工款 20 亿元,以免临时竭蹶。对此,水利委员会于 8 月 2 日作出决定并予以回复:根据目前水势工情,沙河南堤为泛区最险工段之一,应严加抢护;花园口东坝头工程关系重要,已命黄河水利委员会妥为保护;关于架设沿河专线,考虑战争情势,除黄河水利委员会原设电台外,应尽量利用沿河各处长途电话联系;有关方面应立即筹运储备抢险料物等。

对于整修防泛新堤的工款,截至 8 月,水利委员会已先后拨发了 31 亿元,并仍在继续筹划续拨，以应急需。同时，水利委员会要求黄河水利委员会尽快编具整个修防计划预算并上报。

9月26、27两日，因黄水接连暴涨，加之风雨交加，抢护不及，河南西华县颍河南堤马糁桥、朱湾、枣口、驻庄、徐桥等处相继向南漫溢，泛水抵达沙河北岸，西华县大片土地被淹。

安徽境内泛区堤防也不时决溢。秋汛期间，淮河上中游阴雨连绵，在淮水上涨的同时，黄水又以8000立方米每秒的流量暴泄入淮，两水会合后淮河水位猛涨，安徽凤台县境淮河堤防多处漫溢溃决，受灾农田150万亩。

面对严峻的防洪形势，河南修防处在黄河水利委员会的督导下，在地方政府的大力协助下，克服料物距离远、筹备难、经费不敷等不利因素，加大了防泛东、西堤修守力度，对其进行了全面整修。截至12月，河南修防处当年共修治坝98道，埽74段，护岸154段，挂柳9处，抛砖柳枕1262个，补修残缺3914立方米，培堤土方281.72万立方米，支出经费1400.23亿元，保护良田2300万亩。

安徽省境内的泛区堤防也得到了一定的整修。1946年4月1日，导淮委员会在安徽蚌埠成立淮河流域复堤工程局，主要负责淮河干支流复堤、修复淮河干支流涵洞以及皖境黄泛区水道整理工程等事宜。因分布面广、工程量大，故分设工务所7处，分段办理。该项工程至1947年12月结束，共完成土方1500多万立方米。

行政院善后救济总署也在安徽泛区协助进行了皖北淮堤工程修筑工作。1946年4月，行总成立修筑淮堤工作队，配合导淮委员会复堤工程局办理淮河复堤及疏浚河口等工程。工程分两期完成，第一期工程于4月开始，7月结束，总计完成土方240万立方米，发放工赈面粉2600吨，受赈灾民6万人；第二期工程于12月中旬开工，次年元月底完成。参与这项工程的民工总数最高达8.3万人，因面粉供应不足，逐步减为6.8万人。这项工程的实施，使2720万亩农田受益，每年可产大麦4080万市石，高粱5440万市石，足供沿淮居民食用。

在江苏泛区，行总开展了苏北运河修复工程。1946年5月，行总派员视察运河情形后，即组织苏北运河工程委员会，并设工赈局主持其事，共发放面粉17万包，完成土方45万立方米，完成石方1500立方米。

黄河回归故道后，原先逃离家园的黄泛区群众，得知黄泛已除，纷纷从四面八方回归故乡。这一时期，为了泛区复垦和安抚难民，行总和联总还在分发救济粮物、调集农机帮助农民垦地除草、分配农具和种子、兴修排水及灌溉设施等方面，开展了不少工作。到1947年底，已返乡的难民接近200万人，先后向黄泛区及返乡难民发放粮食 80819 吨、衣物 3037 吨、种子 5132 吨、化肥 933 吨、农具 20.67 万件。

与此同时,国民政府还对泛区的复兴建设做过一些筹划。1947 年 1 月,河南省政府、联总驻豫办事处及行总河南分署在开封联合召开黄泛区善后建设会议,商讨河南泛区善后建设及复兴计划,国民政府内政部、社会部、交通部、黄河水利委员会等机关及河南省有关厅局派代表参加了会议。会议讨论部署了黄泛区的公共福利、农村建设、工农业善后、土地、教育等事项。

同年 4 月,奉行政院水利委员会指示,黄河水利委员会提出了《整理黄泛区工程计划纲要》。该计划以解决豫西排洪问题为主,以恢复泛区农田、防止飞沙流徙以及利用排洪水道通航为辅,同时考虑了未来豫东灌溉需水问题。5 月,行总豫皖苏泛区复兴设计委员会制定了《豫皖苏泛区复兴计划纲要》。这个机构是行总于上年 11 月设立,由行总署长霍宝树任主任委员,组织联总、行总及各部会专家数十人,分为农田水利、交通工矿、公共卫生及社会福利 4 个组,主要任务是开展泛区复兴事业的调查及设计。为切实了解泛区实况,该委员会会同联总驻华办事处、联总远东区域委员会及国民政府各有关部门代表赴泛区进行实地考察,《豫皖苏泛区复兴计划纲要》就是根据这次考察结果研究制定而成的。

《豫皖苏泛区复兴计划纲要》计划用 3 年的时间,在黄泛区内完成疏浚整理水道、修筑堤防、造林种草、蓄水灌溉,建设交通网(公路、铁路、水道、电信),改良土质、机械耕种,发展工业以及举办社会事业,推行平民教育,整理地籍,平均地权,实行民生主义等诸项事业。为此,1948 年 1 月国民政府还成立了黄泛区复兴事业管理局,负责办理计划纲要中所列事宜。

但是,由于当时国民党政治上已经丧失民心,军事上也接连溃败,经济上面临着崩溃,黄泛区各项善后事业受经济、物资、人员等方面的限制,大都未能得到落实。

二、治黄顾问团与治本研究团

(一)《治理黄河初步报告》

1946 年 1 月 31 日政治协商会议第十次会议一致通过的《和平建国纲领》,在和平建设国家、发展经济及财政的款项中提出,制定经济建设计划,欢迎国际资本与技术之合作,积极筹划增修铁路、公路,建设港湾、兴修水利及其他工程。根据这一精神,国民政府在实施堵复花园口决口的同时,也邀请了国外有关人士开展了一些黄河治本研究。

同年 4 月，为了加强治黄研究，多目标的开发黄河水利资源，行政院院长宋子文致函美国马立森克努生公司总工程师杜德（Ralph A. Tudor），委托其代聘一些专家，组织治黄顾问团，开展黄河查勘与研究。马立森克努生公司是美国一家著名的工程企业，当时就长江三峡水力开发问题曾与中国水力发电工程总处订立钻探合同，联合成立三峡勘测处，并与中国国防部测量局订立水库航测合约，培训中方技术人员赴美实习，与中国政府有过多方面的合作。

杜德对于宋子文关于开展黄河查勘与研究的邀请十分重视，进行了精心筹备。在一批美国水利专家的支持下，于当年 7 月 8 日在美国科罗拉多州的丹佛城成立了治黄顾问团。参加顾问团的专家有雷巴德（Eugene Reybold）中将、葛罗同（J. P. Growdon）中校、萨凡奇（John. L. Savage）博士等，由时任国民政府全国水力发电工程处总工程师的美籍专家柯登先生担任治黄顾问团顾问。

为了便于治黄顾问团的工作，行政院授权全国经济委员会公共工程委员会予以配合，并委派沈怡主持其事。为了给治黄顾问团提供参考资料，当时组织了 60 余名工程技术人员开展治黄基本资料收集整编工作，中央水利实验处技正谭葆泰、中央大学教授谢家泽等专家学者参与了这项工作。中央气象局、经济研究所、中央地质调查所、全国水力发电工程处、陕西省水利局、黄河水利委员会等有关机构，对资料整编工作给予了密切协助。公共工程委员会在为治黄顾问团的工作做准备时，也就黄河问题的本质及顾问团的使命与责任向顾问团作了明确的说明。

12 月 10 日，治黄顾问团各成员到达南京，不久即由南京出发查勘黄河，中国一些水利界人士也参加了查勘。治黄顾问团从黄河河口开始，溯流而上，先后查勘了黄河入海口、下游故道、黄泛区，以及八里胡同、三门峡、龙门等水库坝址，对于上中游水土保持、青海及陕西等地水利工程，也进行了实地查看。整个考察历时近一个月，1947 年 1 月，治黄顾问团回到南京后，对获得的资料进行了整理研究，提交了《治理黄河初步报告》，柯登写出了《开发黄河流域基本工作概要及预算》。

在《治理黄河初步报告》中，雷巴德等人阐述了治黄顾问团的使命，即对于危害华北平原的黄河中下游洪水提出有效的防御意见，以及准备一项对整个黄河流域有效的长期开发计划，包括灌溉、水电、航运、民生及工业用水等方面。

关于华北平原防洪，报告认为，为使华北平原免遭水灾，首先要修水库，以控制黄河洪水及所挟泥沙，其次是设置一固定河道，使已受到控制的洪水及泥沙，由出山处起顺利安全地被输送入海，并保证河道的长期行洪能力。报告对八里胡同坝址进行了研究，认为此处可筑170米的高坝，在潼关至八里胡同间形成一处山峡水库，不但有足够的容量控制黄河洪水，而且可以放出泥沙，并开发大量的电力。水库每年冲沙一次，即可维持永久的寿命。报告认为应设计由山峡至入海口的河道，使之能承受由八里胡同水库下泄的洪水，并在各种流速下，河水所含泥沙均能输送入海，而河道内不致有丝毫的淤积。而一条宽500米深5米尽可能取直的河道，将具有输送含沙量高达20%河水的能力，而不会有任何淤积。

关于黄河流域长远开发计划，报告认为，灌溉对于黄河流域发展生产非常必要，而发展灌溉，需要建设水库。黄河流域水库坝址较多，但干流兰州以下及所有支流上建设水库必须有大规模排沙设备。建设水库，要考虑多种用途，一切设计完善的黄河防洪及灌溉工程，均同时可以发电，其中多数的发电量还比较大。在龙门以上的河段，也有不少地点，可以建设水力发电站。黄河流域蕴藏的水力资源极为丰富，应该开发出来发展工农业生产。黄河航运的发展，应在考虑防洪、灌溉及水力发电之余予以考虑。报告认为，航运在黄河上的重要性不大，只可供特殊及有限的用途。

报告认为，水土保持是黄河治理的根本措施，应采用修梯田及植树种草等方法实施。不过水土保持的作用尚不明显。控制黄河泥沙，应借助于山峡水库及下游深且固定的河道。可利用冲至黄河下游的泥沙，充填华北平原的积水洼地，增加耕地面积，扩展黄河三角洲，使黄河泥沙由废变宝。

报告认为，黄河现有资料虽然不少，但既不完全，又在许多方面不能连接，而可靠的地形图、雨量及流量记录，是一切防洪、灌溉及水力发电工作所必须，因此，黄河治理须抓紧补充基本资料。为此而亟须从事的调查研究工作是：

（1）黄河流域须有一套可靠的地形图。这项工作应制定统一标准，不断进行，方可在一定时期内，集中一切力量予以完成。

（2）所有可以筑坝的地点，均应从事地质探测，制成报告。此项工作应不断进行，务必10年内完成。

（3）统一所有已设立水文站的实测标准，使其准确性趋于一致，并视需要加以增设。此项工作应立即进行，务必于短期内完成。

（4）其他须从事的工作尚有在适当地点设置气象观测站、设立研究黄土的实验室、增设水土保持试验站以及设立小型水工实验室等。

（二）《黄河上中游考察报告》

在治黄顾问团考察黄河的同时，中国水利界也组织进行了一次黄河考察研究。1946 年 7 月，行政院水利委员会聘请国内水利专家，成立了黄河治本研究团，由张含英任团长，团员有刘德润、李赋都等。黄河治本研究团的主要任务：一是研究防御黄河下游水患的措施，二是探讨黄河流域所蕴藏的天然资源的开发。参加考察研究的成员都是长期从事治黄实践或研究的专家学者，经验丰富，学识渊博。治本研究团团长张含英，1900 年 5 月出生于山东菏泽一个书香门第，18 岁考入北洋大学土木工程系（后转入北京大学物理系），1921 年夏赴美国，先后在伊利诺大学土木系、康奈尔大学研究院学习，获土木工程学学士、硕士学位。1925 年 8 月，他从海外学成归来，即以参加黄河下游李升屯民埝与黄花寺大堤决口的水灾调查为起点，开始了研究黄河的活动。由于系统掌握了近代土木工程与水利理论，并受西方国家先进技术的启发，不久就发表《论治黄》的文章，提出"上中下游并重"等治河观点，成为当时水利界的一位知名人士。1933 年张含英被任命为国民政府黄河水利委员会委员兼秘书长，1941 年就任该委员会委员长。

开展黄河治本研究，首先要收集基本资料，了解黄河基本问题。不过，当时正值抗战胜利不久，国民政府机构处于恢复、迁徙之中，人员流动未定，图籍多装箱待运，或滞于途中，所以资料十分匮乏。为此，必须着眼于实地考察，以期博采详情。

治本研究团首先对黄河上中游河段进行野外查勘。8 月初，从南京出发，至 11 月中旬，先后查勘了八里胡同与三门峡坝址，龙门、壶口及兰州上下各主要坝址以及灌溉工程（宁夏引黄灌溉工程、河套灌溉工程等），整个考察行程历时约 4 个月。经过一段时间的整编，次年 1 月在张含英主持下，研究团编写出了《黄河上中游考察报告》。

这部报告以翔实的资料描述了黄河的河道形态、水文气象与地质情况，青、甘、宁、绥等省水利灌溉事业，研究了晋陕河段、晋豫河段的水库建设事宜，并提出了 25 条治黄建议。

报告认为，黄河河道呈现一束一放、非峡即滩的基本形态，中卫以上，大束小放，中卫至河曲，小束大放，河曲至海口，则大束大放。峡中岩石突兀，流水奔腾，湍激瀑飞，漩涡横生。滩地则沙洲林立，流势缓慢，大溜时徙。对于这样一条万里巨川，自大禹之后，历代统治者只是在下游进行了一些修守活动，未对全流域进行整治。

黄河流域的气象观测及水文测验工作开始于民国初年，虽然时期较短，但仍然积累了宝贵的原始资料。报告分析了流域各地气温、湿度、蒸发量等气象要素的变化规律，探讨了流域内雨量的地理分布、季节变化、历年变化及暴雨的形成情况，研究了黄河水位、流量随季节更迭消长的情况及上中下游区域水位的高低变化情况。黄河的含沙量巨大，既是黄河区别于其他河流的重要特征，也是屡屡决口、复杂难治的重要原因，报告阐述了黄河泥沙的来源区域、泥沙种类及影响泥沙运行的多种因素，反映了当时的泥沙研究成果。

报告研究了黄河流域的地质地形，指出了其纵断面、横断面均呈梯级变化的特征，并重点描述了贵德盆地及龙羊峡、甘肃峡谷及峡间盆地、中卫平原、青铜峡及宁夏平原、鄂尔多斯高原、后套平原、乌拉山麓扇形地、归绥平原、壶口、禹门口、三门峡、八里胡同等视察区域的地形地貌情况。

报告用了大量的篇幅阐述上中游的资源开发问题，介绍了青甘段龙羊峡等山峡的长短、宽窄、轮廓、形势、落差及地质构造等情形。峡与峡之间，分布着大大小小的盆地，报告对这些盆地作了概述，并记述了兰州盆地、靖远盆地的水土保持、放淤成效，作为治黄工作的参考。另外，对于上中游的航运、水电及灌溉等事宜，治本研究团也进行了一些分析研究。

宁绥段的引黄灌溉，是上中游水利开发的重要内容，报告介绍了宁夏、绥远灌溉区的地理位置、地域范围、灌区分布、渠道沿革、土壤土质及水文气象等方面的情况，尤其着重阐述了两灌溉区的具体整理计划，是研究两灌区民国时期发展状况的珍贵史料。

黄河晋陕段与晋豫段，是黄河中游可以兴修大型水利工程的河段，拥有不少优良的坝址，也是治本研究团考察的重要地段。报告描述了龙门、石门、壶口及八里胡同、三门峡的峡谷形势、河势及地质构造情况，并对龙门与壶口、八里胡同与三门峡的坝址优劣进行了比较研究，提出了建筑水库以开发水利的意见。

报告最后提出了重要治河建议，表达了下述治河设想：

（1）顺序推进水利工程建设。贵德以上的龙羊峡，循化以上的公伯峡，皆可拦河作坝，用水发电，可即派员勘测，并比较其价值，以定施工的先后次序。兰州及沙坡头间可建设水电站的地点，有大峡的西峡口、红山峡的鸳鸯坡及黑山峡的下口等处，可即详为勘测，以资计划。晋陕交界的壶口、龙门间的石门，最适宜建筑高坝，作多目标开发，其经济价值最为重大，不但能灌溉渭北、汾河下游及陕北高地，而且能节制洪流，便利航运，可即提前举办，宜从速将该段上游航测图完成，并进行坝址测量及地层钻探。晋豫交界陕县、孟津间的拦洪水库坝址，以河南新安县的八里胡同为最佳，该水库建成后，不仅可控制下游流量小于10000立方米每秒，而且可产生88.2万千瓦的电力，故可继续研究，在八里胡同一带作坝址测量及地质钻探。河南陕县三门峡在八里胡同上游，此处地质情况较差，但可以建较低的拦河坝，同样能产生节流作用，所以应进一步研究，先钻探地层，以研究其能否修筑高坝，如果可能，再与八里胡同进行比较，确定二者的经济价值。

(2)发展上中游灌溉事业。甘肃多高原，可利用电力灌溉旱田及台地，此举不仅可视作电力的一大销路，也是发展西北经济的重要途径，对各高原应着手勘测。宁绥平原，土壤肥美，引水便利，为边疆粮库，改进灌溉工程，是发展生产的必要举措，仅仅宁夏平原一处，待测量完竣后，即约可增加300万亩水田，似应从速设计施工。绥远地面辽阔，气候温和，只是水利建设尚未普及，土地资源未能进行有效的开发，因此农业生产方面需改进的方面甚多，扩大灌溉面积、增加生产的潜力很大；后套及绥远东部可增加灌溉面积约1000万亩以上，应扩大测量，组织测量后套地形，并考虑进水口及退水路线等水利工程的改进，绥远东部各地，也应及早制定计划。

(3)组织机构负责研究黄河泥沙。黄河水患严重，不仅在于汛期流量大，而且由于泥沙多。如果这一问题得不到解决，则晋陕及晋豫间的水库，皆受影响。黄河为世界含沙量最多的河流，但治河者对于泥沙运行的规律仍然所知甚少，因此欲根治黄河，必先控制泥沙。如果对于泥沙在河槽中冲击运行的现象不能明了，就无法设计节洪水库及下游整理工程。所以应该指派专人或组织机构，负责研究黄河泥沙。

(4)采取措施控制入黄泥沙。黄河泥沙的来源，应亟加控制，泥沙对下游危害最严重的，可分为晋陕交界区、泾渭区及晋豫交界区。控制泥沙的方法，在于合理开发土地资源、改良农作方法及保护沟壑滩岸。前两者属于农业范围，可由农林部在该区推行水土保持事业，后者属于工程范围，应由黄河水利委员会积极研究，并从速推广。

(5)整理黄河上游部分区间航道，发展黄河航运。对于兰州、宁夏间黄河航运的发展，应采取在支沟内修拦沙坝、在河道内修拦河坝及船闸、炸礁及治弯等综合措施，改善航行条件；航运设计方面，暂以在该段通行400吨驳船为准。

（6）广泛开展航空测量。黄河基本资料最为缺失，为迅速弥补这一不足，可普遍开展航空测量。晋陕交界区，已进行航空测量但未制图；该区以上干流，应先着手测量，稍后再推广到各大支流及全流域。黄河下游，本已制成河道地形图，但故道干涸已久，黄河归故之后，堤防河势会发生很大的变化，为研究黄河下游整治的需要，应进行航空测量，并兼及淮北及卫河南部等相邻区域。

（7）加强水文站建设。陕县水文站虽有悠久历史，但自抗战爆发以后，仅能记载水位，应充实设备，使之成为现代化的一级水文站。但陕县水文站虽有优良的断面，只是位居洛、沁两河上游，不能观测全河流量，而如果设站于中牟及开封一带，由于河槽难以固定，也无法取得精确的测量成果。综合这些因素考虑，为保证有效测量全河流量，应在平汉黄河铁桥附近，选一较优地点，添设水文站。贵德、石嘴山、西山嘴、托克托等地，亦应添设永久水文站。在充实干流水文站的同时，对于支流水文站亦应考虑增设。

此外，报告对于兰州河段防洪、下游堤防整理及继续进行黄河查勘等事宜，也提出了一些积极的建议。

就在这次率团考察黄河后不久，张含英经过深入思考，写出了《黄河治理纲要》一文。这篇著名的水利文献，是他20余年研究黄河问题思想精华的总结提炼，也是其治黄主张的全面系统阐述。

《黄河治理纲要》将黄河治理的要点归纳为80条。该文的开篇，首先阐明了制定这一纲要的缘由："黄河之患，年有不免，损失之巨，难以数计，待治之急，几如星火，顾以问题内容特殊复杂，治河原则曾未确定，迄今不能提出治理计划，如何筹划准备，亦乏明显道路可循。为期治河大业早日顺利实行起见，允宜尽先定其目标，明其方针，准备其基本资料，研究其工程范围，以为初步，初步有成，余事自可循序推进，爰本此数端，抒其所见，试拟为黄河治理纲要。"

对于治黄的目的，《黄河治理纲要》指出："治理黄河应防制其祸患，并开发其资源，借以安定社会，增加农产，便利交通，促进工业，由是而改善人民生活，并提高其知识水准。"在目的确定以后，要拟定治河方策，拟具总计划和阶段性计划。拟定黄河治理之方策与计划，"应上中下三游统筹，本流与支流兼顾，以整个流域为对象"。特别值得重视的是，该文中多处表述了对黄河综合治理的思想，"治理黄河之各项工事，凡能作多目标计划者，应尽量兼顾"；"治河之各项工事，彼此相互影响，应善为配合之"；"黄河之治理应与农业工矿交通及其他物资建设联系配合”;“治黄不宜视为单纯之水利问题,尤不能存为治黄而治黄之狭隘心理,必抱有开发整个流域全部经济之宏大志愿。”

《黄河治理纲要》还论述了黄河治理开发的具体内容。除认为基本资料急需普遍充实,须加速调查观测以外,还分别就泥沙冲淤的控制、水资源的开发利用、水患的防范与洪水的拦蓄等提出了建议。书中拟定的工程项目,遍及黄河上中下游。至于工程性质,有的为治本,有的为过渡措施,有的为应急,均分别有所论述。

美国治黄顾问团与中国黄河治本研究团的考察,是抗战胜利后国民政府组织进行的重要黄河查勘及治本研究活动,其研究成果,对于当时黄河下游治理及流域资源开发,具有积极的参考意义。

第六章　社会巨变中的黄河

（1947～1949）

从1947年3月黄河回归故道，到1949年10月1日中华人民共和国成立，是中国革命迅猛发展的重要历史阶段，也是中共领导的人民治理黄河事业发展壮大的重要时期。

1947年6月刘邓大军强渡黄河天险，千里跃进大别山，揭开了中共军队战略反攻的序幕。经过一年多的作战，至1948年秋天，战争形势发生了根本转变，人民解放战争进入夺取全国胜利的决定性阶段，经过辽沈、淮海、平津3大战役，人民解放军歼灭了国民党军队的精锐主力，继而发起渡江战役，于1949年4月23日占领南京，并迅速向江南及西北等未解放地区进军。不久，国民党残余势力陆续撤往台湾。1949年10月1日，中华人民共和国宣告成立，中国历史由此进入了一个新的时代。

这一时期，面对黄河归故后新的形势与任务，解放区政府组织人民群众一手拿枪，一手拿锨，继续开展大规模的修堤运动，在枪林弹雨中坚持防洪抢险，历经贯台堵口、高村抢险、迎战1949年大洪水等重大抗洪斗争，取得了黄河抗洪抢险的胜利。随着解放战争的胜利进军，人民治理黄河事业不断发展壮大，由分区治理走向华北、华东、中原3大解放区联合治理，治河机构得到进一步充实，提出了关于全流域治理问题的《治理黄河初步意见》，为新中国成立后开展大规模的黄河治理与开发奠定了基础。

第一节　解放区治理黄河事业的发展

一、1947年的下游防汛斗争

黄河回归故道后，确保黄河防洪安全，遂成为下游两岸解放区面临的一项紧迫任务。解放区政府对此极为重视，进行了一系列部署。

还在花园口堵口合龙完工几天前的3月11日，冀鲁豫区黄委会便在东阿县郭万庄召开了治黄工作会议，根据中共冀鲁豫区党委的指示，确定了“确保临黄,固守金堤,不准决口”的方针,这也是中共领导的人民治理黄河事业的第一个治河方针。

3 月 20 日,鉴于黄河已经回归故道,为应对随时可能到来的洪水,冀鲁豫区行署向沿河各专署、县和修防处、段发出训令,要求从此必须把治河作为中心工作之一,加强修防处、段的干部配备,明确规定赏罚原则,确保黄河不开口。要立即迁移河床居民,全线整修堤上的水沟浪窝,填补金堤缺口,汛前完成整险及备料工作。

随后,晋冀鲁豫边区政府召开由冀鲁豫、冀南、太行、太岳等 4 个行署主任参加的治理黄河会议,研究决定冀鲁豫区所需治河经费由边区统一筹措。冀鲁豫区行署和冀鲁豫区黄委会则在阳谷县赵庙村召开沿河专员、县长、修防处主任、修防段段长联席会议,对 1947 年的复堤工作进行安排部署。会后,冀鲁豫区组织 25 万人,冀南区组织 3 万人,在北岸金堤、临黄大堤全面展开复堤工作。

与此同时,渤海解放区修治黄河工程总指挥部与山东省河务局联合发出指示,要求各县成立防汛指挥部,星夜抢修加高险工埽坝,备足抢险物料,按工情需要增加常备民工,加强通信联络,迁移河道居民。渤海区行署召开由沿河县长和治河办事处负责人参加的治河会议,决定在沿河各县成立治黄委员会,统一调配人力、物力。

冀鲁豫边区行署主任段君毅、副主任贾心斋于 5 月 3 日发出布告:号召全区人民立即行动起来复堤自救,一手拿枪,一手拿锨,用血汗粉碎蒋介石政权与黄河洪水的进攻。

5 月中旬,在解放区各级党委、政府的高度重视与领导下,黄河下游两岸广大群众踊跃参加,一场声势浩大的修堤整险运动迅速开展起来。

经过宣传发动,冀鲁豫区组织起 30 多万民工,筹集大马车 3 万辆,在西起长垣县大车集、东至齐河县水牛赵 300 多公里长的堤线上,摆开了战场。按照 1935 年黄河最高洪水位超 0.5 米、顶宽 7 米、临背河堤坡 1∶2 的堤防建设标准,将大堤普遍加高 2 米,培厚 3 米,并对 479 道险工埽坝、559 段护岸进行了整修加固。

与此同时,渤海区也迅速出动 10 余万修堤群众,按照高出 1937 年黄河洪水位 1 米的修堤标准,筹集大量秸料、砖石、麻绳、粮食等物料,在 300 多公里长的河岸范围内,打响了复堤整险的战斗。

为了解决治河技术难题,两解放区广揽人才,招聘了一批懂技术、善操作的熟练河工。在其指导下,堤防修作夯实、险工整修加固、施工技法等有据可依,保证了修堤整险的工程质量。

在解放区政府“多献一块石,多救一条命”的号召下,人民群众积极献砖献石,义务赶运河防物料,焕发出了空前高涨的热情。

工程建设中,冀鲁豫区黄委会、山东省河务局在广大民工中组织开展劳动竞赛活动,表彰复堤英雄,有力地推动了修堤整险工作的深入进行。

为适应战争形势的需要,沿河各县以民兵为主体,借鉴部队建制建立了河防团,配备武器,一面修堤整险,一面与国民党军队进行军事斗争。

在中共解放区党委和政府的坚强领导下,沿河人民群众克服重重困难,经过两个多月的艰苦拼搏,共完成土方1000万余立方米,按计划完成了这次修堤整险任务。600多公里的下游堤防得到加固,为黄河安全度汛提供了重要保障。

然而进入汛期,黄河防洪形势依然十分严峻。一方面,国民党方面为了挽救军事上的不利形势,凭借占领的南岸堤防,竭力阻挠解放区复堤、防汛,破坏堤防。另一方面,就堤防的抗洪能力而言,因为解放区刚刚突击修复的堤防工程还很薄弱,尚未经过大洪水考验;加之防汛料物不足,防汛队伍缺乏经验,因此,动员一切力量,紧急行动起来,克服各种困难,战胜洪水和国民党军队的双重进攻,誓死保卫解放区,便成为下游解放区党政军民的当务之急。

进入主汛期后,冀鲁豫区行署和冀鲁豫区黄委会于7月底再次召开紧急防汛会议,进一步部署和安排抗洪抢险工作,明确要求各县成立县、区、村3级防汛指挥部,明确划分险工与防汛责任段。沿河7~7.5公里为护堤村,由区、村指挥部负责抢护。一旦出险,全体上堤抢救。在大堤上每隔200米搭一窝铺,每窝铺内2人,担任巡逻、报送水情工情、培修水沟等任务。上堤防汛的民工必须自带锨、筐、门板、铁锤、榔头等工具,每人带15公斤草捆,以备抢险。各防汛村均应成立抢险突击队,一旦出险,迅即上堤。洪水偎堤后,河床居民应迅速转移重要财物,背河群众应予支援。对在防汛中做出优良成绩的所有部门与人员给予奖励。

7月25日,山东省河务局、渤海区修治黄河工程总指挥部联合发出指示,规定:沿河5公里以内村庄,凡年龄在16~55岁之间的男子一律以村为单位编为防汛队,平时轮流驻堤防守,遇险立即集合上堤抢护。各办事处所有干部、工人,一律不得擅离岗位,随时监视河势工情,发现险情立即组织抢护。

在汛期,各级防汛指挥部还根据老河工提供的经验,制定了大堤发生漏洞险情后的抢护方法。如发现背河堤坦冒浑水、临河水面有漩涡，抢堵时要摸清漏洞进水口的位置及大小，并迅速用铁锅扣住，或用土袋、被褥、草捆塞；如临河找不到洞口，就速在背河修筑圈堤，以利平衡临河与背河的水压。这些方法简单、实用，在防汛抢险中行之有效。

当时，群众防汛队伍尽管组建不久，但是工作作风却非常扎实、认真，有很高的积极性和自觉性。如，濮县史王庄村妇女史秀娥，在巡堤查险时发现背河堤坡出现漏洞，立即大喊报警，该村和邻近20多个村的千余名群众闻警赶到，经过一天多的紧急抢护，终于将漏洞堵住，使险情化险为夷。

就在广大治河员工和群众与洪水、险情搏斗的时候，国民党军队却在对防洪工作进行着频繁干扰和破坏。

7月间，国民党军数支部队多次对鄄城县江苏坝险工进行袭击，破坏解放区抢险工作。治河军民以“誓与大堤共存亡”的决心，英勇阻击国民党军队，共毙敌百余人，夺回被国民党军队占领的堤坝，继续加紧抢修险工，方使江苏坝化险为夷。

在濮阳、昆吾等堤段抢修工地，国民党军队分3路进犯施工工地，不仅驱散数万复堤群众，而且打死打伤民工70多人。还在堤防上到处开掘深沟、大修碉堡工事，致使堤防工程遭到严重破坏。

在长垣县大车集复堤施工现场，国民党第47师一部突然向民工开枪射击。率领群众正在紧张施工的长垣修防段段长王汉才、工程队队长岳贵田、工程队员李光山3人被捕后遭国民党军队活埋，壮烈牺牲。

利津县大马家险工汛期发生严重险情，先后有15段埽工蛰陷入水，大堤坍去大半，堤防十分危险。而此时，国民党方面却派飞机和地面部队袭击抢险员工，破坏河防工程及料物。值此严峻时刻，渤海区党委、行署组织600多名军民冒着敌机扫射，全力以赴进行紧张的抢险战斗。经过一个月的抢修，终于使大堤险工转危为安。

利津王庄险工大堤发生溃决后，正当2000多名抢险员工退守套堤、坚守二线抢险之际，国民党军出动11架飞机轮番投弹扫射，致使民工伤亡惨重。渤海区党政军民毫不畏惧、坚持抢险，保住了套堤，最终取得防汛抢险的胜利。

这年汛期，最为紧张的是贯台抢险。这是位于黄河北岸封丘县境的一处重要险工，也是贯孟堤和长垣临黄大堤的门户。1933年黄河大水，该险工曾因主溜顶冲出险，导致贯孟堤和长垣临黄大堤数十处决口，酿成洪水灾害。

1947 年 8 月 17 日，国民党军“开封游击队”赵振廷部越过黄河，在贯孟西大堤和贯孟堤南端接连扒开两处决口，洪水分两股奔流，一股直扑长垣大车集临黄堤，一股流向西北黄陵、赵岗一带。扒开的决口导致 60 余个村庄被淹，3.9 万人受灾。决口后，长垣、曲河等地群众多次前往堵口，均遭国民党军队武力镇压，有 7 名请愿堵口的群众代表被残忍杀害。封丘国民党驻军及长垣等地地主武装也趁机为非作歹，致使大批群众被迫逃离家园。

国民党军从这里扒口，目的是使黄河水直冲大车集一带临黄堤，造成黄河决口，水淹冀鲁豫解放区腹地。即使解放区军民能够守住临黄大堤，洪水也可沿天然文岩渠倒灌，造成长垣、封丘、滑县大片解放区受灾。

由于当时通信条件极差，3 天后冀鲁豫区黄委会才得知贯台决口的消息，并立即根据历史上决口情况判断，长垣、南乐、滑县、昆吾、濮阳、濮县、范县、寿张等 8 县均有受灾可能。为此，紧急报告行署采取措施，组织堵口。同时，通知有关修防处、段与当地政府联系，积极进行抢堵，尽力避免或减轻灾害损失。

冀鲁豫区四专署在接到通知后，迅即行动，组织曲河、卫南、滑县、长垣等县群众在解放军的掩护下，抢修太行堤、临黄大堤，全力实施堵口工程。冀鲁豫区黄委会也委派多名干部和技术人员赶赴现场，进行指导。

贯台堵口基本上是在炮火中进行的。黄河南岸国民党军几乎天天都对工地进行炮击，并派飞机轰炸、扫射，夜里也向工地投放照明弹进行破坏。为阻止堵口工程的开展，国民党军还以一个营的兵力向工地进攻，被我掩护部队击退。在堵口指挥部的坚强领导下，工地军民齐心协力，英勇奋斗，克服了国民党军的严重干扰，昼夜施工，至 8 月 30 日两处国民党军扒口相继堵塞合龙。之后，解放区军民又对被毁坏的堤坝进行了修复。

经过广大军民的艰苦斗争，解放区取得了黄河归故后第一个伏秋大汛的胜利。为了总结经验，鼓舞斗志，1947 年 11 月 20 日，冀鲁豫解放区在观城县百寨村召开黄河安澜大会，总结治河防汛工作，表彰治河英模。各专署、县、修防处、段负责同志和修堤、整险、防汛英雄模范共 1000 多人参加会议。11 月 25 日，山东省河务局也在滨县召开了安澜大会，总结防汛工作，进行思想发动，部署新的治河任务。

通过这两次安澜会议，黄河下游沿河各地的干部群众备受鼓舞，他们以更加昂扬的斗志投入到了新的黄河治理工作中。

二、刘邓大军过黄河

全面内战爆发后，人民解放军采取了以消灭敌人有生力量为主要目标，而不以保守或夺取地方为主要目标的作战方针，执行了“集中优势兵力，各个歼灭敌人”[1]的作战原则，至1947年夏，经过一年的内线作战，国共双方军事力量对比发生了重大变化。国民党军队总兵力由内战初期的430万下降为373万，其中正规军由200万减至150万；人民解放军则由100万发展到195万，其中野战军由61万增至100万以上。在机动兵力上，人民解放军已经超过国民党军队，同时装备也有了很大的改善。从综合实力上，国民党军队虽仍具优势，但因其进攻解放区接连受挫，兵力削弱，士气明显低落。而解放军军力益增，后方巩固，斗志正昂。战争形势的这种变化，使得人民解放军由战略防御转为战略进攻的条件已经成熟。为此，中共中央和中央军委及时制定了“以主力打到外线去，将战争引向国民党区域，在外线大量歼敌”[1]的战略方针，确定的战略进攻主要方向是：刘伯承、邓小平率领晋冀鲁豫野战军主力千里跃进大别山；陈赓、谢富治率晋冀鲁豫野战军太岳兵团挺进豫西；陈毅、粟裕率华东野战军转战苏鲁豫皖地区。三路大军突出国民党军队的包围圈后，展开外线机动作战。在黄河以南、长江以北，西起汉水、东至大海的广大中原地区向国民党军队发起战略反攻。

这一战略军事布局为：三军配合，两翼牵制。其中刘伯承、邓小平率领晋冀鲁豫野战军主力千里跃进大别山，需要突破国民党军队防守的黄河天堑防线。刘邓大军经反复调查研究分析，最终决定在黄河北岸的孙口等渡口处实施渡河计划。之所以选在这一带渡河有以下几个原因：

一是从战争的整体布局上，这一地段是国民党军事布局的“软肋”，把实施战略进攻的突破点放在这里，最为有利。1947年3月，蒋介石为解决兵力不足的问题，决定放弃全面进攻的计划，集中兵力对解放区实行重点进攻。为此，调集胡宗南等部25万兵力，由南、西、北三面进攻陕甘宁解放区。调集徐州、郑州两个绥靖公署的45万兵力进攻山东。而联系两翼的战线中央，国民党军事当局以为可凭借黄河天险，只布防了少数防御兵力。由于重兵调离中原，国民党军队的布局结构形成了陕北战场和山东战场两头强，而处于中间地带的晋冀鲁豫解放区和中原地区兵力较弱的“哑铃状”布局，冀鲁豫解放区的黄河两岸，正处在国民党军队防守的薄弱环节上。黄河以北地区基本上是解放区，黄河以南地区

---

[1] 金冲及著.毛泽东传(1893～1949).中央文献出版社，1996

离国民党重兵防守的大城市距离较远。这就为人民解放军实施战略反攻提供了有利环境。

二是冀鲁豫解放区的战略地位及地理位置,对实施中央突破、出击中原、转战大别山的战略方针,具有得天独厚的优势。大别山地区位于南京和武汉之间的鄂豫皖三省交界,战略上处于十分敏感的部位。占据大别山地区,等于在国民党统治区插入一把尖刀,东慑南京,西逼武汉,南扼长江,钳制中原。而在地理位置上,冀鲁豫解放区距大别山较近,且直面国民党军事防线的“软肋”,刘邓大军渡过黄河后,可以大跨步挺进大别山地区,从而实现把战争引向国民党统治区的战略目标。同时,冀鲁豫解放区西依太行,北临石德线,南跨陇海线,为经略中原的战略重地,进可攻,退可守,回旋余地大。

三是当地人民群众基础好,为刘邓大军渡河做了大量准备工作,提供了有力支援。解放战争开始后,冀鲁豫人民在“一切为了前线”、“一切为了战争胜利”的口号鼓舞下,掀起了全民动员、支援前线的热潮,涌现了许多集体参军,妻送郎、父送子、兄弟相争上战场的典型事迹。广大群众为解放军腾房、做鞋、磨面、运送物料粮柴,组织担架团、轮战团(河防民兵)等,全力投入支前工作。

1947 年 2 月,冀鲁豫军区根据上级命令,在孙口渡口附近建立了黄河河防指挥部,将各个渡口的船只集中到北岸修补、隐藏,并在沿黄河 4 公里以内的十里井、林楼、张堂、孙口、毛河(后移至陈楼)等地先后兴建起 5 处造船厂,调集沿黄村庄的木工昼夜赶做,完成了赶造 140 只大小船只的任务。根据渡河作战的需要,积极组建水兵队伍,苦练划船、隐藏、抢救、游泳等技术。随着渡河行动临近,河防指挥部与冀鲁豫军区将征召的 2000 名水手,整编为 5 个大队、20 个中队,每个中队配置五六只大船和若干小船。水兵按地方部队对待,均属参军入伍,配发了武器。队伍整编后,立即学习了刘邓野战军司令部颁发的《敌前渡河战术指导》,进行了驾驶帆船的强化训练,开展了战前动员和政治工作。水兵战士们摩拳擦掌,斗志昂扬,还互相订立了立功竞赛协定。有的上船前把身上仅有的钱作为自己的党费交给组织,做好了牺牲的准备。

6 月 30 日夜,根据确定的渡河计划,刘伯承、邓小平下达渡河命令。孙口渡口的突击队先遣战士一马当先,乘坐 12 只小船在密集的炮火掩护下,迅速向南岸冲去,很快占领了对岸阵地,控制了国民党守军的火力,继而攻破严密布防的地堡群,为大军南进打开了通路。接着,一、二、三、六纵的 13 万大军,西起范县李桥、林楼,东至台前县孙口、张堂,在上下 150 多公里的战线上,以迅雷不及掩耳之势,实施渡河行动。各渡口大小船只,百舟竞发,频繁往来。有的船只一夜之间摆渡多达 20 趟。国民党守河部队虽经国防部一再严令坚守，但终因猝不及防，纷纷仓皇撤退，第 55 师师长曹福林与该师一部在郓城被围，181 旅旅长米文和逃跑。有一个渡口的国民党军队和还乡团，正在睡梦中就已做了俘虏。经过连续两天三夜的抢渡，刘邓大军主力部队大部过河，顺利完成了强渡黄河天险的任务，从而揭开了人民解放军战略反攻的序幕。

刘邓大军渡过黄河之后，国民党最高军事当局急忙调兵遣将，企图乘刘邓主力立足未稳，将其逐回黄河以北或就地消灭。7 月初，鲁西南战役爆发。

战役首先在郓城打响。郓城位于黄河与大运河交叉的三角地带，城高墙固，把守此城的国民党军刘汝明一部，一方面凭借坚固的工事，吸引刘邓主力部队，一方面等待援军，企图以钳形攻势将刘邓部队就地消灭。对此，刘伯承、邓小平将计就计，用"攻其一点，吸其来援；啃其一边，各个击破"❶的战术，于 7 月 7 日夜向郓城发起总攻，全歼守军 1.5 万人。10 日继而攻取定陶，全歼守敌 4000 余人。此举不仅使刘汝明部的钳击计划落空，而且为刘邓大军开辟了北起黄河岸边郓城、鄄城，南达陇海铁路沿线定陶、曹县的广阔战场，取得了战斗的主动。7 月 10 日，国民党军队 3 个整编师分别进至六营集、独山集、羊山集地区，摆成了一字长蛇阵，与刘邓大军决战。刘邓则集中 4 个纵队，先将敌人分割，然后用"围三阙一"的战术，虚留生路，于 14 日全歼进击六营集的国民党军。

郓城、定陶、六营集战斗接连失利，使坐镇南京的蒋介石十分震惊。19 日，他飞抵开封，一方面从西安、潼关调重兵驰援，一方面派飞机到羊山集空投亲笔信，命守军突围。

此时，中共中央军委电示刘伯承、邓小平：为迅速扩大已取得的主动权，对羊山之敌确有把握则攻歼之，否则，应立即休整 10 天左右，下决心不要后方，以半个月行程，直趋大别山区。对此，刘邓分析认为，守敌 66 师是蒋介石的嫡系部队，其师长宋瑞珂是挑起中原战争的罪魁祸首，如不乘胜追击彻底歼灭，势必留下后患。于是决定先歼灭敌 66 师，然后挺进大别山。于是，刘邓指挥部队首先歼灭了国民党援军，然后以猛虎掏心战术，直捣宋瑞珂师部。经过一昼夜激战，全歼敌 66 师 1.4 万人，宋瑞珂被俘。

历时 28 天的鲁西南战役，共歼灭国民党军队 2 个师部、9 个半旅共 5.6 万多人。接着，刘邓大军冲出重围，长驱南下，经过 20 多天的急行军，于 8 月底抵达大别山区，从而完成了挺进中原、千里跃进大别山的战略计划。

---

❶金冲及著. 刘伯承小传. 广东旅游出版社，1997

对于这次渡河作战，指挥战役的刘伯承当时曾赋诗曰："狼日战捷复羊山，炮火雷鸣烟雾间，千万居民齐拍手，欣看子弟夺城关。"

刘邓大军突破黄河天险的消息，当时震惊了中外。美国驻华大使司徒雷登十分惊讶，认为这简直是神话，就像当年法国失守"马其诺防线"一样令人不可思议。美国著名记者杰克·贝尔登在《中国震撼世界》一书中写道："我阅历过多次战争，但从来未见过比共产党这次强渡黄河更为高明出色的军事行动。"❶

刘邓大军强渡黄河天堑千里跃进大别山，是人民解放军由战略防御转入战略进攻的第一步，对人民解放战争的整个战局具有重大影响。正如毛泽东所说："这是蒋介石的二十年反革命统治由发展到消灭的转折点。这是一百多年以来帝国主义在中国的统治由发展到消灭的转折点。"❷

三、高村抢险

1948年春，中国人民解放战争取得了战略反攻的节节胜利。此时的黄河下游，解放区正面临着十分严峻的防洪形势。

这是黄河归故后的第二个年头，黄河洪水突发性强，大河流路尚未规顺，堤防抗洪能力薄弱，如何确保黄河防洪安全，面临的任务十分艰巨。

为尽可能消除不利因素，认真做好防汛准备，黄河下游两岸解放区政府决定利用汛前的时间，抓紧开展春季复堤工作，重点加高培厚南北两岸大堤，力争达到临黄大堤超出1935年最高洪水位1～1.2米的标准。冀鲁豫区沿河先后出动上堤民工达10余万人，到麦收前后，北岸修堤170余公里，完成土方208万立方米。渤海区整修秸埽318段，完成土方256万立方米，动用秸苇、柳枝1300万公斤，砖石3万多立方米，筹备防汛抢险秸料800多万公斤，砖石5万多立方米，为当年的防汛工作积累了物质基础。

随着汛期临近，解放区各级党委、政府对黄河防汛工作进行了更加细致的部署。6月24日，冀鲁豫区党委在对沿河各地防汛工作的指示中指出："黄河南岸处于敌我拉锯形势，险工堤岸均未做够标准，新修工程尚不巩固，原敌人控制的大堤险工均未修复，稍不注意仍有决口的危险。在此情况下，保证两岸不决口，实为全区党政军民的重要任务，各级党委要认真执行'分期分段，重点防守'的方针，建立有力的防汛机构，解决好防汛与生产的矛盾，防汛村在防汛期不出战

❶杰克·贝尔登(美)著.中国震撼世界.北京出版社，1980

❷金冲及著.毛泽东传(1893～1949).中央文献出版社，1996

勤，在新区要派出武装保卫防汛。各级党委接此指示后，在汛前做好一切准备工作，入汛后沿河各级负责人必须亲自上堤检查。大水时政府及修防段主要负责人必须上堤领导防汛，哪段疏忽失守由该临河县委负完全责任。”

随后，冀鲁豫区党委、行署又发出紧急通令，规定：县、区设指挥部，重点堤段每 5 公里设一指挥点，500 米设一防汛屋；平工段每 1000 米设一防汛屋。每屋备铜锣 1 面，防汛工具 15 种。沿堤 5 公里以内村庄为防汛区，2.5 公里内村庄应组织护堤抢险队，队员准备好草捆、布袋、铁锨、箩筐等工具，平时在家生产，闻警钟、鸣锣，立即上堤抢险。在紧急情况下，各修防处主任、段长，可不经过县以上战勤指挥部，直接调用抢险、防汛区的民工和大车，以应防汛抢险的急需。

7 月 17 日，中共渤海区党委也发出《关于防汛工作的决定》，要求在全区范围内成立防汛指挥部，沿河各县一律成立防汛指挥部，沿河区村成立各级队部；各级党政干部要从最坏处打算，向最好处努力，做好充分准备，在春修胜利的基础上争取防汛的胜利。8 月初，渤海解放区及其沿河各县全部成立了治黄防汛指挥部，沿河各村庄很快组织起了防汛队伍。

鉴于黄河下游南岸有的地区仍被国民党军队所控制，为协调两岸做好防汛工作，8 月 12 日中共冀鲁豫区党委再次作出决定，指出：“黄河南岸沿河各地、县委要有一人经常考虑黄河问题，一旦出险，主要负责人必须亲自领导抢险。黄河两岸各地、县委都要树立全局观念，北岸必须支援南岸，反对本位主义和地方主义，南岸必须自力更生，不能依靠外援，如因延误抢险造成决口，责任由南岸沿河地、县委承担。”

进入汛期，由于河水猛涨、河势变化剧烈，黄河堤防工程接连出险，其中险情最严重的是南岸东明县境内的高村险工。

高村是黄河下游的一处著名险工。1855 年黄河改走现行河道后，在此处形成了一个急转弯，因此河水常常靠堤生险。1880 年大河在这里决口，洪水泛滥于菏泽、郓城、巨野、嘉祥、济宁等地，当时清朝政府派员堵住了决口，并根据河势情况，新修挑水坝 3 道、厢埽数段，修筑了月堤、圈堤、套堤、后戗等，使这处险工初具规模。1881 年，高村设立黄河厅汛，民国初年改设东明河务局及河防营，驻守于此。从此，高村险工一直是黄河防汛的重点防守堤段。

同时，解放战争时期，高村也是华北通往华东的咽喉要道。刘邓大军挺进大别山后，陇海铁路两侧到黄河南岸一带，成了中共军队与解放区之间不可或缺的补给线，而高村就是这条线路上沟通南北、运送人员与物资的重要渡口。因此，高村也成了国共双方激烈争夺之地。

1948年6月16日东明县解放时，黄河已经进入汛期，当地政府立即组织动员4300多名民工，对高村险工进行突击抢修，共整修9个坝头。但因这些埽坝均为砖和秸柳料筑成，基础不牢，一靠大溜即行下蛰。不久，由于黄河在对岸青庄与柿园村之间坐弯，大河直冲南岸而来，高村7坝在主溜冲击下出现险情。险情发生后，冀鲁豫区黄委会即委派工务处处长马静庭赶赴现场，通过查勘河势，研究制定了实施抢护措施。中共东明县委组织动员群众，筹集料物，第一修防处调集修防段工程队投入抢险。经过10余天的抢护，抢修8道埽坝，险情得以缓和。

不久，受河势变化的影响，主溜又下移至13坝、14坝，两坝厢修的裹头埽被水冲走，险情恶化。8月12日，大河主溜直逼高村险工，在大溜的剧烈淘刷下，15坝、16坝又相继出险，两坝之间的大堤受洪水猛烈淘刷，坍塌严重，仅剩下后堤坡，抢险到了十分紧张的阶段。接着，21坝也发生后溃和前爬的险情，大堤、险工危在旦夕！

防洪抢险最关键的是料物供应，而此时所需的柳枝、秸料、桩、绳等主要来自北岸，运送难度很大，不能得到及时有效的保证。面对急剧恶化的险情，中共五地委副书记逯昆玉和兵站司令员王子平紧急赶往工地指挥抢险。经商议决定：第一，除了由北岸的长垣、昆吾两县突击运送秸料支援抢险外，立即在险工附近村庄，火速砍伐青高粱秆，贴堤修做400余米长的护沿埽，保护大堤安全；第二，在这段大堤的背河进行培厚，赶修后戗；第三，在大堤之外，突击补修从白店至后杨的围堤，作第二道防线，以防万一；第四，在对岸柿园村开挖引河，以改善河势。

这时，距东明县城不远的菏泽市还被国民党军队以重兵控制，在此期间，国民党军队频繁以武力干扰工程抢险，更使抢险工作处于艰难困苦的境地。

据当时解放区的资料统计，7月7～17日，国民党军队每天出动飞机轰炸抢险工地，仅9日夜就达13次之多，10天内炸死、炸伤抢险员工及群众200余人，炸毁房屋45间，运料牲畜被炸死、炸伤21头。

7月20日，国民党军队占领高村，直接袭击抢险工地，烧毁料物，割断绳缆，拷打抢险员工，驱散抢险群众，迫使抢险停工。

在空中敌机轰炸等严重破坏与干扰下，广大治河员工冒着生命危险，坚持战斗，奋勇抢险。冀鲁豫军区派基干旅击退国民党军队，夺回了高村险工，险情抢护得以重新展开，经过日夜奋战，连续抢修了15坝、16坝的坝埽。不久，高村险工又被国民党军队占据。

黄河告急，引起了全国人民的密切关注。

7 月 25 日,董必武代表中国解放区救济总会,就国民党军队阻挠人民群众抢修黄河险工、致使黄河南岸濒于决口的危险局面,通过无线电广播向社会发出紧急呼吁。

7 月 27 日,中共中央发言人就黄河问题向各有关方面严正指出:当前黄河决口危险异常严重,如出现决口改道,不但冀鲁豫、苏豫皖解放区首当其冲,就是国民党统治区的军民,亦绝难避免。如国民党及其军队视人民生命为儿戏,继续破坏当地人民救死求生的努力,致使黄河决口,一切后果应由国民党当局负完全责任。

在此紧急时刻,为确保人民生命财产安全,严厉打击国民党破坏抢险的行径,中共华东野战军第 11 纵队对高村一带的国民党部队发起攻势,击溃了敌军。同时,冀鲁豫区行署副主任韩哲一、冀鲁豫区黄委会主任王化云等赶赴一线指挥抢险,果断作出决定:在原计划 100 万公斤柳料的基础上再增加秸料 300 万公斤;除东明、昆吾、南华、鄄城等 4 个修防段的工程队以外,再增调郓城、寿南、昆山、寿张、范县、濮阳、长垣等 7 个段的工程队参加抢险,并以马静庭、袁隆、李仲才等 3 人组成技术指挥小组,采取临堤下埽、挂柳头等多种措施进行全力抢护。

抢险过程中,为了激励大家的抢险热情和斗志,中共冀鲁豫区党委、冀鲁豫区行署向参加高村抢险的治河员工发出了慰问信。信中写道:“你们为保护黄河南岸几百万人民的生命财产,为保护我中原大军与后方联系的通道,几个月来忍受着日晒雨打,忍受着渴饥,经受着蒋机轰炸的危险,不分白天黑夜,担负着沉重的工作,你们辛苦了。你们中间,且有人为这一神圣工作而牺牲了。”“抢险工作是伟大的,这不仅是对黄河水作战,也是对蒋介石反动派作战。你们的工作,不仅为黄河南岸几百万群众所重视,并且为全国群众及党中央、毛主席所关心。我们为了支援你们,已从齐宾、考城、菏泽动员几百辆大车、3000 名民工,并调剂麦子数万斤,赶赴高村险工。希望你们继续发扬艰苦奋斗精神,再接再厉,为完成这一神圣工程而奋斗。我们相信人民的力量是无穷的,只要大家团结一致,奋斗不懈,无论是黄河,无论是敌人的阴谋,都是可以战胜的。”

一场大规模的抢险斗争再次展开。沿河各县迅速行动起来,北岸长垣、寿张、范县每天出动大车 200 多辆抢运秸柳料和麻绳。南岸菏泽、齐宾、考城、东明等县出动大车 1000 多辆,赶运砖石、木桩和秸柳料。大河南北两岸,运送各种抢险物资的车队源源不断。广大抢险员工星夜赶赴工地,恢复工程,投入抢护战斗。几公里以外村庄的群众闻讯后也纷纷赶来帮助平毁堤上的碉堡工事。

经过艰苦奋战,高村险工终于转危为安。这场高村抢险,历时两个多月,反

高村抢险时修建的秸料埽

复抢修埽坝12道，护岸21段，共投用秸柳料450多万公斤，青砖200多万块，石料500立方米，麻料20余万公斤；12个县的数万民工参加抢险和运送料物，共用工30多万个工日。在抢险斗争中，广大抢险员工和人民群众英勇顽强，坚守抢险一线，大溜顶到哪里，就抢到哪里。埽冲走了再修，坝塌了再填，与洪水争时间，同险情抢速度。敌机来了躲进沟壕，敌机一走继续抢险。在极其艰难困苦的条件下，守住了堤防，保证了黄河安澜，为中国共产党领导的人民治理黄河事业谱写了辉煌的一页。

四、由分区走向联合

1948年夏，中国人民解放军发动豫东战役，解放了河南省会开封。人民解放军在连续20天的作战中，共歼敌9万余人，改变了中原和华东战场的战略态势，中原重镇郑州也获得解放。9月，华东人民解放军解放山东省会济南，并攻克长清、齐河、历城3座县城，使胶济、津浦两铁路得以衔接，华北、华东两解放区连成一片。至此，山东省沿黄河地区全部解放。随着共产党领导的人民武装力量的不断发展壮大，人民解放军由内线作战转为外线作战，由战略防御转入战略进攻，国民党军队则被迫由战略进攻转为全面防御，人民解放战争进入夺取全国胜利的决定性阶段。

对于1948年的战争态势，蒋介石在日记中发出了这样的感叹："大局之危险困厄至开封沦陷已至极点，乃知历代亡国之原因并不在于敌寇外患之强大，而实在于内部之分崩离析所致。尤以亲近左右之干部不知自强自立而一意推诿塞责……只怪他人，互相抱怨，而不肯为国家尽职责，减损丝毫之权益与名利，凡一切失败皆推至元首一身。”[1]随着战争形势的发展,这一期间解放区的治河机构不断壮大。1948 年 9 月,随着山东沿黄河地区全部解放,解放区山东省河务局派员接收了国民党政权留在济南的山东黄河修防处的人员和物资。10 月,开封第二次解放,冀鲁豫区黄委会组成驻汴办事处,进驻开封,接收了国民党政权所辖黄河水利工程总局及其附属单位留下的人员,经过整编留用了 655 人,大部分为各类技术人才。此前 5 月间,为了掌握黄河水情,利于下游防汛,冀鲁豫区黄委会还派人携带水文仪器和报汛电台,前往太岳区的平陆县设立了水文站。

这年汛期过后,冀鲁豫区黄委会及时对当年的防汛工作进行了总结。对于广大群众和治河员工在面临黄河险情不断和国民党军队严重干扰的险恶形势下,一手拿枪,一手拿锨,英勇顽强,坚持抢险斗争的革命精神,给予了高度赞扬。同时,针对防汛抢险中暴露出来的问题,进行了认真分析,提出了整改措施。如郓北、昆山、张秋等堤段对防汛工作督促检查不严不细,工作松懈,接到水情通知后,不能及时采取有效对策,以致发生几十处漏洞险情;铁山头民埝因无人防守,发生漏洞险情后,堵口不及,导致 26 个村庄受淹;张庄民埝发生漏洞险情后,料物不能及时运上,导致险情扩大发生决口,范县 100 多个村庄被淹;高村抢险中,有的地方对险情发展缺乏认真分析,结果造成险情越抢越大,陷入被动。鉴于此,对沿河各地下一步的防汛工作特别进行了强调,要求认真纠正松懈麻痹思想,严格汛前检查,堵塞所有洞穴;加强组织准备工作,保证人员物料齐备;建立情报组织,及时掌握水情;完善各级防汛机构,加强防汛工作领导等。

1948 年秋天,华北、中原、山东 3 大解放区全部解放,黄河下游两岸联成了一片。结束分区治理局面、建立统一治河机构问题,随之被提上议事日程。

几个月前,根据战争形势发展的需要,中共中央决定将晋冀鲁豫、晋察冀两解放区合并为华北解放区,两中央局合并为华北中央局。1948 年 8 月 26 日,华北人民政府宣告成立,选出董必武为政府主席,薄一波、蓝公武、杨秀峰为副主席。承继晋冀鲁豫边区的隶属关系,冀鲁豫解放区属华北人民政府管辖。而冀鲁豫区黄委会亦由华北人民政府和冀鲁豫行署双重领导。当年 12 月,华北人民政府水利委员会在河北省平山县西柏坡召开会议,研究组建统一的黄河机构问题。会议由华北人民政府水利委员会主任邢肇棠主持,华北水利委员会副主任、冀鲁豫区黄委会主任王化云,华东区山东省河务局局长江衍坤和中原解放区的代表、冀鲁豫区黄委会驻汴办事处主任赵明甫等参加了会议。会上,各区代表分

---

[1]《南方周末》,2008 年 7 月 24 日 D23 版

别汇报了治河工作，并对统一后的机构名称和组织办法进行了讨论，研究决定3大解放区联合治河的机构仍称黄河水利委员会，由9名委员组成，华北区、中原区、华东区各推荐3名，实行黄河水利委员会、修防处、修防段3级管理体制，经费由3大解放区分摊，同时明确由王化云、江衍坤、赵明甫负责黄河水利委员会的筹建工作。

会议还审查通过了1949年黄河岁修计划。根据1947年、1948年两年防汛抢险的情况，代表们认为大堤和险工虽然经过培修，但隐患仍然很多，要实现堤防不决口，还需要续建大量工程，必须在经费上有保证。经会议审议，讨论通过了该岁修计划，保证了经费足额到位和堤防工程建设的正常开展。

不久，3大解放区参加黄河水利委员会的委员人选，均获确定，华北区为王化云、张方、袁隆，中原区为彭笑千、赵明甫、张慧僧，华东区为江衍坤、钱正英、周保祺。

1949年2月22日，解放区政府主持的沁河大樊险工堵口工程正式开工。

沁河是黄河中下游的一条支流，其防洪历来与黄河防洪息息相关，明清以来，历代统治者均将沁河防洪与黄河防洪统一管理。沁河堤防一旦决口，淹没区域可达三四万平方公里，将危及豫北平原和京广铁路，对黄河下游防洪安全威胁很大。大樊险工就是沁河上的一处著名堤防工程，位于河南省武陟县老城西北约10公里的沁河北岸，历史上曾多次发生决口。抗战初期，国民党军队为了"以水代兵"冲淹日军，挖开了大樊险工处的堤防，该口门后来虽被国民党军队堵复，但由于上游河槽刷深，大溜淘刷，坝埽不固，1947年夏，沁河涨水时又在大樊决口。洪水经武陟、修武、获嘉、辉县、新乡等县市，挟丹河夺卫河入北运河。据当时太行四专署调查，泛区面积超过400平方公里，受灾村庄120余个，灾民20余万。解放战争期间，因国民党军队当时要利用这股泛水加强新乡市的外围防御，不但自己不予堵复，而且也一直不准当地群众修堵。

1948年11月武陟解放后，当地人民政府和冀鲁豫区黄委会即开始着手堵复大樊决口。经勘查，大樊决口处口门宽185米，水面宽130米，水深0.3～1.5米，东坝堤身塌陷长度180米，西坝180米，旧河道最大淤高2.73米，口门河底纯系沙土。据此拟定了施工计划，进行了一些准备工作。

1949年3月20日，大樊堵口合龙工程动工。根据计划，工程分口门、土工和引河3个部分，堵复施工方式为单坝进占。对于关门占的用料，因时值冬季，柳枝光杆无叶，在沙质河底上用这种材料不易闭气，后改用柳石枕。

这是中共领导的人民治理黄河机构组织的第一次堵口工程。施工中，因引河开挖不及，水位不断抬高，临背水位差高达3米，口门埽进占时柳石枕结合不紧，透水不止，加之料物准备不足，运土跟不上，致使坝身蛰陷，从而导致堵口失败。

此后，冀鲁豫区黄委会迅速加强了组织领导和技术力量，委派有经验的河工专家赶赴现场，成立了由专署、县和工程处共同组成的堵口指挥部，通过认真分析，总结经验教训，指挥部认为：造成此次堵口失败的原因，一是思想上麻痹轻敌，觉得沁河水量小，堵口不成问题。从制定计划、料物准备到施工，工作不扎实、不细致，民工的组织管理也比较混乱。二是合龙施工开始后，急于求成，对出现的问题不能冷静对待，缺乏相应的处理对策。三是缺乏经验，到了紧要关头，人员、料物上不去，险情不能得到及时抢护。四是关键性技术方案制订不完善，甚至脱离实际，如对引河的作用估计不足，冒险单坝合龙等。

针对以上问题，指挥部经过认真研究，制定了新的施工方案和具体措施。为克服麻痹思想，多次召开会议统一思想，提高认识，进行总动员。对参战队伍、施工项目以及各阶段中可能出现的问题都逐一认真分析，严格分工，周密安排。按大队、中队、分队为单位分别对来自武陟、修武、获嘉、新乡、焦作等地的数百名民工进行编制，重新划分任务，对于关键岗位做到定岗定员，职责明确。技术上，组织技术人员反复论证，力求施工方案切实可行，万无一失。要求进占及合龙时，随着口门水流及工程变化，及时变换施工手段。正坝用柳石枕合龙，边坝用合龙埽堵合闭气，实行双坝进堵。

4月1日，第二次堵口施工开始。各路施工队伍按要求进入各自的岗位，齐头并进，稳扎稳打，护岸工程如期加高出水面3.8米。5月3日，正坝、边坝相继合龙、闭气。至此，大樊口门堵复宣告成功。

经过一段时间的筹备，3大区联合治河机构——黄河水利委员会成立大会于1949年6月16日在济南召开。会议由山东省政府副主席郭子化主持，参加的委员有王化云、张方、江衍坤、钱正英、周保祺、彭笑千、赵明甫，袁隆、张慧僧两位委员因故缺席。

会议认为，鉴于解放战争尚在进行，人力、物力仍很困难，加上组织不充实，技术人员和设备不足，下游河防工程距安全程度尚远，因此，治河方针仍以防洪为重点，同时积极进行黄河治本资料收集及一切研究治本的准备工作。大会推选王化云为黄河水利委员会主任，江衍坤、赵明甫为副主任，黄河水利委员会机关设在开封，由华北人民政府领导，经费由华北、中原、华东3大解放区分担。同时确定，迅速建立该委员会的办事机构，建立通信电话线路，拟定1950年防洪计

1949 年 6 月，解放区黄河水利委员会成立合影

划等事项。

此时的 3 大解放区黄河水利委员会，虽然还属于联合性质，但是它的成立，却是黄河由分区治理向统一治理迈出的重要一步，标志着一个治理黄河的新时期即将到来。

第二节　黄河进入新纪元

一、《治理黄河初步意见》的产生

1949 年，随着辽沈、淮海、平津 3 大战役的结束，中国的政治形势已经十分明朗，中国人民解放战争在全国的胜利已经为期不远了。

在战略大决战中，人民解放军共歼灭国民党军队 182 万人，摧毁了其主力和精锐部队，从根本上动摇了国民党的统治。国民党军队残余兵力只有 220 万人，正规军只有 100 余万人，分布在从新疆到台湾的广大地区内和漫长的战线上，已不可能组织有效的战略防御。而人民解放军已发展到 400 万人以上，其中野战军210万人，解放了东北、华北和长江中下游以北近2亿人口的广大地区，使各解放区完全连成一片。

在这种战争格局影响下，国内各阶级的政治态度也发生了剧烈的变化，不仅国民党统治区的广大人民抗拒国民党的压迫，而且各民主党派的代表人物纷纷来到解放区，与中国共产党共商国事。国民党内部也已四分五裂，其统治无论在政治、军事还是在经济上，都已陷入崩溃的境地。

以美国为首的一些西方国家，此时已不愿再支持蒋介石。国民党内部以李宗仁、白崇禧为首的桂系也乘机逼蒋下台。

在内外交困下，蒋介石被迫于1949年1月21日宣告“引退”，由李宗仁代理“总统”职务。李宗仁表示同意以中共所提的惩办战争罪犯、废除伪宪法和伪法统、改编一切反动军队等8项条件为基础进行和平谈判。但是蒋介石表面上下野了，实际上却在浙江奉化的溪口镇进行幕后指挥，亲自规定和谈的“限度”为“划江而治”，还计划争取3～6个月时间，在江南重新编练200万新兵，梦想卷土重来，同时还作了最后退保台湾的安排。种种迹象表明，国民党当局对举行和谈并没有多少诚意。

对于与国民党方面的谈判，中国共产党在1949年3月召开的中共七届二中全会上，再次重申了原定立场，即不拒绝谈判，要求对方完全承认8项条件，不许讨价还价。

经过一系列准备，4月13日，以周恩来为首的中共代表团同以张治中为首的国民党代表团，以中共提出的和平协议方案为基础，在北平开始第一次正式谈判。国民党方面的原则是：在承认中共8项条件的基础上与中共讨价还价，力求在战争责任、整编军队、就地停战、与中共以同等名额参加政协与联合政府、共产党军队不得过江等问题上不让步。目的就是一个：双方隔江而治，实现对国民党有利的和平。首次谈判后，国民党方面代表对中共的和谈方案提出了一个包含40余条意见的修改案，中共方面经过研究，接受了所提意见的过半数，但对“就地停战”与“划江而治”两点则断然拒绝。4月15日，双方举行第二次会议，中共代表团将《国内和平协定》最后修正案送交国民党代表团，并限其5日内答复。4月20日，国民党方面复电拒绝签署和平方案，国共和谈破裂。

次日，中国人民革命军事委员会主席毛泽东和中国人民解放军总司令朱德联名发出《向全国进军的命令》，命令人民解放军奋勇前进，坚决、彻底、干净、全部地歼灭中国境内一切敢于抵抗的国民党反动派，解放全国人民，保卫中国领土主权的独立和完整。

据此命令，由总前委书记邓小平统一指挥的第二、第三野战军，在西起江西湖口、东至江苏江阴的千里战线上，乘风破浪，分东、中、西3路强渡长江，国民党军长期苦心经营的长江防线顷刻瓦解。

当时人民解放军的作战部署是：以粟裕、张震指挥第三野战军35万人组成东路作战集团；以谭震林指挥第三野战军30万人组成中路作战集团。以刘伯承、邓小平指挥的第二野战军35万人组成西路作战集团。3个作战集团齐集长江北岸预分3路强渡长江。此外，第四野战军一个兵团及地方部队共10余万人在武汉、宜昌、沙市等地正面展开攻击，牵制白崇禧集团，配合主力作战。

4月20日深夜，人民解放军中路集团首先发起渡江战役，并迅速突破安庆、芜湖间国民党军的防线。21日晚，东、西两路集团分别从镇江、江阴间和贵池、湖口间开始渡江。解放军以木帆船作为主要渡江工具，不顾国民党军队陆海空军构建的立体火力的拦击，千帆齐发，于22日胜利突破国民党军绵延千里的江防阵地。

3路大军渡过长江后，直插京沪线、京杭公路与浙赣线，准备包围、聚歼国民党江防部队。4月22日，蒋介石召集李宗仁、何应钦、白崇禧、张群开会，决定将南京国民政府迁往广州，国民党军队则向浙赣、杭州、上海等地撤退。4月23日，人民解放军占领国民党的统治中心南京。

伴随着解放战争的胜利进军，解放区人民治理黄河事业也有了新的进展。自1946年以来，经过3年多的治河斗争，黄河下游解放区军民逐步加深了对河道堤防基本状况的了解，积累了较为丰富的防洪抢险经验。1949年年初，解放区黄河水利委员会在总结以往经验教训的基础上，对堤防工程的修筑、管理与养护制定了“修守并重”的方针。先后颁发了《黄河大堤留地办法》、《保护黄河大堤公约》、《复堤须知》等管理规定，沿河村庄普遍成立了护堤委员会，建立起了群众性的护堤组织，采取严查獾洞鼠穴、植柳种草等措施，切实开展了堤坝的管理与养护。下游沿河各地逐级成立了统一的防汛指挥部，制定了《1949年防汛办法》和《防汛查水及堤防抢险办法》，加强了汛前准备工作。

根据形势发展的要求，这时解放区黄河水利委员会所属治河机构及管理范围也有了新的变化。

1949年8月，中共中央决定建立平原省，辖新乡、安阳、濮阳、菏泽、聊城5个地区和新乡市。平原省黄河河务局随之成立，其管理范围，包括黄河下游的整个“豆腐腰”河段，以及艾山卡口和东平湖，治河任务十分繁重。其组织机构，根据所属区划，下辖4个修防处，其中第二修防处，管辖堤段南岸上自四明堂下至马堂，北岸上自陈桥下至彭楼，下属东明、南华、曲河、长垣、昆吾 5 个修防段；第三修防处，管辖堤段南岸上自马堂下至耿山口，北岸上自彭楼下至陶城铺，下属鄄城、郓北、昆山、濮县、范县、寿张 6 个修防段；第四修防处辖东阿一、东阿二、河西和齐禹 4 个修防段；第五修防处，负责豫北黄河、沁河的修防管理，辖温孟、武原、阳封 3 个黄河修防段和武陟、温沁博 2 个沁河修防段。

中原解放区第一修防处，负责黄河南岸郑州、开封所辖堤段，经过整编充实，下属广郑、中牟、开封、陈兰 4 个修防段。不久，以此为基础成立了河南省河务局。随着解放区的扩大，还接收了材料厂、砖石厂、水文站、水位站等单位。

山东省河务局黄河两岸长清、平阴、河西、齐禹、齐河、济南、历城、章历、济阳、惠济、齐东、惠民、滨县、蒲台、高青、利津、垦利等 17 个县均设立了治河办事处。至此，平原、河南、山东 3 省修防机构基本完备。

这一时期，解放区黄河水利委员会通过对一些历代治水典籍与当代治河著作的研究，在黄河治理理论上也有了显著的充实和提高。譬如，当时解放区黄河水利委员会主任王化云设法收集到一本专门论述闸沟打坝、治理黄土高原水土流失的著作《黄河治本论》，作者为成甫隆，山西临县人。在该书中，成甫隆介绍了黄土高原、黄河及下游平原的形成，论述了近代的各种治河方策，认为黄河上游坡岭的水土不能保持是导致下游河患的根本原因，因而对河患之根本治理，应当求之于上游水土保持，所以在山沟里筑坝淤田是黄河治本的惟一良策。成甫隆在详细论述了筑坝淤田的历史由来、实施条件、基本方法步骤之后，展望了这种治河方法的良好前景，认为用山沟筑坝淤田法，可以把“渐渐被淘汰的沟坡地甚至已经无用的荒沟废谷，治理得耕作则机械往来，交通则舟车衔接；地下则水陆杂陈，人不感单调；天空则气候湿润，雨量或可有增。”[1]王化云通过研读《黄河治本论》，对河患的根本成因与改善黄土丘陵区的重要性，有了基本的了解，思想很受启发。

随着西北地区甘肃等省份的解放，原国民政府农林部设立的天水水土保持试验区也被当地人民政府接管，其所开展的水土保持试验和沟壑治理的研究成果也相继传到下游解放区，使之进一步加深了对于上中游地区水土流失治理在黄河治本中重要地位的认识。

1949 年 6 月，中央大学著名教授、原国民政府黄河水利委员会委员长张含英拒绝随国民党撤走台湾，不久从南京来到河南省会开封，担任解放区黄河水利

[1]成甫隆著. 黄河治本论. 北平平明日报社印，1947 年 3 月

委员会顾问。王化云等治河机构负责人向他虚心求教,学习了筑坝建库、开发水资源,建设灌区、发展流域水利,推行水土保持、控制入黄泥沙,重视水文站建设、掌握黄河基本资料,上中下游统筹兼顾、综合治理等多方面的知识。

鉴于黄河全流域即将解放,新的国家政权即将成立,这时,解放区黄河水利委员会开始考虑下一步的黄河统一治理问题,主要体现在黄河水利委员会主任王化云1949年六七月间完成的《治理黄河初步意见》中。该意见主要阐述了以下内容:

第一,明确了治河的目的与方针。在阐述黄河为患原因的基础上,提出治河的方针是防灾和兴利同时兼顾。强调应该以整个流域为对象,上中下游统筹规划,统一治理。关于黄河为患的原因,认为在自然方面主要是洪水和泥沙。因此,要根除河患,就必须节蓄洪水,平抑暴涨,减少土壤冲刷。同时,对下游河道实施工程整治,确保洪水安全下泄。初步设想是在上中游干流筑坝建库拦蓄洪水,并开展水土保持工作以减少泥沙淤积。但同时指出,在这些工程未完成之前,防患的关键仍是下游的修防。黄河的兴利主要在于储蓄水流,以利于航运、发电和灌溉。为早日完成黄河治理的整个计划,建议尽早开展观测、调查和研究等基础工作。

第二,提出了1950年将要实施的工作。按照1947年、1948年两年洪水和堤防工程的实际情况,提出以防陕县洪峰流量18000立方米每秒为目标,采取"修守并重"的方针,确保大堤不决口。具体任务包括:加培大堤、整理险工、堵塞串流、预防新险、废除民埝、沿堤植柳、加强电信交通设备等方面。

第三,强调了观测工作的重要性。强调,基本资料是一切黄河建设的依据,并对气象、水文、测量、查勘等基础性工作提出了整顿和建设的要求。

第四,设计了治河组织体系与领导制度。建议黄河治理工作实行统一管理,采取双重领导、双重监督制度。在组织上分为黄河水利委员会、省黄河河务局、黄河修防处及黄河修防段4级。河南、平原、山东3省因修防任务繁重,设局、处、段,专职负责堤防工程的建设与管理以及防汛工作等。西北各省因治理工作尚未开展,拟设西北办事处,代表黄河水利委员会领导测量、水文、气象、水土保持、灌溉、护滩及调查研究等工作。同时,建议中央人民政府成立后,1950年争取逐步做到统一各级组织,统一干部管理,统一经费预算,以便逐步走上干支流统一治理的流域管理计划。

根据1949年6月3大解放区济南会议的决议,此时,黄河水利委员会的日常工作由华北人民政府领导。于是,王化云主持完成的《治理黄河初步意见》直接报送给了华北人民政府主席董必武。

不久,董必武给了答复。指出:经研究认为,1950 年安排的 8 项修防工程非常合理,水土保持及观测工作亦属必要。黄河上游原有机构及工程设施,应尽量保持,并继续进行工作。寿张县严善人堤及梁山民埝,可保持一定高度,以不加高为原则。对沁河防患兴利,应予以研究,提出计划,并继续对八里胡同水库坝址进行调查研究等。

二、战胜 1949 年大洪水

1949 年是解放区人民治理黄河以来汛情最为紧张的一年。一入汛期,由于中游地区普降大雨,黄河下游河道接连涨水,防汛形势十分严峻。

为了确保黄河防洪安全,洪水到来之前,各级政府迅速作了紧急部署,号召沿河党政军民迅速动员起来,做好一切防汛准备。

华北人民政府在向各省、市、行署发出的防汛指示中指出:今年防汛任务是空前艰巨而严重的,沿河各级政府及人民群众应紧急动员起来,充分准备,大力防守,为争取防汛胜利而奋斗。

中共河南省委对河南新解放区的黄河防汛工作专门作出决定,指出:“黄河防汛是河南沿河各地党政军民最紧迫的任务之一,决不能忽视。豫境河段因国民党长期统治,河道荒乱,堤线多沙,獾洞狐穴没有清楚,险工连绵不断,没有经过洪水考验,群众未经发动,干部对防汛没有经验,这些都增加了第一年防汛的困难。沿河党政军民必须以最大力量,结合剿匪反霸,有计划地组织起来,防汛防奸,完成不决口的任务”。

中共中央山东分局、山东军区、山东省人民政府联合发出黄河防汛工作的紧急决定,要求沿河各级党政军民领导机关及河务部门,应对所属的河防堤段负责,迅即成立各级防汛指挥部,党政负责人及驻军首长必须亲自参加领导。号召沿河党政军民迅速行动起来,完成防汛的一切准备,坚守河防,保卫济南,保卫渤海平原。同时,决定成立渤海防汛指挥部,江衍坤为总指挥,王卓如为政委,钱正英为副总指挥。

6 月初,黄河水利委员会在菏泽召开防汛会议,明确提出了“掌握重点,防守全线,强化护堤,建立灵通情报,做到及时修补、防护与抢救”的防汛工作方针,特别强调对未经过洪水考验的新堤、河床坡度陡、临背悬差大、堤线不规顺、串沟严重的堤段,要加强力量,重点防守。

此时平原省刚成立不久,中共平原省委为加强黄河防汛的统一领导,决定按照行政辖区,立即建立省、地、县 3 级防汛指挥部,规定县级指挥部由县长为指挥长、修防段长为副指挥长、县委书记为政委,各级明确分工责任,保证大堤不溃决。

1949 年黄河来水较常年偏早,涨势也很猛。6 月下旬,位于黄河北岸封丘县境的贯台险工,在洪水大溜的顶冲下,接连发生重大险情,致使两道坝岸相继掉蛰入水。接到险情报告,黄河水利委员会立即派出工程技术人员赶往现场,并会同中共冀鲁豫区党委及地委、专署迅速组成了抢险指挥部,制定了重点修守龙口以上 2 道坝及 5 段护岸并防护曹圪老滩的抢险方案,当地政府紧急征集所需抢险料物,有关各方全力投入了抢险。

7 月初,黄河河势发生变化,主溜移离贯台险工,险情暂时得到缓解。但是,几天之后,由于大河水落,贯台险工再次靠溜,1 ~3 段护岸掉蛰 2 ~3 米,接着溜势上提,转而顶冲 2 坝、3 坝,导致 2 坝约 15 米长的坝体掉蛰入水。虽经抢险队员拼力抢护,但效果不大,险情持续恶化。很快,3 坝新加修的柳埽,因大溜顶冲、坝岸淘刷而掉蛰入水。2 坝、3 坝之间的堤坦,亦因回溜淘刷而坍塌。随着主溜不断顶冲,2 坝、3 坝几经掉蛰,坝身所剩无几,两坝之间的埽体和堤坦也几乎塌尽,其余坝埽大部分入水,甚至连大堤也塌去一半,险情发展到了十分危急的境地。

面对严重的险情,一边坍塌,一边抢险,广大治河员工与洪水激流展开了艰苦的"拉锯战"。当地党政负责人坐镇工地指挥,黄河水利委员会调集东明、南华、长垣、昆吾、曲河等修防段的工程队员昼夜不停投入抢险斗争。指挥部还发动曲河、长垣、濮阳等邻近县的群众和民工突击赶运料物。为确保抢险石料供应,长垣县不惜代价,拆了县城城墙。不少群众甚至将自家房上的砖石拆下来送到工地。经过 5000 多名民工的努力拼搏,仅仅用了两天时间就在险工后完成了一道长 1100 米、高 2 米、顶宽 5 米的防护新堤,并开挖了一条 18 米宽、1800 米长的引河。经过 10 多个日夜的紧急抢护,加上黄河再次溜势外移,险工终于转危为安。

对于 1949 年伏秋大汛来说,贯台抢险只是一个序曲。由于中游地区泾河、北洛河、渭河等支流和干流三门峡至花园口区间连续普降暴雨,从 7 月上旬到 9 月下旬,黄河持续涨水,先后出现 10 余次洪峰,下游河道水位居高不下,更为严峻的考验接踵而来。

7 月 27 日花园口水文站出现 11700 立方米每秒的洪峰流量,9 月 14 日花园口水文站发生 12300 立方米每秒的最大洪峰流量,都超过了 10000 立方米每秒流量。而且由于洪水持续时间长，进入秋汛后洪量很大，从 9 月 13 日算起，5 天洪量达 43.1 亿立方米，12 天洪量达 82.5 亿立方米，45 天洪量达到 222 亿立方米。洪水位表现也很高，范县以下河段比 1937 年陕县 11500 立方米每秒的洪水位普遍高 1 ~ 1.5 米。洪峰持续时间长，陕县 10000 立方米每秒以上洪峰流量持续了 99 小时。

为了迎战持续上涨的洪水，平原、河南、山东 3 省党政军民迅速行动起来，组成了 40 万军民的抗洪抢险大军，夜以继日地战斗在堤防线上。一天多的时间抢修了 300 多公里的子埝和 50 多公里风波护岸，完成土方 100 多万立方米。在抗洪斗争中，广大治河职工和群众表现了高度责任感和自我牺牲精神。济阳工程队员戴令德曾跳入河中，冒着生命危险，用身体堵住一处漏洞，直到防汛队员及时赶来堵住漏洞，从而避免了一次决口的发生。齐东、章历一带过去堤身布满坑洞，当地干部带领群众下水一步一步踏着堤坡查看，发现问题，及时修补。东阿、齐河工程队员顺着石坝潜到水里探摸根石。他们在风里雨里、泥里水里，日夜巡堤查水，有漏洞就抢堵，有渗水就加宽堤身，堤顶不够高马上抢修子埝，坝埽垮了重修起来，坚守着每一段坝埽、每一寸大堤。

沿河各地的广大干部群众迅速组成了一支支运输大军，像当年支援解放军打仗那样，小车推，大车拉，把秸柳料、石料、砖、木桩、麻袋等防汛抢险物资，源源不断地运送到防汛抢险第一线，保证了抢险的需要。

鄄城、郓城、昆山 3 县有 40 多公里堤段洪水迫岸盈堤，因遭受风浪袭击，堤防塌坡严重，个别堤段的堤身塌去近三分之二，有的塌至堤顶，险情危急。3 县党政领导带领群众，昼夜抢运秸柳料 10 多万公斤，木桩 4000 多根，及时采取打桩挂柳和草把护坡等办法，抢修防浪护坡，保住了堤防。

齐禹县东张村大堤发生漏洞险情后，2000 多名群众经采用扣铁锅的方法紧急抢护，堵住了漏洞。齐禹县委专门召开县委扩大会对这次险情进行认真总结，要求区和村划清责任段，加强巡堤查水和抢险的领导，严加防守；上堤各级干部和基干班，订立保证书；查水要严格交接班制度。规定巡堤查水基干班两人为一组，扛铁锨一张、草捆一个；晚上，带提灯一盏；临河去，背河来，巡回不断，认真查看险情。为便于查水，临河在距水 1 米处堤坡、背河在距地面 3 米处堤坡，修一条查水小道。如发现险情，一面迅速上报，一面组织防守队伍抢堵。

这年汛期，险工险情相当严重。昆山路那里、东明高村、鄄城江苏坝、南华朱口、惠济谷家、蒲台麻湾、利津王庄、垦利前左等多处出险，全河吃紧。江苏坝有 5 道石坝、4 段秸埽着溜下蛰，险情危急，经调集开封、陈兰、濮阳等修防段工程队支援抢险，紧张抢护半个多月，抢修9段新埽，方脱离险情。

秋汛洪水到来后，洪量大，水位高，大水偎堤时间长，险情频频发生。平原省、山东省堤段出现漏洞、管涌、塌坡等3180多处，险工埽坝发生坝身塌陷等重大险情2290多处。在40多个昼夜的抢险堵漏中，广大干部群众和治河员工的抗洪斗志始终坚如磐石，涌现出了许多可歌可泣的英雄事迹。

郓城义和庄西大堤产生漏洞险情，背河渗水已至200多米。村民刘登雨及时找到临河洞口。郓城县委、政府领导迅速带领500多名群众赶到现场，堵住了漏洞。

寿张县张书安大堤先后出现12处漏洞，情况危急。区委书记刘子新、区长穆正刚身先士卒，带头下水堵漏，带动了干部群众，堵住了所有漏洞，保证了堤防安全。

梁山县妇女干部王秀荣，夜里听到抢险堵漏的喊叫声，迅速赶到出险地点，带领群众堵住了新发现的漏洞，使堤防化险为夷。

利津王庄险工因溜势下延，7段秸埽相继墩蛰入水，埽前水深从4米刷深到20米，经持续抢险14个昼夜，因水深溜急，埽坝屡抢屡蛰，石料消耗殆尽。在险情继续发展的危急关头，工程队队长于佐堂大胆提出以麻袋装红淤泥代替石料抛护坝根的方法，进行有效抢护，险情得以排除。

垦利前左1号坝坝前秸埽受大溜顶冲蛰入水中，为保证抢险供应，山东渤海防汛指挥部紧急调集麻袋6万多条、秸料柳枝600多万公斤赶运工地，经4000余人28个昼夜的抢护，共修筑新埽12段，终于控制住了险情。

鉴于洪水持续高涨，为保证艾山以下窄河段洪水安全下泄，前方防汛指挥部决定将寿张民埝扒开，利用洼地引水倒灌，分滞洪水。与此同时，南岸梁山大陆庄民埝也发生冲决，洪水倒灌东平湖，致使湖区西堤溃决。对此，平原省、山东省派出大批干部，一面组织群众加强防守，一面救护安置受灾村民。由于南北两岸的民埝决口，分滞了黄河洪水，大大地缓解了当时十分危急的堤防险情。

经过3个多月的紧张奋战，黄河防洪取得了决定性的胜利。据统计，在整个洪水期间，共抢堵漏洞434处，抢护大堤渗水、蛰陷、脱坡150多公里。用石料7.2万立方米，秸柳料2500多万公斤，木桩8.3万根，麻袋17万条，抢修子埝加高堤坝共完成土方66.9万立方米。在中华人民共和国即将成立的时候，战胜1949年黄河大洪水，保证黄河安澜，具有特殊的重大意义。

从1946年人民治理黄河事业拉开序幕，到战胜1949年黄河大洪水，3年间，在中国共产党领导下，解放区人民群众和广大治河员工艰苦创业，浴血奋战，

1949 年黄河洪水期间，解放区群众向山东麻湾险工运送抢险物料

初步实现了黄河安澜的目标，建立了人民治河管理体系，积累了丰富的治河经验，大大激发了人民群众的治河热情与战胜黄河洪水灾害的信心，为进一步开展大规模的黄河治理开发奠定了坚实的基础。

三、新中国成立，黄河治理进入新时代

人民解放军在 4 月 23 日占领南京后，根据中央军委与毛泽东主席的命令，迅速向国民党残余势力盘踞区域进军。第三野战军即由镇江、芜湖向溃退杭州、上海方向的国民党军队展开追击，于 5 月间相继解放杭州、上海，汤恩伯率领国民党军队残部逃往舟山群岛。第二野战军主力，则追击由南京向浙赣线方向溃退的国民党军队，于 5 月 22 日解放南昌。

南京、上海相继失守后，蒋介石曾企图固守福建以及闽、浙沿海岛屿，借以屏障台湾。7 月 23 日，他在厦门召集朱绍良、汤恩伯、李延年等高级将领，部署福州、厦门、金门防务。但是在人民解放军的迅速进击下，国民党军队的防御部署很快瓦解。7 月下旬，第三野战军叶飞兵团由沪、杭南下，进入福建，连克南平、古田、霞浦，进逼福州。8 月 17 日，解放军攻克福州，国民党守军大部被歼，朱绍

良、李延年等率残部逃往台湾。叶飞兵团乘胜南下，连克同安、长泰、集美、漳州等地。10 月 15 日，解放军自厦门东北之高崎、五通一带强行登陆，至 17 日，歼灭厦门国民党守军 2 万余人，汤恩伯率余部撤退至台湾、金门。至此，解放军入闽部队在 2 个半月的作战中，取得了辉煌战果，共歼灭国民党军队 10 余万人，解放了福建及其沿海部分岛屿。

华中、华南方面，5 月 14 日，解放军第四野战军先遣部队和鄂豫、江汉两军区部队协同作战，强渡长江，接连解放汉口、汉阳、武昌，国民党华中军政长官白崇禧率部退入湖南。此时，遭受重大打击的白崇禧集团仍负隅顽抗，并企图破坏国民党长沙绥靖公署主任、湖南省政府主席程潜及第 1 兵团司令陈明仁实现和平起义的努力。7 月下旬，人民解放军第四野战军第 12、第 13 兵团从东西两面逼近长沙，对白崇禧部形成钳形包围之势，迫使白崇禧率部退到衡阳。8 月 4 日，程潜、陈明仁通电起义，长沙和平解放。

之后，人民解放军第四野战军主力和第二野战军一部挺进到江西省南部和湖南省东北部地区。白崇禧集团被迫调整部署，将其主力 5 个兵团 11 个军 31 个师共 20 万余人退踞以衡阳、宝庆（今邵阳）为中心的湘南地区，与华南军政长官余汉谋集团组织“湘粤联合防线”，企图在川湘鄂边区绥靖公署主任宋希濂集团呼应下阻止人民解放军南进，战况不利时再退向广西、海南岛或贵州、云南。

为了迅速歼灭白崇禧集团，中共中央军委制定了对其大迂回、大包围、大歼灭的作战方针，由第四野战军第 12、第 13、第 15 兵团及第二野战军第 4 兵团等部队，组成中、西、东 3 路大军进军华南。

9 月中旬，解放军西路军第 13 兵团主力从湖南常德、桃源方向发起攻势，连克官庄、沅陵，直插京广线，向衡阳、衡山地区迂回；东路军第 4、第 15 兵团连克赣州等地，从湘乡、安仁地区向衡阳迂回，并占领韶关，切断了白崇禧集团逃往广东的退路。白崇禧为免于被包围聚歼，乃率部于 10 月 7 日向湘桂边境败退。解放军中路军第 12 兵团乘胜追击，至 11 日，将其主力第 4、第 48 军大部围歼于祁阳以北地区。10 月 14 日，第四野战军第 47 军等部队，发起湘西战役，进攻宋希濂集团第 122 军，解放大庸、桑植两县，使湘西全部解放。10 月 14 日，东路军解放了广州，国民党政权逃往重庆。

国民党广东余汉谋部在广州失守后向西江溃退，于 10 月 26 日被解放军合围，大部被歼。白崇禧退入广西后，以一部分兵力固守湘黔桂粤边境，另一部分兵力企图与余汉谋残部汇合。11 月上旬，解放军分 3 路向广西进军，先后解放桂林、南宁。白崇禧部队除少数退入越南外，全部被歼。至此，除海南岛外，华南全部解放。

华北方面，人民解放军华北军区部队经4月下旬向太原阎锡山部守军发起全线攻击，全歼阎军2个兵团6个军约12万人，继而攻克了大同、新乡、安阳，华北全境解放。

西北方面，国民党军胡宗南集团为避免遭到解放军第一野战军和华北军区部队的联合打击，于5月上中旬由耀县、三原向泾、渭河谷撤退，放弃西安，并以两个兵团在凤翔、宝鸡、秦岭一线布防，企图拒守关中。5月下旬，蒋介石命令马步芳的陇东兵团、陇南兵团和马鸿逵的宁夏兵团约17万人分由平凉、天水、宁夏驰援关中，协助胡宗南集团反扑西安。

在解放军的火速增援和坚决阻击下，马家军被迫回窜，孤立无援的胡宗南集团在扶风、郿县地区受到重创，仓皇退守汉中。第一野战军乘胜追击，于8月底摧毁了胡宗南部的秦岭防线，至9月下旬，先后攻克了平凉、天水、兰州、西宁、银川，歼灭马家军约15万人。此时，西北军政副长官兼绥远省主席董其武，新疆警备总司令陶峙岳、省主席鲍尔汉先后通电起义。至此，西北全部解放。

随着人民解放军在全国各个战场的疾速推进，中国的新民主主义革命取得了决定性胜利，成立新中国的条件已经成熟。

1949年9月21～30日，中国人民政治协商会议第一次全体会议在北京召开。中国共产党、各民主党派、各人民团体、无党派民主人士、各地区、各民族、海外华侨以及中国人民解放军的代表出席了这次盛会。毛泽东主持会议并致开幕词。会议经过充分协商，通过了《中国人民政治协商会议共同纲领》。会议选举毛泽东为中央人民政府主席，朱德、刘少奇、宋庆龄、李济深、张澜、高岗为副主席。决定：中华人民共和国首都定于北平，自即日起改名为北京；中华人民共和国纪年采用公元纪年，本年为1949年；以《义勇军进行曲》为代国歌；中华人民共和国国旗为五星红旗。会议还通过了《中国人民政治协商会议第一届全体会议宣言》，向全世界宣告了中华人民共和国的成立。

10月1日，中华人民共和国开国大典在北京隆重举行。毛泽东在天安门城楼上庄严宣告，中华人民共和国中央人民政府成立了。

新中国成立之际，国民党残余部队仍在西南等地负隅顽抗。11月1日，人民解放军在刘伯承、邓小平的指挥下发起西南战役，接连解放贵阳、重庆等地。12月8日，国民党当局行政院在成都召开紧急会议，决定撤离大陆，12月10日蒋介石乘飞机撤至台湾。

中华人民共和国的成立，宣告了中华民国的终结，中国历史由此进入了一个新的纪元。

然而，对于黄河而言，由于其极为复杂难治的特点，此前所取得的治理成就，只是万里长征走完了第一步，防治黄河水患，开发黄河水利，依然任重而道远。伴随着中华人民共和国的成立，黄河治理开发的历史大业进入了一个新的时代。

结 语

从 1912 年 1 月中华民国成立,到 1949 年 10 月中华人民共和国诞生,中国经历了一个动荡不安、灾难深重、蹒跚前行的历史时期,即中华民国时期。这是中国历史的一个大转折期,它时间虽然较短,只有 38 年,但却集中了社会转折期的典型特点:社会动荡,战争频繁,天灾人祸不断,内忧外患严重,各种矛盾纵横交织,形势发展瞬息万变。从军阀混战到北伐战争,从国共合作到国共决裂,从党内斗争到阶级矛盾,从国内战争到抵御外敌,从水旱自然灾害到掘堤扒口等人为灾祸,这些都集中体现了历史转折期的基本特征。特别是帝国主义列强的侵略掠夺、连绵不断的战争、腐朽的政治制度与官僚资本体系等,严重阻碍甚至破坏了生产力的发展,因此,这段历史展现给人们更多的是沉重和悲凄。

但同时,社会历史发展的规律也告诉我们,人类社会从来都是在各种矛盾和曲折中不断发展前进的。作为中国近代史的重要组成部分,中华民国时期也不例外。在社会制度方面,民主共和制度的实践,结束了中国 2000 多年的封建制度,对建立资本主义国家政治体制进行了多方面的探索,启动了一场巨大的社会变革,形成了不可逆转的历史潮流;在经济方面,资本主义经济模式开始兴起,民族资本主义工业从小到大,得到较快发展;在思想文化领域,呈现出多元化发展方向,形成了反帝反封建反殖民主义的民主思想,人民大众追求自由和解放的民生思想,新文化运动的革命思想等;在科学技术方面,随着西方科学技术大量传入中国,在一定程度上解放了生产力,提升了社会生产力的水平,推动了社会进步。应该说,这一时期,在政治、经济、社会、思想许多领域都发生了深刻变化,并在一些方面取得了突破性的进展。

在这样的社会历史背景下,作为关乎民生社稷安危的黄河治理事业,当然也被打上了那个时代深深的烙印。其最突出的特点是,一方面,由于社会动荡不安、战争连绵不断,黄河一直得不到统一治理,长期处于各自为政状态,各级政府财政困难,治河经费寥寥无几,加上河务腐败,堤防残破失修,导致黄河洪灾严重,决口泛滥频繁,兴利发展缓慢;而另一方面,这一时期,出于稳定社会局势、增强国力的需要,从孙中山、北洋政府到南京国民政府对黄河治理和发展流域水利都给予了一定的重视。成立了统一的治河机构——黄河水利委员会，对下游堤防进行了初步修复，一些口门得到封堵。特别是在西风东渐的形势下，启用了一批中外学者与水利专家，出现了许多新的治河理念，将西方先进科学技术引入治河事业，推动了治理黄河科学技术的发展进程。

因此，我们必须站在历史的纵深角度，坚持历史唯物主义和辨证唯物主义的历史观与方法论，忠实或还原历史的本来面目，全面把握这一时期各个阶段的发展进程，分析事物的内在逻辑规律，客观评述重要的事件与人物，乃至重新审视过去的观点，从而真正达到以史为鉴、古为今用的目的。

基于这种认识，我们通过对 38 年中华民国治理黄河史的研究，得出以下结论与重要启示。

一、黄河宁，天下平

黄河养育了中华民族，为中华民族的发展做出了巨大的贡献，成为中华民族的母亲河。同时，黄河又是一条桀骜不驯，世界上公认最复杂难治的河流，因其历史上的频繁决口改道，给中华民族带来极其深重的灾难，又被称为“中国之忧患”。世界上有许多大河，但是能与天下太平、社稷安危、百姓福祉联系如此紧密的河流并不多见。中华民族历史上以农立国，在相当长一段时间里，治水即治国。纵观中国历史，从古至今，历代善治国者均以治水为重。无论是秦皇汉武、唐宗宋祖，还是清朝的康熙、乾隆，每一个有作为的皇帝，都把黄河治理当作治国安邦的一件大事，置河官，拨巨银，驻兵戍，派劳役。无论是执政者，还是老百姓，每一位炎黄子孙都希望“黄河宁，天下平”，并一直为实现这一美好愿望而奋斗。历朝历代为了根除黄河水害，进行了不断的实践探索，积累了较为丰富的治河经验。但是，因为生产力发展水平和社会制度的限制，加之王朝更迭、战争连绵，广大人民所热切期盼的“黄河宁，天下平”的美好愿望，一直难以实现。历史上也曾经出现了一些“盛世”局面，这与统治者高度重视黄河治理，有效减少黄河洪水灾害密切相关。黄河安宁，则人心稳定，百业兴旺，整个社会必然繁荣昌盛，外敌不敢入侵，天下自然太平。相反，如若忽视了黄河治理，河务腐败，河防失修，必然导致严重的洪涝灾害，经济凋敝，民不聊生，灾逼民反，揭竿而起，即使没有外敌入侵，也会酿成天下大乱，以致改朝换代。所以，黄河的安宁关乎大局，关乎国运民生，关乎天下安危。

也正是基于这样的认识，民国时期，尽管天下大乱，战争频繁，但在黄河治理这个重大问题上，国民政府给予了一定的重视。针对黄河治理开发，中华民国的创立者孙中山在其《建国方略》中提出了一系列的计划和设想。尽管这些计划和设想没有得以实施,但从中可以看出黄河治理在他心目中的地位。1933年,黄河发生了较为罕见的大洪水,洪灾所涉地方,农田、房屋被毁,牲畜漂没,民众或淹毙或逃亡,国家经济损失巨大,人民怨声载道,社会动荡不安。这次洪水灾害也让国民政府对黄河治理在国家发展中的地位与作用有了新的认识,旋即成立了一个统一的治河机构,即黄河水利委员会,统辖黄河事务,并任命留学归来的水利专家李仪祉为首任委员长。自1902年清政府裁撤河东河道总督后,黄河河务由三省分管,至此再次走向统一,对于促进民国时期的黄河治理开发发挥了一定作用。由此可见,黄河宁,天下平;黄河不宁,天下难平,并不只是一句民间流传的歌谣,而是历代统治者与治理黄河专家们的共识。

反之,天下平,黄河宁;天下不平,黄河难宁。民国时期,内有军阀混战不已,外有日军大举入侵,社会形势动荡不安,中华民族多灾多难,此时的黄河更是多灾多难。由于河政腐败,河防工程失修,导致了严重的黄河大泛滥。在北洋政府和国民政府统治下的30多年时间里,黄河有17年发生溃决,而且每一次决口都给民众带来了深重灾难。1933年,仅黄河下游堤防决口就达73处之多,水灾延续8个多月,河南、山东、河北、陕西、绥远、江苏等6省有67县受灾,受灾面积达1.2万平方公里,受灾人口达300多万。更有甚者,1938年,国民党当局为了阻止日军进攻,以水代兵,扒开黄河花园口大堤,人为制造了空前浩劫,因灾死亡人数达到89万人。这次扒堤决河,除在战略上部分达到阻敌入侵目的外,客观上却加深了人民的灾难。1947年,国民党当局故伎重演,打着黄河归故的旗号,强行堵复花园口决口口门,妄图水淹解放区。在这天下大乱、人心失衡的年代,黄河又成了别有用心者政治博弈的筹码,从而加重黄河自身的深重灾难,正所谓天下不平,黄河难宁。

历史告诉我们,国家统一与社会稳定是黄河治理开发的基本前提。大凡国家统一,社会稳定,国力强盛,黄河就能得到比较有效的开发、治理,黄河的安宁,又使人民得以休养生息,国家繁荣昌盛;而国家分裂,国运衰微,黄河就被忽略,被遗忘,黄河的频繁泛滥,又使民众流离失所,疾疫刀兵横行。因此,黄河宁则天下平,天下平则黄河宁,两者相辅相成。民国时期的黄河发展历史,再次印证了关于黄河与整个国家安危息息相关的基本论断。

二、水能载舟,亦能覆舟

古人曰:水能载舟,亦能覆舟。这句浅显易懂的话语,却蕴涵着深刻的哲理。

中国几千年的历史也在不断地证明着其内涵:凡是施行仁德之政、顺民心、不断修德于天下的统治者,会使国家昌盛兴隆,风调雨顺,百姓安居乐业;反之,逆民心,荒国政,最终则走向毁灭。

黄河治理、人民福祉、政权稳定,这之间的关系紧密相联,恰如水与舟的关系。人类从历史的黎明开始,不断地遭受着自然灾害的袭击,如何防御自然灾害,一向是人们普遍关切的大事。历史上,由于黄河频繁的决溢改道,洪灾不断,防御黄河水患成为历代王朝的大事,投入大量人力、财力,不断堵口、修防。王朝的更迭兴衰,也都与黄河的灾害及其治理休戚相关。大禹因治河有功,成为部落联盟首领,世代敬仰;秦国大兴水利,修河筑渠,最终一统天下;汉武帝瓠子堵口,“沉白马玉璧于河”,赢得民心,政权巩固。

历史一再证明,得民心者得天下,失民心者失天下。黄河既有天灾,也有人祸。历史上有的统治者,为了达到政治目的,不惜以水代兵,从而造成人为灾害,失去民心,政权不保。1642 年,闯王李自成率起义军攻打开封城,为守住开封,明朝将官扒决黄河大堤,妄图水淹起义军,结果滔滔洪水直灌开封城,造成全城覆没的历史悲剧,明政权也在民怨沸腾中土崩瓦解。1938 年国民党军政当局为阻挡日军进攻,在花园口掘堤扒口,造成了一场旷日持久的浩劫,实际上也为国民党政权后来失去民心、没落倒台埋下了伏笔。抗日战争胜利后,国民党当局兴工堵复花园口决口口门、引黄河回归故道,阴谋以水代兵,水淹解放区,同样遭到人民群众的强烈反抗。

同时,历史还昭示人们,治理黄河为了人民,也必须紧紧依靠人民群众的力量,人民群众是创造历史的真正动力和主体。在古今历史上,黄河治理所取得的功绩都是人民群众苦干出来的。没有人民群众自觉积极地参与和支持,黄河治理开发不可能取得伟大的成就。1946 年,解放区治河是在敌人封锁和军事进攻的极端困难条件下进行的,当时解放区军民“一手拿枪,一手拿锨”,真正把黄河的事情当作自己的事情,以当家作主的心态和巨大热情,积极主动地参与到黄河的治理开发之中。正是靠着人民群众的团结奋斗,夺取了 1948 年高村抢险斗争的胜利,战胜了 1949 年的黄河大洪水,保证了黄河防洪的安全,充分显示了人民群众治理黄河的巨大力量。

三、科学技术是推动黄河治理的重要动力

治理黄河水患,确保黄河安澜,是历史上每一个朝代统治者的愿望,也是历朝历代安邦治国的重要内容。然而,历史上为什么会形成黄河“三年两决口,百

年一改道”的险恶局面呢？其中一个重要原因就是，社会生产力水平低下，先进科学技术的发展与应用缓慢。

民国以前的很长时期，中国一直处于闭关锁国的封建状态，世界先进科学技术在黄河治理上得不到推广应用。直到19世纪末20世纪初，清政府才被迫推行“新政”、“广派游学”，出国留学生陡然增加。这一新的知识分子群体学成回国后，把西方先进科学技术带回中国，并开始应用于黄河治理；同时，一批外国专家来到中国考察研究黄河，使中国的近代治河理论和治河技术发生了明显变化，极大地促进了黄河治理开发工作。尽管在民国时期，缘于社会大环境的影响，一些先进的科学技术没有得到普及和推广，引进的科学技术也十分有限，但是，新的治河思想和先进科学技术对黄河治理开发的推动作用已经显现，就像黎明时分刚刚露出的曙光。今天，当我们全方位审视民国时期黄河治理开发历史过程的时候，我们发现，西方先进科学技术的引进和初步应用，应该算是这一时期的一大亮点。

民国时期，国外的水利专家受聘于当时的黄河水利委员会，在水文、泥沙、河道整治和水土保持等方面都曾提出建设性的意见和建议。以我国近代著名的水利专家李仪祉先生为代表的学者们，在深入研究黄河的过程中，致力于引进外国先进水利技术，并将其与中国古代治河经验结合起来，提出新的具有现代科学意义的治河思想，制定新的治河方略，倡导科技治河，引进新的水利技术，为古老的黄河带来了一些新气象，在黄河治理开发中具有突破性的历史意义。

总之，在中国历史上，民国时期是一个风云际会的时代。在此期间，中国大地上演绎了一幕幕波澜壮阔、慷慨悲壮的史诗。由于局势动荡、经济凋敝，导致治河投入锐减，工程严重失修，黄河决溢泛滥频繁，灾害沉重。但是在一定时期内，由于政府的推动及新技术的采用，治河事业也有所发展，只是各地区、各领域参差不齐，发展比较缓慢。解放区人民治理黄河机构成立后，在枪林弹雨中逐步发展壮大，拓展黄河治理的各项业务，展示了一种黄河治理新体制的优越性。

历史雄辩地证明：政治与社会安定是黄河治理开发的前提，而黄河治理开发事业的稳步发展又是国家繁荣稳定的重要促进因素。在黄河治理开发中，必须把人民群众的利益放在首位，紧紧依靠人民群众，注重利用先进科学技术，这就是我们研究民国黄河史得出的基本结论。

民国时期黄河治理大事年表

1912 年

2 月，由于民国政府推行官制改革，河南、山东、直隶 3 省军政长官称谓由巡抚、总督改称都督，仍兼办各省河务。

11 月，山东泺口黄河铁路大桥建成，津浦铁路贯通。

1913 年

3 月 19 日，河南省设立河防局，总领河南黄河、沁河河务。

7 月，直隶土匪刘春明扒开双合岭民埝，造成决口。次年大汛时，口门刷宽，酿成巨灾。

夏，直隶省裁撤大名府管河同知，设立东明河务局。

1914 年

1 月，河南河防局改组治河机构，组成 10 个支局、10 个河防营。不久奉内务部令，又将支局和河防营改为 9 个分局。

11 月 18 日，袁世凯令徐世光督办濮阳双合岭黄河堵口事宜。

1915 年

5 月 13 日，绥远垦务总局设立。

8 月，督办运河工程总局在大汶河南城子设立水文站，这是黄河支流设立最早的水文站，也是黄河流域第一个采用近代科学方法进行水文观测的水文站。

10 月，濮阳双合岭堵口工程合龙。

11 月 12 日，袁世凯任命大名道尹姚联奎兼任直隶河务局局长，兼辖东明河务局。

1916 年

春季，温县集资加修温孟大堤，并于当年将之改归官守。

10 ~ 11 月，北洋政府测量局在徐州至郑县一等水准路线上埋设花岗岩标石。

1917 年

3 月，山东省在泺口设立河务总局。

7 月，河口老鸹嘴河段淤塞，黄河由太平镇改道。

8 月 7 日，东明县小庞庄溃决。与此同时，东明县谢寨亦漫决。

8 月，黄河再决于东明县黄堌村。

秋，绥远河套西部杨家河引黄灌渠开工，1927 年建成。

1918 年

1 月，直隶省设立黄河北岸河务局及河防营。

3 月 20 日，顺直水利委员会在天津成立，负责华北地区包括黄河流域的水利建设。

6 月，汶河决口 70 余处，成灾面积 250 万亩。

11 月 15 日，内务部拟定划一河务局暂行办法，各省河务机构统一命名为河务局。

1918 ~ 1919 年，孙中山在所著《建国方略》一书中，主张利用近代科学技术治理黄河。

1919 年

1 月，河南河防局改为河南河务局。

3 月 2 日，直隶省成立直隶黄河河务局。

3 月 11 日，山东济南泺口水文站开始观测黄河水位；4 月 4 日，河南陕县水文站开始观测黄河水位。这两个水文站是黄河干流上最早设立的水文站。

4 月 5 日，大总统批准将沁河工程由官督绅办改为官办。

11 月 1 日，河南河务局成立测量处，开始河道地形测量。

12 月，美国著名工程师费礼门考察黄河下游。

1920 年

5 月,《濮阳河上记》出版。

12 月 16 日,甘肃海原县发生 8.5 级大地震,死 23 万余人。

是年,直隶、山东、河南、山西、陕西 5 省大旱成灾,灾民 2000 万人,死亡 50 余万人。

1921 年

6 月 11 日,黄河在直隶东明县黄堌决口。

7 月 19 日,山东利津县宫家村南大堤决口。

夏,东明县高村、刘庄黄河决口。

8 月,内务部技正周象贤等调查宫家决口情形,写出《查勘山东利津河患报告书》。

8 月,绥区屯垦督办办事处在包头成立,督办一职由阎锡山兼任。

9 月 16 日,大总统特派山东省省长田中玉督办宫家堵口事宜,派山东河务局局长劳之常会办。

1922 年

4 月 28 日,河南河务局开始培修老安堤,6 月 20 日竣工。

8 月 22 日,全国水利局陕西水利分局组建测量队,分陆、水两队正式勘测泾河河谷、灌区地形,开展水文观测。1923 年,李仪祉根据勘测资料编写了《陕西渭北水利工程局引泾第一期报告书》,次年又完成引泾第二期报告书。

是年,李仪祉发表《黄河之根本治法商榷》一文,主张引进西方近代治河理论与技术治理黄河。

1923 年

4 ~ 7 月,顺直水利委员会用导线测量鲁境周家桥至泺口以下一段黄河河道。

7 月初,直隶长垣县黄河南岸郭庄决口。

8 ~ 10 月,德国恩格斯教授受美国工程师费礼门委托,在德累斯顿工业大学水工试验室进行黄河丁坝试验。

10 月中旬,利津宫家堵口工程竣工,这是黄河上首次使用平堵法堵口。

12 月,《豫河志》出版,这是河南黄沁河第一部水利专志。

1924 年

三四月间及夏季,美国著名土壤学专家罗德民,先后赴陕北黄土高原及晋北汾河源头,从事“黄河水源区域之植物覆被及地面流量之调查”。

4 月 28 日,李仪祉翻山越岭进入泾河张家山以上峡谷河段,完成了此段河道地形、地质调查,写出《查勘泾谷报告书》。

1924 ~ 1926 年,罗德民博士等人在山西沁源县方山等处设置径流泥沙试验小区,观测在不同暴雨条件下,不同森林植被和无植被山坡水土流失量的变化。

是年,黄河入海流路自山东利津县大牡砺分支,由混水汪出岔河口入海。

1925 年

5 月,绥远都统李鸣钟下令取消官民包租河套水利办法,尽收套内各渠实行官办。撤销西盟水利总局,成立包西水利总局。

8 月 13 日,直隶濮阳县黄河南岸李升屯民埝溃决,9 月 20 日泛水又将寿张县黄花寺南金堤冲决,27 日又决黄花寺下游 1.5 公里处,灾区面积 1500 平方公里,灾民 200 万人。

8 月,李升屯民埝决口后,张含英应邀查勘黄河下游,提出下游险工堤段的埽工应改筑为石坝护岸,此后又提出试用虹吸管抽水灌溉农田和利用河水发电的倡议。

是年,冯玉祥下令将外国教堂占据的黄土拉亥河渠地收归国有,由绥远垦务总局将土地分给当地农民耕种。

是年,留德博士沈怡回国后,着手撰写《黄河年表》。

1926 年

1 月 18 日,山东督办兼省长张宗昌任命林修竹为山东黄河上游堵口工程处总办,负责李升屯、黄花寺两处堵口工程。两口于 2 月 15 日同时开工,先后合龙。

6 月中旬,山东省利用黄河大堤动工修筑利津到菏泽的公路,两月修竣。年内,还利用黄河大堤修筑了济南至濮阳的公路。

7 月,精测《山东黄河三游河道图》完成,该图是治黄机构首次实测带有等高线的现代地形图。

8 月 14 日,直隶东明县刘庄决口。

10 月,《豫河续志》刊印成书。

1927 年

春,山东河务局在李升屯险工创修柳箔工程一段,3 年未掉蛰出险。

7 月,青海护军使设置西宁垦务总局。

秋,《历代治黄史》出版。

是年,黄河自陕西朝邑县东北决口,改道东徙,北洛河由入黄河改流入渭河。

1928 年

2 月 3 日,山东利津县棘子刘等处凌汛期漫溢决口 6 处。

2 月,绥远垦务总局决定改变官办渠道的体制,由地方群众合组水利公社自行经理。

3 月 18 日,冯玉祥指示河南河务局造林植树,巩固堤防。

7 月,绥远特别行政区政府成立救灾赈务委员会,以工代赈,开挖民生渠。

9 月,山西省建设厅召集清源、文水、祁县、平遥、介休 5 县人士开会,决定在汾河上修建 3 座铁坝,引水灌溉。

12 月初,河南河务局着手在柳园口险工建设抽水站,次年 5 月建成。这是黄河下游第一个抽黄灌溉工程。另外,1929 年还在开封斜庙第二造林场建设抽水站一处。

是年,甘肃兰州农民在黄河边建巨型天车 3 轮,被称为“兰州天车之最”。

是年,黄河流域大旱,绥远、豫东、豫北、陕北、晋东 5 灾区共有灾民 884 万。陕县水文站实测年径流量只有 200.9 亿立方米,为 1919 年设站以来的最低值。

1929 年

1 月 26 日,国民政府公布“黄河水利委员会组织条例”,并特任冯玉祥为委员长。

年初,绥远省设立包西各渠水利管理局,由建设厅直接领导河套水利。

3 月 2 日,黄河水利委员会在南京的委员决定组成筹备处,于 4 月 27 日在门帘桥开始办公。

3 月,河南省政府创立河南省建设厅水利工程学校,1931 年改称河南省立水利工程专科学校。1942 年 5 月,该校由省立改为国立,被命名为国立黄河流域水利专科学校。

4月28日，绥远省包西水利会议在包头召开，目的在于整顿后套及三湖河水利，这次会议促成了河套灌区“水利中兴”的局面。

6月12日，由河南河务局主办的郑县花园口西虹吸引黄工程开工，7月10日竣工。

6月，绥远省政府与华洋义赈会签订《萨托民生渠合同》，商定由华洋义赈会垫款补助开凿民生渠。

6月，西宁垦务总局改称青海省垦务总局，次年改称青海省清垦总处。

8月7日，直隶东明县黄庄以西黄河漫溢决口。

9月，山东利津县纪庄民埝被盗掘成口，大河从此改由陡崖头入海。

冬，黄河禹门口至潼关段两岸发生严重冻灾。

是年，德国汉诺佛大学教授方修斯来华，对于黄河治理，认为应筑堤束水刷深河槽。

是年，黄河上中游区域持续大旱，涉及面积约11.25万平方公里，居民约3000万人。甘肃全省死亡230万人，陕西全省死亡250余万人。

1930年

3月3日，国民党中央通过“由中央与地方建设机关合资开发黄、洮、泾、渭、汾、(北)洛等河水利，以救西北民食”案。

3月，山东河务局颁布山东黄河“上游两岸民堰修守章程”，规定上游民堰依旧例归民修民守。

4月13日，山东利津县扈家滩决口。

4月，山东省计划委员会通过埽坝改石坝计划。1933年3月，山东河务局开始办理春厢工程，两岸险工改修石坝。

5月15日，国民党中央政治会议决定，治黄事宜由国民政府建设委员会办理。

5月，河南省对开封、郑州间黄河大堤进行修整，作为公路通行汽车。

9～11月，恩格斯、方修斯进行治河论战。

11月，河南河务局拟定黄沁河造林计划大纲，以5年为期，造林500万株。自1931～1934年，共植林404.06万株，成活366.28万株。

11月，引泾灌溉工程正式开工，定名“泾惠渠”，1935年4月竣工。渠首为块石混凝土拦河滚水坝，这是黄河流域第一座现代钢筋混凝土引水工程。

1931 年

2 月 23 日,华北水利委员会通过李仪祉的提案:导治黄河宜注重上游,请尽早派人测量研究。

4 月 11 日,河南河务局成立《豫河三志》编纂处,年底书成,次年春刊印。

4 月,行政院议决:“黄河水利事业,移交内政部接管。”10 月 24 日,国民政府任命朱庆澜为黄河水利委员会委员长。

6 月 22 日,绥远民生渠举行竣工典礼。

7 月,德国恩格斯教授在奥贝那赫瓦痕湖做大规模模型试验。

8 月 12 日,伊、洛两河同时暴涨,受灾 10 万多人,淹没面积 18.9 万亩。

11 月 2 ~5 日,国民政府内政部在南京召开“黄河河务会议”。

1932 年

3 月 20 日,冀鲁豫 3 省黄河河务联合会成立。21 ~22 日,举行第一次会议,冀、鲁、豫 3 省河务局局长等出席。

5 月,阎锡山派军垦部队进入河套地区,开始举办绥西屯垦水利。

6 ~10 月,恩格斯教授在德国奥贝那赫瓦痕湖水力试验场为黄河做大型模型试验。

9 月,甘肃省洮河决口,灾情惨重。

10 月 7 日,国民政府特派王应榆为黄河水利视察专员,详细调查黄河情形,为根治黄河作准备,11 月 2 日结束。

是年,王文景在绥远临河县永济渠上创建了草闸工程。

1933 年

2 月 23 日,重修戴村坝工程正式开工,6 月 1 日竣工。

2 月,山东省建设厅拟定《山东黄河沿岸虹吸淤田工程计划》,拟先于历城县王家梨行、齐河县红庙、齐东县马扎子、滨县尉家口、蒲台县王旺庄 5 处试办。

4 月 24 日,国民政府特派李仪祉为黄河水利委员会委员长,王应榆为副委员长,5 月 26 日派张含英为委员兼秘书长。

5 月 23 日,国民政府任命许心武为黄河水利委员会委员兼筹备处主任,在南京进行黄河水利委员会筹建工作。

6 月 9 日,陕西省政府政务会议通过了《陕西省测水站规划及其设置组织大纲》。这一规划是由水利专家李仪祉提出的,并逐步得到了实施。

6月28日,国民政府制定“黄河水利委员会组织法”,规定黄河水利委员会直属国民政府,掌理黄河及渭、北洛等支流一切兴利、防患、施工事务。

7月,山东齐河县董桥大堤冲决,东阿县邵庄亦决两口。

7~8月,陕西省淫雨成灾,平地水深数尺,各河暴涨泛溢,淹没面积1558万亩,灾民45.85万人。

8月1日,黄河禹门口发生“揭河底”冲刷。

8月3日,河北长垣县土匪将石头庄黄河大堤扒开两口,11日大洪水到达后,两口门被冲宽合二为一,造成巨灾。

8月9日夜,陕县水文站出现特大洪水,但未测得。洪水过后,经安立森等人调查,确认陕县站洪峰水位298.23米(大沽),相应流量为23000立方米每秒。这是黄河上第一次采用现代科学方法进行水文调查。

8月9日,黄河大洪水到达河南境内后,两岸堤防即横遭决溢,在中下游造成决溢104处,其中决口73处、漫溢31处。豫冀鲁苏4省30个县受灾,灾区面积6592平方公里,受灾人口273万人,死亡1.27万人。

8月19日,因黄河发生大洪水,黄河水利委员会奉令暂归行政院监督指挥,先期办公,同时筹备工作加速进行。9月1日,黄河水利委员会在南京正式成立。

8月24日,黄河水利委员会聘挪威水利专家安立森为工务处测绘组主任、工程师。安立森是第一位任职于治黄机构的外籍水利专家。

8月28日,黄河水利委员会委员长李仪祉在南京筹备处召开冀鲁豫苏皖陕6省黄河防汛会议,讨论黄河流域水灾救济、防汛、抢险、堵口、善后等事项。

9月4日,国民政府成立黄河水灾救济委员会,特派宋子文为委员长。自9月23日起,在该会存在期间,黄河水利委员会亦受其指挥监督。次年底,该委员会奉令撤销。共赈济灾民101.54万人,医治伤病人员20.07万人。

9月13日,经中央政治会议决议,黄河水利委员会改设于河南开封。

9月,黄河水利委员会组成第一测量队,11月,第二、三测量队及导渭工程处测量队亦建立,均隶属工务处。

9月,河北、山东两省河务局在河北东明县刘庄险工架设了一条过河电话线路,这是黄河上架通的第一条专用过河电话线路。11月,山东河务局在位山、解山间也架设了专用过河电话线。

10月24日,冯楼堵口工程开工,次年3月17日合龙,历时7月,耗资131万元。

11月11日,黄河水利委员会派测量队测量黄河下游南北两岸大堤,次年4月20日完成。

11月18日,王家梨行虹吸淤田工程竣工,这是山东第一个虹吸引黄工程。

12月10日,黄河水利委员会和河北省立工学院合作,在天津设立"天津第一水工试验所"。次年,又有导淮委员会等机构加入,改名为"中国第一水工试验所",1935年11月建成。

12月,黄河水利委员会组建水文测量队,队长许宝农,这是黄河上第一个流域性水文管理机构。1942年,更名为黄河水利委员会水文总站,许宝农任主任。

是年,国民党军队修筑黄河尾闾堤,南岸自利津县纪冯至民丰15公里,北岸自利津县七龙河至永安镇40公里。

是年,山西省在汾河东岸上兰村修建小型水力发电站。

是年,李仪祉写出《黄河治本的探讨》一文。认为治河的目的首先在于防洪,其次在于整理航道,并兼及灌溉、放淤和发电。

1934年

1月,《黄河水利月刊》创刊,1936年底停刊。

1月,李仪祉完成《治理黄河工作纲要》,提出以近代水利科学技术治理黄河的工作要点。

2月5日,黄河水利委员会制定并公布《黄河水利委员会报汛办法》,其中报汛时间规定为自夏至日起至霜降日止。

2~5月,绥远省政府请求经委会援助完成民生渠工程。1936年春,绥远省政府主席傅作义再次电请经委会和华北水利委员会派员复勘民生渠,尽量予以挽救,但无结果。

4月7日,黄河水利委员会派视察队勘查河口,得知以滩洲为中心,河口泥沙之沉淀半径为15公里。

4~5月,山东红庙、王旺庄、马扎子3处虹吸引黄灌溉工程开工,七八月先后竣工。

4~5月,河南河务局修筑滑县老安堤,当年竣工。

5月9日,黄河水利委员会公布了《黄河防护堤坝规则》,规定黄河沿岸堤坝由黄河水利委员会指挥河南、河北、山东3省河务局负责防护。

5月,陕西洛惠渠开始修建,7月,该渠建设移交经委会办理。

6 月,《黄河修防暂行规程》施行。

6 月,山西省政府设立汾河河务局。

汛前,黄河水利委员会先后在干支流增设兰州等 18 处水文站,这项工作始于 1933 年汛后。

7 月 4 日,经委会委托德国水工专家恩格斯教授继续进行治导黄河的水工模型试验,11 月 8 日结束。

7 月,黄河水利委员会成立精密水准测量队,开始进行精密水准测量。

7 ~ 10 月,黄河水利委员会委托国立北平研究院代测西安、潼关、郑县黄河铁桥、开封、泺口、利津、周桥、凤翔 8 处天文经纬度,作为施测黄河流域地形图的依据。

夏,著名史学家顾颉刚考察绥远,写成《王同春开发河套记》一文。

夏,国民政府考试院院长戴传贤发起编纂《黄河志》。

8 月 11 日,黄河在长垣县九股路、东了墙、香李张、步寨上年填筑的旧口门处又决口 4 处。9 月 4 日开始从贯台串沟口进行堵筑,称为"贯台堵口工程"。

8 月 11 日,黄河水利委员会在河南开封黑岗口采取黄河水样,送华北水利委员会代为进行泥沙颗粒分析,11 月完毕。

9 月,河口河段自山东利津县鱼洼以下决口,水分 3 股,由老神仙沟、甜水沟、宋春荣沟入海。

9 月,经委会决议设立全国水利委员会,以统一全国水利行政,孔祥熙任委员长。自 12 月 1 日起,各水利机关移归该机关管辖。

10 月,黄河水利委员会出版《黄河水利委员会测量规范》,作为黄河流域施测基本水平控制的技术标准,这是治黄机构制定的第一本测量规范。

12 月,黄河水利委员会委员长李仪祉写出《黄河水文之研究》一文,系统地阐述了他的水文站布设指导思想。后人称这个计划为黄河流域第一个水文站网规划。

12 月,国际联盟特派英法荷意 4 国水利专家柯德等人来华研究水利工程。次年 1 ~ 2 月初,他们广泛考察了黄河河防及灌溉工程,3 月底写出《视察黄河报告》。

是年,河南开封黑岗口敷设黄河河底电缆,连通两岸电信。

是年,山东黄河船只发展至 3000 余艘,年货运量约 40 万吨,是民国时期船舶拥有量最多的时期。

是年,山东修筑利津县宁海左庄至大溯矛一段黄河大堤。

1935年

1月22日,经委会水利委员会通过了《请经委会筹拨巨款,补助黄河河防工程案》,决定每年拨款100万元,加修堤防,以固河防。

2月2日,国民政府免去王应榆黄河水利委员会副委员长之职,特派孔祥榕接充。

2月,黄河水利委员会委员长李仪祉辞职,未获批准。

3月28日,黄河水利委员会召开培修豫冀鲁3省大堤紧急工程及金堤工程会议,计划对1933年大水中出险堤段、薄弱堤段进行培修加厚。

3月,陕西省政府成立渭惠渠工程处,省水利局局长李仪祉兼任处长,4月正式开工修建渭惠渠,1937年12月建成。

4月11日,贯台堵口工程合龙。

4月16日,培修北金堤工程开工,7月2日完工。

4月,李仪祉发表《免除大河以北豫、鲁、冀9县水患议》一文,建议开挖金堤河,由长垣之东,经濮阳之南,沿金堤出陶城铺以达于河。

春,军事委员会委员长蒋介石电令在黄沁河两岸各营造保安林500米,先自南岸造起。至5月,河南黄沁河南岸灵宝等17县共植林189万株。

5~11月,《黄河志》3篇先后完稿,陆续出版。

7月1日,国民政府修正公布《黄河水利委员会组织法》,规定黄河水利委员会隶属于经委会,掌理黄河及渭、北洛等支流一切兴利、防患事务。

7月3日,长垣县石头庄至大车集段堤防工程完工。其余8处豫冀鲁3省大堤紧急工程,亦陆续告竣。

7月8日,伊、洛河堤防溃决,两岸泛滥成灾,死亡千余人。

7月9日,黄河水利委员会会同经委会设立"督察黄河防汛事宜办公室",督察黄河防汛事宜。

7月10日晚,山东鄄城县董庄民埝溃决,溃水东南流,又将董庄至临濮集间官堤冲决6口,淹鲁苏两省27县,受灾面积1.22万余平方公里,受灾人口341万余人,死亡3750人。

8月4日,甘肃兰州黄河暴涨,高庄决口。15日,宁夏境内黄河水势猛涨,各渠口溃决,灾民10余万人。

8月23日至9月2日,黄河水利委员会测绘组主任、工程师安立森等工程技术人员查勘晋豫黄河峡谷,认为三门峡为一优良坝址,建议修建三门峡拦洪水库。

8 月,黄河水利委员会会同绥远省政府成立测量队,开始绥远黄河及乌加河地形测量。

9 月 22 日,河南省引黄济惠工程源头处柳园口、黑岗口两虹吸管工程安装竣工并放水。

9 月,全国水利委员会委员长孔祥熙提出《江河水患标本兼治办法》,认为造林及分段治导为黄河治本之法。

10 月,董庄决口泛水将江苏沛县防黄大堤决溃,泛滥达 50 平方公里。

11 月 2 日,黄委会委员长李仪祉辞职获准,由孔祥榕代理黄河水利委员会委员长职务。

11 月 4 日,国民党六中全会通过了统一黄河水利行政组织的议案。次年 8 月,经委会拟订《统一黄河修防办法纲要》,由国民政府颁发执行。

11 月 18 日,据江苏省建设厅报告,自董庄黄河决口后,为防御泛水南下,江苏省动员铜山等 11 县民夫 106 万人,筑堤 940 公里。铜山等 10 个受灾县份,受灾面积约 800 余万亩。

11 月,由沈怡等编撰的《黄河年表》完成。

12 月 4 ~ 11 日,日本派人对黄河下游开封至河口河段进行航空摄影,1938 年镶嵌成 1:3 万图 10 幅,名为《黄河线集成写真》。

12 月 6 日,黄河水利委员会派人进行伊、洛河查勘,12 月 18 日结束,在之后编制的《踏勘伊洛两河拦洪水库报告书》中,推荐在望云庵和长水两处修建拦洪水库。

1936 年

1 月,经国民政府批准,恩格斯教授获颁一等宝光水利奖章。

2 月,黄河水利委员会制订《整理铜瓦厢黄河河槽初步计划》。

凌汛期间,山东历城县王家梨行决口。

3 月 27 日,董庄堵口工程合龙。

春,黄河水利委员会拟订黄河巨型试验计划,拟在河南开封黑岗口附近建设巨型试验场,进行黄河巨型试验。

5 月 2 日,国民政府特任孔祥榕为黄河水利委员会委员长。

5 月 17 日,黄河水利委员会委员长孔祥榕等视察黄河河口,认为黄河尾闾乱荆子至寿光圩子间河道弯曲过甚,应进行裁弯取直。经经委会核准,工程于 6

月15日开工,7月14日竣工。

7月1日,黄河水利委员会成立督察河防处,孔祥榕兼任处长,以统一下游3省河防指挥。

7月,经冀鲁豫3省主席会商,对于黄河河务,决定实行联防。

夏末至秋初,阎锡山屯垦军在绥远五原成立了绥西屯垦合作总社,垄断和控制了五原地区的经济命脉。

10月31日,黄河水利委员会呈准经委会,联合豫冀鲁3省政府在济南举办庆祝黄河安澜大会。

11月11日,黄河水利委员会开始在渭河宝鸡峡进行拦河坝址钻探。

12月,由黄河水利委员会、豫冀鲁3省河务局各派代表组成黄河察勘修防设计团,吴南凯任团长。16日出发沿黄河南北两岸以及沁河重要工段详细查勘,次年1月16日结束。

12月,国民政府军事当局在沁河方陵等地建筑碉堡22处,并植林以掩护,影响交通及修防工作甚大。

是年,黄河水利委员会修防会议决定变更入汛日期,将防汛期限由7月15日起,改为由7月1日起至10月底止。

1937年

1月16日,国民政府修正公布《黄河水利委员会组织法》,规定沿河各省政府主席为黄河水利委员会当然委员,共负黄河修守职责。

3月1日及4月12日,河南、山东河务局先后改组为河北、山东修防处,不久改为黄河水利委员会驻豫、驻鲁修防处。5月4日,又改为河南修防处和山东修防处。但河北黄河河务局未改组。

5月12日,国民政府拟定《全国水利建设计划》,提出了整理豫冀两省河床以造成中水河槽等治黄主张。

8月1日,山东菏泽县发生7级地震,东明刘庄、冷寨、黄庄、高村等处黄河大堤发生裂缝,背河平地冒黑水黑沙,险工埽坝出现断裂现象。

8月31日,山东蒲台县正觉寺黄河大堤决口,50余万人受灾。

9月,黄河水利委员会完成河南孟津县至海口黄河河道地形测量。该项工作始于1933年10月。

10月至次年10月,抗日战争爆发后,黄河水利委员会派技术人员参加了在江苏乌龙山、江西马当及湖北田家铺、葛店等处实施的长江航道阻塞工程,起到了阻滞日军溯江西侵的重要作用。

12 月上中旬，日本侵略军连续派飞机侦察、轰炸黄河堤防坝埽，造成部分堤防毁坏及平民伤亡。

冬，绥远包头、萨拉齐、托克托 3 县黄河防洪堤工程，因日军侵入该地，导致停修废弛。

是年，河南黄河实行汛兵制，并统一制发灰色制服，佩带徽章。

1938 年

1 月 1 日，陕西省垦务委员会设立黄龙山垦区办事处，安排沦陷区难民落户垦殖。

2 月 17 日晨 5 时，政府军新编第 8 师奉令开始引爆郑州黄河铁桥，至 19 日上午，将第 39 ~ 83 孔炸毁。

3 月 8 日，中国水利工程学会会长、陕西省水利局局长、原黄河水利委员会委员长李仪祉病逝于西安。

3 月，日军封锁河北长垣段黄河，断绝南北交通，长垣县境内粮食奇缺，民众绝粮而死者甚众。

4 月 3 ~ 10 日，日本侵略军对河南开封至山西河曲段黄河进行航空摄影，并完成 1∶3 万镶嵌图 24 幅。

5 月 1 日，黄河水利委员会自开封迁洛阳，不久又迁西安，山东修防处随迁，其下属机构撤销。河南修防处 5 月迁郑县，以后也多次迁移。河北黄河河务局被撤销。

5 月 15 日，军事委员会委员长蒋介石电令："黄河水利委员会除受经济部直辖外，并受第一战区司令长官指挥监督，以期与军事密切配合，适应战争需要。"

6 月 4 日晨，政府军 53 军奉令在中牟县赵口开始掘堤，经多日施工，放水仍然不畅，不得不另选扒口地点。

6 月 6 日晚，政府军新 8 师在河南郑县花园口开始掘堤，至 9 日扒口完成，黄河主流穿堤而出，导致豫皖苏 3 省 44 县成为黄泛区。在 8 年泛滥中，1250 万人受灾，391 万人逃亡，89 万人死亡。

6 月 15 日，因黄河水利委员会委员长孔祥榕因病辞职，国民政府特派副委员长王郁骏接任。

6 月，陕西梅惠渠竣工。

7 月 18 日，国民政府特派办理黄灾抚赈事宜办事处通知郑县、中牟、尉氏、鄢陵4县当局,移送10万难民,到陕西黄龙山垦区垦殖。

7月25日,黄河水利委员会设立花园口裹头工程事务所,在日本侵略军炮击和飞机轰炸下,抢筑了断堤两端的裹头工程。

7月,黄河水利委员会同河南省政府及其他部门组织成立防泛新堤工赈委员会,修筑了自广武李西河至郑县唐庄的一段防泛新堤。

8月15日,洮惠渠竣工。洮惠渠又名民生渠,是甘肃省第一项新型灌溉工程。

8月,陕甘宁边区政府建设厅颁发《为保护森林严禁滥伐事》通令。

8月,大批黄泛区灾民被陆续转送到陕西黄龙山垦区垦荒。1939年5月1日,行政院将陕西省黄龙山垦区办事处收归行政院直接管辖,改称国营黄龙山垦区管理局。

8月,日伪临时新黄河水利委员会在河南开封瓦坡附近的沙丘间修筑堤防一道。次年,又在中牟县小金庄至开封郭厂间修筑堤防一道。以后屡有补修,统称防泛东堤。

9月9日,河南省政府设立邓县垦荒办事处,移送黄泛区灾民去该县垦荒。

12月14日,青海省政府择定都兰县察汉乌苏、共和县大河坝等处为安置沦陷区难民垦殖区。

是年,由郑肇经编著的《中国水利史》和《中国之水利》两书,被商务印书馆列入"中国文化史丛书"出版,两书中都设有专章记述黄河问题。

1939年

3月初,日伪政府征集民工2000多人堵筑赵口。开工后派兵300多名来工地监工弹压,14日竣工。

3月,为掠夺黄河资源,日本东亚研究所组织成立了第二调查(黄河)委员会,从事黄河治理、水利等问题的调查研究。1944年6月编成"第二调查(黄河)委员会综合报告书"。

3月,甘肃永登县湟惠渠开工,1942年3月建成。

4月3日,陕北织女渠放水。

4月29日,陕甘宁边区第一条长渠——裴庄渠修筑竣工。

4月,黄河水利委员会委员长王郁骏调离,国民政府特任孔祥榕接充,孔于5月31日再次接任黄河水利委员会委员长。

5月5日,日本侵略军修筑的汴(开封)新(新乡)铁路通车,该铁路线从开封大马庄穿过黄河故道。

5 月,河南省续修防泛新堤工程开工,7 月竣工,完成了自圃田至安徽界首集的堤防工程。国民政府军事当局明确此堤“既是河防,又是国防”,沿堤险要处均筑有军事工事。

7 月,日本侵略军乘进犯花园口之际,在口门以东另挖一口门,当地人称为东口门,1942 年 8 月大水,将两口门冲刷合一。

7 月,河南周口以上防泛新堤决口 38 处。

8 月 11 日,黄河水利委员会设置“豫境防泛新堤监防处”,10 月 15 日监防处撤销,由河南修防处沿防泛新堤设立 3 个修防段,负责修守。

8 月 11 日,安徽省政府成立淮域工赈委员会,淮域各县设立工赈工程总队部,在国民政府辖区内,各县以工带赈举办防泛筑堤工程。

9 月 12 日,黄河水利委员会颁发《黄河防泛新堤防守办法》。规定防泛新堤由河南修防处及沿堤各地行政督察专员督促所属各县县长共同负责防守。

9 月 12 日,日本帝国主义对黄泛区进行航空摄影,并镶嵌成图,名为《黄河线孟津至洪泽湖集成写真》。

9 月,甘肃临洮县溥济渠筹备开工,1941 年 8 月由甘肃水利林牧公司接办,1942 年 5 月竣工。

9 月,李书田任黄河水利委员会副委员长。

11 月 1 日,黄河水利委员会在郑县成立“驻工督察联合办事处”,负责豫省黄河新旧堤督防工作,次年 3 月 31 日撤销。

11 月 22 日,河南修防处兴工堵塞沁河武陟县五车口口门,日本侵略军于 11 月 24 日、12 月 14 日及 12 月 24 日 3 次进犯堵口工地及民工所住村庄,肆意捕杀民工,焚烧民房。

1940 年

1 ~ 2 月,日本侵略军侵入河套地区,先头部队到达磴口县三盛公一带,沿途对灌区水利设施进行了大肆破坏。

3 月 7 日,河南修防处开始在防泛新堤植林,4 月 4 日竣工。共植低柳、杂树 79.59 万株。

3 月 20 日凌晨,傅作义部发动五原战役,反攻侵入河套地区的日军。傅部掘开引黄灌渠,利用黄河冰凌水辅助进攻,取得胜利。

8 ~ 10 月,河水大涨,河南尉氏县烧酒黄等处相继决口,黄水泛滥于洧川、鄢陵一带。

9月11日，河南修防处恢复成立沁西总段，沁河修防工作逐渐恢复。

9月，孙绍宗将李仪祉先生遗著收集校编成书。

10月初，黄河水利委员会在周口组设整理豫境沙河工程委员会，次年1月工程告竣，郭埠口西沟等9处串沟被堵截，同时修培周口至淮阳间沙北大堤一段。

10月，黄河水利委员会在兰州成立黄河水利委员会上游工程处，次年6月28日改组为上游修防林垦工程处，1944年1月复改为上游工程处，1947年10月，该处由兰州迁西安。

11月，中央水工试验所等在陕西武功县设立武功水工试验室，这是黄河流域最早设立的水工试验室。

是年，塔德、安立森发表《黄河问题》论文，引起欧美水利界重视。

1941年

1月1日，黄河水利委员会在天水设立陇南水土保持试验区，这是黄河流域最早建立的水土保持科学研究机构。次年8月，农林部也在天水着手设立天水水土保持试验区，1943年4月落成。

1月，中央水工试验所在陕西扶风县傅家庄设立黄土防冲试验场，进行防冲试验。

年初，第8战区副司令长官兼绥远省政府主席傅作义将军提出“治军与治水并重”的口号，着手从事河套军事水利建设。

3~4月，黄河水利委员会等单位拟定了对策军工计划，由河南修防处在扶沟县等地修筑军工坝37道、埽2段。4月16日动工，8月底竣工，粉碎了日伪企图逼溜西侵的图谋。

4月1日，陕西省陕北水利工程处成立，着手修筑鱼惠、云惠、定惠渠。定惠渠于当年春季兴工，至1943年6月16日大坝筑成。

4月5~7日，行政院在西安召开淮域工程会议，研究淮域水利工程建设方案。此后在抗战期间，安徽淮域实际上重点培修颍河右堤，确保防黄安全，颍河左堤不再培修，颍河左岸地区维持黄泛区现状。

6月6日，黄河水利委员会林垦设计委员会在天水成立“甘肃省天水县水土保持委员会”，简称保土会，这是中国最早成立的民间水土保持团体。

6月16日，中牟日军隔河炮击南岗、马家、黄坟等处河工。25日再次隔河炮击马家河工，炸死修防民工 2 人，伤 4 人。

6 月 30 日，太康县王盘阻塞工程竣工，使黄河大溜移至王盘以上扶沟县江村口门上下，减弱了入涡流势，泛区对于日军的障碍作用得以维持。

7 月 23 日，黄河水利委员会委员长孔祥榕逝世，遗缺由万辟代理。8 月 26 日，国民政府特任张含英为黄河水利委员会委员长。

8 月 1 日，甘肃水利林牧公司成立。该公司成立后 5 年内，以甘肃省黄河流域为工作重点，相继完成洮惠、湟惠、溥济、汭丰等 11 条水渠建设，灌田 50 万亩，收益数千万元。

9 月 1 日，行政院水利委员会正式成立，奉经济部令，黄河水利委员会自即日起转隶行政院水利委员会。

11 月，日伪筹堵黄河中牟决口委员会组织测量队，自花园口口门至入海口沿河择要施测黄河河道地形，口门附近未测。1944 年 6 月，该委员会又组织京水镇口门测量队施测口门一带地形。

12 月，第三集团军及河南修防处派员赴郑县小潘庄一带查勘河势，研究恢复中牟城南泛区阻敌计划。确定将小潘庄南现有串沟一道与主流接通以增加串沟流量，造成阻敌形势。次年元月，召集郑县、中牟、尉氏、新郑 4 县民夫彻夜赶挖完工。

年末，傅作义将军邀请水利专家王文景从四川回绥远主持河套灌区水利重建工作，绥远河套灌区水利组织陆续得以恢复。

是年，甘肃省 47 县遭受水、旱、雹灾，受灾耕地面积 677.6 万亩，灾民 133.9 万人。

1942 年

1 月 10 日，甘肃水利林牧公司开工兴建永丰渠，1943 年 6 月竣工。同月，该公司开工兴建永乐渠，1947 年 5 月竣工。

2 月 3 日，河南修防处奉令在尉氏县、西华县加修防泛西堤军工挑水坝，逼水东移。

2 月 20 日，由日伪河南省公署组织，河南省通许县至安徽省境之间的防泛东堤及护岸工程开工，5 月底竣工。次年 4 月 1 日至 7 月 9 日，日伪河南省公署又兴工修筑河南郑县石桥至中牟车站和通许县傅庄至太康县之间的防泛东堤。

4 月，陕西黑惠渠放水，12 月竣工，该渠开工于 1938 年 9 月。

5 月下旬，黄河水冲破河南扶沟县蒺藜岗民堤，溃水越过贾鲁河，直撞颍河北岸，淹没土地40万亩。

5月，甘肃水利林牧公司组设水利查勘队3队，分区开展甘肃省水利、水电、航运及水土保持查勘。

6月，日伪山东省经济建设技术人员协会编制出《三门峡堰坝筑造计划概要》，计划在三门峡筑高70米之混凝土重力式溢流堰坝。

7月7日，国民政府颁布《中华民国水利法》，这是中国近代的第一部水利法。

8～9月，防泛新堤尉氏县岗庄，扶沟至西华间道陵岗、张庄北及刘干城南先后漫决6处。

9月12日，陕西黄河禹门口至潼关段暴涨，韩城、合阳等县沿河地区尽成泽国，死亡680人，无下落者350人，淹没耕地50余万亩。这次洪水还导致渭河倒灌。

10月17日，国民政府修正公布《黄河水利委员会组织法》，规定黄河水利委员会隶属于行政院水利委员会，掌理黄河及渭、洛等支流一切兴利防患事务。

12月，国民党鲁苏豫皖边区党政分会主任汤恩伯召集第十五集团军总司令部、黄河水利委员会等方面的代表在安徽临泉开会，讨论防范黄河泛水溃入沙河继续南泛的问题。会议决定成立黄泛视察团，对上起河南尉氏，下至安徽颍上的泛区河势及沿河堤防工程进行调查，后写出《黄泛视察团总报告书》。

是年，黄河水利委员会根据行政院水利委员会的命令，编制出黄河花园口堵口复堤工程计划，以备战后实施。堵口拟采用架桥抛石平堵方法。后行政院水利委员会饬中央水利实验处在重庆进行堵口模型试验。

是年，黄河中下游陕晋豫鲁冀5省及当时黄河行经的苏皖两省大旱，以豫省灾情为最重。黄河职工生活艰难，多有饿死者。

是年，河南省约60个县发生蝗灾，很多庄稼被吃光，不少人饿死。黄泛区内蝗灾尤为严重。

1943年

1月27日，河南尉氏县荣村至岗庄堤段决口4处。同日，扶沟至西华县道陵岗上下堤段决口12处。

1月下旬，鲁苏豫皖边区总司令部在河南漯河召开第一次整修黄泛工程会议，决议根据黄泛视察团视察结果，拨军工款500万元，将沿河新堤一律加培。

2月8日至10月5日，鲁苏豫皖边区总司令部举办了整修黄泛一二期复堤工程,先后共动员军民40余万人,做工928万余个,完成土方917万立方米。培修了防泛新堤及沙河、颍河、贾鲁河堤防,修复了荣村缺口。

4月20日,傅作义将军举办的4项重点军事水利工程开工,复兴渠开挖工程于6月10日完工,修建黄杨接口工程于6月中旬完成,修整乌拉河渠于6月完成,整修杨家河于6月上旬大部完成。这4项工程开创了绥远河套灌区由政府主持开挖渠道的先例。

4月,行政院组织成立西北水土保持考察团,由成都出发,在我国水土流失严重的甘肃、陕西、青海3省的部分重点区域进行水土保持考察,11月中旬结束,是黄河流域规模空前的一次水土保持考察。

春季,甘肃省在兰州西郊用电力抽黄河水灌溉农田试验成功。这是黄河上游机器抽黄灌溉之始。

5月,河南修防处新二段梁半庄至道陵岗堤段漫溢决口14处,大堤多不成堤形。同时中牟、尉氏两县各决口1处。

5月,日伪在开封境史家岗一带,筑堤堵沟,阻河东流。为粉碎日伪阴谋,河南修防处在尉氏县里穆张修筑军工挑水坝1座,以期挑溜东趋,屏障防泛新堤堤防。6月23日兴工,7月25日完工。

5月,黄河水利委员会拟定《陕州拦洪水库初步计划》,计划在三门峡修筑混凝土重力坝,5年建成。

6月18日,扶沟县吕潭至宾王岗黄河堤决口10处。

6月,汤恩伯在河南周口召开第二次整修黄泛工程会议,决议拨军工款450万元,修筑贾鲁河及鄢陵双洎河堤防等工程。

7月12日,宁夏石嘴山黄河洪峰流量4800立方米每秒,西起石嘴山,东至绥远米仓县的协成渠,淹没5000多平方公里,淹耕地300万亩,死伤700多人。

7月20日,鲁苏豫皖边区总司令汤恩伯等在安徽临泉举行第三次整修黄泛工程会议,决定成立整修黄泛临时工程委员会,筹款3000万元,进行堵口复堤和防汛工作。

7月底,尉氏荣村堵口工程受挫。

8月9日夜,沁河南岸武陟县五车口新工因堤底穿穴,抢护不及决口,民夫陷入泥内而死者三四十人。23日晚,沁河武陟县东小虹段堤身坍塌溃决。黄河在武陟县解封东西及方陵等处亦先后漫决。

8月21日,黄河水利委员会委员长张含英辞职,国民政府特任赵守钰接充。

8月21日,日伪举办的引黄济卫工程开工。

8 月,河南修防处新二段大堤因背河积水过高,漫溢决口 10 处,另在尉氏县小岗杨、扶沟县白潭至吕潭间及淮阳县宋双阁等地先后决口 12 处。

8 月,颍河水涨,政府军河西驻军为保其防地,私掘安徽太和境内颍河左岸防黄大堤,使太和县城东西全被淹没。

8 月,国民党"泛东挺进军"在河南太康县芝麻洼、燕子河,通许县张伯虎等地两次掘堤 18 处,淹没村庄近千个,受灾群众近万人。

9 月 10 日,河南省尉(氏)鄢(陵)扶(沟)西(华)黄泛防御委员会在鄢陵成立。

9 月 26 日夜,河南通许县邸阁附近黄河防泛东堤决口 3 处。

9～12 月,河南修防处、地方政府及驻军协力修堵河南西华县道陵岗至刘干城一带 5 处漫口,避免了大河主溜由西华蔡河沟穿过贾鲁河越沙河南泛,变更豫皖边区国防线之危险。

10 月 2 日,国民政府豫东专员公署在中牟至太康县高贤集的黄河防泛东堤上掘口 11 处,企图以黄水缩小共产党领导的抗日区域,并趁水势漫淹时抢掠财粮。

1944 年

1 月,由资源委员会天水水力发电工程处承建的天水王家磨水电站开工,次年 12 月建成发电,这是甘肃省建成的第一座水电站。

4 月 5 日,西宁电厂工程正式开工,次年 10 月 10 日建成发电,是当时黄河流域仅有的 3 座小水电站之一。1948 年 3 月,资源委员会决定将西宁电厂转交青海省政府,更名为西宁水力发电厂。

4 月 22 日,甘肃泾川县汭丰渠竣工放水,这项工程是 1942 年 5 月由甘肃水利林牧公司开工兴建的。

4 月,日军攻陷郑县、洛阳,黄河旧堤及防泛新堤尉氏以上各工段因受日军威胁,修防工作中断。但尉氏以下防泛新堤上起荣村、尹郭、马立厢,下迄豫皖交界之太和县界首集及沙北大堤全段因战事未曾波及,仍能照常进行工作。

春,整修黄泛三期工程完工,先后堵合荣村、薛埠口、下炉口、宋双阁口等口门,培修堤防数段,并修建了一批防汛工程。涸复尉氏、鄢陵、扶沟、西华 4 县田亩 1000 平方公里,稳定了泛区现状,保障了堤西十数县之安全。

5～6 月,黄河接连水涨,沿河政府军为阻碍日军进攻,曾在扶沟县吕潭,西华县毕口、薛埠口、杨庄户、刘老家,淮阳县李方口、下炉圈堤及贾鲁河东堤之龙池头、栗楼岗等处开挖多口，导致洪水横流。8 月 16 日，日伪亦在西华县葫芦湾及周口南寨之沙河南堤挖口两处。

6 月 10 日，甘肃牛鼻峡航道整理工程竣工，此后，洮河上游各县物资可从水道直运兰州。

6 月，日本东亚研究所第二调查（黄河）委员会所编“综合报告书”（日文）出版。

8 月，防泛新堤尉氏县荣村，扶沟县杜家、岳桥、吕潭、董桥等地决口 6 处；颍河南堤西华县朱寨、律庄、孙嘴先后漫决。10 月 1 日，扶沟县李庄、董桥、吕潭和西华县毕口、刘老家等地决口 6 处，其中吕潭、毕口、刘老家 3 处系为排泄积水，由政府军扒决。

9 月 16 日，青海芳惠渠正式开工，1947 年 8 月下旬竣工，是当时青海省建设规模最大的农灌渠道。

9 月 30 日，蒋廷黻代表中国政府，向联合国善后救济总署函送《中国善后救济计划》。黄河花园口堵口工程、黄河下游河堤修复工程、黄河下游堤防危险部分改善工程、淮河及其支流河堤修复工程、豫皖泛滥区域排水改善工程等列入其中。

是年，行政院水利委员会在美国租借法案中，选派各类水利人才 20 名赴美实习、考察，这是中国第一批派往国外实习、考察水土保持的工作人员。

1945 年

1 月，行政院为安置抗战胜利后复员军人，拟在宁夏屯垦，责成黄河水利委员会在银川成立宁夏工程总队，勘测、发展宁夏引黄灌溉工程。

3 月 6 日，由黄河水利委员会修建的荆峪沟留淤土坝工程开工，5 月 8 日建成。这是黄河水利委员会在上游修建的第一座小型留淤土坝。1946 年 4 ~ 5 月间，黄河水利委员会又在荆峪沟流域建起了第二座留淤土坝。

5 月 2 日，防泛东堤决于中牟县大吴村，次年 5 月堵合。

7 月 22 日，经行政院水利委员会核准，《黄河水利委员会防护堤坝办法》施行。该办法对于汛兵培训、岁修、防汛及护坝事宜均作了相应规定。

8 月 23 日，黄河在郑县郭当口决口，次年 5 月堵合。

9 月，全国水力发电总处总工程师张光斗等人到甘肃黄河朱喇嘛峡、刘家峡查勘，提出在朱喇嘛峡修建水电站选坝方案。1946 年 5 月，美国工程师卡特恩应邀来华，对开发朱喇嘛峡水电站方案作了复勘。

10月,中央水利实验处就花园口堵口问题在四川长寿县龙溪河作大比例尺水工试验,之后,有关人员拟定了花园口堵口方案,决定用打桩修建便桥抛石平堵方法堵口。

11月10日,黄河水利委员会奉电转发行政院水利委员会颁发的《黄河流域水土保持实施办法》。

11月20日,行政院水利委员会主任委员薛笃弼提出花园口堵口计划,将黄河堵复工程分为两年完成,第一年修复下游重要堤防,第二年完成全部复堤工程并在大汛前将花园口决口堵筑合龙,泛区水道整理工程,一俟花园口溃口合龙即行兴工。堵口复堤工款需360.5亿元。

12月,黄河水利委员会成立花园口堵口工程处,筹备堵复花园口决口,黄河水利委员会委员长赵守钰兼处长。次年花园口堵口复堤工程局成立,该处撤销。

是年,黄河水利委员会组队查勘了青海兴海县唐乃亥以下黄河干流,编写了《三十四年查勘青海黄河干流水利报告书》。

1946年

2月初,黄河水利委员会由西安迁回河南开封原址办公。

2月中旬,中共中央就黄河归故问题向冀鲁豫解放区党委及行署发出指示。

2月22日,解放区晋冀鲁豫边区政府决定在菏泽成立冀鲁豫区黄河故道管理委员会,由冀鲁豫行署主任徐达本兼任主任委员。

2月,国民政府在郑县花园口成立花园口堵口复堤工程局,黄河水利委员会委员长赵守钰兼任局长,陶述曾任总工程师。3月1日,花园口堵口工程正式开工。

3月3日,黄河水利委员会委员长兼堵复局局长赵守钰前往河南新乡,会晤了正在当地执行军事调处任务的中共代表周恩来、美国代表马歇尔和国民党代表张治中,商谈了黄河堵口复堤问题。

3月23日,解放区晋冀鲁豫边区政府派代表赴开封,与国民政府及联总方面就黄河堵口复堤问题举行首次会谈,4月7日达成《开封协议》。

3~4月,渤海解放区修治黄河工程总指挥部成立。

4月8日,黄河水利委员会赵守钰和联总塔德等人,在解放区代表赵明甫等陪同下,对黄河下游故道进行查勘,15日返抵菏泽后,与冀鲁豫解放区行署主任段君毅等举行了黄河问题会议,达成《菏泽协议》。

5月10日,中共中央发言人就黄河堵口问题发表重要谈话,重申了关于先修复下游堤防、后实行花园口堵口的合理主张。

5 月 14 日，解放区山东省政府任命江衍坤为山东省河务局局长。

5 月 18 日，国共两党以及联合国善后救济总署、行政院善后救济总署的代表在南京举行会谈，达成《南京协议》。

5 月 18 日，中共代表周恩来同联总驻中国分署主任福兰克芮、工程师塔德，为执行《南京协议》达成下游复堤从速开工等 6 条口头协议。

5 月 25 日，解放区军民袭击河南新乡潞王坟石料厂，迟滞了花园口堵口进度，为修复下游故道堤防增加了时间。

5 月 25 日，渤海解放区动员 19 个县 20 万民众开始了大规模的复堤工程。

5 月 31 日，黄河故道管理委员会改称冀鲁豫区黄河水利委员会，王化云任主任，刘季兴任副主任，下辖 4 个修防处。

5 月，甘肃靖丰渠建成。

6 月 1 日，冀鲁豫解放区行署命令沿黄河故道各专署、县及各修防处、修防段，立即动员组织群众开工复堤。

6 月 3 日，冀鲁豫区黄河水利委员会召开沿河各县黄河修防段段长会议，进一步部署修堤工作。6 月 10 日，冀鲁豫解放区沿河 18 县组织 23 万民工，在西起长垣，东到齐禹长达 300 公里的堤线上进行复堤。经过 1 个多月的培修，初步修复了残破的大堤。

6 月 14 日，冀鲁豫解放区长清修防段段长张元昌等人到黄河沿岸检查护岸建设工程时，被国民党特务残忍杀害。

6 月 20 日，晋冀鲁豫边区政府急电南京国民党治黄当局，呼吁暂停花园口堵口工程，切实执行南京协议。

6 月 20 日，联总塔德等人由开封抵菏泽，察看鄄城县临濮集以下复堤情形，对解放区政府忠实执行《南京协议》表示赞佩。

6 月 21 日，花园口堵口打桩架桥工程完毕，不久因木桩接连被冲走，汛前合龙计划落空。

7 月 5 日，山东修防处第一期复堤工程开工，月底告竣。次年 2 月，第二期复堤工程竣工。

7 月 18 ~22 日，中共代表周恩来等同国民政府代表举行会谈，签署《上海协议备忘录》。会谈期间，周恩来自上海飞抵开封，对解放区抓紧修复故道堤防工程及黄河谈判问题作出指示。

7 月 22 日，河南郑县郭当口防泛东堤决口。

7月30日，花园口堵复工程局局长赵守钰辞职，不久由朱光彩接任。

7月，由美国专家组成的治黄顾问团在美国丹佛城成立，12月来华。12日至次年元月10日对黄河上下游进行了查勘，写出《治理黄河初步报告》。

7月，行政院水利委员会聘请国内水利专家组成黄河治本研究团，考察、收集治河资料，研究黄河治本问题，张含英任团长。

9月14日，兰州黄河铁桥流量达到5900立方米每秒，这是自1904年以来兰州段黄河最大洪水。

11月26日，陕西洛惠渠咽喉工程5号隧洞打通。

11月29日，蒋介石要求花园口堵口工程加快进度；12月6日又指示：宁停军运，不得妨碍堵口运石。

12月27日，国民党当局撕毁黄河历次谈判协议，违约开挖花园口引河，一部分黄河水流入黄河故道。

12月，黄河水利委员会改组宁夏工程总队为宁绥工程总队，阎树楠任总队长。

是年，河南修防处对防泛东、西堤进行了全面整修。

1947年

1月2日，蒋介石指示花园口堵口工程务须按计划在5日完工，不可拖延。

1月3日，中共中央代表、晋冀鲁豫解放区代表与联总代表就黄河堵口放水时间及下游复堤工款问题举行邯郸会谈。

1月8日，周恩来就黄河堵口问题发表严正声明，要求国民政府和行总在解放区复堤等工程完成之后，才能堵口放水，被国民政府拒绝。

1月11～17日，解放区代表与联总代表、水利委员会的代表在上海举行了4次会谈，商谈推迟堵口及迅速拨付解放区工程粮款问题，均无结果。

1月15日夜，花园口口门石坝陡然下陷，桥桩被冲毁数排，石坝缺口扩大，架桥平堵再次失败。

2月7日，中共代表董必武等人，与联总、水利委员会的代表在上海就黄河堵口复堤问题再次举行会谈，达成部分协议。

3月3日，解放区冀鲁豫军区和行署成立黄河河防指挥部，王化云兼司令员。

3月11～14日，冀鲁豫区黄河水利委员会在山东东阿县郭万庄召开治黄工作会议，提出“确保临黄，固守金堤，不准开口”的方针。这是人民治黄以来提出的第一个治黄方针。

3月15日,花园口堵口工程合龙,黄河回归故道。

3月20日,《黄河治本论》(初稿)出版。

3月25日,解放区救济总会主任委员董必武,就国民政府违约堵口合龙发表强烈抗议声明。

4月上旬,晋冀鲁豫边区政府召开冀鲁豫、冀南、太行、太岳4个解放区行署负责人参加的治黄会议,部署黄河下游复堤工作。

4月20日,河南、河北、山东3省国民党统治区复堤工程先后开工,至8月底基本完成。

5月12日,豫皖苏泛区复兴设计委员会编制出《豫皖苏泛区复兴计划纲要》,对黄泛区3年内应办理的事项作了部署。

5月17日,行政院命令其水利委员会、黄河水利委员会正式宣布与中共代表断绝联系。

5月19日,冀鲁豫解放区掀起了第二次大复堤高潮,至7月23日,将黄河北岸解放区大堤普遍加高2米,培厚3米。

5月,渤海解放区开始第二期复堤工程,至7月30日,将堤防按高出1937年洪水位1米的标准,普遍加高补齐。

5月,河南修防处接管由堵复局修复的豫境沁河及黄河老堤,并宣布防泛新堤撤防。

5月,陕西沣惠渠竣工放水。

6月12日,行政院将其黄河水利委员会改组为黄河水利工程局,陈泮岭任局长。

6月30日,刘邓大军渡黄河,冀鲁豫区黄河水利委员会组织人力、物力、船队支援。

7月7日,冀鲁豫区黄河水利委员会主任王化云与国民政府代表叶南等人,在东明举行黄河复堤工程联合委员会会议,双方争论激烈,未达成协议。至此国共双方关于黄河问题的谈判破裂。

7月15日,冀鲁豫区长垣修防段段长王汉才等3人在复堤时,被国民党军逮捕,次日惨遭杀害。

8月8日,张含英写出《黄河治理纲要》一文,系统地阐述了他的治黄主张。

8月18日晚,国民党地方武装将河南封丘县贯台西坝头和贯孟堤扒开。9月1日,冀鲁豫区黄河水利委员会将决口堵合。

9月29日,国民党军扒开黄花寺大堤,黄水灌入东平湖。

9月,陕西涝惠渠竣工放水。

10月,甘肃水利局开工兴建靖乐渠,1948年8月竣工通水。

11月20日、25日,冀鲁豫区黄河水利委员会、山东省河务局分别召开安澜大会,庆祝黄河回归故道后的首次防洪胜利。

12月12日,国民政府水利部在陕西大荔县隆重举行洛惠渠竣工放水典礼。

1948年

3月1日,冀鲁豫区黄河水利委员会在观城县百寨召开春季复堤会议,确定当年复堤标准为:超出1935年最高洪水位1~1.2米、顶宽7米。

4月5日,晋冀鲁豫边区政府任命赵明甫为冀鲁豫区黄河水利委员会副主任,张方调任第四修防处主任。

5月1日,青海长胜渠开工,6月底竣工。

5月上旬,青海平安渠开工,11月竣工。

7月6日,东明高村险工河势发生急剧变化,接连出现险情,经1个多月紧急抢护,控制了险情。

7月17日,渤海区党委决定成立渤海区防汛总指挥部,沿黄各县一律成立防汛指挥部,做好充分准备,在春修胜利的基础上,争取防汛胜利。

7月17日,行政院批准将黄河水利工程局改为黄河水利工程总局。

8月,黄河水利工程总局及所属河南、河北、山东修防处的部分人员携带部分文卷、仪器迁往南京。次年,又转迁至湖南衡阳和广西桂林。

9月24日,山东省沿黄地区全部解放,山东黄河治理由分区走向统一。26日,山东河务局派员接收国民政府山东修防处留在济南的人员和物资。

9月25日,华北人民政府委员会举行首次会议,决定冀鲁豫区黄河水利委员会由华北人民政府和冀鲁豫行署双重领导,王化云为华北水利委员会副主任、冀鲁豫区黄河水利委员会主任。

10月7日,根据国民政府水利部部长薛笃弼的指示,黄河水利工程总局局长陈泮岭令上游工程处:以沟壑治理为治黄根本要图之一,要集中全力积极进行,以期获得长足进展。

11月3日,冀鲁豫区黄河水利委员会副主任赵明甫率领干部10余人,组成华北人民政府冀鲁豫区黄河水利委员会驻汴办事处。

12月4日,中华民国总统府公布《黄河水利工程总局组织条例》,规定黄河水利工程总局隶属于水利部，掌理黄河兴利防患事宜。

12 月 15 日，受中共中央委托，华北人民政府在河北省平山县西柏坡村召开华北、华东和中原 3 大解放区治黄机构代表参加的治黄工作会议，研究筹建统一治黄机构，审查防汛岁修计划。

1949 年

2 月 16～18 日，冀鲁豫区黄河水利委员会驻汴办事处在河南开封召开第一次中原区治黄会议，要求各级政府必须坚决执行“确保大堤，不准决口”的方针，完成修补大堤和集料的任务。

2 月 20～27 日，冀鲁豫区黄河水利委员会在菏泽召开修防处主任、段长、工程科科长联席会议，总结 1948 年的治黄工作，部署 1949 年的治黄任务，并公布了冀鲁豫区黄河水利委员会所属机构的调整方案。

3 月 16 日，渤海解放区治黄总指挥部成立，王卓如任总指挥，江衍坤、钱正英任副总指挥。

4 月 4 日，山东省人民政府任命江衍坤为山东河务局局长，钱正英为副局长。

4 月 5 日，冀鲁豫区黄河水利委员会转发冀鲁豫行署制定的《黄河大堤留地办法》，通知各修防处、段贯彻执行。

4 月 7 日，经治河机关与当地政府商议，平阴、长清黄河民埝被废除。

5 月 2 日，冀鲁豫区黄河水利委员会印发《复堤须知》。

5 月 3 日，沁河大樊堵口合龙。

5 月 27 日，解放军西安市军事管制委员会接管黄河水利工程总局上游工程处、水文总站、水利部泾洛工程局和陕西水利局。

5 月，冀鲁豫行署颁发《保护黄河大堤公约》。这是人民治黄以来第一个具有法律性质的保护黄河堤防的文件。

6 月 3～6 日，冀鲁豫区黄河水利委员会在菏泽召开防汛会议，确定 1949 年防汛工作的方针是：“掌握重点，防守全线，强化护堤组织，建立灵通情报，做到及时修补、防护与抢救”。

6 月 16～20 日，华北、华东、中原 3 大解放区联合性的治黄机构——黄河水利委员会成立大会在济南召开，委员会由 9 人组成，推选王化云为主任，江衍坤、赵明甫为副主任。

7 月 1 日，中共河南省委对黄河防汛作出决定，要求河南沿河各地党政军民必须以最大力量有计划地组织起来,完成不准决口的任务。

7月27日,中共中央山东分局、山东军区、山东省人民政府联合发出《关于黄河防汛工作的紧急决定》,要求沿河各级党政军民领导机关及河务部门,应对所属防段的河防安全负完全责任,坚守河防,保卫济南,保卫渤海平原。

7~8月,中央确定撤销冀鲁豫行署,建立平原省,冀鲁豫区黄河水利委员会同时撤销。

7~10月,黄河下游先后出现5次洪峰,其间10000立方米每秒以上洪水持续49小时,9月14日出现12300立方米每秒洪峰流量。经过解放区沿河军民40多个日夜的奋战,终于战胜了黄河归故后的首次大水。

8月20日,平原省黄河河务局在新乡成立,张方任局长,袁隆任副局长。

8月31日,解放区黄河水利委员会主任王化云、副主任赵明甫向华北人民政府主席董必武报送《治理黄河初步意见》。

9月30日,黄河水利工程总局及其所属河南、河北、山东3省修防处被国民政府撤销。

参考文献

（按编写本书时参阅文献的先后顺序排列）

1 胡绳. 从鸦片战争到五四运动(简本). 北京:红旗出版社,1982
2 汪朝光. 中国近代通史(第六卷)·民国的初建(1912～1923). 南京:凤凰出版传媒集团等,2007
3 陈耳东. 河套灌区水利简史. 北京:水利电力出版社,1988
4 杜石然等. 中国科学技术史稿. 北京:科学出版社,1983
5 潘永祥. 自然科学发展简史. 北京:北京大学出版社,1984
6 黄河水利史述要编写组. 黄河水利史述要. 郑州:黄河水利出版社,2003
7 陈琦. 黄河上游航运史. 北京:人民交通出版社,1999
8 孙文. 建国方略. 郑州:中州古籍出版社,1998
9 李仪祉. 李仪祉水利论著选集. 北京:水利电力出版社,1988
10 郭建民,郑金亮. 伊洛河志. 北京:中国科学技术出版社,1995
11 杨奎松. 中国近代通史(第八卷)·内战与危机(1927～1937). 南京:凤凰出版传媒集团等,2007
12 费正清(美). 剑桥中华民国史(上卷). 北京:中国社会科学出版社,1994
13 费正清,费维恺(美). 剑桥中华民国史(下卷). 北京:中国社会科学出版社,1994
14 黄河水利委员会. 民国黄河大事记. 郑州:黄河水利出版社,2004
15 中国水利学会,黄河研究会. 李仪祉纪念文集. 郑州:黄河水利出版社,2002
16 中国水利学会水利史研究会. 中国近代水利史论文集. 南京:河海大学出版社,1992
17 山西省水利厅水旱灾害编委会. 山西水旱灾害. 郑州:黄河水利出版社,1996
18 黄河流域及西北片水旱灾害编委会. 黄河流域水旱灾害. 郑州:黄河水利出版社,1996
19 甘肃省地方史志编纂委员会. 甘肃省志第二卷·大事记. 兰州:甘肃人民出版社,1989
20 毛泽东选集(第三卷). 北京:人民出版社,1966
21 毛泽东选集(第四卷). 北京:人民出版社,1966
22 王秀鑫,郭德宏. 中华民族抗日战争史(1931～1946). 北京:中共党史出版社,1995
23 中共冀鲁豫边区党史编委会. 中共冀鲁豫边区党史大事记. 济南:山东大学出版社,1987
24 侯全亮,魏世祥. 天生一条黄河. 郑州:黄河水利出版社,2003
25 河南省水利厅水旱灾害专著编辑委员会. 河南水旱灾害. 郑州:黄河水利出版社,1999
26 水利部淮河水利委员会《淮河水利简史》编写组. 淮河水利简史. 北京:水利电力出版社,1990

27 曹应旺. 周恩来与治水. 北京:中央文献出版社,1991
28 王传忠,丁龙嘉. 黄河归故斗争资料选. 济南:山东大学出版社,1987
29 胡绳. 中国共产党的七十年. 北京:中共党史出版社,1991
30 翦伯赞. 中国史纲要. 北京:人民出版社,1983
31 郑师渠. 中国近代史. 北京:北京师范大学出版社,2007
32 王德春. 联合国善后救济总署与中国(1945 ~ 1947). 北京:人民出版社,2004
33 王化云. 我的治河实践. 郑州:河南科学技术出版社,1989
34 张含英. 我有三个生日. 北京:水利电力出版社,1993
35 张学信. 治黄纪事. 郑州:黄河水利出版社,2000
36 黄河水利委员会黄河志总编辑室. 历代治黄文选. 郑州:河南人民出版社,1988
37 黄河水利委员会黄河志总编辑室. 黄河规划志. 郑州:河南人民出版社,1991
38 黄河水利委员会黄河志总编辑室. 黄河大事记(增订本). 郑州:黄河水利出版社,2001
39 黄河水利委员会山东黄河河务局. 山东黄河大事记. 郑州:黄河水利出版社,2006
40 侯全亮. 一代河官王化云. 郑州:黄河水利出版社,1997
41 山东省地方史志编纂委员会. 山东省志·黄河志. 济南:山东人民出版社,1992
42 张宪文. 中华民国史纲. 河南人民出版社,1985
43 李友仁,郭传玺. 中国国民党简史. 北京:档案出版社,1988
44 胡华. 中国新民主主义革命史. 北京:中国青年出版社,1981
45 黄元起. 中国现代史下册. 郑州:河南人民出版社,1982
46 胡德坤,宋俭. 中国近现代史纲要. 武汉:武汉大学出版社等,2006
47 刘国新. 中华人民共和国历史长编. 南宁:广西人民出版社,1994
48 《共和国历程》编委会. 共和国历程(1949 ~ 1965). 北京:光明日报出版社,1997
49 聂资鲁. 国民党大陆失败论——对一个执政党迅速衰败的法哲学与政治哲学剖析. 贵州:贵州人民出版社,2004
50 水利部黄河水利委员会. 人民治理黄河六十年. 郑州. 黄河水利出版社,2006
51 黄河水利委员会黄河志总编辑室. 黄河流域综述. 郑州:河南人民出版社,1998
52 黄河水利委员会黄河志总编辑室. 黄河河政志. 郑州:河南人民出版社,1996
53 黄河水利委员会黄河志总编辑室. 黄河防洪志. 郑州:河南人民出版社,1991
54 黄河水利委员会水利科学研究院. 黄河科学研究志. 郑州:河南人民出版社,1998
55 黄河水利委员会勘测规划设计研究院. 黄河勘测志. 郑州:河南人民出版社,1993
56 水利部黄河水利委员会等编. 黄河水土保持志. 郑州:河南人民出版社,1993
57 黄河水利委员会水文局. 黄河水文志. 郑州:河南人民出版社,1996
58 黄河水利委员会勘测规划设计研究院. 黄河水利水电工程志. 郑州:河南人民出版社,1996

GOLD EAST
金光集团
APP
亚洲浆纸
太空梭

GOLD EAST
金光集团
APP
亚洲浆纸
太空梭

GOLD EAST
金光集团
APP
亚洲浆纸
太空梭